내 가족을 살리는
생활영양과 건강 이야기

국립중앙도서관 출판시도서목록(CIP)

(내 가족을 살리는) 생활영양과 건강 이야기 / 최선혜 지음. - -
개정판. - - 서울 : 창, 2009   p. ;   cm
감수 : 모수미
참고문헌 수록
ISBN 978-89-7453-181-2 03590 : \18000
영양소[營養素]
594.1-KDC4
613.2-DDC21   CIP2009001362

내 가족을 살리는
생활 영양과 건강 이야기

2009년 6월 10일 · 개정판 1쇄 발행

지은이 | 최선혜
감 수 | 모수미
펴낸이 | 이규인
펴낸곳 | 도서출판 **창**
편 집 | 홍보현
주 소 | 121-885 서울특별시 마포구 합정동 388-28번지 합정빌딩 3층
전 화 | 02-322-2686
팩 스 | 02-326-3218
홈페이지 | www.changbook.co.kr
e-mail | changbook1@hanmail.net
등록번호 | 제15-454호
등록일자 | 2004년 3월 25일

ISBN 978-89-7453-181-2 03590
값 18,000원

내 가족을 살리는

건강은 무엇보다도 두 가지 요인에 의존한다 하나, 우리가 무엇을 우리 몸에 넣는가? 둘, 우리가 우리 몸으로 무엇을 하는가로 요약할 수 있다. 생활영양은 'Nutrition for everyday living' 의 의미로 좋은 식품의 선택, 정제하지 않은 재료로 조리한 건강식, 규칙적인 식생활관, 영양소의 순환, 노폐물의 배설, 이와 관련된 건강에 영향을 주는 모든 요인들을 포함한다.

생활영양과 건강이야기

최선혜 지음 · 모수미 감수

창
Chang
Books

머·리·말

"몸은 우리가 먹는 음식으로 이루어진다"라는 말은 평범한 진리이다. 우리는 매일 무엇을 먹을까 여러 번 생각하면서 산다. 매일 선택하는 식품이 결국은 우리 몸을 이루고 건강에 영향을 주는데 좋은 선택을 하면 건강이라는 유익을 얻을 것이고, 부실한 식품을 자주 오랜 세월 선택하면 결과는 부실한 몸으로 되는 것이다.

어릴 때의 식품선택은 주로 엄마에게 달려 있고, 청소년부터는 스스로 선택하지만 선택이 잘못되면 청장년의 만성질환으로 나타나고 궁극적으로는 노년의 삶의 질과 수명에도 영향을 미친다. 건강에 좋은 식품은 식품 가격과 반드시 비례하지는 않으며 좋은 식품 선택은 어릴 때부터 보고, 듣고, 배우고, 경험한 지혜에 좌우된다.

나 자신이 4년간에 걸친 힘든 만성피로를 회복하면서 우리가 그동안 만능으로 세뇌되어 왔던 현대 의학과 서양 영양학의 한계를 느꼈고, 새로운 세계(이미 존재했지만 몰랐던)에 대해서 눈을 떴다. 그리하여 일찍이 식생활을 바꾼 유치파인(Uchee Pine Institute)의 아가타 트래쉬 박사(Dr. Agatha Thrash)와 그녀가 원장으로 있는 요양병원의 의사들을 만난 후 나의 식생활을 바꾸는 계기가 되었다. 이것이 또한 나의 박사학위 논문을 쓰게 된 동기가 되었다. 나의 연구결과로 생활 영양의 위력을 확신하였고, 식생활의 차이가 몸의 생화학적 수치의 차이가 된다는 것을 지역사회 영양학회지에 발표하였다. '생활과 영양'은 'Nutrition for everyday living' 의미로 식품의 선택, 정제하지 않은 재료로 조리한 건강식, 규칙적인 식생활과 생활습관, 영양소의 순환, 노폐물의 배설, 이와 관련된 건강에 영향을 주는 여러 가지 요인들을 포함한다.

난치병 환자들을 만날 때마다 더구나 어린 환자를 만날 때는 '아기의 몸은 엄마가 먹은 음식으로 된다'는 진리까지 적용이 되는 것을 느낀다. 과거의 질병은 대부분이 미생물 감염이었고 특효약의 효능이 컸으나 우리가 흔히 성인병(요즈음은 생활습관 질병)이라 부르는, 식생활을 포함한 생활습관의 잘못으로 온 질병은 특효약이 없다. 약은 증상은 낮추나 근본 해결책이 아니며 오히려 부작용만 더 할 뿐이다. 생활습관을 고치는 수밖에는 없다. 자연식의 개념은 머리에 입력부터 되어야 한다. 그래야 입맛도 변하고 건강한 자연식을 즐기며 만성질환을 피할 수가 있는 것이다.

한국과 미국 두 문화권에서 아이들을 키우면서 느낀 점들이 이 책을 쓰게 된 첫 번째 동기가 되었다. 자연식으로 치유가 되는 여러 난치병 환자들의 가슴 아픈 그러나 성공적인 투병기를 들을 때마다 자연치유력의 위력을 많이 느꼈다. 지금도 문제를 가진 사람들과 상담을 하면서 시간의 흐름에 따라 증세가 좋아지는 것을 경험한다. 우리가 건강을 지키는 요인들은 바로 우리 주변에 있음에도 불구하고 무관심과 편리함을 선호하는 왜곡된 문명관으로 건강을 잃는다. 몸에 이상이 생겼을 때에는 그 이유가 무엇인가부터 생각해 볼 필요가 있다.

책의 출판과 더불어 서울대학교 명예교수이시며 은사이신 모수미 교수님과 응용영양 연구회 회원들이 주축이 되어 사이트(www.arinnec.com)를 개설하게 되었다. 이미 기존의 비영리 기관 애린영양교육연구소의 기능을 사이버화한 것이다. 웰빙에 관심이 많아진 요즈음 올바른 먹거리와 식원병에 관한 정보를 원하는 네티즌의 궁금증을 풀 수 있는 사이트이다. 우리의 목적은 수많은 정보 가운데, 과학을 근거로 한 제대로 된 답을 주기 위함이다. 나의 논문과 책의 산실이 된 여자가 크는 대학, 숙명여자대학교의 승정자 교수님과 자료수집에 많은 도움을 준 연구실 식구들, 오랫동안 임상경험을 같이 한 송숙자 교수님, 끝으로 이 책의 감수를 해주신 은사님, 편집과 교정을 위해 수고해주신 김희경 박사, 백수경 박사, 신하령 박사, 윤은주 선생님에게 감사를 드린다.

저자　최 선 혜

차 례

탄수화물 이야기

1. 곡식은 가장 중요한 식품, 우리의 생명

인류의 먹거리에 관한 가장 오래된 기록은 《성경》에 나와 있다. "내가 온 지면의 씨 맺는 모든 채소와 씨 가진 열매 맺는 모든 나무를 너희에게 주노니 너희 식물이 되리라."(창세기, 1장 29절) 하나님이 사람에게 준 최초의 식품은 '씨 맺는 모든 채소'이다. '씨 맺는 모든 채소'는 야채를 의미하는 것이 아니다. 영어 원문을 보면, 'every seed-bearing plant' 즉, '씨를 맺을 수 있는 모든 식물성 식품'이라는 뜻이다.

오랜 세월 동안 한국인은 탄수화물의 급원인 쌀이나 보리를 주식으로 살아왔고, 유럽과 북미인은 감자와 밀, 남미인과 아프리카인은 옥수수류, 또 다른 지역에서는 좁쌀 등의 곡류를 주식으로 살아왔다. 기후와 풍토에 따라 지역마다 주식이 다르지만, 주로 곡식을 주식으로 삼았다는 것은 탄수화물이 지구상에서 가장 중요한 열량 급원으로 적합하기 때문이다.

정제하지 않은 전분과 섬유소는 가장 중요한 웰빙 식품

태양에너지는 거의 모든 생물의 에너지의 근원이 된다. 광합성의 산물에는 막대한 양의 에너지가 축적되어 있는데 이 에너지는 전 세계 인구가 1년 동안 소비하는 화석 연료에너지의 10배 이상이라 한다.

광합성으로 얻어진 탄수화물은 자연계에 다량 존재하고 가장 값싸면서 효율적으로 열량을 주는 매우 중요한 영양소이다. 식물계가 만들어내는 탄수화물(곡류의 전분, 섬유소, 과일과 야채의 당류 등)은 사람이 만들어낼 수가 없다. 우리가 먹는 탄수화물 식품은 오직 식물만이 만들어낼 수 있으며 이것은 자연의 놀라운 일이다.

시중에 나와 있는 정제된 포도당, 액상 과당, 올리고당, 설탕, 녹말가루 등의 제품들은 사람이 자연의 탄수화물을 정제한 **가공식품**들이다. 가공식품들과 자연 상태의 탄수화물은 언뜻 같아 보이지만 우리 몸에 주는 효과는 엄청난 차이가 있다.

곡식의 겉껍질을 제거한 것을 통곡식, 완전곡식이라고 하며 일본에서는 현곡(玄穀), 영어로는 'whole grains'라고 부른다. 색이 진한 통곡류의 탄수화물은 모든 미량 영양소(비타민과 무기질)를 갖추고 있어 쉽게 열량을 내는 반면, 값이 비싼 단백질과 지방은 열량을 낼 때 반드시 찌꺼기(암모니아, 요소, 요산, 케톤 등)를 남긴다. 따라서 통곡류의 복합 탄수화물은 가장 효율적이고 건강에 좋은 열량 급원이며 미량 영양소뿐만 아니라 항암물질도 얻을 수 있다.

식물의 전분과 섬유소의 기본 단위는 포도당이다. 포도당은 옆의 그림과 같이 다당류(polymer, 多糖類)의 형태로 연결되어 큰 분자를 이룬다.

그림에서 보는 것처럼 섬유소의 하나인 셀룰로즈는 기본 단위가 포도당이지만, 연결구조는 전분과 다르다. 이 다른 연결 구조 때문에 전분은 소화가 될 때 포도당으로 분해 되고 인간의 소장에서 섬유소는 분해 되지 않는다. 섬유소는 소화흡수 되지 않고 그대로 배

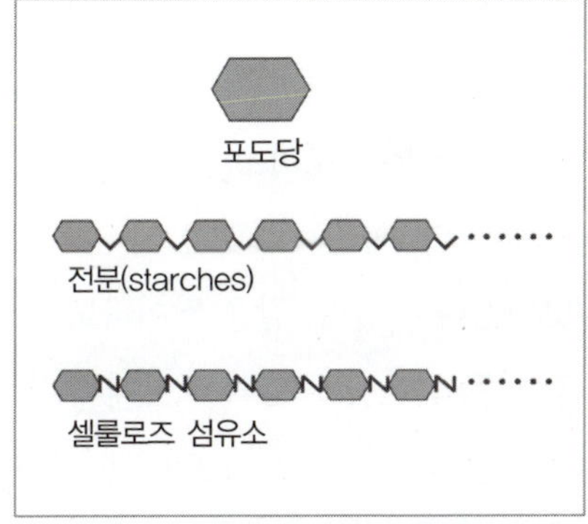

설되기 때문에 과거에는 불필요하다고 생각되었다. 그래서 산업 혁명 이후 기계문명이 발달하면서 인류가 정제 곡식, 즉 흰빵과 흰밥을 주식으로 먹게 되었다. 이로 인해 많은 사람들이 불필요한 질병을 얻으면서도 수세기 동안 이유를 알지 못하였다. 섬유소는 소화흡수가 되지 않는 대신 인간의 내장 속에서 많은 기능을 하면서 배설된다는 것을 과거에는 몰랐던 것이다. 이 수수께끼가 버킷 박사와 같은 역학의 눈을 가진 의사와 학자들에 의해서 밝혀지기 시작했다.

전분은 열량 급원으로 매우 중요한 기본영양소이고 섬유소는 전분에서 나온 포도당의 흡수 속도를 조절하는 매우 중요한 기능을 한다. 그 외에 소화기계를 보호하는 여러 기능을 한다. 두 종류의 다당류는 매우 중요한 복합 탄수화물이다.

전분은 두 종류가 있다

한국인은 찰진 밥을 좋아한다. 명절에는 더 찰진 찰밥이나 찰떡을 해먹는 반면에 미국인은 찰진 밥이나 찰떡을 그다지 좋아하는 것 같지 않다. 그들의 쌀은 우리가 과거에 안남미라고 불렀던 가늘고 긴 쌀(long grain)인데 밥을 하면 찰기가 없다. 내가 미국에서 공부할 때, 각국 유학생 부인들을 위한 파티가 열리면 한국 부인들은 밥을 따로 지어서 가져오곤 했다. 여러 나라 음식이 별로 입에 맞지 않은데다가 밥까지 바람에 날라 가는 것을 먹기가 싫었던 것이다. 한국과 일본인들이 주로 먹는 쌀은 통통하고 짧은 쌀(short grain)이다.

식품학에서는 쌀의 끈기의 차이를 분자 구조에서 구분한다. 전분의 기본단위인 포도당이 한 줄로 연결되어 있는 것은 끈기가 없는 '아밀로즈'라고 하고, 이 구조에 가지가 많이 생겨서 끈끈한 성분이 있는 것을 '아밀로팩틴'이라고 한다. 두 구조는 영양상으로는 차이가 별로 없고 단지 분자구조의 차이만 있을 뿐이다.

아밀로팩틴이 많을수록 밥은 촉촉하고 부드

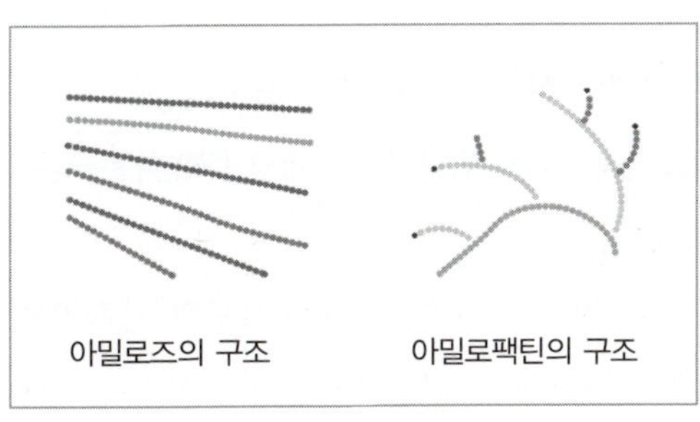
아밀로즈의 구조　　　　아밀로팩틴의 구조

럽고 밥알이 서로 붙어서 찰지다. 차조, 차수수, 찰보리, 찹쌀 등은 아밀로팩틴이 많아서 찰진 것이다. 한국인이 좋아하는 멥쌀(Short grain)에도 이 성분이 80% 정도 들어있다. 아밀로즈가 많은 전분은 건조하고, 밥알이 서로 붙지 않고, 단단하다. 밥이 식으면 맛이 없고 노화(老化)가 쉽게 된다. 아밀로즈의 양이 많을수록 소화가 느려서 당수치(Glycemic Index, 당뇨병 참조)가 낮아진다고 한다. 같은 쌀이라도 현미가 흰쌀과 찹쌀에 비해서 당수치가 낮다. 이렇게 당수치가 낮은 쌀은 당뇨병의 식이에 좋다.

밥이 주식인 한식은 건강식

1980년대 나는 텍사스여자대학교(TWU) 박사과정에 재학중이었다. 영양교육 강의는 뚱뚱한 미인 학장님이 맡으셨는데, 체중이 많이 나가기 때문에 튀김은 절대로 먹지 않는다는 말씀이 아직도 기억에 남는다. 대학원 시간에는 반드시 발표를 해야 하기 때문에 우리 '한식 반상'을 소개했었다. 그 당시 미국인들은 한국문화, 특히 한국의 음식문화를 배울 기회가 없었기 때문에 아는 바가 전혀 없었다. 그래서 우리나라의 균형 잡힌 반상을 소개하면서 우리 음식 몇 가지를 준비해서 맛을 보여주었다.

가장 쉽게 준비할 수 있는 오곡밥, 파랗게 무친 시금치나물(미국인의 시금치 반찬은 너무 맛도 없고 색도 죽은 올리브색), 김구이를 준비해 갔다. 까만 종이 같이 보이는 'seaweed(바다 잡초)'를 'sea vegetable(바다 야채)'로 바꾸어 부르면서, 구운 김에 밥을 싸서 하나씩 돌려가며 주었더니 한국 음식을 처음 접해보는 그들은 모두 재미있고 흥미진진한 얼굴로 먹었다.

지금은 캘리포니아나 뉴잉글랜드 같은 해안지역에는 해조류를 먹을 줄 아는 미국인들이 많지만, 그 당시 만해도 텍사스에는 해조류를 즐겨 먹을 줄 아는 미국인이 거의 없었다. 검은 종이 같이 생긴 것을 어떻게 먹어야 하는지 몰랐기 때문이다.

그 당시 건강식품점에서 아르바이트를 했던 같은 반의 한 백인 여학생은 그 상점에서 두부, 미소(일본 된장), 해조류 등의 동양식품을 꽤 많이 취급한다고 발표했었다. 그 여학생은 두부와 미소로 수우프(두부 된장국)를 만드는 법을 가르치기도 하였다. 그 당시 미국에서는 두부된장국이나 미역 등이 그렇게도 희귀한(?) 건강식품이었다.

그 후에도 미국 엄마들을 우리 집에 초대하여 식사를 대접할 때에는 우리의 오곡밥, 깍두기, 삶은 두부와 양념장 등 간단한 것부터 소개했다. 미국에는 한국조리를 배울 곳이 없었으므로, '콜레스테롤이 없는' 두부를 수퍼마켓에서 보기는 했어도, 먹는 법을 몰라 사지 못했다는 것이다. 그리고 조금 익숙해지면 김치, 잡채와 만두 강습도 해주었다.

이제는 서구 사회도 동양의 먹거리 문화에 대해 높은 관심을 가지고 있다. 서구의 지식인들은 동양의 음식이 조리에 지방을 적게 사용하고, 이로 인해 동양인들이 자기들보다 훨씬 날씬하고, 성인병도 적고, 암에 덜 걸린다는 것을 발견했기 때문이다. 지방을 많이 사용하는 중국음식보다는 담백한 베트남, 일본, 한국음식에 더 많은 관심을 갖는 것은 늦기는 했지만 당연한 현상이라 볼 수 있다. 우리 한식은 짜고 매운 것만 개선하면 국제적으로도 소개해도 손색이 없으며, 건강식으로 각광을 받을 것이다. 또한 우리의 비빔밥이 일본말의 '비빔바'로 미국시장에서 팔리고 있지 않은가? 동양 여성들이 날씬한 이유는 이러한 밥을 먹기 때문이라는 광고문과 함께.

지난 30 여 년 동안 한국과 미국의 여대생들을 관찰한 결과, 한국의 여대생들은 아직도 대부분 날씬하지만, 미국 여대생들은 반수 이상이 뚱뚱한데, 그 차이는 '밥이 원인'이라는 결론이 나왔다. 한국인은 밥을 주식으로 살아왔기 때문에 몸매가 날씬하다는 것이다.

한식이 고기접시(메인디쉬)보다 좋은 이유

내가 텍사스에 살 때 그곳에 소아심장 외과수술을 탁월하게 잘하는 한국인 교포의사가 있었다. 동양인은 미국인보다 손이 작기도 하지만, 어릴 때부터 젓가락을 사용해서 손재주가 좋다고 했다. 반면에 손이 큰 미국인의 바느질 솜씨는 형편없다고 한다. 젓가락을 사용하는 식문화로 인해서 우리 한국인의 손재주가 좋은 것은 국제기능대회가 있을 때마다 인정을 받는 것에서 알 수 있다. 한국의 젓가락은 일본과 중국 것보다는 가늘고 짧고 섬세하기 때문에 손의 근육과 뼈가 잘 발달한 덕분이다.

우리 한식은 기본이 밥상이다. 밥이 주식인 만큼, 우리의 한식 첩반상의 가장 기본이 되는 3첩(3가지 반찬, 김치는 별도)반상은 밥과 국이 중심이고, 생채, 숙채와 조림은 반찬이다. 간단한 3첩 반상도 균형이 잡혀있기 때문에 통곡류로 밥을 지어 3첩 반상으로 식사하면 모든 영양소를 다 갖추고 있다. 예를 들면 밥은 현미잡곡밥으로, 국은 건더기가 많고 국물은 적게, 김치와 반찬은 싱겁게 조리하면 건강식이다. 탄수화물이 주식이 되는 식사는 몸에 에너지를 주며 소화에 무리를 주지 않는 식사이다. 과거 어려웠던 시절 우리나라 사람들이 노래하던 입안에서 매끄러운 '흰쌀밥에 고깃국'은 거친 '꽁보리밥과 시레기 된장국'에 비해 사실 건강식은 아니다. 흰쌀밥은 비타민과 무기질이 많이 빠졌고, 고깃국에는 단백질만 있으나 시레기 된장국에는 칼슘을 포함한 다양한 무기질, 엽산, 캐로틴 등이 풍부하다. 밥과 된장국이 초라한 밥상의 기본이라고 한 《초라한 밥상》의 저자 마쿠우치 히데오도 "주식이 없는 서구의 식생활을 동경하고 우리의 쌀, 잡곡, 채소 중심의 식생활을 경시하는 태도는 결국 커다란 실수였다"라고 밝히고 있다. 한국인의 밥은 여러 잡곡으로 지을 수가 있고, 쌀을 주식으로 하는 밥식은 밥에 간이 들어 있지 않기 때문에 여러 가지 반찬을 곁들여야 한다. 반찬을 골고루 먹는 장점이 있으며, 음식의 간도 본인이 조절할 수가 있다. 또한 젓가락으로 밥과 반찬을 번갈아 넉넉한 시간을 가지고 먹을 수 있어 급히 먹는(急食) 습관을 예방할 수 있고 따라서 비만이 예방된다.

서양식의 메인디쉬에 가장 크게 차지하는 것은 스테이크(고기접시)이다. 그 옆에 놓이는 탄수화물 식품(감자, 누들, 볶음밥 등)은 반찬인 셈이다. 양식은 한식보다 비싸 매출을 올리기 위한 식단이며 비싼 것이 반드시 건강식은 아니다. 이러한 서양식은 단백질 과잉섭취가 되며, 탄수화물 비율이 줄고, 단백질과 지방의 비율은 올라가서 열량섭취가 한식에 비해서 훨씬 많다. 게다가 우리나라 시중에서 먹을 수 있는 서양식은 보기에는 화려해 보이지만, 중요한 미량영양소는 빠진 정제한 식품 재료들로 만들어진 것들이 많다.

양식이 한식보다 열량이 많은 이유-항목별 비교

1) 밥, 감자, 빵의 비교

한국인은 쌀을 기름에 볶아서 밥을 짓지 않는다. 서양식 밥은 대부분 기름에 볶아서 밥을 짓는다. 또 양식에서는 감자를 많이 사용한다. 구운 감자도 뜨거울 때 먹으면 맛이 훌륭하다. 그러나 서구인들은 여기에 버터, 마가린, 사우어크림 등을 수북이 얹어서 먹는 것이 보통이다. 감자의 다른 조리법으로는 튀김인데, 프랜치 프라이, 슈스트링(운동화 끈 모양) 등의 다양한 형태로 트랜스 지방산이 많은 기름으로 튀긴다.

빵은 이스트 빵, 퀵브래드(머핀, 와플, 팬케이크, 비스켓 등), 파이 등 어떤 레시피이든지 지방이 5%에서 20% 정도 들어있다. 크로쌍이나 페이스트리 종류는 반죽의 켜마다 지방이 들어있다. 게다가 설탕이 안 들어가는 레시피는 거의 없으며, 빵이 굳어지는 노화를 막기 위해 설탕을 필요 이상 넣는다. 반죽할 때 넣는 지방도 보통 마가린이나 쇼트닝(트랜스 지방산)을 주로 사용하고, 버터와 잼을 발라서 먹는다. 빵을 먹게 되면, 잼과 젤리와 같은 농축된 당과 지방의 섭취량이 많아지고 같은 부피의 서양식은 한식보다 열량이 많다. 그러므로 비만을 우려하는 현대인들에게는 밥이나 떡이 빵보다는 훨씬 좋다.

2) 국과 수우프

한식의 콩나물국, 시레기 된장국에는 기름기가 없고, 고기국도 끓인 다음 식혀서 기름을 걷어내고 사용한다. 걸쭉한 서양 수우프에는 반드시 지방이 들어 있다. 루(roux)반죽으로 국물을 걸쭉하게 하며 반죽은 밀가루와 버터나 마가린을 1대 1의 비율로 만든다. 헬렌 니어링의 《소박한 밥상》 수우프 레시피도 버터를 자주 사용했는데, 버터는 음식의 맛을 좋게 하지만 열량이 올라간다.

3) 나물과 야채요리

한식의 나물같이 다양한 재료를 사용하는 국가는 없을 것이다. 야채를 데치면 부피가 줄기 때문에 나물 한 접시의 양은 날것과 비교할 때 양이 많다. 예전에 기름이 귀하고 비싸서 나물 무칠 때에는 정말로 아껴서 넣었다. 참기름이 귀해서 대신 들기름을 사용하기도 했다. 서양식의 메인 디쉬의 야채요리는 항상 버터나 마가린을 사용한다. 서양요리는 거의 모든 재료를 버터나 마가린에 지진다. 서양조리는 한식보다 간단하지만 지방의 사용량이 너무 많다.

4) 김치와 샐러드

우리의 김치에는 기름기가 없으나 서양식 야채샐러드 위에 뿌리는 드레싱의 주재료는 기름이다. 다음은 나물과 샐러드의 열량 비교이다. 음식 영양소 함량 자료집(한국영양학회)을 참조했고, 서로 다른 무게를 70g으로 통일해서 비교했다. 나물은 참기름을 사용했으며 기름이 들어가지 않은 생채는 나물 중에서 열량이 더 적다. 샐러드에는 마요네즈가 첨가된 것이다.

나물과 샐러드의 열량비교(1인분)

나물 종류(70g)	열량(칼로리)	샐러드(70g)	열량(칼로리)
파래 · 무생채, 무 · 미역생채	21~24	야채샐러드	70
상치겉절이	28.5	양배추 샐러드	81
오이생채, 취나물, 콩나물	33~35	양상추 샐러드	84
시래기나물, 배추나물	39	코슬로	110
시금치나물, 고사리나물	44	옥수수 샐러드	138

5) 단백질 식품

단백질 식품은 현대인의 서양식에서는 주식이 되었고, 우리 한식에서는 반찬(side dish)이다. 서양식의 주식인 육류는 자체에 지방이 있고 또 기름으로 조리한다. 또 위에 기름이 들어간 소스를 끼얹는다. 육류 음식은 밥과 비교할 때 열량이 높다. 같은 무게(300g)의 밥과 스테이크의 열량을 비교하면 아래와 같다.

현미밥 한공기(300g)	360칼로리
안심스테이크(300g)	600칼로리

요즈음 신세대들이 좋아하는 돈까스, 햄버거, 핫도그, 피자 등은 단백질 식품이 아니라 **단백질+지방질** 식품이다. 예를 들면, 시중에 판매되는 햄버거의 지방함량은 총열량의 평균 50% 수준이었다(패스트푸드 햄버거 36개의 평균, 음식영양소 함량 자료집 참조). 먹을 때는 햄버거 빵에 싸서 고기를 먹는 것 같지만, 반은 지방덩어리인 셈이다. '잘 먹고 잘사는 법' TV 프로에서 서울대 식품영양학과에 의뢰한 햄버거 분석은 지방이 56%로 나왔었다. 한식의 단백질 음식은 전 종류를 제외하고는 열량이 매우 적은 간장으로 조리하기 때문에 식혀서(찜, 조림, 탕 등) 동물성 지방분을 제거하면 우수한 조리법이다. 부침개는 주로 제사나 명절에 먹는 음식이었다.

6) 후 식

우리는 후식으로 과일을 먹는다. 우리의 일상 식사는 충분한 탄수화물을 밥에서 섭취하기 때문에 당분이 많은 후식이 필요하지 않다. 서양식은 당분과 지방이 많은 케이크, 파이, 푸딩, 아이스크림 등으로 끝을 맺는다. 서양식 후식은 주로 정제한 설탕, 흰 밀가루, 지방, 인공색소 등으로 아름답게 만들기 때문에 눈을 즐겁게 하지만 미량 영양소(무기질과 비타민류)는 기대할 수가 없다. 보기에 아름다운 음식일수록 인공색소나 첨가물이 많이 들어가지 않았는지 점검해 볼 필요가 있다. 이러한 달고 기름진 후식은 체중 증가에만 기여하므로 비만으로 가는 후식은 차라리 먹지 않는 것이 현명한 선택이다.

7) 간식용 과자, 스낵과 자연 음식

대형 식품 매장에 들어서면 간식용 과자의 종류가 엄청나게 많다. 우리나라 대부분의 아이들이 즐겨 먹는 가공식품들이다. 아침 결식률이 많아질수록 아이들은 간식을 많이 먹게 된다. 성장기 어린이들은 아침을 안 먹으면 점심까지 허기가 져서 간식을 안 할 수가 없다. 과자나 스낵은 먹어도 배부른 느낌은 없는 반면에 열량은 많다. 새우깡 90g 한 봉지가 450칼로리이다. 간식의 지방은 거의 모두 질이 낮은 팜유, 마가린(트랜스 지방산), 정제 포화지방을 사용한다.

어린이의 간식도 주식으로 할 수 있는 음식이 좋다. 주먹밥, 떡, 삶은 고구마, 감자, 옥수수 등 자연식품으로 한다. 이러한 간식은 열량과 포만감이 동시에 오기 때문에 과식하지 않게 된다.

한식과 양식의 열량은 거의 두 배 차이

한식 한 끼를 비빔밥이나 3첩 반상으로 먹으면, 조리할 때 기름을 얼마나 사용하는가에 따라서 500~600 칼로리 정도로 포만감을 느끼며 식사를 한다. 그러나 양식의 정찬은 지방을 많이 사용해서 한 끼에 한식 두 배의 열량이 되기 쉽다. 한식과 양식 조리의 차이는 간장과 버터라고 볼 수가 있다. 두 가지 모두 음식의 맛을 내기 위해 사용하지만, 간장은 열량이 없는 반면에 버터는 열량이 많다. 흰 밀가루, 흰 설탕, 정제 기름을 아낌없이 사용하는 서양식은 열량은 많은 반면에 섬유소와 미량 영양소는 부족한 식사이다. 따라서 소금을 적게 사용하고 주식이 섬유소와 미량 영양소가 풍부한 밥(현미, 잡곡, 콩 등을 사용) 위주의 균형 잡힌 한식이라면 서양식에 비해서 건강식이다. 자연에 가까운 식사이기 때문이다.

미국에 가면 체중이 올라간다

한국인들이 처음 미국에 가면 다양한 음식을 즐기다가 체중이 증가한다. 미국의 음식들은 대부분이 정제곡류, 정제당, 정제 기름, 지방이 많은 육류와 유제품 등으로 만든 가공식품으로 종류도 엄청나게 많고 값도 싸다. 가공 기술이 너무나 다양해서 절제하지 않고 맛을 보면서 살면 1년 사이에 체중 5kg은 쉽게 넘는다. 그래서 그 사회에 가면 한심할 정도의 비만인들을 쉽게 볼 수가 있다. 반면에 식품의 값이 비싼 편인 유럽은 비만이 그리 쉽게 눈에 띄지 않는다.

K 교수님은 뉴욕에 가시면 '파스타를 잘하는 집'에 자주 들르신다고 한다. 한 달이 지나면 체중이 올라가고 한국에 돌아오면 다시 내려간다고 하신다. 이러한 예는 자주 듣는다.

위로가 되는 음식(comfort food)

미국에서 공부할 때 스트레스를 많이 받은 날은 집에 돌아오면 시금치 된장국을 끓였다. 아주 쉽게, 우선 작은 냄비에 물을 반 정도 불 위에 올린다. 여기에 멸치가루, 미소된장 한술, 냉동 칸에 준비해 두었던 다진 마늘, 파, 냉동 시금치를 넣어서 끓이기만 하면 다 된다. 뜨거운 국물을 한 술 떠먹을 때마다 "아~~~"하고 스트레스를 날려 보냈다. 어릴 때부터 먹던 음식이 나에게 위안을 준 것이다.

어른들은 어릴 때 먹던 음식에 막연히 끌리게 되는데 이런 음식을 '컴포트 푸드(comfort food)'라고 부른다. 컴포트 푸드는 기쁨과 안도감을 주는 원천이 되는데 패스트푸드 체인들이 열심히 프로모션을 하는 이유도 바로 이 때문이다. 어린 시절 해피밀에 관한 기억을 갖고 있는 성인들은 매주 너 댓 번씩 패스트푸드 레스토랑을 찾는 체인점의 '헤비 유저(heavy user)'가 된다는 것이다. 바로 그 '해피밀'이 우리 아이들의 '컴포트 푸드'가 되리라고 미처 생각을 하지 못했다!

한국인의 식생활 변화

원시시대의 인류는 총열량의 80%를 복합 탄수화물에서, 10%를 단백질에서, 10%는 지방에서 얻었다고 한다. 우리나라에서 국민영양조사를 처음 실시한 1969년부터 70년대 초반에는 탄수화물 식품에서 열량을 80% 이상 얻었다. 탄수화물 식품이 가장 값이 쌌기 때문에 소득수준이 낮을 때에는 탄수화물을 많이 먹지만 소득이 많아짐에 따라 이 비율은 점차 줄어들기 시작해서 현재 65%대까지 내려오게 되었다〈표 1〉.

〈표 1〉 한국인 식생활의 변화(1969년과 2001년)

1일 1인 평균 섭취	1969년		2001년	
	무게(g)	에너지비율(%)	무게(g)	에너지비율(%)
탄수화물	423	80.3	315	65.6
단백질	65.6	12.5	71.6	14.9
지방	16.9	7.2	41.5	19.5
열량(칼로리)	2,105		1,976	

(2001년도 국민건강 · 영양조사, 보건복지부)

한 가지 재미있는 현상은, 탄수화물의 비중이 80%대였고 열량 섭취가 더 많았던 과거에 비해 2000년대에 비만이 더 많아졌다는 현실이다. 반면 지방과 단백질의 비율은 증가하면서 한국인의 질병의 패턴이 바뀌고 있다. 혈관 질환과 암이 사망률 1, 2위를 다투는 서구인을 닮아가는 것이다. 과거 미국인 식사의 지방 비율이 45%~50%이었고, 지금 그 사회에서는 쌀밥과 야채 섭취에 관심을 가지면서 지방의 비율을 내리고자 하고 있다. 반면에 우리사회는 서구인들이 줄이고자하는 음식을 우리 아이들이 더 먹는 형편이다. 성인병 예방 차원에서 볼 때 우리의 식생활이 서구인의 식생활로 바뀌는 것은 결코 바람직하지 않다.

미하엘 함 박사의 《기적의 두뇌혁명》에서 이상적인 식사는 65%의 탄수화물, 25%의 지방, 10%의 단백질로 구성되어 있다고 하고, 아가타 트래쉬 박사는 탄수화물 70~75%, 지방 15~20%, 단백질의 섭취가 10%를 넘지 않는 것을 권하고 있다. 고도의 훈련을 요구하는 마라톤 동호회에서도 탄수화물 70%, 지방 20%, 단백질 10%를 권한다. 이렇듯, 탄수화물로부터 대부분의 열량을 얻는 것은 매우 중요하다.

죠지 맥거번 상원의원의 발표와 미국 식생활의 문제점

1977년 미상원의원 죠지 맥거번의 발표는 선진국에서 겪고 있는 여러 퇴행성 질병이 식원성(食原性)임을 밝히는 최초의 매우 중요한 성명이었다. 이 발표는 미국인들의 식이가 50년 동안 급진적으로 변화하면서 건강에 위험을 주는 요인들이 많아졌음을 지적하고 경종을 울린 것이다. 지방, 설탕, 소금의 지나친 섭취는 혈관질환, 암, 비만, 뇌졸중 등 미국사회에서 사망에 이르는 10개의 질병 중 6개의 질병의 원인과 연관되어 있다고 했다. 1976년 1년 동안 미국인들은 일인당 56.8kg의 지방과 45.4kg의 설탕을 섭취하고 있었다. 청량음료의 소비는 1960년 이후 두 배 이상이 되었고, 1975년 한 해에는 360cc짜리 캔을 평균 295개 마셨다는 것이다.

이어서 영양위원회의 헥스테드 박사(하버드 대학교, 공중 보건학)는 "미국인들의 식이는 포화지방산과 콜레스테롤의 급원인 육류와 설탕의 섭취가 너무 풍부하게 증가하고 있다"고 했다. "대부분의 좌업(앉아 일하는 직업)을 가진 미국인들은 필요한 양보다 더 많이 섭취하고 있으며, 이것이 심장질환, 뇌혈관질환, 여러 형태의 암, 당뇨, 비만과 관련되어 있다. 또 알코올의 섭취는 간경화와 관련이 있다"고 하였다. 퇴행성 질병들은 사망이나 불구가 되는 주요 원인이다. 따라서 식생활의 변화가 필요한데 육류와 지방, 특히 포화지방산, 콜레스테롤, 설탕, 소금을 적게 섭취하고 대신, 과일, 야채, 특히 통곡식을 더 많이 섭취하도록 추천했다. 미국 사회에서도 과거에는 과일, 야채, 곡류가 식사의 주류이었으나 이제는 밀려난 셈이다.

미국사회에서 2000년 이전에는 심장과 혈관질환이 으뜸 사망원인이었으며, 이제는 암이 제1위가 되었고, 비만은 계속 증가하고 있다. 그런데 우리 한국 사회도 풍부해지면서 서구의 식생활과 식원병(食源病)을 뒤따라가고 있는 것이다.

세계 각국의 식생활지침도 공통이다

식원병을 식생활의 변화로 해결하기 위해서 성인병이 심각한 여러 국가에서는 바람직한 '잘 먹는 법'에 관한 식생활 지침을 내 놓았다. 표현방법은 다르나 그 내용은 거의 비슷하다. 즉, 균형 잡힌 식사를 하되, 섭취량의 순서를 보면, 탄수화물 식품이 첫째, 둘째는 야채와 과일류, 세 번째가 단백질 식품이고, 가장 적게 먹어야 할 식품은 지방 식품과 정제 당류이다. 국가별로 보면,

1) 캐나다의 식생활 지침

탄수화물 식품군은 식품 중에서 가장 많이 먹도록 추천한 식품군이다. 그 중에서 통곡류와 미량 영양소를 강화한 탄수화물 식품을 더 많이 선택하도록 추천했다. 두 번째로는 야채와 과일이며 녹황색 야채와 과일을 더 많이 선택하도록 추천했다. 세 번째는 유제품으로 저지방 제품을 더 많이 권한다. 네 번째로는 육류, 생선, 말린 두류이며 이중에서 두류를 더 많이 먹도록 추천했다. 지방 식품군은 따로 나와 있지 않다.

1991년에 나온 '건강한 식사를 위한 지침' : 여러 가지 다양한 음식을 즐기자. 시리얼, 빵류, 다른 곡류제품, 채소류와 과일류에 특히 신경을 쓰자. 저지방 유제품, 지방이 적은 육류를 가능한 한 기름 없이 조리하자. 운동과 건강한 식사로 정상 체중을 유지하자. 소금, 알코올, 카페인을 제한하자.

2) 영국의 식생활 지침

단일 식품군으로 탄수화물군을 가장 많이 섭취하고, 그 다음에 야채와 과일군, 그 다음이 단백질군, 유제품군, 지방군이다. 즉 탄수화물 식품의 섭취가 전체의 1/3을 차지하고, 야채와 과일군의 섭취도 1/3을 추천하고, 육류군, 유제품군, 지방 및 당류군의 합이 1/3에 해당한다.

1994년에 제시한 식생활지침 : 음식을 즐겁게 먹자. 여러 가지 다양한 음식을 함께 먹자. 정상 체중을 유지하기 위해 적당량을 먹자. 전분과 섬유소가 많은 식품을 먹자. 지방을 너무 많이 먹지말자. 단 음식을 절제하자. 비타민과 무기질에 신경을 쓰자. 알코올을 절제하자.

3) 호주의 식생활 지침

호주의 식생활 지침은 영국과 유사하다. 탄수화물 식품(빵, 파스타, 시리얼, 국수, 쌀 등)의 섭취량이 전체의 1/3이며 야채와 콩류의 섭취량이 전체의 1/3이다. 과일과 유제품과 육류의 합이 1/3에 해당한다. 즉 가장 많이 먹어야 할 식품군은 곡류, 그 다음이 야채군이다.

1991년에 발표한 식생활 지침의 내용 : 다양한 종류의 영양이 풍부한 음식을 즐기자. 충분한 양의 빵과 통곡류, 채소류와 과일(견과류 포함)을 섭취하자. 포화지방이 적은 식사를 하자. 정상 체중을 유지하자. 당분 식품을 절제하자. 소금과 알코올을 절제하자. 모유 수유를 권장하고 지원하자. 또 '특정 영양소에 관한 지침'을 추가하였다.

- 칼슘을 함유한 식품을 먹자. 특히 소녀와 여성에게 중요하다.
- 철분을 함유한 식품을 먹자. 특히 소녀, 여성, 채식주의자, 운동선수들에게 중요하다.
- 물을 충분히 마시자.
- 케이크, 아이스크림, 초콜릿, 설탕, 기름, 버터 등은 적은 양을 가끔 섭취할 것을 권장한다.

4) 미국의 식생활 지침

곡류(6~11단위)는 가장 많이 섭취해야 할 식품군이다. 식품 피라미드의 빵도 통밀빵을 그려 넣었다. 야채(3~5단위)는 두 번째로 많이 섭취해야 할 식품군이다. 과일군과 두 번째 층에 있으나 단위는 과일보다 많다. 과일(2~4단위), 유제품(2~3단위), 육류(2~3단위)의 섭취량이 같고, 가장 적게 섭취해야 할 식품군은 지방과 정제당류이다. 그런데 미국이 만들어낸 패스트푸드는 이 순서가 바뀌었다. 즉 가장 적게 먹어야 할 지방과 정제당이 가장 많다. (단위는 교환단위나 서빙수와 같다)

2000년도에 나온 미국인을 위한 식생활 지침 ABC :

A. (뚱뚱한 사람들이 너무 많아서) '정상 체중을 유지하자'가 가장 중요한 표어이다.
 1. 건강한 체중을 향하여 나가자.
 2. 매일의 생활을 활발하게 하자.
B. 건강의 기초석을 쌓자.
 3. 식품 피라미드로 식품 선택을 하자.
 4. 특히 통곡류를 다양하게 먹자
 5. 매일 다양한 야채와 과일을 먹자.
 6. 식품을 안전하게 보관하자.
C. 식사를 현명하게 선택하자.
 7. 포화지방산과 콜레스테롤이 적은 식이를 선택하자.
 8. 식품과 음료 선택은 설탕이 적은 것으로 하자.
 9. 조리와 식품 선택은 소금이 적은 것으로 하자.
 10. 알코올을 절제하자.

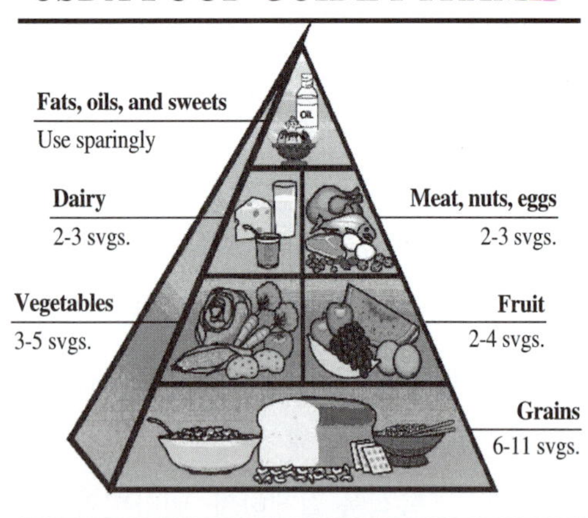

5) 중국의 식생활지침

다른 국가와 마찬가지로 곡류, 야채와 과일류, 육류, 유제품, 지방의 순서이다.무게를 보면:
곡류(300~500g), 야채(400~500g), 과일(100~200g), 유제품(100g), 육류(50~100g), 두류와 콩
제품(50g), 지방(25g)으로 나타났다. 권장 무게는 야채가 가장 많다.

1997년에 개정한 식생활 지침 : 곡류를 주식으로 하여 다양한 식품을 섭취하자. 충분한 양의
채소, 과일 및 서류(감자류)를 섭취하자. 유류, 두류 및 그 제품을 매일 섭취하자. 기름기 적은
육류를 섭취하자. 기름진 육류와 동물성 지방 섭취를 줄이자. 염분이 적고 지방이 적은 식사를
하자. 알코올을 제한하자. 비위생적이고 상한 음식을 먹지 말자.

6) 한국의 식생활 지침

서구사회와 공통적인 내용이지만 식품구성탑
은 한국디자인으로 모양을 내었다. 곡류는 가장
많이 섭취해야 할 식품군이다. 채소와 과일류는
두 번째로 많이 섭취해야 할 식품군, 단백질 식품
은 세 번째이고, 유제품은 네 번째이다. 지방과
정제당류는 가장 적게 먹어야 할 식품으로 지침
서를 세웠다.

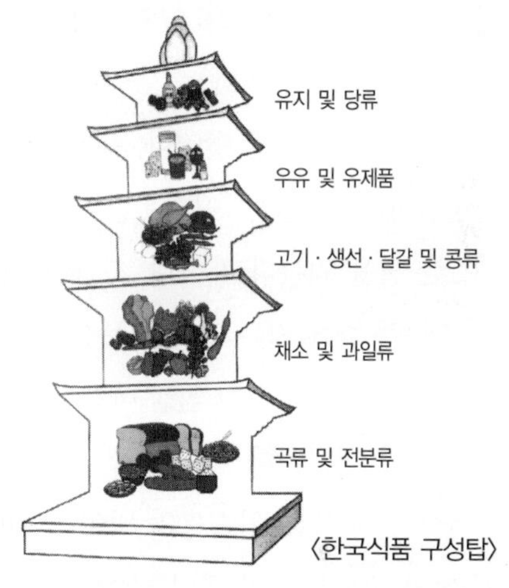

〈한국식품 구성탑〉

7) 일본의 식생활 지침

다양한 식품으로 영양의 균형을 이루자. 1일 30가지 식품을 목표로 주식, 주채(主菜), 부채
(副菜)를 갖추자. 일상의 생활 활동에 적합한 열량을 섭취하자. 지방은 양과 질을 고려해서 섭
취하자. 식염은 과잉 섭취하지 말자. 기분 좋은 즐거운 식생활을 하자.

각 국가별 영양학계가 내놓은 바람직한 식사 지침서의 공통점은 동서양 모두 '탄수화물이
주식' 인 것이다. 모든 인류의 세포는 탄수화물에서 우선적으로 열량을 얻기를 원하기 때문이
다. 건강한 식사를 하는 것은 식품구성탑의 순서대로 각 식품군을 골고루 먹는 것이다.

너무 다양한 음식을 한번에 먹는 것도 우리의 위에는 부담이 된다. 간단히 골고루 먹는 것이
오히려 좋다. 그 예로 우리나라의 밥이 주식인 3첩 반상(현미잡곡밥, 된장국, 숙채, 생채, 조림)이
고기가 주식인 스테이크 정식보다는 훨씬 건강식이다.

대부분의 사람들은 '잘 먹는다' 는 생각으로 고기구이 집에 가면 우선 고기부터 구워서 먹는
다. 즉 위의 식생활 지침과 순서가 바뀐 것이다. 배가 부르면 밥은 살이 찐다는 이유로 안 먹기
도 한다. 단백질 과잉섭취는 다른 영양소와의 균형과 조화를 깨뜨려 오히려 몸에 해롭다(단백
질이야기 참조).

참고로 몇 가지 음식의 100g 당 열량을 비교하면, 단백질 음식은 밥에 비해 열량이 높다. 식품 자체가 지방을 포함하고 있고, 조리할 때 기름을 쓰기 때문이다. 반면에 지방이 적고 수분이 많은 야채는 열량이 적다.

음식(100g)	칼로리(kcal)
버터	747
갈비구이	368
안심구이	298
스크램블 에그	212
쌀밥	150
사과	53
상추, 오이	19

아침 식사는 밥이 빵보다 훨씬 낫다

쌀을 주식으로 하던 우리의 식문화는 30년 동안 많은 변화를 보였으며 그동안 곡류의 소비는 60% 감소하였다. 그 중 쌀의 소비가 68% 감소한 반면 밀가루의 소비는 267% 늘어났다. 연령별로 보면 20대가 가장 낮은 쌀의 섭취량을 보이고 빵 위주의 식단을 선호하는 것으로 나타났다. 우리나라의 쌀소비가 줄어드는 이유 중의 하나는 빵의 소비가 증가한 탓이다. 특히 20대의 빵의 소비가 늘고 있는 추세이다. 수업 시간에 20대 학생들에게 묻는다. "여러분들, 아침 식사에 무엇을 먹어요?" 나의 수업 듣는 학생들은 약 3분의 2는 밥을 먹는다고 하니, 그래도 다행한 일이다. 시간에 쫓겨 식사를 못하고 오는 학생들에게는 수업 중에 먹는 것을 허용한다. "굶어가면서 내 강의를 들을 필요는 없어요." 강의가 진행될수록 싸오는 식품이 점점 바뀌는 것을 눈치 챌 수가 있다. 교육을 받으면서 식품의 선택 안목이 생기기 때문이다.

빵의 발효에는 이스트의 먹이로 설탕을 넣는다. 그러나 대부분의 빵은 필요이상 설탕이 많이 첨가되어 있는데 빵이 굳어지는 것을 방지하기 위해서이다. 전분 식품은 식으면서 서서히 노화하는데 설탕은 노화를 늦춘다. 또 어린이들에게는 달콤한 빵이 익숙해져서 달아야 맛이 있는 것으로 생각이 된다. 또 빵에 바르는 것도 잼(설탕)과 버터(지방)이다.

주식으로 밥을 먹을 경우에는 설탕이 필요하지 않으나, 빵을 먹을 경우에는 본인도 모르게 설탕섭취가 불필요하게 증가한다. 가공한 식품을 하루 종일 먹을 경우, 현대인은 하루에 자신도 모르게 설탕 섭취가 1컵이 넘는다. 과잉의 설탕 섭취는 우리 몸의 면역계를 약화시킨다.

대량 생산되는 빵은 값이 싼 수입 밀이 주재료이고 또 여러 가지 첨가물이 들어있다. 또 판매대에서 며칠간 버티기 위해서 방부제도 필요하다. 우리가 매일 먹는 밥을 지을 때에는 이러한 것들이 들어가지 않는다. 아침에 빵보다는 밥이나 떡을 먹는 것이 훨씬 낫다. 쌀 단백질의 질이 밀보다 더 우수하기 때문이다. 현미의 단백가는 73, 흰 밀가루의 단백가는 52 정도이다. 아침에 양식으로 빵식을 먹게 되면 밥식보다 열량은 많고, 미량 영양소는 부족하다. 빵만으로 간단한 식사를 하는 것보다는 밥과 반찬을 갖추어 먹는 것이 영양소가 더 균형이 잡혀서 좋다. 아침에 간단히 떡과 과일을 먹어도 빵식보다 낫다.

아침 밥상과 아침 빵식 메뉴 비교(괄호안은 칼로리)

1. 밥식사	콩밥 210g(300), 아욱된장국 100g(60), 두부찜 80g(85), 시금치나물 86g(55), 콩나물 70g(35), 배추김치 50g(10)	545 칼로리
2. 편한 빵식	식빵 100g(280), 우유 200ml(120), 잼 20g(55),버터 15g(125)	580 칼로리
3. 갖춘 빵식	식빵 100(280)g, 딸기쨈 20g(55)g, 계란 프라이 50g(80), 기름 5g(45), 오렌지 중 1개(65), 우유 1잔(120)	645 칼로리

위의 3가지 메뉴의 열량을 비교할 때, 빵식은 지방섭취가 많아 열량이 높게 나온다. 열량이 더 많은 것이 배가 더 부른 것은 아니다. 우리의 위가 포만감을 느끼는 것은 씹는 작용, 위에 주는 무게, 부피 등 여러 요소이다. 위의 1의 밥식사는 가지 수도 많고 볼품 있게 한상 가득하다. 많이 씹는 식사이기 때문에 포만감은 빵식보다 1의 밥식이 더 좋고 열량은 2의 식사가 더 높다. 빵은 열량에 비해 무게가 밥보다 가벼워서 포만감은 1과 3이 서로 비슷하게 느껴질 것이다.

쌀의 소비는 계속 줄고 있다

1990년까지만 하더라도 한국인의 한해 쌀 소비량은 1인당 119.6kg(한가마 반)이었다. 통계청이 발표한 2002년 한국인의 한해 쌀 소비량은 1인당 87.0kg으로 2001년의 88.9kg보다 2.1%가 줄었다. 2004년의 한해 쌀소비량은 83.0kg으로 하루에 224.7g의 쌀을 먹었다. 하루에 2공기가 채 안되는 쌀을 먹는 셈이다. 이와 같은 감소는 라면과 같은 인스턴트 식품과 빵과 같은 대체식품의 소비증가에

년도	쌀소비량(kg)
1990	119.6
2000	93.6
2001	88.9
2002	87.0
2003	83.2
2004	82.0

원인이 있다. 우리 세대보다 우리 아이들 세대가 쌀보다 밀가루 식품을 더 많이 먹는다.

우리나라에서는 쌀의 소비가 감소하고 있지만, 미국인들 중 비만을 우려하는 지식인들은 쌀을 선호하여 현미(brown rice)나 야생미(wild rice)를 즐긴다. 그 한 예로 듀크 대학교 의과대학의 '라이스(Rice) 다이어트 프로그램'은 심장병 환자들을 위한 것이다. 이들은 현명한 선택을 하는 반면에 우리나라는 반대 현상이 나타나고 있는 중이다.

쌀의 소비가 감소하는 반면에 밀가루의 소비는 계속 증가하고 있는 추세이다. 밀가루의 소비는 지난 30년 동안 한해 소비량이 약 10kg의 증가를 보였다.

2001년의 영양조사에서 20~29세의 청년들의 아침 결식 비율은 45.4%, 3세~19세는 36.9%로 나타났다. 그 대신 열량 소모가 많은 이 연령층은 간식을 많이 먹는데, 3세~19세 연령층은 과자와 스낵류가 많았고, 20대는 빵과 케이크류, 라면이 주된 간식이었다. 1960년대 미국으로부터 잉여농산물로 밀을 거저 얻어서 우리나라에 분식 장려가 시작되었으나 이제는 밀가루 수

입국이 되었다. 우리 아이들이 수입 흰 밀가루의 주요한 소비층이 된 것이다.

흰 밀가루의 정체

밀은 가공을 거치면서 섬유소, 비타민, 무기질 성분을 반 이상 잃는다. 정제한 흰 밀가루는 영양소를 잃는 반면에 열량은 높아진다〈표 2〉. 밀배아는 비타민과 무기질의 함량이 많아 천연 영양 보충제로 쓰일 수가 있다. 미국 수퍼에서는 밀눈(Wheat germ)이나 브랜(bran)이라는 이름으로 쉽게 구할 수가 있지만 우리나라에서는 현미밥을 먹을 수 있는 건강 음식점에서 구할 수는 있을 것이다. 최근 우리나라에서도 '올 브랜(All Bran)' 시리얼제품이 시장에 선보이고 있다.

〈표 2〉 밀가공과 영양소

밀의 종류	열량 kcal	수분 g	단백질 g	지방 g	당질 g	섬유 g	회분 g	Ca mg	P mg	Fe mg	B_1 mg	B_2 mg	niacin
통밀	328	11.8	12.0	2.9	69.9	2.5	1.8	71	390	3.2	0.3	0.1	5.0
밀배아	247	9.2	27.9	9.7	47.0	2.1	4.1	65	1200	6.6	2.1	0.6	7.0
밀가루	366	13.7	13.8	1.0	0.9	0.2	0.4	13	119	0.8	0.1	0.1	0.6

미국에서 판매하는 흰 밀가루 봉지를 보면 첨가된 영양소가 많다. 밀기울을 벗겨내었기 때문에 없어진 비타민 B_1, B_2, 나이아신 등과 철분 등의 무기질을 강화한다. 우리나라에 수입된 밀은 국내에서 제분공정을 거친 후에 이러한 영양소를 강화한 표시가 없다. 즉, 미량 영양소는 많이 부족한 것이다. 그 대신 표백을 해서 밀가루의 색은 눈부시게 희다. 흰 밀가루로 만든 모든 제품에는 미량 영양소들이 부족하다. 맛있게 보이는 빵, 케이크, 파이, 과자, 스낵, 라면 등 모든 흰 밀가루 식품들은 비타민 군과 무기질군이 부족하다. 미국산 흰 밀가루의 표시를 보면, 블리치드(bleached)라고 되어있다. 요즈음 우리나라 청년들의 탈색한 노랑머리를 '브리찌' 라고 부르지만, 실은 탈색이라는 '블리치(bleach)' 인 것이다. 건강을 의식하는 사람들은 표백하지 않은(unbleached) 밀가루를 산다.

가공식품은 수입 밀을 사용한다

우리나라에 수입된 밀은 재배 과정에서 대량생산을 하기 때문에 화학비료, 살충제를 아낌없이 사용한 것이다. 또 운송과정에서도 품질을 유지하기 위해 포스트 하비스트(post harvest) 화학약품을 사용한다.

《먹지마, 위험해》를 출판한 일본자손기금은 수입 밀가루를 검사한 결과 신경독성이 있는 두 종류의 살충제를 검출하였다. 보존성을 높이기 위해서 사용한 포스트 하비스트 농약으로 살충제가 밀의 표면에 붙어있다고 했다. 또한 정부나 지방자치제의 연구기관에서도 이 수입 밀을 사용한 우동, 메밀, 과자, 스파게티 등에서도 유기인계 살충제를 검출했다. 이 살충제는 신경에 작용해 곤충을 죽이며, 사람에게도 약한 두통, 현기증, 권태감, 위화감, 불안감, 설사, 복통, 구토, 시력감퇴 등의 신경증상을 유발한다고 한다. 증상이 나빠지면 보행곤란, 언어장애 등도 일으키고 과민한 사람은 천식증상을 일으켜서 사망할 수도 있다고 한다. 일본자손기금의 연구에 의하면 미국산 밀에서 살충제가 가장 많이 나온다고 한다. 호주가 그 다음이고, 캐나다는 농약 검출치가 낮다고 한다. 우리나라에 대량 수입된 밀은 제분 과정에서 미량 영양소는 제거되고, 순백색으로 탈색이 된다. 우리밀보다 값이 훨씬 싸다. 그래서 수입밀이 아이들의 대량생산용 간식거리에 사용된다.

아이들이 좋아하는 시중의 스낵, 과자 등의 재료를 살펴보면, 소맥분(수입한 흰 밀가루), 팜유나 정제유지(포화지방산), 정제당, 정제염, 방부제, 인공향료, 인공색소 등의 첨가물이 들어간다. 또 옥수수가루나 감자전분, 대두 등의 표시는 '국산'이라고 표시하지 않은 이상 유전자 조작이 섞인 수입품이다. 어느 재료든지 우리 몸에 좋은 것은 없다. 우리 아이들도 먹는 음식이 몸이 된다. 우리 아이들이 이러한 먹거리를 많이 먹을수록 아이들의 면역체는 약해지고 알레르기는 갈수록 많아질 것이다.

흰 밀가루로 가공한 식품들은 주식이 되어서는 안 된다. 어쩌다 가끔 먹으면 모를까, 매일의 음식이 되면 위험하다. 라면은 대부분 튀김면인데, 시간이 지나면 기름이 산화하여 독극물로 변한다. 산화된 기름은 유전자에 상처를 입히고 노화를 촉진한다. 일본자손기금의 연구에 의하면 컵라면의 용기에서 화학물질이 용출되고 이 물질이 빠르게 라면으로 이동한다는 것이다. 이러한 물질은 운동 항진증을 유발하고, 학습장애와 서로 관련이 있다고 한다. 즉 두뇌, 신경계에 영향을 준다.

다음은 잘 알려진 A라는 크래커의 재료 내용이다

소맥분, 쇼트닝, 팜유, 백설탕, 소프트텐

식품 첨가물: 산화방지제―산성 아황산나트륨

많은 사람들이 '먹는 것이 건강의 기본이 되는 것'을 의식하지 않고 산다. 특히 젊은 나이일수록 그렇다. 건강은 돈으로 살 수가 없고 또 하루아침에 얻어지지는 않는다. 그러나 몸의 컨디션이 안 좋은 것은 몸이 말해주고 있는 것이다. 미국 의사들이 환자에게 흔히 사용하는 표현이 "네 몸이 네게 말한다(Your body tells you)."이다. 몸이 말하는 것을 듣는 사람은 현명하다. 감기, 알레르기 모두 몸이 말해주고 있는 증세이다.

우리밀에 관하여

미국의 값싼 흰 밀가루 때문에 우리밀의 종자가 거의 사멸할 뻔했다. 그러나 몇 년 전부터 우리밀을 생산하기 시작해서 이 제품들을 농협이나, 유기농 매장에서 구할 수가 있게 되었다. 우리 밀 통밀가루나 밀기울은 변패가 빠르기 때문에 냉장고에 보관하고 쓴다.

우리밀의 겉봉지에는 방부제, 표백제가 들어가지 않았다고 표시되어 있다. 어릴 때부터 통밀가루로 조리해서 누런색이 흰색보다 영양가가 많다는 것을 인식시킨다. 식빵, 국수도 우리 밀 통밀로 된 것을 구입한다.

나는 주말이나 방학이 되어 시간의 여유가 생기면 우리밀 통밀로 직접 반죽을 해서 다양한 빵을 만든다. 설탕과 기름을 사용하지 않고, 맛을 낼 수 있는 것을 생각하면서 실험조리를 한다. 아이들 어릴 때 이스트 반죽을 함께해서 찐빵이나 찐만두를 같이 만드는 기회를 만들어 보자. 찐빵 속은 붉은 팥을 흔히 사용하지만, 고구마, 단호박, 강낭콩, 완두콩 삶은 것, 건포도, 무화과 잼 등에 호박씨, 호두, 해바라기씨, 통들깨 등을 넣어 어릴 때부터 씹는 것을 즐기게 한다.

간단히 반죽 만드는 법

큰 반죽 용기에 이스트 큰 술 하나를 넣는다. 여기에 미지근하게 데운 두유 1컵을 넣는다. 잠시 후 들여다보면 이스트가 녹아서 위에 거품이 생긴다. 여기에 들깨가루 1/4컵을 넣고, 밀가루를 한 컵씩 넣으면서 젓는다. 질긴 반죽을 원하면, 유정란을 1~2개를 깨어 넣는다. 4번 째 컵을 넣을 때에는 반죽의 묽기를 조절하는데, 너무 질게 느껴지면, 조금 더 넣어도 된다. 계란이 들어가면, 밀가루를 더 넣는다. 가루가 모두 없어질 때까지 반죽을 잘 치댄다. 손에 잘 붙으면, 기름을 손에 약간 발라서 치댄다. 이렇게 하면, 부드러운 반죽을 잘 만질 수가 있다. 반죽 표면이 매끄러우면, 뚜껑을 덮어 반죽의 부피가 2배가 될 때까지 기다린다. 여름철에는 날씨가 더워 실온에서도 1시간 정도면 잘 부푼다. 겨울철에는 온기가 있는 곳에 담요를 씌운다. 이 반죽을 찐빵, 호떡, 찐만두, 피자 등 다양하게 응용할 수가 있다.

2. 현미 이야기

쌀은 세계 인구 절반이 주식으로 먹는 곡식이다. 쌀은 열량과 단백질의 훌륭한 급원이고, 다른 곡류에 비해 영양가가 좋다. 쉽게 소화되고 알레르기가 적은(hypoallergenic) 곡식이다. 쌀의 의미가 들어간 한자 중에서, 박(粕)자와 강(糠)자의 풀이를 보면 과학이 발전하기 이전 옛날 사람들의 지혜를 읽을 수 있다. 찌꺼기를 뜻하는 '박(粕)'자는 쌀 미(米)변에 흰 백(白)을 붙여 표기하는데, 이는 백미가 곧 찌꺼기라는 의미로 해석될 수 있다. 또 쌀겨를 뜻하는 '강(糠)'은 쌀 미(米)변에 튼튼할 강(康)을 붙여 쓰는데, 이는 쌀겨가 있는 쌀, 즉 현미는 몸을 튼튼히 한다는 의미를 지닌다. 현미의 표면인 강층(糠層)을 벗겨낸 것이 백미이다.

영어로 '브랜(bran)'이라 부르는 강층은 영양소의 농도가 가장 높은 층이다. 가공 상태에 따라 단백질의 함량은 11.5~17.2%, 지방은 6.2~31.5%, 섬유소는 6.2~31.5%, 무기질 8.0~17.7%이나 된다. 〈표 1〉의 두 종류의 쌀과 비교했을 때 모든 미량 영양소가 2배 이상이다.

〈표 1〉 쌀의 가공에 따른 영양소 비교(100g)

종류	열량 kcal	수분 g	단백질 g	지방 g	당질 g	섬유 g	회분 g	Ca mg	Na mg	P mg	Fe mg	Thiamin mg	Riboflavin mg	niacin mg	GI
현미	337	15.5	7.4	2.3	72.5	1.0	1.3	10	3	300	1.1	0.36	0.10	4.5	65
백미	351	15.5	6.2	0.8	74.5	0.3	0.6	6	2	150	0.4	0.09	0.03	1.4	75

자료: 박일화, 〈식품과 조리원리〉

강층은 인, 칼륨, 마그네슘, 실리콘의 함량은 높은 반면 칼슘과 나트륨의 함량은 낮다. 또 비타민 B군과 천연의 항산화제의 역할을 하는 비타민 E는 풍부하다.

첫 장에서 우리에게 필요한 식품으로 '씨를 맺는 식물'을 언급했다. 흰쌀밥은 입에 매끄럽고 그 감촉은 비단 같으나 물에 담가도 생명력이 없어 싹이 나지 않는다. 옆의 사진은 현미를 3~4일 동안 물에 담가 싹이 난 현미이다. 현미가 백미에는 없는, 싹이 터서 자랄 수 있는, 모든

3~4일 동안 물에 담가 싹이 난 현미

영양소들을 갖추고 있다는 것을 의미한다. 우리는 이 영양소들을 눈으로 볼 수는 없지만 이러한 자연적인 현상을 통해 깨달을 수는 있다. 이 영양소들은 우리의 세포 안에서도 매우 중요한 역할을 한다.

　　부처도 《불경》에 '전체식'이라고 하여 모든 식재료를 버리는 것 없이 다 먹으라고 하였다. "채소는 뿌리에서 잎까지, 열매는 과육과 껍질까지 먹으며 식재료를 걸러내고 남은 물까지 음식을 만드는 데 이용하라"는 의미라는 것이다. 이렇게 하면 식물이 가지고 있는 모든 영양소를 섭취할 수 있기 때문이다. 요즈음 웰빙과 더불어 유행하는 '토탈 푸드(Total Food)'의 개념은 새로운 것이 아니라 이미 몇 천 년 전부터 존재했다.

열량, 섬유소, 포만감, 비만

　　〈표 1〉의 비교에서 현미의 열량은 같은 무게의 백미보다 적지만 현미밥은 포만감을 준다. 현미밥은 흰쌀밥보다 오래 씹게 되고 섬유소의 양이 많아서 혈당을 쉽게 조절한다. 현미밥은 이러한 요인들 때문에 흰쌀밥처럼 쉽게 공복감이 생기지도 않는다. 그러므로 현미밥을 주식으로 하는 사람들에게는 비만이 없다. "밥을 먹으면 살찐다"라고 하며 아침을 과자로 때우는 '엉터리 다이어트'를 하는 학생들도 있다. 미량 영양소가 부족한 과자는 밥보다 열량이 더 많으면서도 포만감을 주지 않는다. 오히려 설탕이 들어있어 저혈당을 유발하여 허기지고 더 먹고 싶은 충동을 불러일으킨다. 이런 다이어트로는 체중이 빠지기는커녕 오히려 더 증가한다. 밥을 주식으로 하는 한국인 중 비만인은 흰쌀밥을 즐기는 사람들이다. 비만을 해결하려면 현미밥으로 바꾸고 매일 30분씩 걷기만 해도 체중은 빠진다.

　　〈표 1〉에서 백미와 현미의 섬유소 양을 보면 약 세배의 차이가 나며, 현미밥으로부터 얻는 섬유소의 양은 다른 반찬보다 많다. 비타민과 무기질도 3~4배의 차이가 난다. 농약을 우려하는 사람들은 "현미가 백미보다 농약이 더 묻어있다"라고 생각한다. 물론 농약 없이 생산한 유기농 쌀이 가장 좋지만 유기농이 아닌 현미도 그 섬유소가 농약성분을 흡착하여 배설해 나가는 것을 밝히는 연구가 많이 나와 있다. 섬유소는 우리 몸에 알게 모르게 들어온 발암성 물질들도 흡착해서 배설한다. 우리는 밥을 주식으로 하기 때문에, 즉 섭취량의 반 이상이 밥이기 때문에 현미잡곡밥으로부터 얻는 섬유소가 가장 많다. 30년 전에는 섬유소가 무기질의 흡수를 방해하는 불필요한 것으로 간주되는 경향이 있었다. 이제 섬유소는 우리 몸을 보호하는 역할을 하는 필수성분이다.

단백질, 지방, 비타민과 무기질

　　현미 단백질은 백미보다 더 많고, 질도 백미보다 우수하다. 단백질 이야기 편에서 현미의 단백가는 73인 반면, 백미의 단백가는 64로 나와있다. 지방은 현미가 백미보다 많은데, 필수지방산이 들어있어 우수하고, 또 이 지방에는 항산화제 역할을 하는 비타민 E가 많다.

현미의 씨눈에서 싹이 나려면, 배유에 있는 전분(탄수화물)이 효소에 의해서 포도당으로 분해 되어야 한다. 분해 된 포도당이 계속 대사가 되어 싹의 성분 및 에너지 자원으로 쓰이려면 비타민 B군이 필수적으로 필요하다. 표1에는 B군으로 B_1, B_2, 나이아신 세 가지만 대표로 나왔지만 다른 비타민의 변화도 마찬가지이다. 백미의 비타민 B군은 도정과정으로 인해 현미보다 1/3 이하로 줄었다. 무기질도 역시 마찬가지인데 약 반 정도로 줄었다.

〈표 2〉 쌀씻기와 밥짓기 후의 비타민 B_1의 변화

쌀의 종류	조리 전(mg %)	씻은 후(mg %)	조리 후(mg %)
현미	0.35	0.35	0.25
백미	0.07	0	0

자료 : 박일화, 《식품과 조리원리》

현미밥으로 1,300칼로리(총 섭취 2,000칼로리 중 탄수화물의 비율을 65%로 함)를 섭취했을 때 비타민 B1의 섭취량은 1.38mg이다. 같은 열량의 흰쌀밥의 비타민 B1은 0.33mg이다. 2,000칼로리에 대한 비타민 B1 권장량은 1.0mg이며, 흰쌀밥으로부터 얻는 비타민 B1은 권장량의 1/4 수준이다. 그런데 〈표 2〉에 의하면, 그나마 백미를 씻어 밥을 지은 후에는 남는 것이 없다. 다시 말하면, 흰쌀밥에서는 비타민 B군을 기대하기는 어렵다. 《초라한 밥상》의 저자는 하루 흰쌀밥의 비타민 B1의 차이를 부식으로 메꾸려면, 달걀 10개, 우유 1.8리터, 양배추 1kg, 사과 5kg 정도를 먹어야 한다는 재미있는 계산을 했다.

〈표2〉에서 밥을 지은 후 결과를 보면, 백미는 씻는 과정에서 수용성 비타민을 모두 잃었다. 현미는 씻는 과정에서는 변동이 없고 조리 후 조금 잃었다. 비타민 B군은 수용성이므로 물에 잘 녹고 열에 약하다. 결국 흰쌀밥에서는 수용성 비타민을 기대하기 어렵다. 현미의 피막은 강하고 탄력이 있어 외부로 스며드는 수분을 받아들여 부풀기는 하지만 영양소가 밖으로 빠져나가는 것은 막는다.

2001년도 영양 조사 대상자의 97%가 흰쌀밥을 먹고 있는 실정을 볼 때 대부분의 한국인이 현미밥을 선호하지 않는다. 흰쌀밥 맛에 오랫동안 집착하면 결국 비타민 B군의 결핍증을 겪게 된다. 현대인의 만성피로, 신경쇠약, 불면증, 불안, 초조 등은 당장 생명에는 지장이 없으나, 살아가는 동안 무언가 몸의 불편함을 느낄 때에는 우선 주식부터 바꿀 필요가 있다.

우리 몸은 자연의 일부이므로 자연으로부터 얻는 영양소가 그대로 전달되어야 한다. 문명이 발달할수록 식품 가공기술이 발전하여 다양하고 풍부한 상품을 생산하지만, 위의 표들에서 볼

수 있는 바와 같이 미량 영양소(비타민과 무기질)의 손실과 파괴로 인한 불균형은 우리 몸에 악영향을 미친다.

기적을 낳는 현미

약처방 대신 현미밥 처방으로 유명했던 의사, 정사영 박사의 《기적을 낳는 현미》에 의하면, 우리나라에서 백미가 출현한 것은 이조 중엽이라고 한다. 세종대왕이 당뇨병을 앓아 만년에는 옆 사람도 알아볼 수가 없을 정도라고 하는 기록을 보면, 임금님들은 이미 그 이전부터 흰쌀을 잡숫지 않았나 싶다. 당시에는 백미가 워낙 귀해서 어미(御米)라고 불렸다는 것이다. 물론 이 귀한 어미는 임금님과 양반용이다.

서양도 고대에는 고운 가루로 만든 떡은 제사장이나 먹을 수가 있었고, 흰 밀가루로 만든 귀한 빵은 로마와 그리스의 귀족들만 먹을 수 있었다. 변의 양이 작게 나오기 때문에 영양분이 많은 줄 알았다는 것이다. 이렇게 동·서양의 귀족들이나 먹을 수 있었던 귀한 흰쌀밥과 흰 빵을 산업혁명 이후에는 가난한 사람들도 먹을 수 있게 되었다. 그런데 영양소는 눈에 보이지 않기 때문에, 비타민 결핍증이 입에 매끄러운 흰 빵과 흰쌀을 주식으로 하는 식생활에서 오는 것을 사람들은 몰랐다.

비타민에 관한 연구는 1900년 이후에 밝혀지기 시작했으나 아직도 대부분의 사람들은 여러 질병이나 많은 증상이 식생활과 관련 있다는 것을 모르고 산다. 1900년대 중반부터 전분의 소화과정에서 나온 포도당이 세포 안에서 열량을 내려면 비타민 B군이 필요하다는 사실이 밝혀졌다. 위의 마쿠우지 히데오의 계산에서 밝힌 것처럼 흰쌀을 주식으로 할 때에는 비타민 B군이 턱없이 모자란다. 정사영 박사의 재미있는 지적은 비타민 B군의 결핍은 뇌장애(encephalopathy)로 오는데, 이 증세는 자세히 보면, 저혈당 증세와 비슷하다.

- 판단력이 흐려진다.
- 질투심이 강해진다.
- 배타적이고 이기적이 된다.
- 현실과 꿈을 혼동한다.
- 과대망상증에 걸린다.

소위 어미(御米)라는 이름으로 등장한 백미가 우리 조상들의 체질을 약하게 하고 조선 양반 사회 전체에 뇌장애가 나타나게 했으며 급기야 당쟁과 사화 등 피비린내 나는 역사를 기록하게 했다는 주장은 매우 타당성이 있어 보인다. 당파싸움이나 현대사회의 왕따나 다 비슷한 원인에서 온 것이 아닌가 싶다.

현미와 잡곡으로 햇반 만들기

구약성경 (에스겔 ; 4장 9절)에 우리의 오곡밥과 비슷한 레시피가 있다.

"너는 밀과 보리와 콩과 팥과 조와 귀리를 가져다가 한 그릇에 담고 떡을 만들어 ……."

이 고섬유식 레시피는 BC 592년경에 예언자 에스겔이 예루살렘에 있는 유대인에게 준 것이다. 그 당시의 밀과 보리와 같은 곡식은 모두 통곡식이다.

바쁜 현대인들이 쉽게 살 수 있는 식품들은 모두 정제한 재료로 만든 가공식품들이다. 주부가 영양에 관심을 두면 가족의 건강수준을 향상하고 만성병도 예방할 수가 있다. 나는 항상 일이 많기 때문에 현미 오곡밥을 일주일에 2~3번 짓는다. 일주일에 한번 곡식들을 씻어 반은 밥을 짓고, 반은 냉동실에 보관한다. 밥을 다 먹으면, 냉동한 쌀을 해동하여 밥을 짓는다. 밥하는 날만 제외하고는 아침마다 데워서 먹는데 콩과 팥의 씹히는 맛이 일품이며 현미찹쌀과 차수수로 인해 찰기가 있어 맛이 구수하다.

일본의 현미밥, 오곡밥과 같은 상품은 우리보다 앞섰다. 생활이 바쁘면 이러한 상품을 살 수도 있으나, 집에서 일주일에 한두 번 밥을 해도, 사먹는 밥보다는 더 다양한 좋은 재료로 집의(自家, home made) 음식이 영양면에서 더 훌륭하다. 옆 사진의 일본식 현미 햇반 상품은 유효기간이 1년이 넘는다.

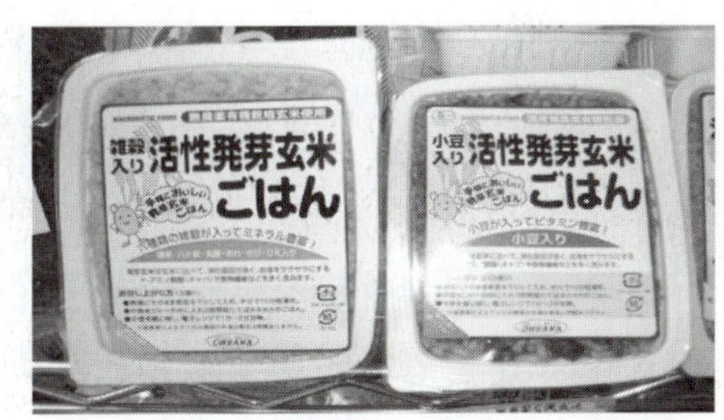

일본의 현미 햇반

싹을 틔운 발아 현미를 사용한 상품, 율무, 콩, 팥 등 여러 곡식을 섞은 다양한 상품이 있다.

가정에서도 이와 같이 더 맛있는 잡곡으로 압력솥에 밥을 지은 후 작은 포장으로 냉동보관하여, 필요할 때 꺼내 전자레인지에 데워 먹으면 된다. 햇반의 원리는 압력밥솥에 밥을 지어, 김이 빠지기 전에 용기에 담아 포장하고 곧 냉동하면 밥맛이 오래 유지되는 것이다. 이러한 요령으로 보관하면 맛있는 가정용 햇반을 즐길 수 있다.

현미밥은 변비를 해결한다

학기 초 기초영양학 시간 탄수화물 시간에는 반드시 질문을 한다.

"변비 있는 학생 손들어보세요"

매 학기마다 반수 이상이 손을 든다. 한국인이 쌀을 주식으로 하지만(총열량의 60% 이상을 밥에서 취하면서) 정제과정에서 1/3로 감소한 섬유소의 양 때문에 변비가 될 수밖에 없다. 과일과 야채를 먹는다고 해도 쌀에서 잃어버린 섬유소를 보충할 만큼 충분하지는 않다. 학기 중간에 이따금, "현미밥으로 바꾸었어요?"하고 묻는다.

변비 경력 몇 십 년을 가진 사람도 식사를 바꾸면 그 다음날부터 해결이 된다. 학기 도중 학생들로부터 이메일이나 보고서를 읽고 변비가 해결이 되었다는 소식을 자주 들으면 재미있다. 20대 학생들이라 생각도 참신하고, 발랄하고, 게다가 수업도 잘 따라오니 참 이쁘다. 심지어는 친구들에게 설명하고 가족들까지 설득한다. 어느 봄 학기 개강 날 새로 온 조교가 지난해 내 과목을 수강한 학생이었다. 나를 보자마자 첫마디가,

"선생님, 작년에 강의 듣고 변비를 해결했어요."라고 한다. 게다가,

"그 뚱뚱한 아무개는 체중을 20kg을 뺐어요."

학기 초에는 많은 학생들이 자기 몸의 여러 증세의 원인이 식생활 탓인 것을 모른다. 학기가 끝날 즈음, 많은 학생들이 식생활을 바꾼 후 다양한 증세가 해결되었다고 기뻐할 때에는 나도 역시 기쁘다.

통곡식은 보약이다

당뇨병 환자는 혈당을 조절하기 위해서 섬유소가 가장 많이 필요한 사람들이다. 쌀이 주식인 한국인은 밥으로부터 섬유소를 가장 많이 얻을 수 있다. 혈당을 조절하는 데는 잡곡밥의 섬유소가 가장 효과가 있기 때문이다. 이러한 식사와 운동만으로 혈당을 조절하는 사람들이 있는 반면에 흰쌀밥에 집착하는 당뇨환자도 많다. 환자의 식이에 섬유소가 충분하지 못하면, 혈당은 조절이 되지 않고 결국은 합병증이 온다.

현재 시중의 일부 교과서나 병원식이를 점검하면 아직도 흰쌀밥을 볼 수가 있다. 병의 치료를 위해서 가장 좋은 것이 '섬유소가 많은 식사' 라는 교육이 되어야 한다. 환자들이 약을 좋아해서 복용하는 것이 아닌 것처럼, 식사도 점차적으로 섬유소가 많은 식사로 옮겨갈 수 있도록 교육이 되어야 한다. 약만 먹으면 해결이 될 것으로 믿는 사람들이 많으나 약으로는 해결되지 않는다. 이러한 점을 지적해도, 절대로 현미로 바꾸지 않는 고집쟁이들이 주변에 많다. 선택은 자유이다.

약학에서는 현미를 갱미라고 하는데 기(氣)를 보해주고, 항암역할을 하는 것으로 알려져 있다. 주부가 통곡식 영양소의 중요성을 알고 아기에게 좋은 음식을 주기를 원한다면, 이유식부터 영양소가 많은 현미가루로 만든 죽으로 시작한다. 또 다양한 곡류를 어릴 때부터 먹을 줄 알면 편식을 하지 않고 건강하게 자란다.

나도 흰쌀밥을 먹었던 30대에는 오후에 쉽게 지쳤지만 건강식을 하는 지금은 그러한 피곤함이 없이 일을 할 수가 있다. 피곤함을 느끼는 것은 세포가 에너지를 제대로 생산하지 못한다는 증거이다. 비타민 B군이 부족하면 에너지가 나올 수가 없다. 현미와 현미찹쌀에 팥, 검은 콩, 수수 등을 넣으면 붉은 색, 기장과 메주콩을 넣으면 노란색, 차조와 녹두를 넣으면 녹색계열의 색이 된다. 밥도 노란 밥, 붉은 밥, 녹색 밥, 분홍 밥 등 다양한 색을 내어 즐길 수가 있다.

학교급식과 군대급식도 영양교육과 더불어 현미잡곡밥으로 전환했으면 한다. 단체급식의 목적은 영양이 우선이기 때문이다.

수원의 수봉재활원은 쌀을 직접 도정해서 현미밥을 급식하는 특별한 복지기관이다. 원장님은 "이러다간 모두 병든다"라는 책을 쓰신 분으로 풍부한 경험과 특별한 철학을 가지신 분이다. 경험에서 우러나서 하신 말씀인데, "현미밥을 먹는 원생들은 싸움이 없다"라고 하신다. 정제한 곡류와 정제당을 섭취하면 호르몬 균형이 급격히 변하기 때문에 성격의 변화가 생겨 싸움으로 진행될 수가 있다. 과학은 이미 식생활과 성격의 변화와의 관계를 인정하고 있다.

현미밥을 안 먹는 이유

수확한 쌀은 왕겨를 벗기면 과피(속겨)로 싸여 있는데 속겨층은 섬유가 많고 단단하다. 속겨층 때문에 밥이 잘 퍼지지 않고 소화가 잘 안된다는 이유로 많은 사람들은 백미를 선호한다. 하지만 요즈음은 압력솥을 어디서나 구할 수가 있고 현미와 현미찹쌀을 1 대 1로 섞어서 밥을 지으면 밥맛이 구수하다. 게다가 콩과 팥, 찰옥수수의 씹히는 맛은 일품이다. 어린이들이 콩을 싫어하는 것은 엄마들이 콩

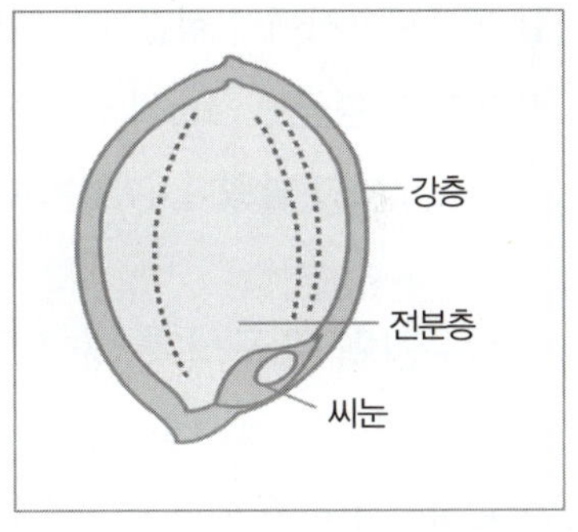

을 먹이지 않았거나 조리법이 잘못되었기 때문이다. 흰쌀밥을 보면 무언가 부족하다는 생각이 든다(실제로 많은 영양소가 부족하다). 학기 초에 통곡식의 중요성을 강의하고 학기 도중에 여러 차례 현미밥으로 바꾸었는지를 질문한다.

"여러분 요즈음 현미밥을 드세요?" 하면 20대 학생들의 경우에는, "부모님이 싫어해요" 특히 아빠들이 싫어한다고 한다. 주부들에게 질문하면, "애들이 안 먹겠다고 해요"라고 한다.

그래도 학기가 끝날 즈음에는 많은 학생들의 식생활이 바뀌었다고들 한다.

현미밥은 비만을 예방한다

미국인들을 볼 때 한심할 정도의 비만을 많이 목격한다. 대학가의 교실에도 20대 학생들 중 반 수가 비만으로 보인다. 이들은 열량에 관심이 많으나 먹는 음식은 항상 정제 곡류와 정제당으로 만든 수많은 가공식품들이다. 식품을 바꿀 생각들을 하지 않는다. 이들의 주변 가까이 한식이라는 선택이 있으면 체중을 내릴 수가 있을 것이다.

한국사회에서 식생활의 서구화로 문제를 삼기는 하지만 20대 학생들을 볼 때 아직도 비만이 미국 수준은 아니다. 이것은 두 식문화를 비교해 볼 때 한 국인이 밥 위주의 식사를 하기 때문이다. 얼마 전 신문에 "비만인은 밥을 좋아한다" 라고 나왔는데 이들이 먹는 밥은 물론 흰쌀

밥이다. 물어볼 필요도 없다. 흰밥 은 잘 씹지 않아도 되기 때문에 과잉섭취가 가능하다. 제목은 "비만인은 흰 밥을 좋아한다"로 나와야 한다. 이들이 통곡식 위주의 밥을 오래 씹는 훈련을 하게 되면, 과잉의 섭취로 인한 비만을 해결할 수가 있다. 운동까지 하면 금상첨화이다.

현미 위주의 자연식을 하는 사람들은 열량을 염두에 두지 않아도 비만이 없다. 열량계산은 체중이 과다한 사람부터 항상 신경 쓰는 항목임에도 불구하고 흰 밀 가루와 흰 설탕으로 만든 가공식품과 흰밥을 선호하면 체중이 감소할 수가 없다. 통곡식은 잘 씹어야 삼킬 수가 있고 씹는 과정이 포만감을 주기 때문에 과식을 할 수가 없다. 야생동물 세계에는 비만이 없다. 비만은 정제 곡류, 정제당, 정제지방의 과잉섭취의 부산물이다.

미국 터프츠 대학 영양역학교수 크리스텐 뉴바이 박사는 '농업연구' 6월호(2004년)에 발표한 연구보고서에서 식습관이 다양한 459명을 대상으로 실시한 조사 결과 흰빵 그룹은 허리둘레가 매년 평균 3.7cm씩 늘어나 3년 후에는 허리둘레 증가율이 통밀빵 그룹에 비해 3배가 높게 나타났다고 밝혔다. (워싱톤 AP=연합뉴스)

서구인의 통곡식에 대한 인식

내가 TWU에 다닐 때에는 매주 수요일마다 영양학과 대학원 학생들의 모임이 있었다. 점심을 싸가지고 와서 서로 의견을 나누기도 하고 발표를 듣기도 하였다. 교수나 학생이나 모두 자기가 만든 음식을 싸오는데 모두 한결같이 통밀빵 샌드위치와 야채와 과일을 준비해 온다. 어떤 학생은 자기가 만든 통밀 피자를 먹기도 한다.

미국 대학교 구내식당에서도 통밀빵을 항상 준비한다. 심지어 로마 린다 대학교(캘리포니아주)의 카페테리아에서 톨틸라 스킨(맥시칸 음식)도 통밀 제품을 준비해서 감격한 적도 있었다. 서구사회에서는 서구에서는 통밀로 만든 빵이나 통밀로 만든 베이글은 어디에 가든지 쉽게 구할 수가 있다. 또 그 사회에서 흔히 볼 수 있는 귀리로 만든 빵은 색깔이 아주 진한 갈색(초콜릿색)이다. 우리사회에서 빵 제품은 상당히 다양해졌지만 이러한 빵은 생산해도 팔리지 않아서인지 여지껏 본 적이 없다. 또 우리밀 통밀 빵을 구하기 위해서는 손수 빵을 만들거나, 아니면 일부러 건강식당까지 찾아가야만 한다.

아직 우리나라에서 현미밥을 준비하는 단체 급식은 거의 없다. 영양사들이 영양학 전공일 것이나 '원하는 학생들이 없다' 는 이유일 것이다. 나의 강의를 듣는 학생 중 기숙사 생활을 하는 학생들의 불평이다. 할 수없이 밀기울이나 쌀기울을 사서 식후 한 숟가락씩 보충해서 먹으라고 한다. (맛은 없으나 비타민 알약보다 훨씬 값이 싸고 효과적이다)

뉴욕의 맨해튼에 사시는 이모님을 방문할 때마다 바로 이웃에 있는 '페어웨이(Fairway)' 라는 식품점에서 장을 본다. 그곳에서 항상 기본으로 구입하는 것이 켈로그 '뮤스릭스(Muslex)'

시리얼이다. 여러 가지 통곡식, 견과류, 건포도를 넣어서 맛이 좋다. 'Wheat Bran(밀기울)'도 쉽게 구할 수 있는 시리얼이다. 아직 국산으로는 구할 수가 없어 시간여유가 있을 때에는 오트밀과 통밀로 그라뉼라를 만든다.

맨해튼의 중국이나 월남, 타일랜드 레스토랑에서는 주문을 받은 후 항상,

"흰쌀밥을 드릴까요, 현미밥을 드릴까요(White rice or brown rice)?"하고 묻는다.

현미밥에 대한 수요가 있으니 늘 준비를 하고 묻는 것이다. 주문해서 나오는 현미밥은 우선 끈기가 없어 (나의 현미밥보다)맛이 없다. 그래도 고객을 위해서 부지런히 현미밥을 준비는 한다. 같은 블럭의 대부분의 한국 레스토랑에서는 선택의 여지가 없이 아직도 흰쌀밥이다.

우리나라의 한식당도 대개 마찬가지이다. 서울에서 현미밥을 먹을 수 있는 음식점은 아직 손에 꼽을 정도이다. 쌀을 주식으로 하는 한국인의 통곡식에 대한 인식이 아직도 낮음을 반영하는 것이다. 그나마 다행인 것은 보리밥집은 최근에 많아졌다. 보리밥에 콩을 섞으면 더욱 좋다.

밥과 떡을 더 좋아하는 아이들

한살림 6월 14일(2004년) 신문에 난 기사의 제목이다. 광진 공동육아의 어린이집 27명과 방과 후 교실 아이들이 18명 모두 45명의 어린이들의 점심과 간식에 유기농 식재료를 사용한다는 기사이다. 영양교사에 의해서 시작이 되었는데 혁명을 가져온 생각이 참으로 이쁘다. 이미 이렇게 실천하고 있는 사람들이 있다는 것은 우리 사회가 살아있다는 증명이다.

영양교사의 식단의 원칙을 보면,

- 밥 위주에 국 한 가지와 반찬 세 가지를 기본으로 하고 모두 제철 재료로 마련한다.
- 간식은 감자가 나올 때에는 찐 감자를, 고구마가 나올 때에는 찐 고구마를 준비한다. 튀김류는 모두 없앴다.
- 기름이 들어가는 볶음 음식도 되도록 줄이고 꼭 필요하면 기름 양을 최소화한다. 기름 대신 물에 볶고 들깨 가루를 넣는 방법이 영양면에서 훨씬 좋다
- 설탕대신 조청을, 가공식품 대신 자연식품을, 고기류는 최소화하고 신선한 야채 위주의 식단으로 대폭 조정했다고 한다.
- 간식의 혁명: 빵, 달콤한 과자, 사탕은 거의 사라지고 대신 쌀가루에 쑥, 단호박 등 계절마다 나오는 재료로 아이들과 직접 떡을 만든다. 아이들은 자신들이 직접 만든 떡을 먹는다고 기뻐한다. 수시로 가래떡, 개떡, 인절미, 각종 죽, 꼬마김밥, 오곡 주먹밥, 멸치 주먹밥, 밥부침(식은 밥에 다진 각종 야채를 넣고 계란을 풀어서 부치는 것), 약식, 찹쌀부꾸미 등을 만든다.

아이들이 어릴 때부터 조리에 참여하는 것은 남녀를 불문하고 매우 중요한 산교육이다. 이

기사를 읽고 감동을 받았다. 몇 해 동안 복지학과 학생들이 보고하는 어린이집에는 이러한 식단이 전혀 없었다. 주로 시중에서 판매하는 간식거리를 사 먹이는 것이 일반화 되었다. 우리나라의 현실이 그런가보다 했는데, 위와 같은 어린이집과 영양교사가 있는 것은 우리사회의 희망이다. 또 같은 면에 실린 '밥의 힘'이라는 기사는 현미밥을 좋아하는 초등학교 5학년 어린이의 글이다.

"옛말에 똥구멍이 찢어지게 가난하다는 말이 있대요."

"이 말은 곡식을 못 먹고 낱알의 껍질이나 나무뿌리, 풀과 같은 거친 음식을 먹어서 똥구멍이 찢어진다는 뜻이래요."

"지금은 하얀 쌀밥만 먹으면 똥구멍이 찢어져 그날은 의자에 앉기도 힘들어요."

"보리, 현미, 율무, 밀 등을 합쳐 밥을 지어 먹는 한살림 잡곡밥은 정말 꿀맛이랍니다. 제가 이렇게 에너지가 넘치는 것도 모두 밥의 힘일 거예요........."(사실 이 말이 맞는 말이다)

나보다 이 어린이가 훨씬 낫다. 현미밥으로 에너지가 넘치는 것을 나는 생화학을 4차례 공부하고 그 뒤로 한참 지나서야 깨달았으니 말이다. 또 변비로 고생하는 내 클래스의 대학생 언니들보다 훨씬 낫다. 나의 수업 듣는 학생들의 글을 읽어보면, "이런 상태로 어떻게 살았나?" 할 정도로 심한 경우도 많다.

이 어린이는 잡곡밥과 유기농으로 만든 음식을 골고루 먹게 되면서 종아리 부분에 오랫동안 앓아오던 아토피 증세도 모두 사라졌다는 것이다. 물론 가끔은 친구들과 일반 간식거리를 먹기도 하지만, 주식이 제대로 된 식사를 하는 것이다. 또 엄마 없을 때에는 밥도 잘 짓고 오빠도 라면으로 한 끼를 때우는 대신에 잡곡밥을 지어먹는다고 하니 참으로 신통한 어린이들이다.

학교 급식이 왜 '우리 농산물'로 바꿔야 하나?

학교급식은 식재료 저가 입찰제, 위탁급식 등 자본의 원리로는 우리 아이들이 잘 먹고 잘 자라는 환경은 만들어지지 않는다. 학교급식이 친환경 우리 농산물로 제공되면, 농민도 살고, 국민도 살고, 환경도 산다. 오염된 먹을거리와 잘못된 식습관이 우리 아이들의 미래를 도둑질하고 있는데도 상업성의 무지와 무책임한 어른들에 의해 방치되면서 아이들이 병들어가고 있다. 이로 인해 다음의 현상이 나타난다.

- 정자수 감소
- 면역기능 저하
- 불임의 증가
- 반사 신경 둔화
- 비만
- 각종 암과 성인병의 발생
- 기억력 및 학습능력 저하
- 두뇌의 비정상적인 발달
- 만성 피로증후군과 같은 신경계통의 이상
- 충동성의 강화로 나타나는 이상행동

(한살림 신문 5월 31일)

보약은 우리나라에서 생산한 유기농 먹거리

건강을 지키는 가장 좋은 보약은 우리 땅에서 재배되는 안전한 먹거리이다. 우리 아이들이 유기농 현미밥을 먹고, 유기농 야채를 먹을 수 있다는 것은 앞으로 우리나라의 미래에 청신호이다.

코엘료의 《연금술사》에서 양치기 주인공이 보물을 찾기 위해 객지를 떠돌다가 결국은 자기 고향 땅 자기 발밑에서 보물을 발견하는 것처럼, 우리 한국인의 보약은 우리 땅에서 조상 때부터 내려온 방법으로 키운 안전한 농산물이다. 멀리 있지도 않고 구하기 힘들지도 않은 '현미오곡밥', 이런 음식이 보약이다. 비싼 음식이 보약은 아니다. 이러한 친환경 농산물을 모두가 선호하면, 우리 국토는 그만큼 덜 오염될 것이고, 농민도 살고, 암 발생률도 줄어들 것이며, 환경오염으로 인한 질병이나 기형아 출생률도 줄어들 것이다.

우리나라에서는 신생아 1백 명 중 4명꼴로 해마다 3만여 명이 크고 작은 기형을 지니고 태어나는 것으로 보고 되고 있다. 이는 70년대 초 국내기형아 출산율 1.3%보다 무려 3배 정도 늘어난 수치이다. 환경호르몬의 대부분은 농약으로 사용된 화학물질이다. 이로 인해 자연에 사는 생물들의 기형이 계속 발견되고 있는데, 인간만은 안전하다는 보장은 결코 없다. 현재 우리나라 기형발생율의 증가는 우리의 마음을 무겁게 하며, 가임기 여성일수록 먹거리의 안전에 관심을 가져야 한다.

3. 섬유소 섭취는 매우 중요하다

산업혁명은 곡식의 도정과정에도 혁명을 일으켜서 정제한 흰 밀가루 빵은 19세기 가난한 사람들의 주식이 되었다. 1980년도에 미국 대형 수퍼마켓에서 세일 기간 중 흰 식빵이 4봉지에 1달러였던 것이 아직도 기억이 난다. 그 당시 한국의 4분의 1에 해당하는 가격이었다.

20세기 전반부에는 영양학자들이 주로 비타민과 무기질에 관심을 가지고 있었다. 당시의 교과서에 섬유소는 몇 줄 밖에 언급되지 않았으나 그래함 크래커로 유명한 그래함 목사, 시리얼로 유명해진 켈로그 박사, 영국 해군 군의관 클리브 박사는 오래 전부터 전통적인 통곡식에 열정을 가지고 있는 사람들 중에 속했다.

1970년대만 하더라도 대부분의 사람들은 문명국에 흔한 많은 질병들이 섬유소 부족 때문에 생긴 것을 몰랐다. 오랫동안 곡식의 껍질은 동물의 사료로 사용되었다. 이 때에 문명국에 흔한 질병들이 섬유소 부족일 것이라는 가설을 제공한 사람은 영국인 외과의사 버킷 박사이다. 그는 아프리카에 외과 의사로서 근무했었고 영국 왕립학회의 회원으로도 선출될 정도로 의학계의 인정을 받은 유명한 의사이다. 영국인들은 오랜 세월 식민지를 유지하기 위해 관찰력이 발달했는데, 이러한 관찰력이 역학(疫學)의 발달로 이어졌다. 다음 〈표 1〉은 섬유소의 섭취부족과 관련된 질병에 관한 역학조사이다.

〈표 1〉 퇴행성질환의 이환율 비교

질 병	미국(발생률)	아프리카(발생률)
심근경색	사망의 1/3에 해당	거의 알려져 있지 않은 질병
게실증	결장의 흔한 질병	거의 알려져 있지 않은 질병
열공탈장	50세 이상 반에 가까움	거의 알려져 있지 않은 질병
담석증	성인 인구의 10% 이상	매우 드묾
맹장염	가장 흔한 질병	농촌에는 알려지지 않음
결장과 직장암	폐암 다음	매우 드묾
정맥류	성인 인구의 10% 이상	0.1% 미만, 문명화로 증가시작
비만	성인 인구의 50%	전통식으로 드묾
치질	50세 이상 50%	드묾

(Burkitt 등. JAMA, Aug 19, 1974 · Vol 229, No 8)

과거의 세균성 질환은 의학의 발달로 어느 정도 정복되었지만, 비감염성 질환은 이제 최고의 사망률을 차지하고 있다. 이러한 질환은 풍요한 서구 사회에는 흔하지만 아프리카와 같은 지역에는 서양 문물이 들어가지 전까지만 하더라도 매우 희귀한 질병이었다. 위의 질병들은 언뜻 보기에는 섬유소의 섭취와 관련이 없어 보인다. 그러나 치질, 게실증, 열공탈장, 정맥류는 변비로부터 시작해서 복압이 상승하는 것과 관련이 있다. 담석과 심장병 같은 혈관질환은 높은 콜레스테롤 섭취와 관련이 있다. 섬유소는 콜레스테롤의 흡수와 담즙의 재흡수를 억제해서 배설을 촉진하기 때문에 혈액내의 높은 콜레스테롤 수치를 낮추는 역할을 한다.

변비는 많은 질병의 원인

정제한 곡류식품, 정제당, 우유제품을 주로 먹는 사람에게 흔한 증세는 변비이다. 이 증세가 오랫동안 계속되면 치질, 게실증, 게실염, 용종(대장안의 종양), 열공탈장, 정맥류, 담석증 등으로 발전한다. 이러한 증상은 또한 맹장염, 당뇨병, 관상동맥혈증(심장병), 뇌졸중과 같은 치명적인 질병으로도 발전한다. 식사에 섬유소가 충분히 들어있으면(즉 식품을 정제 가공하지 않으면) 변이 결장과 직장에 머무는 시간도 줄어들고 배변을 위한 복부의 압력도 줄어든다.〈표 2〉

〈표 2〉 식사의 유형, 변의 무게와 머무는 시간

식사의 유형	국가	머무는 시간	변의 무게(g/day)
정제한 식사	영국	79.8	107
혼합	영국	41.7	200
혼합	우간다	47.0	185
정제하지 않은 식사	우간다	35.7	470

(Burkitt, Lancet 2: 1408, 1972)

또 변의 양도 많아지면서 부드러워진다. 복압이 심해지면 위로는 열공탈장이 되며, 아래로는 대장에 많은 주머니가 생기는 게실증이나 치질로도 발전하고 이러한 압력이 정맥에도 영향을 미쳐 다리에 정맥류를 유발하기도 한다. 평소에 변비가 있다는 것은 현재의 식생활에 섬유소가 충분히 들어있지 않음을 반영하는 것이다. 〈표 4〉의 식품을 참조하여 식생활을 바꿈으로써 미리 예방하는 것이야말로 최선이 될 것이다.

이제는 일반신문에도 '아기 변비엔 콩ㆍ현미 먹이면 좋아' 라는 제목으로 최고의 변비 치료제는 음식이며, 특히 현미와 콩을 추천하고 있다(조선일보. 2004. 5.12). 미국에서는 '푸룬 주스' 를 변비 처방으로 마시는데, 푸룬은 장운동 촉진제의 역할을 하는 이사틴 성분(패놀계)이 있다. 서구사회에서 장운동이 둔화된 노인들이 말린 푸룬을 잘 먹는 탓으로 푸룬세대(prune age)라고 한다. 일반 사람들은 야채는 섬유소가 가장 많은 식품이라고 생각하지만, 〈표 4〉를 보면 현미와 야채는 100g 당 평균 1g이고, 콩은 4배나 된다.

버나드 젠센 박사는 장과 건강에 관한 많은 저서를 썼다. 50년 동안 임상경험을 하면서 '사람을 괴롭히는 가장 큰 문제는 장에 문제가 생기는 것'이므로 충실한 인생을 원한다면 장관리부터 바르게 해야 하며 인간이 자연을 거스르지 않으면 절대로 병이 들지 않는다는 결론을 얻었다. 장관리에 가장 효과적인 방법으로는 단식, 식물성 섬유소, 깨끗한 물을 충분히 마시는 것을 들고 있다. 하제 및 변비약은 대장을 비우는 것이 목적이며 인체에는 독물, 자극물이다. 정상적이고 자연적인 배변 능력을 회복시키는 데에는 전혀 도움이 되지 않는다. 하제에 대한 의존은 장의 자연적인 배설능력을 잃게 한다.

변비가 피부에 영향을 주는 이유

변비가 오래되면 피부가 좋을 수가 없다. 음식물은 위에서 분비되는 위산(강한 살균작용)으로 인해 강한 산성이 되고, 소장에 내려와서는 십이지장으로 분비되는 소화액으로 중성이 된다. 몸에서 나가야 할 배설물이 대장에 오래 머물고 있으면 우리 몸의 더운 체온과 세균의 작용으로 부패한다. 이 부패의 산물이 제대로 된 통로로 배설되지 않으면 온 몸에 퍼진다.

동물성 식품에는 섬유소가 없다. 육류의 섭취가 많아지면, 대장내의 부패산물이 노출되어 결장암이 많아지는 것도 섬유소가 부족한 탓이다. 누구나 피부 미용에 관심이 많으므로 좋은 피부를 위해서는 무엇을 먹어야할지 선택해야 할 것이다.

장내에서 음식이 부패해서 생기는 물질들

인돌, 스케톨, 크레솔, 인디칸, 유화수소 가스, 암모니아, 히스티딘, 우로빌린, 메틸멀캡틴, 테트라메틸렌다이아민, 펜타메틸렌다이아민, 카다베린, 퓨트리신, 뉴린, 무스카린, 베타-이미다졸에틸아민, 메틸구아니딘, 프토마로핀, 보틸린, 티라민, 셉신 등 등의 물질들은 대부분 대변에서 발견되는 성분들이다.

이렇게 배설되어야 할 물질들이 혈액을 타고 다니며 우리 몸 곳곳에 영향을 미친다. 물론 신경 세포에도 영향을 미쳐 피로감, 초조감, 불안감, 신경과민, 조급함, 집중력 및 지구력 부족, 두통이 생기는 것은 기본이다. 임상 경험에서 보면 불면증이나 정신병 환자들은 변비증세가 많다. 변비가 심한 여성일수록 유방암 등의 암에 걸릴 위험률이 정상인보다 5배나 높다는 연구도 나와 있다. 옆의 박스에는 저섬유식이와 관련된 질병들을 《Proof Positive》의 저자 닐 네들리 박사가 요약했다.

섬유소 부족으로 인한 질병들

변비, 심장질환, 치질, 뇌졸증, 게실증, 당뇨, 열공탈장, 장종양, 맹장염, 장암, 정맥류, 담석증

1) 게실증, 게실염

1920년대부터 문명국의 주요한 질병이 되었다. 1970년대만 하더라도 한국에는 이름도 낯설 었지만 1990년도부터는 신문지상에 심심찮게 오르내리고 있다. 게실은 변비가 원인이 되어 대장에 복압의 상승으로 인해 고무풍선과 같은 작은 주머니가 생기는 증상이다.

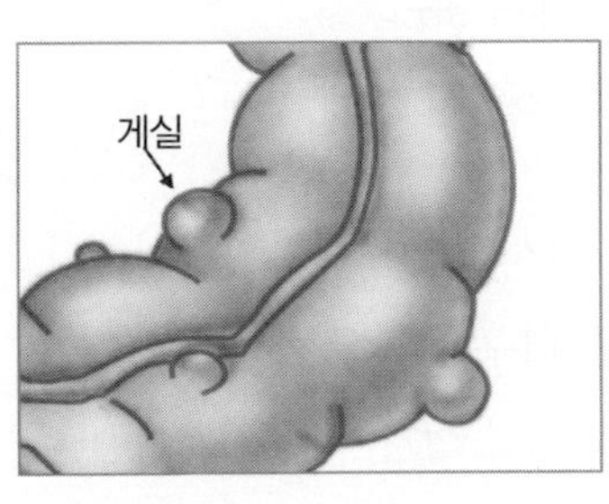

버나드 젠센 박사는 게실이 140개 이상 생긴 경우도 있다고 한다. 게실이라는 작은 주머니에 변이 오래 머물면서 여러 해로운 세균이 번식해서 감염과 염증을 유발하는 것이 게실염이다. 게실이 하나라도 터지면 생명이 위태로워진다. 게실증에 항생제는 도움이 되지 않으며 고섬유식만이 해결될 수가 있다.

옥스퍼드 외과의사인 닐 페인터 박사(1971)는 게실증이 오랜 변비로 인해 생기는 것이며 이것이 S결장의 압력을 올린다고 했다. 페인터박사가 압력을 내리기 위해서는 고섬유식이로 바꾸어야 한다고 했을 때, 이 발언은 당시에 혁명적인 것이었다. 왜냐하면 그 당시의 게실증 처방식은 저잔사식(섬유소가 매우 적은)이 전통이었기 때문이다. 과거에 저잔사식을 처방한 이유는 장의 염증에 자극을 주지 않기 위한 아이디어인 것 같다. 그러나 게실증은 고섬유식만으로 해결할 수 있다. 내가 임상영양을 미국에서 다시 공부할 때 기억나는 것은 영양사 경력이 많은 교수님이 "미국에서 임상 영양이 5년마다 바뀐다."라고 언급한 것이다. 인간은 불완전하기 때문에 한 가지 병을 정복하는 데 수많은 생명이 희생되어 왔다.

2) 열공탈장

한국인에게는 생소한 증상이지만 서구에서는 1930년대부터 흔한 증상으로 인식되어 왔다. 오랜 변비로 인한 복압이 위에

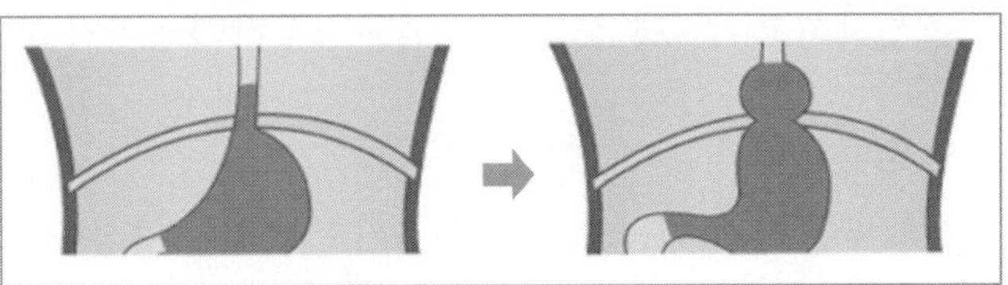

작용하여 위의 일부가 횡경막을 뚫고 위로 올라왔다. 횡경막 아래에 위가 자리 잡고 있는 것이 정상이지만, 위의 일부가 횡경막 상부로 올라가면 가슴이 뜨끔뜨끔한 증세와 함께 불편함을 느끼는데, 위산이 식도로 침범해 역류성 식도염이 될 수도 있다. 이러한 증상들이 식생활과 관련이 있다는 것을 알게 되는 데는 오랜 세월이 걸렸다. 이러한 증세는 하루아침에 생기지는 않는다. 오랜 생활습관에 의해서 몸의 구조가 서서히 변화하는 것이다.

3) 맹장염

1812년 영국의 파킨슨에 의해서 처음 알려졌는데, 1880년에는 흔한 병이 되었다. 아프리카

의 농촌 지역에서는 거의 알려져 있지 않았지만, 대도시에서는 서서히 증가하기 시작했다. 과거에는 불필요한 맹장이 진화과정에서 일부 남아있는 것이라고 했다. 그러나 1980년대부터 면역학이 발전하면서 맹장 속에는 T 임파구가 꽉차있고, 맹장이 대장과 소장의 경계에서 대장의 세균이 소장으로 넘어가는 것을 막는 역할을 한다는 사실이 밝혀졌다. 과거에는 맹장수술이 유행이었으나 이 중요한 장기는 올바른 식생활을 실천하면서 보호해야 한다.

4) 담석증

1940년대부터 70년대까지 영국의 브리스톨 왕립병원에서는 담석수술이 3.5배 증가했다. 지금은 미국이나 한국에서 흔한 수술이 되었다. 그런데 식생활을 바꾸지 않은 채 수술만으로는 해결되지 않는다. 왜냐하면 담낭이 없어졌다고 해서 담석이 더 이상 생기지 않는 것이 아니기 때문이다. 식생활을 바꾸지 않으면, 담석이 췌장이나 십이지장 부위에 얼마든지 결정으로 형성되는 사례가 있다. 기모노로 가슴을 압박하는 일본 게이샤들의 담석증 발병율이 높은 것도 역시 생활습관에서 오는 것이다. 콜레스테롤은 담즙의 성분이며 십이지장으로 담즙이 분비된 후 섬유소가 충분한 식사를 하면 섬유소가 담즙을 흡착해서 배설된다. 이러한 식사를 꾸준히 하면 체내의 콜레스테롤이 꾸준히 배설되기 때문에 혈청 콜레스테롤 수치가 높지 않다. 그러나 표3과 같은 식사로 식품의 콜레스테롤의 성분이 꾸준히 들어오면, 섬유소는 턱없이 부족하기 때문에 담즙이 분비되더라도 소장의 마지막 부분(회장)에서 다시 흡수되어 콜레스테롤이 배설될 기회가 없다. 따라서 체내의 콜레스테롤 수치는 높아만 가고, 담즙의 농도는 진해질수록 결정체가 되어 담석이 되기 쉽다. 담석증은 식생활을 바꾸지 않으면 수술을 해도 다시 되풀이된다. 담석을 녹이려면 단식을 하거나 수박과 같은 과일만을 며칠 동안 먹고, 콜레스테롤 급원을 절제하고, 섬유소가 많은 식사로 바꾸면 재발하지 않는다.

5) 정맥류

정맥류는 특히 다리의 정맥이 불거져 나오는 증상이다. 이 증세가 언제부터 흔해졌는지는 기록에 없지만 역학조사에 따르면, 정맥류와 정맥 혈전증과 관계가 있다고 지적되었다. 서구 문화와 접촉한 개발도상 국가에서 이 두 증상은 같은 기간에 동시에 증가했다. 여름철 백인(미국, 그리스, 러시아 등 정제식품을 먹는 모든 지역) 할머니들의 종아리에서 쉽게 볼 수 있는 증상이고 이제는 우리나라에도 흔한 증상이 되었다. 정맥류는 일단 형성되면, 고섬유식으로도 원상회복이 어렵다.

6) 치질, 결장과 직장의 종양

기름지고 입에 매끄러운 식사에 익숙한 서양의 귀족계급은 서민들보다 이러한 질병에 먼저 걸렸다. 불규칙적인 습관의 나폴레옹은 변비가 심해 28세(1797년)부터 치질에 걸렸다고 한다. 세계의 지도를 바꾼 이 비만한 영웅은 자신의 습관을 바꾸지는 못해서 중요한 결정을 내려야 할 순간에는 몸이 말을 듣지를 않아 여러 번 기회를 놓쳤다. 위기의 순간에 군사 지휘를 할 수 없었던 것이다. 지도자의 건강관리가 엉망일 때에는 그 나라의 운명도 같이 따라가게 된다. 《질병의 역사》에서는 나폴레옹의 치명적인 실패는 잘못된 생활습관과 발진티푸스로 인한 전염병 때문이었다고 한다.

결장종양은 서구 사회에 흔한데, 스튜아트 박사의 부검 연구에 의하면 1929~1931년 종양의 발생이 1910~1912년 보다 14배나 증가했다고 한다. 이제는 한국에

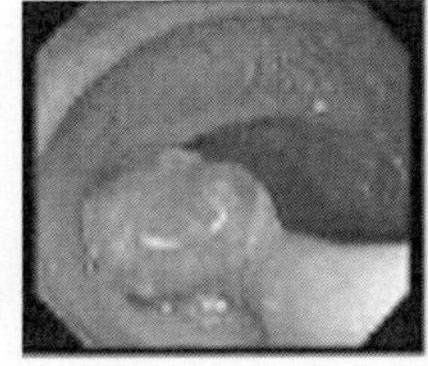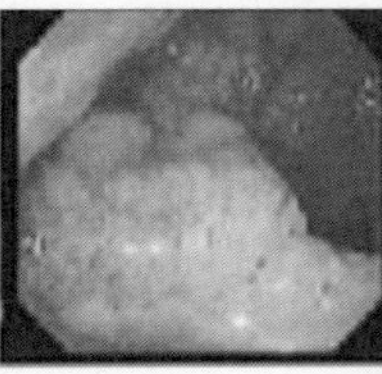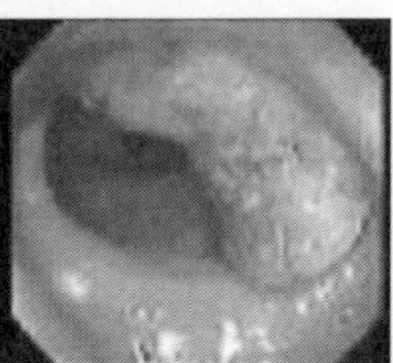

오래 걸리는 배변은 육류 과잉섭취가 주원인

도 흔한 질병이 되어 번화가에 항외과가 많이 눈에 뜨인다. 우리 사회에 수요가 많이 생겼다는 증거이다. 옆의 사진은 대장에 생긴 종양들이다. (조선일보 2003년 10월 15일)

7) 관상동맥질환

1910년에 오슬로에 의해서 매우 희귀한 병이라고 일컬어졌는데 1925년 미국에서도 '희귀한 병' 으로 표현되었지만, 2000년 이전에 이 혈관질환은 미국에서 으뜸가는 사망원인이 되었다. 우리나라에도 암과 1, 2 위를 다툴 정도로 많아졌는데, 30대~40대 돌연사의 원인은 이 관상동맥질환으로 생긴 심장마비이다.

이 혈관질환의 특징은 동맥이 완전히 막힐 때까지 증세가 없다는 것이다. 혈압이나 콜레스테롤 수치가 정상을 넘으면 당분간 동물성 식품을 절제하고, 섬유소의 섭취를 높이고 규칙적인 운동을 꾸준히 함으로써 정상으로 돌릴 수가 있으나 이러한 생활습관의 변화에 무관심한 젊은이들이 많다.

8) 비만

서구사회에서 천벌이라고 생각하는 이 증상은 200년 전만 하더라도 일반인 중에서는 매우 드물었던 증상이었다. 아프리카에서도 전통식으로 사는 지역에는 비만이 극히 드물지만, 서양의 식품에 적응된 도시화된 지역에는 흔한 증상이 된 것이다. 비만으로 인해서 생기는 병이 인슐린 비의존형 당뇨병이다. 비만과 당뇨병은 같이 다닌다.

9) 당뇨병

당뇨병을 앓고 있는 사람들 중 흰쌀밥을 고집하는 사람들이 의외로 많다.(통곡류로 만든 밥

으로 바꾼 사람들은 이미 혈당을 조절하고 산다) 흰쌀밥 고집쟁이들은 인슐린에 철저히 의존하고 살지만 인슐린 주사는 치료약이 아니다. 인슐린에 의존하지 않고, 식생활 개선과 운동으로 얼마든지 혈당을 조절할 수 있는데도 듣는 귀가 없다.

어릴 때부터 형성된 식습관과 생활습관에 의해서 질병이 나타나는데 늦은 나이에 식습관을 고치기가 어려울 뿐더러 또 고칠 생각도 없다. 그런데 문제는 이 당뇨병 내력이 자식대로 이어진다는 것이다. 〈표 3〉은 일찍이 문명화된 1970년대의 미국인들의 평균 식생활을 분석한 것이다. 이제는 우리아이들의 식생활이 이들을 따라가고 있다.

〈표 3〉 미국인들이 소비하는 식품의 분포

섬유소가 없는 식품	86%	섬유소 식품	14%
육류와 계란류	23%	과일과 야채	8%
유지류	18%	통곡류	3%
정제 곡류	17%	콩류와 견과류	3%
설탕류	17%		
유제품	11%		

(자료: 로마린다 대학교 영양학과)

10) 장종양, 결장암, 직장암의 후유증

과거에는 우리사회에서 듣도 보도 못한 병명을 요즈음 자주 듣게 된다. 서양의 질병을 우리도 닮아가는 것이다. 장이 썩는 크론씨병, 궤양성 대장염, 결장암, 직장암 등. 이러한 질병은 모두 식원병이다. 수술로 소장을 1m 이상을 잘라냈거나 대장을 다 들어내어 항문을 폐쇄하고 인공항문을 단다. 대개의 경우 섬유소가 부족한 식품 위주의 식생활의 탓이다. 수술 후 식생활의 변화가 없으면 이러한 수술은 얼마든지 다시 되풀이될 수 있다.

어릴 때부터 식습관은 매우 중요하다. 특히 이유식부터 통곡식과 야채를 먹는 습관을 갖게 하는 것은 엄마들의 중요한 의무이다.

대장암 수술로 직장의 일부를 잘라낸 사람의 경험을 통해서 우리 몸의 모든 기관의 디자인이 얼마나 잘 되었는지를 깨달을 수가 있다. 대장의 마지막 부분은 S결장이라고 부르는데, S자 모양으로 휘어져 있다. 대부분의 사람들이 하루에 3끼 식사를 하면서 하루에 정상적인 배변을 한번 하는 것은 S자 결장이 세 차례 식사의 배설물을 모으는 저장소 역할을 하기 때문이다. 이 부분을 제거한 암환자들은 배변횟수가 감당하기 어려울 정도로 증가하여 정상적인 사회생활이 어려울 정도이다. 마치 세면기의 물이 빠지는 속도를 늦추는 S자 파이프와 같은 역할을 하는 S자 결장이 제거되었으니, 배설물의 속도가 조절되지 않는 것이다. 내 몸의 어느 부분이든 모두 중요하다. 장기를 제거한 후 그 후유증이 어떨지는 경험한 사람만이 아는 고충이다.

항문외과

병원 간판 중에 항문외과가 해를 거듭할수록 많이 눈에 띄는 것은 섬유소의 섭취감소와 무관하지 않다. 70년대에는 이러한 전문병원은 볼 수 없었고 80년대 초에도 드물었다. 내가 만 7년 만에 미국에서 돌아왔을 때, 특히 눈에 띄는 것은 수많은 고기구이 집과 항문외과 간판이었다. 일반인들은 이 두 가지가 무슨 상관일까 생각하겠지만, 이 병원 간판이 번화가에 눈에 많이 뜨이는 것은 식생활의 서구화로 인한 사회 수요를 반영한다고 보겠다.

요즈음에는 버스의 광고도 '상쾌한 ○항외과' 라고 붙이고 다니고, 엘리베이터 안에도 광고가 붙어있고, 신문에도 어디에 새로 연 '○항외과' 라는 것을 볼 때 국민병이라는 것을 실감한다. 위의 질병은 평소 섬유소가 풍부한 식품을 즐기는 사람들에게는 해당되지 않으므로 매일의 식생활에 섬유소가 많은 식품을 점검해 볼 필요가 있다. 광고는 쉽게 수술할 수 있다고 하지만 식생활을 바꾸지 않는 한 이러한 수술은 반복이 될 것이다.

한국인도 섬유소의 섭취가 감소하고 있다

우리나라의 70년대에는 곡류섭취가 84%이었고 2001년도는 곡류소비가 56%로 줄었다. 현재 한국인의 주식인 쌀의 소비 중 백미가 97%를 차지하고 있다.

육류는 1971년도에는 에너지 섭취비율이 0.2%이었는데, 2001년도는 9.1%(45배 증가)이다. 난류는 0.1%에서 1.8%(18배)로 증가했고 유제품은 0%에서 3.1%로 증가했다. 유지류는 69년도의 섭취비율이 데이터에 나타나지 않

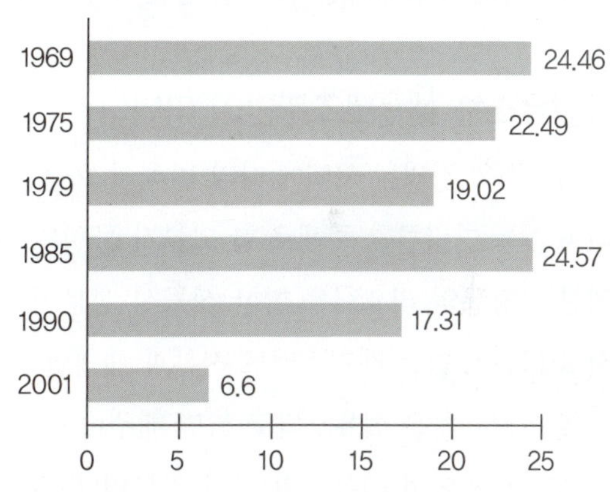

〈그림 1〉 한국인의 섬유소 섭취량(g/1인/1일)의 변화

을 정도였는데, 2001년도에는 3.7%이다. 섬유소가 많은 두류는 4.9%에서 1.8%로 줄었고 채소류도 줄었다.

과일류만 0.4에서 4.8%로 증가했다. 열량비율을 비교했기 때문에 섬유소양을 비교할 수는 없지만 섬유소 식품은 줄고 섬유소가 없는 식품은 계속 증가하고 있다. 앞의 그래프는 1969년부터 2001년까지 한국인 식이섬유소의 변화를 나타낸 것이다. 30년 동안 섬유소의 섭취는 약 4분의 1로 감소했다. 90년도까지는 이혜성외(1994)의 자료이며 2001년도의 수치는 2001년도 국민건강 · 영양조사의 자료이다.

섬유소의 하루 섭취 권장량은 얼마나 되나

한국 영양학회가 권장하는 1일 총 식이섬유소의 섭취량은 20~25g이다(2000년).

세계보건기구(1990)가 권하는 양 : 1일 27~40g

미국의 FDA가 권하는 양 : 20~35g

일본에서 권하는 양 : 20~25g(1,000 칼로리당 10g)

그러나 당뇨병 조절에서는 더 높은 섬유소 양이 최적이다. 공복시와 식후의 혈당을 내리기 위해 인슐린의 필요량이 낮아지는 것은 열량 1,000 칼로리 당 섬유소의 섭취량이 25에서 35g 일 때이었다고 여러 연구들이 밝혔다. 즉 섬유소의 섭취량이 하루 50에서 100g의 범위이다.

수용성 섬유소의 섭취는 당뇨병 환자가 아닌 사람에게도 매우 중요하다. 섬유소는 혈당이 빨리 오르는 것을 방지하고 그 최고점도 낮다. 이 섬유소가 충분히 섭취되면 인슐린의 필요량 은 낮아지게 되는데 이것은 매우 중요하다. 우리가 할 수 있는 한 가지 방법은 정제당을 적게 먹고(안 먹으면 더욱 좋고) 섬유소가 풍부한 식품을 선택하는 것이다. 즉 자연식품을 'Total Food' 자체로 섭취하면 이 양을 충분히 얻는다. 따로 계산할 필요도 없다.

섬유소는 셀룰로즈뿐만이 아니다

섬유소의 정의는 시대에 따라 변해서 오늘날에는 식이섬유를 '인간의 소화효소에 의해 소화 되지 않는 다당류를 주체로 한 고분자 물질의 총체' 라고 한다. 과거에는 다당류에서 전분을 제 외한 다당류와 리그닌을 합한 식물성 성분이었다. 그러나 최근에 와서는 인간의 소화기 안에 서 소화되지 않는 레지스턴트 전분과 게껍질과 같은 동물성 성분도 포함이 된다.

일반 사람들은 섬유소라고 하면 배추나 셀러리의 눈에 보이는 줄기 정도로 생각하지만 이것 은 셀룰로즈이며 섬유소의 극히 일부이다. 모든 식물성 세포막은 모두 이 셀룰로즈를 가지고 있다. 말린 어린잎에는 10%, 낙엽에는 20%, 목재에는 50%, 솜에는 90%이상의 셀룰로즈가 있 다. 현미밥이 껄끄럽다고 생각하는 것도 이 셀룰로즈 때문이다. 그러나 섬유소 층에 수용성 섬 유소와 항암역할을 하는 생리활성물질이 많이 포함되어있기 때문에 현미와 백미는 비교가 되 지 않는다.

섬유소는 물에 녹지 않는 불용성 섬유와 물에 녹는 수용성 섬유 두 종류로 크게 구분된다. 두 가지가 다른 기능을 가지며 모두 중요한 역할을 한다. 셀룰로즈는 포도당으로 구성된 대표 적인 불용성 섬유소이다. 그 이외의 헤미셀루로즈, 리그닌, 베타-글루칸, 펙틴, 알긴산, 뮤실 리지 등의 섬유소의 재료는 포도당뿐만이 아니라 만노즈, 아라비노즈, 자일로즈, 람노즈, 당의 유도체, 방향성 알코올 등 다양하다. 인간의 소화기계는 이들을 분해하는 효소가 없으나 대장에서는 미생물이 일부 분해한다.

곤약은 만노즈로 형성된 섬유소 식품이며 한천은 우무가사리에서 얻은 수용성 섬유소로 이러한 섬유소 식품은 다이어트에 훌륭한 식품들이다. 해조류를 많이 먹는 동양인이 서양인보다 비만이 적은 것도 섬유소 식품 섭취와 관련이 있다.

자연에서 얻어진 정제하지 않은 곡류, 콩류, 해조류, 야채, 과일은 불용성과 수용성 섬유소를 모두 가지고 있다. 수용성 섬유 중 펙틴은 과일에 많아 잼과 젤리에 사용하는데 사과와 포도 잼은 껍질과 씨째 끓여서 팩틴을 추출해낸다. 검은 종류가 매우 다양하다.

수용성 섬유	함유 식품
펙틴	과일의 껍질, 씨앗에 많이 들어있다.
검종류	콩류, 곡류, 열대성 식물에서 추출한 검은 안정제로 사용된다.
베타-글루칸	보리, 귀리, 오트밀 등에 많다
뮤시리지	씨앗, 해조류에 들어있다. 현미에 들어있는 아라비노 자일란도 여기에 속한다.

섬유소의 중요하고 다양한 역할

여러 연구에 의해서 섬유소가 우리의 체내에서 다양한 기능을 하고 이 기능 때문에 여러 퇴행성 질병 예방에 매우 중요하다는 것은 1970대에 이미 밝혀졌다.

섬유소가 배설 된다는 자체는 현대에 와서는 매우 중요한 의미를 가지고 있다. 그럼에도 불구하고 문명국이 될수록 섬유소의 섭취는 매우 적다. 우리나라도 예외는 아니다. 변비와 게실증의 극복에는 야채와 과일의 섬유소보다 곡류의 속껍질(브랜, bran)의 섬유소가 유익하다. 변비가 해결이 되지 않는 것은 섬유소의 양이 충분치가 않다는 의미이다.

수용성 섬유는 곡류와 야채에 32%, 콩류에 25%, 과일에 38% 들어있고 물에 녹으면 매우 끈끈한 점성을 가진다. 그래서 이 점성이 혈중 콜레스테롤과 혈당을 내리는 중요한 역할을 한다. 한 종류의 섬유소는 한가지의 기능을 하고 모든 기능을 하지는 못한다. 따라서 섬유소의 섭취는 정제된 알약 형태보다는 여러 섬유소가 포함된 자연의 식품으로 섭취하는 것이 가장 좋다.

표 4에서 섬유소가 가장 많은 식품군은 콩류와 말린 해조류라고 볼 수 있다. 콩의 섬유소 양은 현미의 4배 이상이 된다. 콩은 껍질을 제거하지 않고 그대로 조리하는 것이 좋다. 종실류도 껍질째 갈아서 사용하는 것이 많은 영양소와 섬유소를 낭비하지 않기 때문에 좋다.

1) 혈당을 조절하는 스폰지 역할

섬유소가 소화기계로 내려가면서 혈당을 조절하는 데 매우 중요한 역할을 한다. 섬유소는 소장에서는 스폰지 역할을 하고 대장에서는 수세미 역할을 한다고 할 수 있다. 섬유소는 스폰

건조곡류	율무(2.8), 통보리(2.7), 통밀(2.5), 현미(1.0), 칠분도미(0.4), 옥수수가루(1.4), 오트밀(1.1), 압맥(0.9), 현미찹쌀(0.8), 차조(0.8) 참고 : 백미(0.3), 흰밀가루(0.2), 감자전분(0)
감자류	마(0.9), 토란(0.9), 고구마(0.8), 감자(0.2)
건두류	말린 완두(5.9), 대두(5.0), 흑태(4.7), 붉은 팥(4.7), 녹두(4.0), 강남콩(3.7), 비지(2.3), 된장(1.9) 참고 : 두부(0.2), 두유(0)
종실류	흑임자(5.2), 참깨(5.1), 호두(2.8), 해바라기씨(2.7), 땅콩(2.0), 호박씨(1.5), 밤(1.3), 잣(1.0), 은행(0.7)
생채소류	깻잎(1.7),고비(1.2), 고춧잎(1.5), 근대(0.8), 당근(0.8), 무청(1.0), 배추(0.7), 오이(0.5), 생강(1.6), 우엉(1.5), 마늘(1.3), 무우(0.5), 콩나물(0.5), 그 외 엽채류(0.9~0.7), 근채류(0.9~0.6)
과일류	유자피(3.7), 생올리브(3.4), 건대추(2.7), 딸기(1.5), 무화과(1.4), 단감(1.1), 살구(0.6), 바나나(0.2), 그 외의 과일들(0.7~0.6) 참고: 과즙(0)
버섯류	송이버섯(1.2), 양송이(1.0), 팽이버섯(0.9), 느타리(0.6), 생표고(0.7)
해조류	김(4.7), 파래(4.6), 건다시마(4.1), 건미역(2.4), 생다시마(0.6), 생미역(0.6)

(자료 : 식품성분표, 농촌진흥청)

지가 물을 품듯이 소화된 내용물(chyme)을 품어서 서서히 포도당을 방출하는데 이 기능이 당뇨병을 조절하는 매우 중요한 역할을 한다. 따라서 '당뇨환자에게는 고섬유식이 기본' 이다. 혈당을 내리는 역할은 점도가 높은 수용성 섬유소이며, 보리는 베타－글루칸과 같이 점도가 높은 섬유소가 많아 효과가 좋다.

2) 수세미 역할과 대장암 예방

섬유소는 대장에서 수세미 역할을 하기 때문에 게실증의 작은 주머니에 끼어 있는 내용물을 닦아 내리는 역할을 할 수가 있다. 대장암 환자들과 대화하면 그들의 공통점은 암이 발생하기 전의 대변의 굵기가 가늘다는 것이다. 평소에 수세미 역할을 하는 섬유소가 충분했으면 발암물질이 대장벽에 노출되는 기회도 적었을 것이다.

담즙의 2차 담즙산은 대장암 발병과 관계가 있다. 1차 담즙산이 미생물에 의해서 2차로 전환되어 발암과정을 촉진하는 역할을 한다. 저섬유식이의 경우에 2차 담즙산의 양이 많다. 섬유소의 대장암 발생 보호 효과는 불용성 섬유에 의해서 변의 양이 증가하고 발암물질이 희석되기 때문이다.

3) 콜레스테롤을 내리는 역할

혈청 콜레스테롤의 수치를 내리는 역할은 수용성 섬유소가 하는데 평소에 자연식을 하게 되면, 불용성과 수용성 섬유소가 고루 동시에 섭취된다.

오트밀은 수용성 섬유소가 많은 곡식이다. 한국인과 같이 쌀밥을 평소에 먹을 기회가 없는 미국인들 중 오트밀을 먹는 사람들은 자주 먹을수록 콜레스테롤의 수치가 내려가는 효과를 본다. 식사 내용에 팩틴, 구아검, 베타-글루칸, 밀브랜의 양이 증가할 때 대변과 함께 배설되는 담즙산의 양이 증가한다. 평소의 식사에 섬유소가 충분하면 섬유소는 담즙을 흡착해서 배설할 수가 있으나 섬유소가 충분하지 못하면, 회장에서 도로 재흡수가 되어 악순환의 연속이 된다.

4) 중금속 등 환경오염 물질 배설 역할

농약 때문에 야채 먹기를 꺼리는 사람들이 있다. 그러나 먹이사슬 중에서 가장 낮은, 땅에서 바로 수확하는, 식물성 식품은 오염도가 가장 낮다. 먹이사슬은 위로 올라갈수록 그 농축이 증폭된다. 농산물은 친환경에서 유기농으로 재배한 곡류와 야채를 구입하는 것이 가장 바람직하다. 평소에 섭취하는 섬유소에 기대를 거는 것은 우리 몸에 들어온 불필요한 물질들을 흡착해서 배설하는 효과 때문이다.

치사량 이하의 독약이나 농약을 꾸준히 동물 실험의 사료에 넣어 주는 연구를 보면, 섬유소가 이러한 물질들을 흡착해서 배설함으로 동물들을 보호하는 효과를 보인 경우가 많다.

5) 대장 안의 균총에 미치는 역할

대장 안에 서식하는 미생물 중에서 비피도 박테리움, 유산균 등과 같은 균은 유기산을 생산하며, 비타민 B군을 합성하고, 감염에 대한 저항력을 키우는 유익한 균들이다. 또 산에 예민한 유해성 세균을 억제한다. 대장균, 클로스트리디움, 포도상 구균 등은 부패성 물질과 독소, 발암물질을 생산하는 유해균이다. 섬유소의 섭취는 유해균의 성장을 억제하고 유익한 균의 수를 늘린다.

6) 섬유소 식품은 비만을 예방한다

백미 위주의 식사, 설탕과 지방이 많이 들어간 음식 등은 섬유소가 적으므로 많이 씹지 않고 먹기 때문에 과식하기가 쉽다. 이렇게 열량이 농축된 음식을 자주 먹으므로 열량과잉이 되는 것이다. 체중 조절을 원하는 사람의 가장 바람직한 식생활은 통곡식 위주의 자연식(현미밥이나 현미떡 위주의 식사)으로 아침과 늦은 점심을 근사하게 먹고 저녁은 빼는 것이 좋다. 너무 섭섭하면 통밀빵, 감자와 과일 하나 정도로 간단히 끝낸다.

남녀 노인을 대상으로 한 연구에 의하면, 마음껏 먹었을 때 1,000 칼로리당 26g의 섬유소를 섭취한 집단은 7g의 섬유소와 기름진 음식을 섭취한 집단보다 체중이 줄었다. (Archives of Internal Medicine, 2004.1.)

껍질과 씨는 영양소의 보고이다

아가타 트래쉬 박사가 운영하는 유치파인을 방문했을 때, 나는 환자식 조리를 도와주었다. 조리장은 젊은 흑인 여자였는데, 굵은 오이를 썰 때(미국오이는 굵고 뚱뚱해서 껍질도 두껍고, 씨도 많다) "씨를 뺄까?"하고 물었더니,

"Oh! No! 그 씨가 얼마나 좋은 섬유소인데"하는 바람에 나는 한방 얼어맞은 것 같았다. 명색이 영양학을 전공하고, "섬유소가 좋다"는 강의를 하면서 정작 섬유소 급원은 습관적으로 버릴 생각을 하고 있었으니 말이다.

그 뒤로 과일은 가능하면 껍질과 씨를 먹는다. 천도 복숭아나 자두를 껍질째로 먹는 것처럼 복숭아도 잘 씻은 후에 껍질째로 먹을 수가 있다. 심지어 어느 세미나에 참석했을 때에는 키위도 껍질째 먹은 적이 있었다. 참외도 옆으로 썰어 도나스 모양으로 만들어 껍질과 씨를 먹는다. 포도나 사과의 껍질과 씨도 먹는다. 수박도 때로는 씨뱉기가 귀찮으면 씨도 먹는다. 씨는 섬유소의 좋은 급원일 뿐만 아니라 미량영양소와 기능성 물질도 포함하고 있다. 예를 들면 수박씨는 현미보다 비타민 B1과 B2가 훨씬 많다. 냉동 과일로 천연 아이스크림을 만들 때 포도껍질과 씨를 함께 갈면 색도 좋고 씨가 약간 씹히는 맛도 좋다.

우리 큰아이 미국 친구 존과 그 엄마 쑤가 한국을 방문했을 때 일이다. 며칠을 같이 지내다 보니 서로 알게 되는 것이 많았는데, 쑤는 땅콩을 먹을 때 속껍질을 까지 않고 그대로 먹는 것이었다. 나보다 한수 위였다. 미국에서 단체급식 조리할 때에도 껍질째 조리하는 경우가 많다. 콘슬로와 같은 샐러드에 들어가는 당근채는 껍질째로 기계에 넣어서 만들었다. 과거에는 식사 준비를 할 때 껍질을 벗기는 데 시간을 많이 들였다. 지금은 카레 소스, 콩스튜, 감자찌개 등에 고구마, 감자, 당근, 토마토도 깨끗이 씻어 그대로 껍질째 썰어서 조리한다. 조리 시간을 줄일 수가 있고 또 조리 도중 수용성 영양소의 손실도 줄일 수가 있다.

4. 단순당(simple sugars) 이야기

녹색 식물이 만드는 포도당이 전분(starch)이나 섬유소(fiber)가 되는 과정은 마치 진주알이 진주 목걸이로 꿰어지는 과정과 같다. 이렇게 덩치가 커진 전분이나 섬유소를 복합 탄수화물이라 한다. 이러한 전분은 우리가 밥이나 떡, 국수, 빵으로 만들어 먹고 소화가 되면 소장에서는 포도당의 형태로 흡수된다.

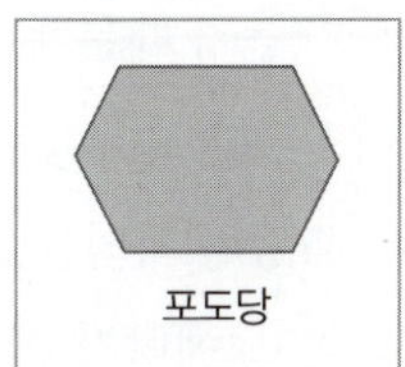

탄수화물은 말 그대로 탄소가 물과 화합한 물질이다. 포도당의 분자식을 보면 $C_6(HO_2)_6$로서 탄소 6개가 6개의 물과 결합한 것이다. 우리의 세포 안에서 이 탄소가 하나씩 끊어질 때마다 에너지가 나온다. 이 때 에너지가 제대로 나오려면 비타민 B군과 몇 가지 무기질이 필요한데, 자연의 곡류를 통곡식 그대로 먹으면 필요한 것이 모두 들어 있기 때문에 신경 쓸 필요가 없다. 현미나 통밀에서 싹이 나오는 것을 보면 알 수가 있다. 우리 몸의 모든 세포는 에너지를 필요로 하며 특히 포도당에서 얻은 에너지를 좋아한다. 이 때 나오는 탄소는 우리가 마신 산소와 결합해서 호흡할 때 탄산가스로 배출되고 이것을 식물이 다시 사용한다.

밭에서 갓 딴 옥수수가 달고 맛이 있는 것은 그날 생산된 포도당의 단 맛 때문이다. 심지어는 싱싱한 옥수수 껍질과 수숫대를 씹어도 단맛이 남아 있다. 옥수수를 가장 맛있게 먹으려면 밭에서 직접 딴 것을 그 자리에서 모두 찌는 것이 좋다. 단순당에서 전분으로 전환하는 효소도 단백질이기 때문에 열을 가하면 기능이 정지된다. 이것을 냉동 저장하면 두고두고 훌륭한 단맛을 즐길 수가 있다. 콘시럽(corn syrup)은 전분을 분해해서 얻은 포도당, 맥아당, 덱스트린의 혼합물이다. 그중 포도당을 효소로 처리해서 과당으로 전환하면 단 맛이 증가한다. 꿀은 80%가 포도당과 과당으로 되어있다. 벌이 꽃에서 따온 넥타에는 포도당, 과당, 서당이 들어있다. 이 서당은 다시 분해 되어 꿀 속에 2% 이하로 남아있다. 콘시럽과 꿀은 공통적으로 단맛을 가지나 꿀은 자연에서 온 그대로이기 때문에 미량영양소가 그대로 남아있고 콘시럽은 정제한 전분에서 얻은 것이기 때문에 미량 영양소는 전혀 없다.

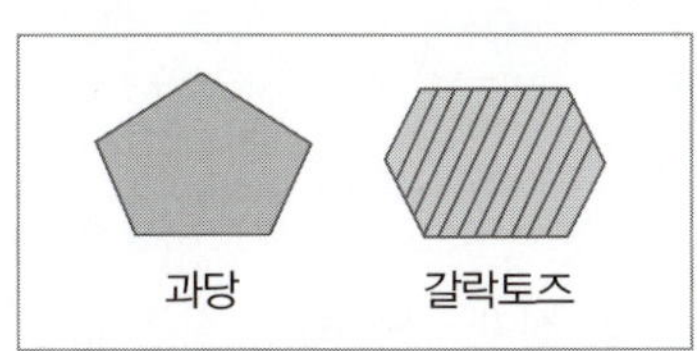

우리에게 알려진 여러 단당류는 포도당에서 전환된 것들이다. 과당, 갈락토즈, 만노즈 등은 탄소 6개짜리인데 간에서 포도당으로 전환될 수 있다. 이 단당류들이 두개씩 붙어서 이당류를 만드는데 이 단맛을 주는 당류들을 영어권에서는 모두 단순당(simple sugars)으로 표현한다. 단순당은 분자 크기가 작아 쉽게 분해되고 빨리 소장에서 흡수가 된다. 포도당과 과당이 결합한 서당(설탕)의 당도를 100으로 정해서 다른 단순당의 당도를 비교한다. 최근 시판되는 음료의 단맛은 설탕 대신 액상과당을 많이 사용한다. 옥수수 녹말을 포도당으로 분해하고 이것을 일본 과학자들이 과당으로 전환하는 기술을 개발한 것이다. 이렇게 만든 합성 과당은 많은 가공식품에 감미료로 사용된다. 과당은 설탕보다 당도가 높기 때문에 청량 음료에 들어가는 액상과당은 같은 양을 넣었을 때 설탕보다 더 달다. 따라서 설탕보다 적은 양으로 단 맛을 낼 수 있어서 원가 절감이 된다.

과당의 특성은 간에서 지방합성이 빨리 된다는 것이다. 이 효과는 혈중 중성지방의 수치를 높이고, 에너지 대사의 방해를 가져오면서 혈중 요산의 수치도 높인다. (Peter A. Mayes. 1993)

또 과당이 들어있는 가공식품을 먹었을 때 혈중 중성지질의 수치가 빨리 최고점에 도달했고 이 지방이 동맥벽에 가장 큰 손상을 주었다. 이 현상은 이미 혈관질환의 가능성이 높은 사람들에게 더 많이 나타난다. (C.B. Hollenbeck. 1993)

이당류의 종류

1) 맥아당(Maltose, 엿당)

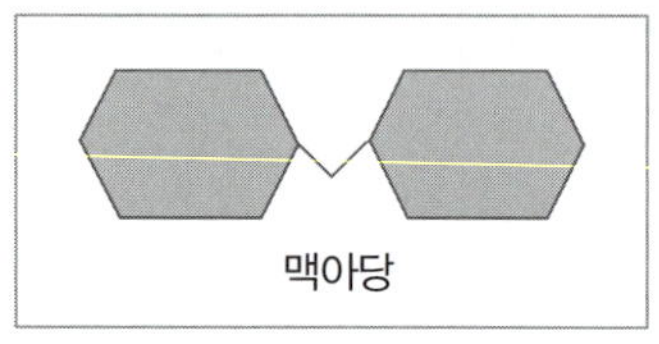

전분이나 섬유소는 기본 단위가 포도당이지만 단 맛은 없다. 그러나 우리가 밥을 오래 씹으면 단맛이 생기는 것은 침 속에 있는 효소(프티알린)가 전분을 일부 분해해서 포도당 두개짜리인 이당류(二糖類, disaccharides)를 만든다. 이것이 맥아당이며 이렇게 분자가 작은 것은 단 맛이 있다. 입에서 씹는 과정은 탄수화물의 1차 소화 과정이고 타액이 분비될 때 면역체도 생산되기 때문에 우리의 건강에 매우 중요하다.

밥으로 식혜를 만드는 과정에서 생기는 엿당도 맥아당이다. 엿기름 우린 물을 밥과 섞으면 아밀라제 효소의 작용으로 밥이 삭으면서 맥아당으로 분해된다. 식혜 국물을 졸이면 조청이 되고 더 졸이면 엿이 된다. 현미밥으로 식혜를 만들면 비타민 B군도 같이 녹아 나온다. 건강을 의식하는 사람들은 현미로 식혜를 만들고 조리할 때도 오곡 조청만을 사용한다. 엿당은 당도 33으로 서당(100)에 비해서 단맛이 덜하다.

단순당	당도
유당	16
맥아당	33
포도당	74
서당	100
과당	173

2) 서당(Sucrose)

서당은 사탕무우나 사탕수수의 즙에서 얻어지는 당이며, 이 즙을 정제 가공해서 결정체로 만든 것이 설탕이다. 서당은 과당과 포도당으로 결합된 이당류이고 이당류 중에서 가장 달다(당도 100). 정제한 포도당의 당도는 74, 과당은 173이다.

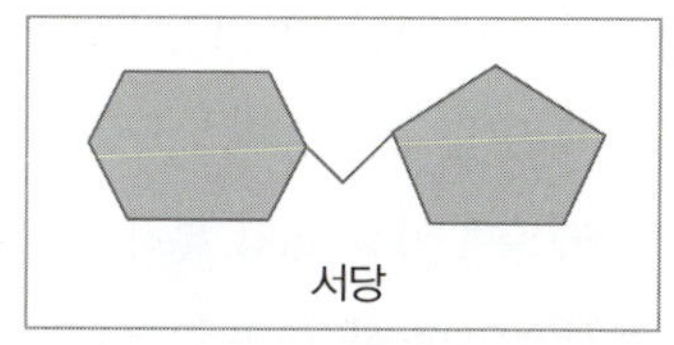

오끼나와에서는 사탕수수 액을 건조한 원당제품을 판매한다. 그러나 우리나라에서 판매되는 서당은 모두 가공 과정을 거친 정제당이다. 황설탕, 흑설탕은 '가면을 쓴 정제당' 이다. 정제당에는 비타민 B군이 전혀 없다. 원당에 들어 있는 서당과 정제당의 서당은 우리 몸에 들어간 후 다른 기능을 한다. 정제한 서당은 보통 설탕이라 불리고, 가격이 싸기 때문에 많은 가공제품에 첨가되어 맛을 낸다. 정제당은 가공 과정 중에 비타민 B군을 모두 잃었기 때문에 열량 대사에 문제를 준다.

가공기술이 발전하기 이전에는 단순당을 천연 과일이나 야채 그 자체로 즐겼다. 달콤한 포도, 꿀맛 같은 참외, 맛있는 옥수수, 겨울의 진이 나는 군고구마, 단호박 등 달고 맛이 있는 식품들이 많다. 자연 식품 속의 천연당은 미량 영양소와 함께 들어있다는 점이 정제당과 다르다.

정제한 형태로 얻은 단순당을 우리가 섭취할 때에는 열량만 있고 다른 미량 영양소는 전혀 없다는 것이다. 영양학계에서는 '텅 빈 칼로리' 라고 부르기는 하지만 대부분의 사람들은 '텅 빈 칼로리' 에 대한 개념도 없을 뿐더러 정제당의 해악을 모르고 산다.

전분과 이당류 등의 최종 산물인 포도당이 에너지 생산 공장인 세포의 미토콘드리아에 들어가서 열량을 낼 때에는 여러 미량 영양소가 세트로 필요하기 때문에 천연의 형태로 섭취하는 것이 우리의 건강을 지키는 기본이다.

3) 유당(lactose)

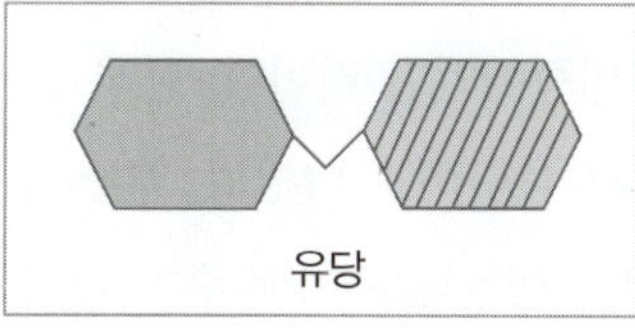

유당포도당과 갈락토오스가 결합한 유당은 유일하게 동물성이다. 세 개의 이당류 중에서 당도 16으로 단맛이 가장 덜하다. 달지 않기 때문에 아기들이 많이 먹어도 위 점막을 자극하지 않는다. 유당은 우유보다 모유에 훨씬 더 많이 들어있다. 또 유당은 소장에서 칼슘의 흡수와 이용을 돕는 역할도 한다. 유즙에만 들어있는 유당은 유당효소(락타제)에 의해서 소화분해 된다. 젖먹이는 락타제가 분비되다가 이유기 이후에 유즙의 섭취를 중단하면 이 효소의 분비도 중단된다. 출생 첫 해에 뇌 세포의 분열이 가장 왕성할 때 갈락토즈는 뇌세포의 중요한 성분이 된다.

유당 불내증(Lactose Intolerance)

1970년대 이전에 성장기를 보낸 한국인들은 이유기 이후에 우유와 유제품을 먹을 기회가 지금처럼 많지는 않았다. 60년대만 하더라도 우유 생산량은 저조했고 목장우유 배달이 지금과 같이 흔하지 않았다.

이유기 이후 유당 분해 효소(락타제)의 분비가 일단 중단되면 유당은 소화가 잘 되지 않는다. 정상적인 소화 과정을 통하면 유당은 포도당과 갈락토즈로 분해 되지만, 이 과정이 생략되고 대장으로 그대로 내려가 미생물에 의해서 유산, 가스 등의 분해산물로 변한다. 우유 등의 유즙 섭취 후에 가스가 차고 헛배가 부르고, 설사, 복통을 유발하는 증세가 나타나는 것을 유당 불내증이라고 한다. 이러한 증상은 한국인뿐만 아니라 유목인 조상을 두지 않은 많은 유색인들에게 흔히 볼 수 있다. 제 3세계의 어린이들도 과거의 우리나라와 같이 이유기 이후에 유즙 섭취가 없다. 언젠가 미국이 남미 어린이들을 돕기 위해서 우유분말을 원조해 주고 심한 비난을 받은 일이 있었다. 미제 우유를 먹은 아이들마다 설사를 했기 때문이다.

다음 표는 존 홉킨즈 의과대학 소아과 과장을 지낸 오스키 박사의 책에 나온 국가 민족별 유당 불내증의 이환율이다. 덴마크인이 가장 적고 유색인이 많은 편이다. 우리나라는 일본과 비슷한 수치이다. 유당 불내증을 설명할 때에 학생들에게 질문하면 어느 반이든 항상 몇 명은 증상이 있다고 답한다. 부끄러운 일이 아니다. 이 증상이야 말로 조상 탓이다. 정식품의 정 회장님이 몇 년 전 신라호텔에서 콩 심포지움을 개최했을 때에 하신 말씀이다. 1937년에 의사가 되어 북한의 어느 지역에 근무를 했을 때의 일이다. 몇 대 독자 집안에서 아들을 낳았는데 이 아기가 유당 불내증이었던 것이다. 물론 그 당시에는 유당불내증이라는 단어도 없었다. 부부가 엎드려 절하고 살려달라고 했는데도 어쩔 수가 없어서 아기가 죽었다는 것이다. 젊은 의사로서 그 충격을 이해할 만하다.

그 후에 정 회장님은 1960년대에 영국과 미국에서 공부하면서 이 증세가 유당불내증이라는 것을 27년 만에 알게 되었다. 1964년 《넬슨 소아과 텍스트북 제 8판》에 유당 불내증(Lactose Intolerance)이란 병명이 처음으로 공개되었으니 미국에서도 이 증세가 밝혀진 지 얼마 되지 않은 셈이다. 정 회장님은

국가 민족별 유당 불내증의 이환율

종 족	퍼센트(%)
남아프리카 반투족(흑인)	90%
타이랜드인	90%
필리핀인	90%
그리스 싸이프리트족	85%
일본인	85%
타이완인	85%
그린랜드 에스키모	80%
아랍인	78%
아슈케나즈 유태인	78%
페루인	70%
미국흑인	70%
이스라엘 유태인	58%
인디안	50%
핀랜드인	18%
미국백인	8%
덴마크인	2%

(자료: Don't drink your milk, Frank Oski, M.D.)

돌아오신 후 이러한 아기들을 위해서 두유를 생산한 최초의 소아과가 정식품으로 발전하게 되었다. 두유에는 유당이 없다.

유당 불내증을 극복하는 방법

우리의 소장 점막 세포는 이당류를 분해하는 효소를 만들어낸다. 아기 때에는 효소의 문제가 없었지만 이유기 이후에 전혀 유즙을 먹지 않다가 몇 년 만에 우유를 마시면 증세가 나타날 수 있다. 우유를 마시고 속이 불편한 사람들은 우유를 억지로 마실 필요는 없다. 칼슘은 우유에만 있는 것이 아니기 때문이다.(칼슘 식품은 무기질 이야기 편 참조) 그러나 우유를 마시기 위해 이 증세를 극복하는 예도 많다.

어떤 한의사는 우유 섭취를 하루에 한 숟가락씩 늘여서 극복했다고 한다. 찬 우유를 그 자체로만 마실 경우에는 증세가 심하지만, 온도를 높여 음식에 넣어먹거나, 음식과 함께 먹으면 증세를 극복할 수가 있다. 아마도 잠자고 있던 효소단백질을 만드는 유전자가 깨어난 것 같다. 우유의 발효 제품은 유당이 분해 되었기 때문에 유당 불내증이 감소한다. 치즈, 요구르트는 우유의 대표적인 발효식품이다.

간단히 요구르트 만들기

유기농 공동체에서는 산양유와 플레인 요구르트를 판매하는데, 각각 한 병씩 사서 두개를 서로 섞어 하루 동안 실온에 둔다. 실온에서는 유산균이 계속 번식하기 때문에 하루 지난 후에는 플레인 요구르트가 두 병이 된다. 이 중 한 병을 또 스타터(starter)로 쓸 수가 있다. 여기에 바나나, 복숭아, 딸기 등 제철 과일과 함께 갈면 과일의 향을 즐길 수가 있고 아이스케이크 형의 틀에 부어 넣으면, 냉동 요구르트가 된다.

시리얼 정보에 정제당은 따로 표시해야 한다

'시리얼'이 비만의 요인이라는 지적이 나왔다. 영국 소비자 협회는 시중에 나와 있는 시리얼 100종의 성분을 조사한 결과 대부분의 시리얼에 설탕, 소금, 지방이 많이 들어 있다고 밝혔다. 85종은 100g당 설탕이 10g 이상, 40종은 100g당 소금이 1.25g이상, 9종은 100g당 포화지방이 20g 이상이 포함되었다는 것이다. 한국 소비자 보호원(2004년 1월 29일)이 국내에서 시판되는 시리얼의 영양성분을 파악한 결과 전체 조사대상 25개 제품 중 10개 제품의 당분(설탕) 함량이 내용물의 30%가 넘었고 일부 제품은 최고 41.4%에 달한다는 것이다.

특히 '어린이 시리얼' 제품의 경우 전체 12개 중 8개가 당분의 함량이 30%가 넘어 충치와 비만을 초래할 우려가 있는 것으로 지적되었다. 미국의 경우 당분과 식이섬유를 포함해서 14가지 영양성분을 의무적으로 표기하도록 하고 있으나 우리나라의 경우에는 5개 항목만 표기하도록 하고 있다는 것이다. 위에서 제안한 것처럼 복합 탄수화물(전분과 섬유소)과 정제당은 분리되어 표기되어야 한다. 정제당을 이당류로 간주하여 탄수화물군에 넣어서는 안 된다는 것이다.

그동안 영양학계의 교과서에도 서당이 이당류에 포함되어 있으며, 정제 설탕도 함께 포함되어 있다. 그러나 우리 몸 세포 안의 생화학적인 대사에서 자연 식품 속의 서당과 정제한 서당은 기능이 다르다. 열량만 1g당 4칼로리를 낸다고 해서 기능까지 모두 같지는 않다. 정제한 설탕이 몸에 미치는 영향은 매우 크다. 앞으로 정제당은 탄수화물 군에서 따로 떼어내어 표시함으로써 소비자들에게 정확한 정보를 주어야 할 것이다.

정제당, 설탕 이야기

1975년에 출판된 윌리엄 더프티의 《슈거 블루스》는 우리나라에 2002년에 번역되어 나온 것으로 매우 재미있고 유익한 책이다. 유사한 증세를 가진 학생들이 많아서(그만큼 설탕에 중독된 신세대들이 많아서) 공감대가 형성된다.

"여드름 많은 학생들은 읽어 보세요." 라고 추천한다.

자기 자신이 직접 읽고 머리에 입력이 되어서야 스스로 설탕을 끊을 수가 있다. 1970년대 초 대학원 과정 중 영양학과 내에서도 '설탕의 폐해'에 관한 학술지에 대해 반박하며 설탕의 폐해가 그렇게 많지 않다는 의견 충돌이 있었다. 그렇게 생각하기 때문에 많은 일반인들이 가공식품을 먹게 되는 것이다. 일반적으로 영양학에서는 설탕을 '텅 빈 열량'이라고 하며, 영양을 아는 사람들은 설탕섭취를 가능한 한 줄인다. 그러나 아직 영양학 책에서는 아직도 설탕이 이당류이고, 이당류는 탄수화물에 속한다고 보고 있으니, 일반 대중이 순수 정제한 설탕을 탄수화물로 오인하는 것도 무리가 아니다.

사탕수수와 사탕무우에 들어 있는 서당은 이당류로서 손색이 없다. 자연의 산물로서 서당이라는 이당류가 분해 되어도 자연 식품 속에 포함된 비타민군의 도움으로 에너지 대사에서 열량을 낼 수가 있기 때문이다.

자연 성분의 90% 이상이 제거된 시중의 정제 설탕은 순도가 99.9%로서 이 정제된 서당도 소장에서 분해가 된다. 이 때 생긴 포도당과 과당에는 에너지 대사에 필요한 비타민 B군이 전혀 없기 때문에 세포 안에서 열량을 내기가 어렵다. 따라서 설탕의 과잉 섭취는 많은 대사 장애를 유발하고, 또 쉽게 중성 지방으로 전환된다. 이 정제된 당류들은 일반 탄수화물과 동일시 취급해서는 안 된다는 것이 나의 견해이다.

〈표 1〉은 두 종류 설탕의 영양소를 나타낸 것이다. 설탕은 가공을 거쳐 당질의 순도가 매우 높다. 열량은 높고 섬유소와 비타민은 전혀 없다. 설탕이 세포 안에서 열량을 낼 때에는 필요한 비타민과 무기질을 그 주변에서 빼앗아야만 에너지 대사에 들어갈 수가 있다. 그러나 비타민과 무기질이 충분치 못할 경우에는 그 중간 대사물이 쌓이게 된다. 이것이 우리의 몸에 대사 장

애를 일으킨다. 정제 설탕을 많이 섭취할수록 대사 장애는 심해질 것이다. 황설탕은 사실상 '가면을 쓴 백설탕'이다. 황설탕은 백설탕에 원당 12%, 흑설탕은 13%를 넣은 것이다.

⟨표 1⟩ 설탕의 영양소

설탕의 종 류	열량 kcal	수분 g	단백질 g	지방 g	당질 g	섬유 g	회분 g	Ca mg	P mg	Fe mg	B₁ mg	B₂ mg	niacin
백설탕	387	0.1	0.0	0	99.9	0	0.0	3	0	0.3	0	0	0
황설탕	385	0.3	0.1	0	99.4	0	0.2	18	0	0.3	0	0	0

1633년 자연 치유주의자 제임스 허트 박사는 설탕을 그의 저서 《임상 및 식이요법》에서 다음과 같이 언급했다고 한다. "설탕은 피를 뜨겁게 하고, 장폐색을 일으키며, 체질을 악액질로 만들고, 탈진하게 하며, 이를 썩게 하고, 안색을 어둡게 하며, 무엇보다도 숨결에서 혐오스런 악취가 나게 된다."

설탕이 많이 들어 있는 음식은 저혈당을 유발한다

쿠키, 캔디 등 단 것들을 많이 먹으면 열량은 많으나 배가 부른 느낌이 없는 것은 섬유소가 없어 포만감을 주지 않기 때문이다. 설탕은 소화 흡수가 빨라 인슐린 반응이 빠르게 나타나며 저혈당 증세가 나타나면서 쉬 허기가 진다.(인슐린은 높아진 혈당을 내리는 역할을 한다) 그러면 또 먹고 싶은 갈망이 커지는데, 허기가 꺼질 때까지 먹다 보면 열량을 과잉 섭취하게 된다. 미국인들의 비만이 많은 것은 운동부족도 있지만, 그들이 정제 가공한 음식을 너무 많이 먹는 식생활 때문이다. 섬유소 없이 단순당이 많은 가공 식품은 먹어도 더 먹게 되지만, 과일을 씨와 껍질까지도 함께 먹으면 자연의 단순당(포도당, 과당, 서당)을 섭취하게 되고, 단 맛을 즐기면서 또 포만감을 느끼게 된다.

⟨그림 1⟩에서 섬유소가 충분한 복합 탄수화물을 섭취하면 소화된 음식물이 우리의 긴 소장을 돌면서 포도당이 서서히 흡수된다. 섬유소가 스폰지의 역할을 하며 이러한 흡수는 가장 바람직하다. 통곡식 위주의 식사를 하면 혈당도 서서히 오르고 서서히 내리기 때문에 쉬 배가 고프지 않고 심리적으로 평안하다.

⟨그림 2⟩에서 정제당이 들어간 식품을 먹었을

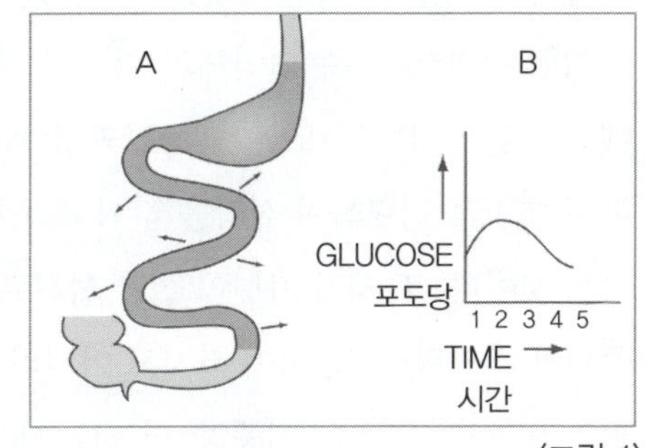

⟨그림 1⟩

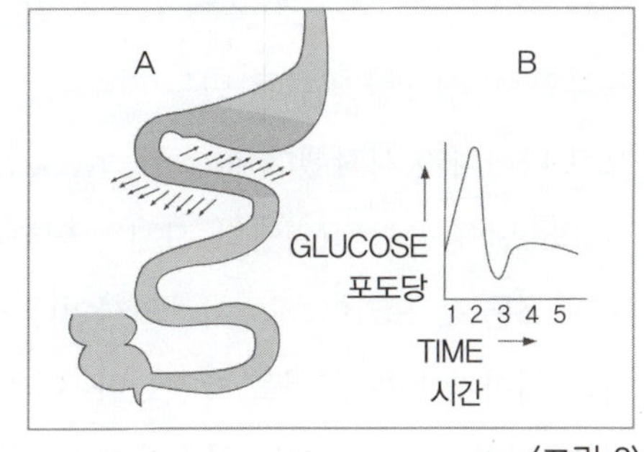

⟨그림 2⟩

경우, 소장 상부에서 갑자기 흡수가 되면, 인슐린이 갑자기 많이 분비되므로 혈당이 급속히 세포 속으로 들어가게 되어 저혈당이 온다. 이 때 허기가 지고, 기운이 없고 초조해지고 음식을 또 찾게 되는데, 또 다시 정제당이 들어간 식품(섬유소도 별로 없는)을 먹게 되면 악순환의 연속이 된다.

설탕과 관련된 질병들

16세기 설탕 값이 비싼 시절에는 설탕이 특권층의 양념의 일부로만 사용되었다. 그러나 이것이 19세기 말 서구에서 주요한 식품 항목이 되었을 때에는 특정한 퇴행성 질병이 나타나기 시작했다. 게실증, 편도선염, 맹장염, 심장병, 위궤양, 당뇨병, 삶의 질서가 없는 증세, 정신 질환(특히 우울증과 강박관념), 알레르기 등이다.

혈액내의 중성지방은 많은 양의 설탕 섭취로 인해 증가한다. 콜레스테롤도 역시 설탕섭취로 인해 증가한다. 두 가지 혈액내의 지단백질의 성분은 설탕 섭취로 인해서 높아지기 때문에 설탕은 심장병을 유발하는 데 큰 역할을 한다.

문명국의 위와 같은 질병은 식생활의 영향을 받는다. 이제 설탕을 흔하게 먹을 수 있는 우리나라에서도 같은 현상이 나타나고 있지만, 오랜 세월 동안 이러한 정제 식품이 다양한 증세나 질병과 관련이 되어 있다는 것을 몰랐다.

《슈거 블루스》의 저자 윌리암 더프티에 의하면, 설탕소비가 급증한 후 1665년에 역병이 런던을 휩쓸었을 때 사망자가 3만 명이었다고 한다. 또 1700년대 영국에서는 결핵 사망자가 극적으로 증가했다. 즉 면역체의 기능이 떨어지면 질병회복이 어려운 것이다. 나보루 무라모토에 의하면, 일본에서도 설탕 공장과 정제소 인부들의 결핵 발병률이 가장 높았으며, 1910년 일본이 대만을 점령하여 설탕을 값싸고 풍부하게 공급받으면서 결핵 발병률도 현저하게 증가했다는 것이다. 또 저자 자신이 설탕 섭취로 인해 많은 고통을 겪으면서 밝혀낸 증상과 질병은 집중력과 기억력 감퇴, 힘이 빠지고 어지러우며, 갑자기 가슴이 두근두근 뛰고, 이유 없는 불안과 떨리는 증세, 신경증, 뇌종양, 당뇨병, 대뇌동맥경화증 등이다.

미국에서 알라스카로 올라가는 고속도로가 완성이 되었을 때, 설탕이 들어간 식품과 정제한 곡류와 이 정제한 곡류로 만든 탄수화물 식품이 에스키모인들에게 전달되면서 여드름이 처음으로 나타나기 시작했다. (Nutrition Today Nov-Dec 1971)

1939년에 출판된《영양과 신체의 퇴화: 원시와 현대인의 식사 비교와 그 결과》라는 책의 저자 웨스톤 A. 프라이스는 치과의사인데 세계 여행하면서 원시생활을 하는 사람들은 매우 건강하고 치아가 튼튼한 것을 발견했다. 이들은 자기 땅에서 거두는 자연 식품을 먹는 사람들이었다. 이러한 원시인에게는 치과가 필요 없었다.

호주의 원주민으로서 백인과 원주민 모두에게 '지혜로운 사람'으로 불린 반조 클라크의 《대지를 지키는 사람들》에 의하면 원주민들이 백인들에게 땅을 빼앗기고 보호구역에 갇히면서 선택의 여지없이 정부로부터 받은 식량은 흰 밀가루와 설탕이었다. 열악한 환경에서 살던 반조 클라크도 자신의 가족들, 아버지, 삼촌, 아내, 아들을 심장질환으로 잃었다. 현재 호주의 백인들의 수명이 80세인 반면에 원주민들의 수명은 40~50세 정도로 보고 있다.

과학자들이 입증해 낸 세 가지

- 설탕은 충치의 주된 원인이다.
- 설탕은 과체중의 원인이다.
- 식생활에서 설탕을 추방하면 당뇨병, 암, 고지혈증, 심장질환을 치유할 수 있다.

설탕과 면역 기능

문명국의 맹장 염, 편도선염 등의 염증이 많은 것도 결국 면역 기능이 떨어져 있기 때문이다. 따라서 면역기능을 높이려면 식품 속에 숨어있는 설탕의 양을 제한할 필요가 있다. 즉 가공한 식품을 주의해야 한다.

설탕 섭취는 백혈구가 우리 몸에 침입하는 병원균을 파괴하는 능력을 감소시킨다. 다음 표2는 백혈구의 식균 능력이 설탕 섭취량과 반 비례함을 알 수가 있다. 즉 설탕의 섭취가 많은 때에는 감염성 질환을 예방하기 어렵다. 설탕을 전혀 먹지 않은 상태에서 백혈구는 30분 동안 약 14개의 박테리아를 잡아먹을 수가 있다. 청량음료 캔 하나의 설탕을 6티스푼 먹게 되면 식균 작용이 감소하여 30분간 10개의 박테리아를 잡아먹는다. 만일 청량음료 캔 하나와 도너스 한 개를 먹으면(설탕의 섭취는 12티스푼) 식균 작용은 30분당 겨우 5.5개의 박테리아로 떨어진다. 설탕의 섭취량이 많아지면 혈액내의 혈당 역시 올라간다. 혈지질도 역시 올라가면서 혈액의 농도는 걸쭉해진다. 백혈구가 공격해야 할 입장에 있을 때 빨리 기동할 수가 없다.

〈표 2〉 설탕의 섭취량과 면역기능은 반비례한다

설탕의 양(티스푼)	백혈구가 잡아먹는 세균의 수	박테리아 파괴능력 감소%
0	14 (30분 이내)	0
6	10 (30분 이내)	25
12	5.5 (30분 이내)	60
18	2 (30분 이내)	85
24	1 (30분 이내)	92
당뇨환자	1	92

<표 2>에서 당뇨병 환자의 면역기능은 최하이며 설탕을 가장 많이 먹은 사람과 같다. 즉, 당뇨병 환자의 혈당은 설탕 24 티스푼 먹은 사람과 같다는 것이다. 설탕의 섭취량이 적은 사람들은 전염병에 걸리는 비율이 낮다는 것도 사실이다. 감기에 걸렸을 때 입맛이 떨어지는 것은 단식을 유도해서 면역체의 기능을 향상하려고 하는 우리 몸의 자연 치유력이다.

설탕의 섭취로 인해 면역체의 기능이 약화되는 것은 암발생과 관련이 있다. 과학적인 연구에 의하면 통계적으로 많은 암들이 설탕의 섭취와 관련되어 있었다. 위의 표를 보면, 당뇨병 환자들의 혈당 수치가 높아지면 왜 면역계가 약해지는 가를 알 수 있다.

이러한 면역계의 손상은 정상인의 경우 5시간 동안 지속되었다. 이것은 5시간동안 백혈구 세포들이 최적으로 기능을 하지 못함을 의미한다. 당뇨환자는 면역 기능이 약하므로 암으로 진행될 확률이 높다. 암발생도 내 몸의 면역체가 약해졌기 때문에 생기는 생활습관병의 일종이다.

설탕과 알레르기

우리가 헤이 피버(Hay fever)라고 부르는 꽃가루 알레르기는 1565년 북부 이탈리아인 레오나르도 보탈로에 의해서 처음 기록되었다. 정식 이름은 계절성 알레르기성 비염이다. 우리 가족이 덴톤(텍사스의 달라스 부근)으로 이사 갔을 때, 아이들이 이 꽃가루 알레르기로 여러 번 병원 출입을 했었다. 미국 대륙에서 텍사스 달라스 지역은 이 알레르기가 가장 심한 지역이다.

감기 증상과 비슷한 꽃가루 알레르기는 그 당시에는 처음 들은 생소한 말이었다. 이것을 해결하려면 면역체를 죽이는 주사를 매주 병원에 와서 맞아야 한다는 의사 말을 듣고는 아이들이 놀라더니만 그 다음부터는 이 증상이 없어졌다. 싫어하는 주사를 매주 맞는 것보다는 그대로 사는 것이 더 낫다는 판단으로 적응이 된 것 같다. 꽃가루뿐만 아니라 곰팡이 포자, 동물에서 나오는 물질, 깃털, 밀가루, 산업 먼지, 집 먼지, 곤충에서 나오는 것들, 기타 많은 것들이 알레르겐(알레르기를 일으키는 물질)으로 작용한다. 또 많은 약들, 화학물질, 염료 등도 역시 알레르겐이다.

에브라함슨과 페제트 박사가 쓴 《몸, 마음과 혈당》에 의하면, 이러한 알레르기성 비염이나 천식 증상이 심한 환자는 고인슐린혈증이 있음을 밝혀졌다. 그 이후 많은 학자들이 이와 유사한 결과를 밝혔다. 정제당이 들어있는 음료나 식품을 먹었을 때 인슐린이 과잉으로 분비되면서 저혈당을 유발한다. 정제당의 섭취를 줄여 불필요하게 인슐린을 분비하지 않게 함으로써 혈당의 농도를 정상으로 유지하는 것이 중요하다. 알레르기는 자가 면역으로 분류되는데 면역 기능의 비정상적인 반응이다. 알레르기는 정제당과 곡류들로 만든 정크 푸드를 많이 먹은 결과라고 볼 수 있다.

숨어있는 설탕

서양식의 주식은 열량이 많은데다가 식사를 단 후식으로 끝내는 것으로 되어있다. 케이크, 파이, 아이스크림, 푸딩 등등. 미국인들의 한해 설탕 소비량은 약 67kg이고 하루의 양을 계산하면 작은 스푼으로 46개라는 계산이 나왔다. 240cc 짜리 컵으로 거의 하나가 된다.

설탕은 싼 가격으로 음식 맛을 내기 때문에 가공식품에 많이 사용된다. 우리주변의 많은 가공식품에 설탕이 숨어있다. 빵, 과자, 케이크류, 사탕류, 깡통에 저장한 식품들, 무가당 주스, 청량음료, 아이스크림, 심지어는 핫도그, 햄버거, 토마토 케찹 등에도 들어있다. 자신은 설탕을 많이 먹지 않는다고 생각하는 사람도 가공식품을 먹는 이상 하루에 쉽게 15~20 티스푼을 먹을 수가 있다. 이 정도의 양은 면역체의 식균 능력을 떨어뜨릴 수 있는 양이며 혈중 지질의 양을 높이기에 충분한 양이다. 하루에 먹은 가공식품을 기억해서 설탕량을 계산해 낼 수가 있다.

식생활을 전담했던 여성들의 사회참여로 인해서 가공식품의 소비가 늘어났고 앞으로 더욱 늘어날 것이다. 또한 가공 식품의 소비가 증가함에 따라 과거에는 듣기 어려웠던 비만, 과민아, 알레르기, 비행 청소년의 비율이 점점 더 늘고 있는 실정이다.

〈표 3〉 숨어 있는 설탕

식품(1인분)	설탕의 양(작은술, ts)
청량음료, 300cc	8
아이스크림(1국자)	5~6
캔에 들은 과일(시럽)	8
캔 옥수수(1큰술)	3
초코렛 케이크, 120g	8
도우넛(글래이즈) 1개	4
사과 파이, 호박 파이(1인분)	7
잼, 꿀(1큰술)	3
초코렛 사탕, 30g	7
케찹(1큰술)	1
초코 우유	6

음식을 조리할 때 설탕대신 단 맛을 가진 천연 과일을 사용하면서 설탕 섭취를 줄인다. 어릴 때부터 이러한 재료로 음식을 조리하는 데 참여하는 것이 식재료에 관심을 갖게 하는 좋은 기회이다. 예를 들면, 냉동 과일로 아이스크림을 만드는 것, 와플을 구울 때에도 사과 썬 것, 건포도, 고구마 등을 사용하면 설탕을 넣을 필요가 없다. 떡 재료에 건포도, 대추, 건살구, 곶감, 밤, 꿀에 조린 귤피, 푸룬(말린 자두), 건파인애플 등 자연의 단맛을 이용한다. 내가 구하는 무설탕 식빵은 강원도 귀례에서 생산되는데, 통밀의 싹을 내서 생기는 맥아당으로 이스트 발효를 한다. 빵을 먹은 후 설탕의 뒷맛이 남지 않아 좋다.

설탕 섭취를 줄이는 제안

- 아이들의 교육을 위한 상과 벌에 식품을 사용하지 않는다. 더구나 단 맛이 있는 식품을 사용하는 것은 더욱 좋지 않다.
- 우리 집에는 설탕 통이 없다. 설탕 대신 자연의 단맛을 내는 꿀, 당밀, 건포도, 대추, 그 외의 다른 마른 과일을 조리에 사용한다. 많은 과일이 들어간 레시피는 설탕이 필요 없다.
- 정제 설탕을 사용한 모든 단 것들을 절제한다. 설탕을 씌운 시리얼, 도우넛, 후식 등을 피한다. 간식으로 사탕이나 단 것을 먹지 않는다. 후식은 특별한 날에만 사용한다.
- 우유와 설탕, 계란을 사용한 후식(예, 푸딩)을 피한다. 설탕과 우유가 혼합된 식품은 위에서 발효할 수 있으므로 절제한다.
- 가공 식품을 살 때 라벨을 잘 읽는다.

탄수화물을 자연 식품 형태로 먹어야 하는 이유

미국의 대학교에서 실험을 포함한 5학점짜리 생화학을 다시 선택했을 때, 한 학기 동안 포도당 한 분자에 관해서 공부했었다. 닥터 크로닌이라는 할아버지 교수님이 처음에 받아보면 전혀 알 수 없는 숙제를 매주 내주는 정말 골치 아픈 과목이었다.

그동안 비전공 학생의 기초영양학 시간에는 포도당이 열량을 만드는 골치 아픈 티씨에이 사이클(TCA Cycle)에 관해서는 전혀 언급하지 않았었다. 그러나 이 과정을 이해하지 않으면, 왜 비타민이 필요한지, 왜 정제당이 해로운지를 이해하지 못하기 때문에, 아무 생각 없이 계속 정제당과 정제곡류를 먹게 된다. 그래서 지난해부터는 수업시간 중에 이 내용을 설명하는데 이 사이클을 만화 같이 간단하게 그려서 소개했다. 이유는 이 에너지 사이클이 어떤 특정한 기관이 아닌 모든 사람의 모든 세포에서 일어나는 일이기 때문이다.

티씨에이 사이클(TCA Cycle, 트리카르복실산 회로)

포도당은 인슐린의 도움으로 세포 안으로 들어간다. 원래 포도당은 탄소가 6개인 육탄당이라고 하는데, 이 포도당이 반으로 쪼개져 세포 속에 있는 '미토콘드리아' 로 들어가서 에너지를 생산하는 것이다.

이것을 'TCA 사이클' 이라고 부른다. 이 사이클에서 포도당 반쪽이 열량을 낼 때에는 비타민 B_1, B_2, 리포산, 판토텐산, 나이아신, 마그네슘, 철분, 칼슘 등이 모두 세트로 필요하다. 이 사이클은 이름이 여러 개 있는데, 시트르산 회로 또 처음 연구한 학자의 이름을 따서 크렙스 회로라고 부르기도 한다. 한스 크렙경(1900 ~ 1981)은 1953년 이 공로로 노벨상을 수상했다.

30년 전보다 최근 생화학 교과서에는 미토콘드리아의 구조가 더 자세히 나와 있다. 세포의 많은 미토콘드리아 속에서 TCA 사이클이 돌면서 에너지(ATP)와 탄산가스를 발생한다. 운동을 많이 한 근육 세포일수록 미토콘드리아가 많다. 근육은 체지방을 소비할 수 있는 유일한 기관으로 운동을 통해서 체중을 감량하는 것이 올바른 방법이다.

TCA 사이클은 8단계로 나뉘는데, 단계마다 중요한 효소가 관련된다. 미토콘드리아는 미세한 효소들의 집단이라고 할 수 있다. 산화과정에 필요한 각종 효소들이 미토콘드리아 벽과 미토콘드리아 막에 정확하고 질서정연하게 배열되어 있다. 이 효소를 돕는 조효소들이 비타민이다. 비타민은 많은 양이 필요하지는 않지만, 식품으로부터 공급되지 않으면, 이 사이클은 진행이 되지 않는다. 마치 영화 찍을 때 조연이나 스태프 중 하나가 불참해서 드라마를 찍을 수 없는 것과 같다. 남녀 주연배우 두 사람만으로 영화가 되지 않는 것처럼 이 에너지 대사도 더 이상 진행되지를 않는다.

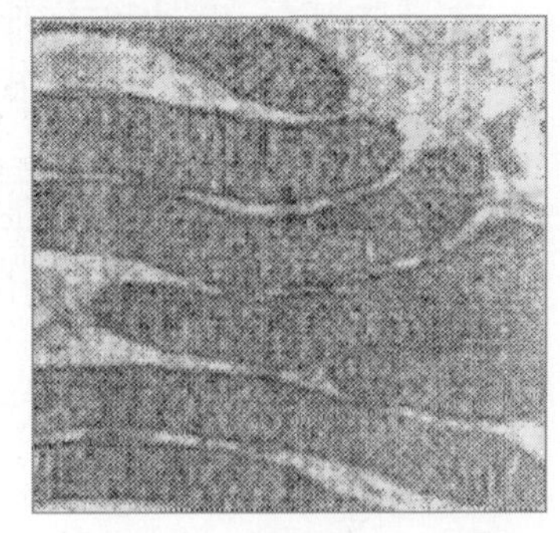

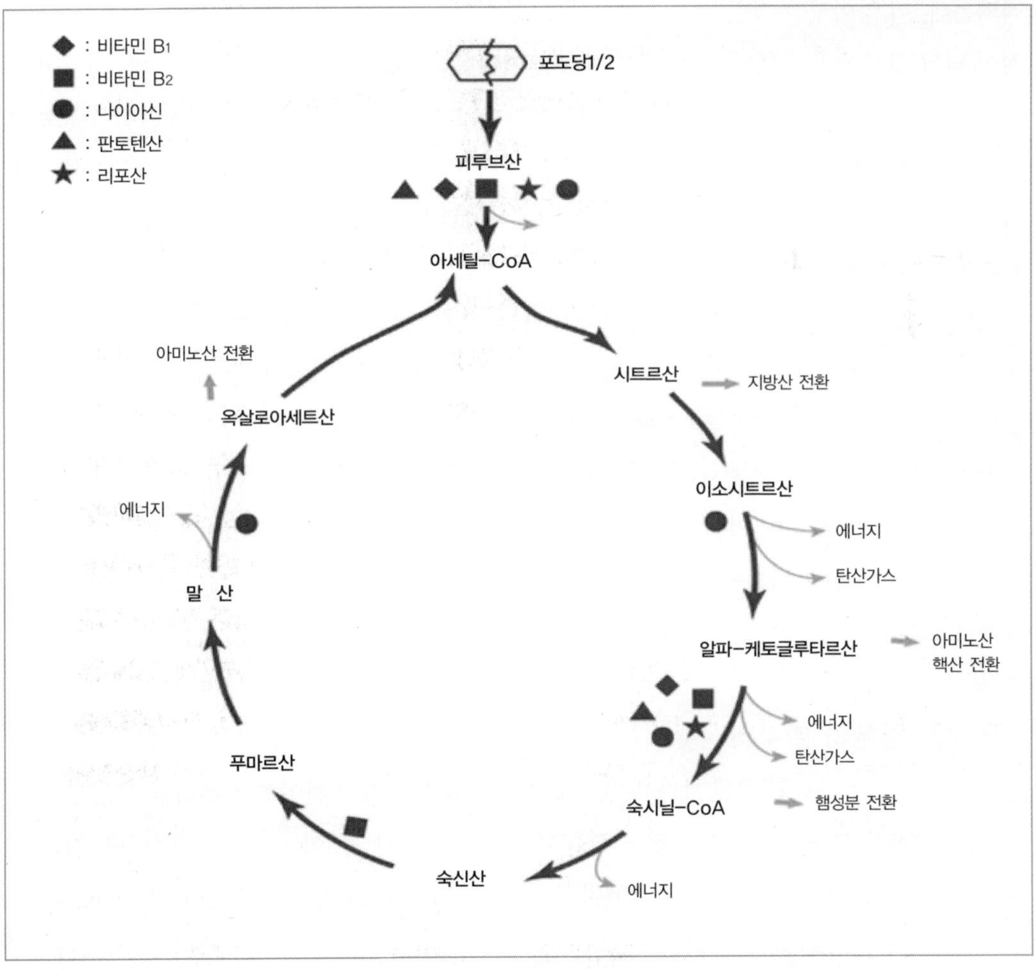

쥐약에 사용하는 독이나 목장에서 사용하는 이리를 죽이는 '1080'이라는 독약은 유독한 식물의 잎에서 얻는데, TCA 사이클의 한 효소에 작용해서 이 효소를 비활성화시킴으로서 동물을 죽인다. 물론 사람에게도 치명적이다. 여러 단계에서 비타민 B_1, 비타민 B_2, 나이아신, 리포산, 판토텐산과 마그네슘이 동시에 필요하다.

정제 곡류와 정제당의 후유증

자연 식품 즉 현미는 필요한 모든 비타민과 무기질을 다 갖추어서 섭취되지만, 백미는 이것이 거의 제거되어 턱 없이 모자란다. 따라서 흰쌀밥을 먹는 사람들은 반찬에서 이 미량 영양소를 보충해야 한다. 게다가 정제 설탕이 들어 있는 가공식품을 추가로 먹는 경우에는 이 부족분이 더 커진다.

비타민 B_1이 부족할 경우에는 비타민 B_2, 나이아신도 부족하다. 대사 과정이 더 이상 진행되지 못하고 정체되면 부산물인 피루브산이나 사이클 안의 중간 대사산물 중 형성된 산들이 누적되는데, 이 양이 많아지면 뇌와 신경계에 손상을 입히게 된다. 이렇게 정체한 산들은 독성 물질이 되어 세포 호흡을 방해하고, 세포가 정상 기능을 못하기 때문에 죽기 시작한다. 이것이 즉 각기병을 포함한 많은 신경성 증세로 나타난다(저혈당 참조). 정제당 섭취는 저혈당을 불러오며 이 증세는 정신 질환과 유사하지만 정제당만 끊으면 정상으로 회복된다. 이것은 질랜드 박사, 페제트 박사, 칼톤 프레데릭 박사, 또 윌리엄 더프티 등이 체험하고, 책으로 출판해서 많이 알려진 이야기이지만 아직도 우리에게는 대중적으로 알려지지 않은 것 같다.

설탕을 과다하게 먹으면 체액이 산성이 된다는 것도 결국은 대사산물의 축적으로 인한 것이며 산성을 중화하기 위해 체내에 축적되어 있는 무기질이 빠져 나간다. 충치나 뼈가 약해지는 것은 모두 정제당으로 인한 문명병이다. 설탕 식품을 과다하게 섭취할 경우 지방으로 전환이 잘된다. 비타민 세트가 빠졌으니, TCA 사이클이 돌 수가 없고 그 대신 지방으로 쉽게 전환되는 것이다. 문명식에 모자라는 비타민을 따로 알약으로 보충할 수가 있으나, 무엇이 얼마나 부족한지 알 수가 없다. 따라서 가장 바람직한 것은 정제하지 않고 가공하지 않은 자연의 식품을 그대로 섭취하는 것이다.

에너지 발생과 농약의 역할

《침묵의 봄》의 저자 레이첼 카슨은 TCA 사이클에 화학물질이 관여하는 우려를 이미 1960년대에 표명했다. 세포 속에서 에너지를 만들어내는 과정은 박테리아, 개구리, 생쥐, 새, 인간 등에서 동일하게 이루어진다. 우리가 '에너지'라고 부르는 ATP(adenosine tri phosphate)는 인산기 3개가 붙어있는 화합물이다. 이 인산기가 떨어지면서 에너지를 발생한다. 인산기가 2개인 ADP(adenosine di phosphate)는 인산기와 결합하여 다시 ATP가 되는데, 이 과정을 방해하는 것이 살충제와 제초제로 대표되는 상당수의 화학물질들이다. 페놀계 화학물질들은 인산기의 결합과정을 실패로 돌리고 결국은 '엔진이 계속 돌아서 과열되는' 현상을 만든다.

개구리 알과 성게를 연구할 때 ATP 보유량이 어느 수준 이하로 떨어지면, 알들이 세포분열을 중단하고 즉시 죽는다고 한다. 또 특정 기능을 하는 효소가 화학물질로 인해서 파괴되면 산화과정 자체가 멈추게 된다. 단지 산소 공급을 조직적으로 억제하기만 해도 정상적인 세포가 암세포로 변하기도 한다. 산소가 충분치 않으면 세포내에서 질서 정연한 에너지 발생과정과 세포기관 발달 과정에 혼란이 생겨 기형을 비롯한 이상 증상이 일어날 수가 있다. 살충제와 제초제 등의 화학물질은 염색체(유전자)에 해를 끼치고 정상적인 세포분열을 방해하며 돌연변이를 일으키는 능력을 가지고 있다. 레이첼 카슨은 앞으로 어린이들에서 나타날 결함과 기형들 가운데 상당 부분은 우리의 외적, 내적 세계에 깊숙이 침투한 화학물질 때문이 확실하다고 40년 전부터 이미 경고하고 있었다. 우리나라의 농약 소비량은 94년까지 감소추세이던 것이 이후 계속 증가하는 추세이며 살충제의 생산과 소비량이 가장 많고 그 다음이 제초제, 살균제, 기타의 순이다.

인공 감미료

인공 감미료는 어떨까? 오늘날 많은 사람들은 설탕보다는 인공감미료가 열량을 적게 함유하고 있기 때문에 좋다고 생각하고 있다. 최근 많이 사용하는 감미료는 합성 아미노산 아스팔테임이다. 적은 양으로 설탕의 맛을 흉내 낸다. 다이어트 청량음료는 정말로 괜찮은가? 최근의 연구가들은 "아니오"라고 한다. 50세에서 69세의 여성 75,000명 연구를 보면 인공 감미료 사용자들은 비사용자들보다 체중이 많이 증가됐음을 발견했다.

다른 연구에서는 30명의 자원 참가자들이 두 주일 동안 다이어트 소다를 4개씩 매일 마셨다. 놀랍게도 이들 다이어트 소다를 마신 사람들은 음식을 더 먹었고 일반 설탕으로 가미한 청량음료를 마셨을 때보다 체중이 더욱 증가하였다. 마이클 토르도프는 인공 감미료가 식욕을 더 돋운다고 보고하였다. 그는 "우리는 아스팔테임으로 가미한 음료를 1리터 마시면 공복증세가 증가하는 것을 발견하였다"라고 말했다. 인공 감미료는 진짜 단 것에 대한 욕망을 증가시키는 것으로 보이며 이러한 인공 감미료의 섭취가 증가함에도 불구하고 설탕의 실제 소비는 계속 증가하고 있다는 점이 문제이다.

현대인의 가공식품

옛날 동굴에 살던 인류의 조상들은 몸에 좋은 먹거리를 먹었을 것이다. 자연에서 얻은 과일,

열매, 풀잎, 뿌리, 견과, 씨앗 등등. 섬유소가 많은 탄수화물, 곡류의 단백질, 씨앗의 지방, 비타민과 무기질 등 각종 영양분이 많았기 때문에 오늘날까지 인류가 번영했던 것이다. 영국인 기자가 쓴 《위험한 식탁(Food Gamble)》에서는 산업혁명 이전에 대부분의 영국 국민들이 농촌에서 작은 마을을 이루고 살 때에는 불량식품에 대한 걱정이 전혀 없었다고 한다. 음식의 질이 나빠지기 시작한 것은 도시인구가 불어나기 시작한 산업혁명 때부터라고 말하고 있다. 영국 사회에서도 식품 오염으로 인한 위염은 19세기 초반 도시에서 가장 흔한 질병이 되었다고 한다. 그래서 1860년에 '식품과 약품 첨가물 법안'이 처음으로 통과되었다.

버거킹의 딸기 밀크셰이크의 전형적인 인공 딸기향에는 47 가지의 첨가물 들어있다고 한다. 또 프렌치 프라이의 독특한 향은 '동물성 제품'에서 얻어진 첨가물이다. 햄버거향도 조향사가 만들어낸 향이 첨가된 것이다. 지금 '정직한 식품'을 사기 어렵다고 하는 영국사회에서 일반인들이 매년 먹는 첨가물은 4kg이나 된다고 한다.

사람들은 왜 유기농을 찾는가? 농약은 안전하지 않다

KBS 일요스페셜 '식탁 위의 반란, 사람들은 왜 유기농을 찾는가?'는 2004년 5월 16일에 방영되었다. 워싱톤 대학교의 리차드 팬스키 교수의 연구에서 유기농 음식을 먹은 아이들보다 일반음식을 먹은 아이들의 소변에서 나온 농약대사물질 농도는 6배가 많았다. 우리 몸은 과학이기 때문에 먹은 대로 몸이 반응한다. 안 먹은 것이 나올 리는 없다. 한국과학기술 연구원에서는 농약의 하나인 알라크로는 안전한가에 대한 실험으로 DNA 상태를 비교했을 때 알라크로를 투여한 살모넬라균의 DNA가 돌연변이 하는 것을 관찰함으로써 결국은 발암성이 확인된 것이다.

우리 어린이들은 타르색소를 많이 먹고 산다

다음 내용은 '다음을 지키는 사람들'의 모임의 엄마들이 시중에 판매되는 색이 알록달록한 여러 가지 아이들의 간식을 사서 물에 녹여 실을 염색하는 실험이었다. 색도 아주 예쁜 빨간색, 노란색, 파란색, 초록색 등이었는데, 아이들이 먹는 캔디, 초코릿 코팅, 빙과류 등을 녹여서 만든 액체이었다. 놀랍게도 굵은 실에 선명하게 아름다운 색으로 염색이 너무 잘되었다. 자연색소에 물들인 실은 세탁 후 색이 빠진 반면 아이들 캔디 등에서 나온 타르색소는 물에 씻어도 색이 빠지지 않았다. 한 회원 엄마는 첨가물의 표시에는 황색 4호를 제외하고는 대부분 합성착색료라고 표시되었다고 한다. 미국 FDA에서 나온 자료를 보면, 황색4호가 알레르기를 유발하고 적색2호는 사용 금지되었다. 우리나라에는 이에 대한 규제가 없기 때문에 많이 사용되고 있는 실정이다.

타르색소도 유전자 손상을 일으킨다

그 다음 KBS가 취재한 내용은 일본의 하치노세 국립기술대학교의 사사키 박사의 쥐 실험이었다. 시중의 아이들 먹거리에 사용되는 색소가 쥐 세포의 유전자를 손상한 것을 보여주었다. 이러한 정보를 찾아 전세계를 다니면서 취재하는 취재진들의 노고에 경의를 표하게 되었다. 사사키 박사는 "유전자는 생명을 관장하는 물질이기 때문에 암 이외에 기형도 생길 수가 있으며, 질병과의 관계는 더 많은 연구가 필요하다"고 말했다.

화학물질이 우리 몸에 많이 들어올수록 유전자는 더 많이 손상이 된다. 우리 몸은 영양소가 필요하지 화학물질은 필요하지 않다. 그러나 현대인들은 식품의 풍요를 누리게 되면서 한편으로는 이러한 화학물질도 더 많이 섭취하게 되었다. 현대인이 풍요를 누리면서 식품에 들어가는 첨가물의 종류는 해마다 증가하고 일본인은 일년에 첨가물을 일인당 평균 4kg을 먹는다고 하며 선진국에서는 6~7kg의 식품첨가물을 섭취하고 있다고 한다. (한겨레 신문 2004.7.27.)

일반 시중에서 판매하는 아이들 먹거리에는 국내 생산 유기농산물이 없다고 해도 과언은 아니다. 우리의 음식 중에서 가장 비중을 많이 차지하는 탄수화물 급원인 쌀과 밀가루를 유기농으로 구하면 우리 몸으로 들어가는 화학물질의 양을 많이 줄일 수가 있다.

5. 두뇌를 명석하게 하는 음식들

뇌세포의 연료는 포도당

자동차가 휘발유 없이는 달릴 수 없는 것처럼 우리 몸의 세포도 연료가 있어야 활동한다. 우리 몸의 근육 세포는 연료의 급원으로 피하 지방에 저장되었다 나온 지방산도 쓰고 글리코겐으로 저장된 포도당도 사용한다. 그러나 우리의 뇌세포는 유일하게 포도당만을 연료로 사용한다. 따라서 뇌의 기능에 가장 기본이 되는 중요한 요소는 포도당과 산소의 공급이다. 두 가지 중 하나만 부족해도 뇌가 손상된다.

우리 뇌는 두개골이라는 단단한 보호 속에 있기 때문에 근육 속의 글리코겐과 같이 포도당을 저장할 수 있는 여유가 없다. 그래서 항상 혈액에서 끊임없이 공급되는 포도당에 의존하므로 혈당이 끊임없이 공급되는 것은 상당히 중요하다. 혈당의 농도가 떨어지는 저혈당(hypoglycemia) 증세는 정제한 단순당과 섬유소가 제거된 탄수화물의 섭취로부터 잘 오는데 안절부절, 불안, 초조, 화 등 심지어 성격도 난폭해질 수가 있다. 우선 심리적으로 불안한 상태에서는 집중이 어렵다. 누구나 이러한 상태로는 중요한 결단을 내리거나 공부를 오래 지속하기 어렵다. 그러므로 뇌에 가장 중요한 식품은 포도당과 미량영양소를 급격한 변화 없이 꾸준히 공급하는 자연 식품들인 것이다.

모든 식품이 포도당의 좋은 급원은 아니다

우리 주위에서 포도당을 얻을 수 있는 식품은 너무도 많다. 단 맛을 내는 당분이 들어 있는 청량음료, 주스, 요구르트류, 아이스크림 종류, 캔디류와 같은 가공식품과 전분식품이 모두 포도당의 급원식품인데 매우 다양한 식품으로부터 얻는다.

가장 좋은 포도당 급원	통곡류, 제철 감자, 고구마, 풋옥수수, 단호박, 신선한 야채와 과일류
비타민과 무기질이 부족한 포도당 급원	흰 쌀로 만든 떡종류와 밥류
비타민과 무기질이 부족한 가공한 식품류	흰 밀가루로 만든 스파게티, 자장면, 우동, 냉면류, 라면류, 냉동만두, 냉동피자, 스낵류(감자칩, 옥수수칩, 새우깡 등등)
비타민과 무기질이 부족한 정제 단순당이 많은 식품	빵, 케이크, 제과종류, 쿠키종류, 가공된 쥬스류, 청량음료 등

그 중에서 어떤 것이 뇌에 가장 좋을까? 어떻게 선택할 것인가? 위의 표에 구분을 하였다. 정제가공을 한 재료가 많이 들어간 식품일수록 포도당의 공급이 순조롭지 못하다.

뇌에 가장 좋은 포도당 급원은 자연 식품

전분은 식물의 씨, 뿌리, 열매 등에 많이 함유되어 있다. 쌀에는 75~85%, 밀에는 70~77%, 감자와 고구마에는 25% 정도 들어 있다. 뇌에 좋은 천연 그대로의 통곡식 식품은 오래 씹게 되고, 또 전분의 분자 크기가 커서 소장에서 천천히 소화되고, 이때 생성된 포도당은 소화가 되지 않는 섬유소와 함께 있기 때문에 서서히 소장에서 흡수된다. 이 느린 과정이 매우 중요하다. 서서히 흡수되는 과정은 인슐린을 서서히 분비하도록 하기 때문에 저혈당이 되는 현상을 예방하고 포만감을 오래 느껴 정서적인 안정을 얻는다. 따라서 섬유가 풍부한 통곡식의 섭취는 우리의 생리 작용에 매우 중요하다.

포도당이 우리 몸 세포 안에서 에너지를 생산할 때 필요한 것은 비타민 B군과 무기질이다. 이 비타민 B군이 없이는 에너지가 생산이 되지 않아 기운이 없고 몸이 피곤하기만 하다. 현미, 현미 찹쌀, 통율무, 차조, 기장 쌀, 차수수, 통보리, 통밀, 귀리, 오트밀 등과 같은 곡류는 보기에는 색깔이 거무튀튀하고, 입에도 껄끄러워 그동안 흰쌀만큼 많이 환영받지는 못했지만, 섬유소와 비타민이 세트로 같이 들어있는 통곡식이 뇌에 가장 좋은 식품이다.

몇 해 전 가을 덕수궁의 궁중요리 전시회에서 고종이 잡숫던 수라상에도 흰밥이 올라온 것을 보면 임금님부터 입에 거친 음식을 좋아하지 않았다는 증거이다. 입에 거친 음식은 서민들만 먹는 것으로 인식이 되었으니까. 영양학의 개념이 없으면 입에 달고 부드러운 음식을 먼저 찾을 수 있다. 과학이 발달하면 할수록, 식품의 성분이 밝혀지면 질수록, 곡류의 성분 중 통곡식의 성분이, 속껍질을 완전히 깎아낸 정제한 곡류보다, 영양소가 더 풍부하다는 것을 밝히고 있다.

변비는 장내에서 생긴 불필요한 독성분이 우리 몸에 오랫동안 정체하고 있으면서 특히 두통 등을 포함해서 뇌를 괴롭힌다. 어릴 때부터 현미밥에 익숙하고 몸에 좋다는 것이 교육되어 있으면 흰쌀밥에 쉽게 빠질 수가 있을까? 이것은 엄마들의 몫이다. 한국인의 밥종류는 일본인들의 밥보다 더 다양하다. 우선 통곡식의 장점을 머리에 입력하면 조리에 자연히 관심도 가지게 될 것이다. 현미 잡곡밥을 기본으로 김밥, 캘리포니아 롤, 주먹밥, 와플, 누룽지 등 다양한 음식을 만들 수가 있다.

아침을 안 먹는 어린이들은 집중력이 부족하다

초등학생들을 상대로 한 연구를 보면 아침을 안 먹는 어린이들이 많다. 등교해서 점심까지 긴 시간 동안 배가 고프고 저혈당을 경험하는 어린이들은 안절부절하며 집중이 잘 안된다. 많은 연구에서 아침을 먹는 어린이가 안 먹는 어린이보다 성적이 좋다는 연구 결과가 많이 나와 있다. 그래서 미국은 일하는 엄마들의 아이들을 굶기지 않기 위해 아침 급식(School Breakfast Program)이 생겨 아침에 학교에서 따뜻한 급식을 해준다.

우리 둘째 아이가 4학년 때 한국에 돌아와 초등학교를 한국에서 처음 다니기 시작했을 때, 그 적응을 돕기 위해 나는 2년 동안 명예교사로 자원봉사를 한 경험이 있다.

대학생들만 가르치다가 초등학생들을 처음 대하는 경험은 진땀이 나는 일의 연속이었다. 한 학급의 모든 어린이들이 하나도 조용히 앉아 있는 아이는 없었고, 수업에 집중하는 아이들도 없었다. 모든 애들이 몸의 어느 부위이든지 하나는 흔들어대는 것이었다. 손, 발, 팔, 다리, 어깨, 허리, 머리 등 등. 시끄러운 가운데 이렇게 몸을 흔들어대는 어린이들을 데리고 영어수업을 1시간 진행한다는 것은 한 시간 내내 진땀을 빼는 고역이었다. 담임선생님께 질문을 하지 않을 수가 없었다.

"선생님, 이 애들이 왜 이렇게 시끄럽고, 몸을 한시도 가만두지 않지요?"

"얘들이 집에 가면 애 엄마들이 시키는 과외 수업이 하도 많아서 학교에 오면 해방감을 느껴서 그래요."

나의 분석은 해방감이 아니라 저혈당이다. 아침을 안 먹고 오는 아이들은 집중력이 좋을 수가 없다. 집중력이 떨어지는 아이들 때문에 교실은 시끄럽기 짝이 없었다.

우리 아이들이 미국의 초등학교를 다닐 때 비록 한 학급의 숫자는 20명 이하이었지만, 이렇게 소란한 분위기는 없었다. 대부분이 연세가 드신 할머니 선생님이 많았는데, 모든 아이들을 사랑하고, 수업 분위기는 항상 차분하고 조용하였다.

설탕이 많이 들어 있는 흰 밀가루 음식은 저혈당을 유발한다

나는 제빵사 자격증을 국내에서 얻었기 때문에 현재 우리나라의 빵 제품들의 내용물을 훤히 안다. 특히 판매용 빵들은 굳어지는 것을 방지하기 위해 설탕을 많이 사용한다. 어느 빵이든 설탕과 지방은 다 들어간다. 시중에서 파는 빵은 거의 모두 수입한 흰 밀가루로 만든 빵이고, 이러한 빵에는 섬유소가 매우 적다. 아침을 거르는 아동은 점심까지는 기다리기 어려우니 이러한 빵을 간식으로 먹는다. 우선 이러한 빵은 휴대하기도 좋으니까. 또 엄마 입장에서는 무엇이라도 먹여야 하니까.

섬유소가 없고 설탕과 같이 정제한 당분이 많은 식품을 먹으면 우리 체내에서 소화가 빨리 진행된다. 섬유소가 없으니 오래 씹을 필요도 없고, 흡수도 빨라서 혈당은 빨리 오른다. 섬유소를 충분히 같이 섭취하면 우리의 긴 소장을 돌면서 탄수화물에서 분해된 포도당이 서서히 흡수가 된다. 섬유소가 스폰지의 역할을 하며, 이러한 흡수는 가장 바람직하다.

많이 씹는 것은 뇌를 발달시킨다

1) 통곡식으로 지은 밥

현미오곡밥은 잘 씹어야 하고 흰쌀밥에 비해 먹는 시간이 오래 걸리므로 과식을 하게 되지 않는다. 현미밥에 익숙해지면 그 씹는 촉감을 즐기면서 식사를 하게 되고 씹는 과정은 포만감에 영향을 준다. 어릴 때부터 잘 씹는 훈련은 뇌를 발달시킨다. 또 이러한 밥이 주식이 되면 비만이 되지 않는다. 치아 관리는 어린 나이부터 해야 하는데, 치매 노인들 중 어금니가 좋은 사람은 거의 없다. (조선일보 2004년 11월 6일)

2) 껍질째 먹는 과일

장을 보러 나갈 때 우리 큰 아이는 "엄마, 주스 사와"라곤 했다.

그럴 때마다 이 영양학자 어미는, "너 이빨 있니?"하고 묻는다.

"응"하고 대답하면, "얘, 그러면 오렌지, 귤을 그대로 먹으면 돼. 이빨이 하나도 없는 할아버지라면 몰라도"

사실, 이가 두개 남아서 틀니를 사용하는 할아버지도 과일을 그대로 잡수신다. 가공한 주스류는 당분과 첨가물이 추가되어 있다. 귤을 까서 먹을 때 그 흰 껍질을 먹는 것도 중요하다. 과일 자체를 먹어야 우리가 그 중요한 섬유소를 먹을 수 있기 때문이다. 과일 주스에서는 섬유소를 거의 섭취할 수 없다. 섬유소는 이렇게 식물에서 얻어지는 것인데 껍질을 깨끗이 벗겨내고 아니면 주스를 마시고, 부족한 섬유소는 알약으로 사먹어야 하는가? 사과 주스 한 컵이나 사과 하나를 먹는 것은 열량이나 비타민 C의 함량은 비슷하지만, 섬유소의 차이는 상당한 것이다. 과일을 껍질과 씨 채로 먹는 것은 섬유소의 섭취를 늘리는 좋은 방법이다. 사과씨, 포도씨, 수박씨, 등은 비타민의 급원으로도 좋다.

과일의 껍질과 씨로부터 얻는 섬유소도 중요하다. 섬유소는 오직 식물성 식품으로부터 취할 수가 있고, 다른 데서는 구할 수가 없기 때문이다. 우리가 과일의 씨와 껍질은 버리고(더러워서? 아니면 씹기가 싫어서? 맛이 없어서?) 약국에서 정제된 형태의 섬유소를 비싼 값으로 사야 하는가?

과일을 주스로 마셔야할 사람은 사고로 입을 벌릴 수가 없는 환자들이다. 턱뼈에 금이 갔거나 해서 뼈가 아물 동안 입을 벌릴 수는 없고, 비타민 C는 섭취해야 하는 상태에서는 빨대로 주스를 빨 수는 있다. 그 외에는 섬유소를 포함한 채로 과일을 즐기는 것이 좋다.

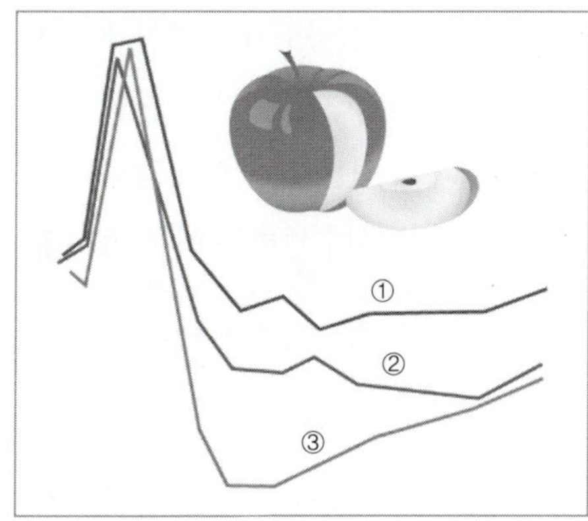

앞의 그림은 같은 사과를 먹는 방법에 따라서 (①껍질째 먹는 것. ②사과 소스로 먹는 것. ③사과 주스로 마시는 것) 가공과정에 따라 우리 몸의 혈당반응(인슐린 반응)의 차이를 나타낸 것이다. 이미 설명한 바와 같이 섬유소가 다 제거된 주스는 인슐린 반응이 빨라 저혈당을 유발한다. 가공 형태에 따라서 몸의 반응이 달라지는 것이 밝혀진 것이다.

3) 야채와 해조류 샐러드

아기들이 이유식을 시작할 때부터 야채를 먹이는 훈련을 해야 하는 이유는 야채가 중요하기 때문이다. 이유 시기부터 먹는 훈련이 되어 있지 않으면, 자라서 야채를 먹을 줄을 모른다. 야채는 맛이 없기 때문에 안 먹어도 되는 식품이 아니라, 끼니마다 먹어야 하는 무기질, 비타민, 식물성 보약성분의 중요한 식품군이다.

현대인의 암 사망률이 1위가 된 요즈음 항암역할 성분이 많은 야채를 어릴 때부터 즐겨 먹는 식습관을 들이는 것은 매우 중요하다. 우리나라의 야채 요리는 주로 나물이지만 당근, 오이, 샐러리, 겨울 무우, 배춧속, 상추, 쑥갓 등을 생으로 먹는 것이 더욱 좋다.

4) 견과류와 떡

흰 밀가루로 만들고, 기름진 서양 파이보다 호두, 잣, 깨 등으로 만든 우리 한국의 두텁떡, 모듬떡, 잡과병 등등의 떡은 영양소로 비교해보나 씹는 훈련으로 보나 어느 모로 보더라도 월등히 좋다. 우리의 떡 종류는 일본보다 더 잘 발달되어 있다. 일본의 떡 종류는 단 것이 많지만 우리의 떡은 식사용으로 먹을 수 있는 것이 많다.

시중에 파는 떡은 거의 모두 흰 쌀과 흰 찹쌀로 만들지만, 기왕이면 영양소가 풍부한 현미와 현미찹쌀로 떡을 주문해서 구입하는 습관을 만든다. 여기에 여러 가지 견과류와 천연당이 들어있는 말린 과일로 맛을 낸 떡을 어릴 때부터 즐겨먹는 습관을 갖게 하는 것은 엄마들의 몫이다. 우리나라의 떡 종류는 그 다양하기가 세계적 수준급이다. 어릴 때부터 씹히는 떡을 먹는 훈련을 하자.

5) 천연당을 응용한 음식이 뇌에 좋다

인간은 본능적으로 단맛을 좋아한다. 아기들은 눈을 뜨기 전부터 단맛을 좋아한다. 현대인들이 충치가 많은 것도 이 단맛 선호 때문인 것이다. 그러나 정제당을 절제하고 천연당을 즐기는 생활로 바꾸면 단맛도 즐기고 저혈당 증세도 피한다. 천연당이라고 부르는 것은 단맛이 들어있는 과일이나 야채를 천연 그대로 섭취하는 것을 말한다. (천연당의 응용레시피 참조)

6) 콩이 좋은 이유

어린이들이 콩을 싫어하는 이유는 엄마가 어릴 때부터 콩을 주지 않았기 때문이다. 이유시기부터 콩에 대한 맛을 익히는 것이 필요하다. 어릴 때부터 손으로 콩 껍질을 까서 먹는 경험도 하고 다양한 콩 맛을 익히는 것이 좋다. 1990년대부터 서양에서는 동양인들이 먹는 콩에 많은 관심을 갖고 남성의 전립선 암, 여성의 유방암 등이 콩을 먹는 사람들에게 적게 나타난다는 연구 등을 많이 한다. 콩이 우리 몸에 주는 유익은 매우 많다.

나는 콩을 좋아하기 때문에 미국 여행시 수퍼에 갈 때마다 다양한 색상의 크기도 다른 콩의 종류가 얼마나 많은지 항상 감탄한다. 값도 싸고, 색도 예쁘고, 탐스럽다. 아직 우리나라에서는 구경한 적이 없는 갈반조콩, 맛이 좋은 블랙빈(맥시칸 음식에 사용), 대두와는 또 다른 흰콩, 그 이외 연두색, 노란색, 붉은색, 큰 것, 작은 것 등등이 있다. 우리나라에서 구할 수 있는 콩은 대두 흰콩, 서리태 콩, 밤콩, 약콩(쥐눈이콩) 강낭콩, 완두, 잠두, 팥, 녹두와 같이 종류는 풍부하지는 않지만, 콩 종류는 단백질과 함께 탄수화물도 풍부하며 섬유소의 양은 현미보다 4배 정도 많다.

1994년 UN의 WHO에서는 대두의 단백질은 우유의 단백질의 품질과 동등하다고 밝힌 바가 있다. 나는 밥에 여러 곡식을 섞으면서 콩의 양을 1/5가량 넣는다. 콩은 섬유소도 풍부하지만, 탄수화물도 있고 또 아이소플라본(isoflavones)이라고 하는 식물성 보약성분도 풍부하다. 이 아이소플라본은 항암역할, 골밀도를 보호하는 역할 등 다양한 역할을 하는 것으로 알려지고 있다. 콩이 풍부한 현미 오곡밥을 항상 섭취하면 변비가 없다. 이렇게 섬유소가 풍부한 주식은 소장에서 포도당 흡수가 천천히 이루어지고 혈당을 서서히 올리기 때문에 두뇌에 포도당을 서서히 오랫동안 공급한다.

흰쌀밥은 쉽게 배가 고파지지만 같은 양의 현미밥은 포만감이 오래간다. 즉 혈당이 꾸준히 지속이 되기 때문이다. 따라서 식사 시간 사이에 간식이 필요없다. (천연당의 레시피 참조)

6. 당뇨병은 고섬유식이와 운동만이 해결책이다

한국인의 당뇨대란

우리나라에서 2003년말 당뇨병으로 치료를 받는 사람은 401만명(건강보건심사평가원)에 달했다. 전체인구의 8.4%이다. 한해 50만명 이상이 새로 당뇨병 환자로 진단받는다.

당뇨병은 불치병이 아니라 생활습관 병이다. 나의 이웃의 K 부인은 2년 전에 눈의 망막 혈관이 터져 수술하게 될 때까지 본인이 당뇨라는 것을 몰랐다고 한다. 친정 부모님과 오빠가 당뇨병 환자임에도 불구하고 자신에게 당뇨병이 생기리라고 생각하지 못했다. 수술 후 약에만 의존했는데 다른 쪽 눈에 이상이 생겨 올해 초부터 식이요법에 들어갔다. 연초에 아침 공복 혈당이 150mg/㎗ 정도에서 6개월이 지난 후에는 120과 110 mg/㎗사이로 조절이 되고 있었다. 주식은 현미, 보리, 콩 위주의 식사이며, 토마토와 오이는 혈당을 올리지 않으나, 당도가 높은 과일을 먹으면 아침 공복의 혈당이 120이 넘었다. 식사 후에는 반드시 30분 정도 운동을 한다. 본인의 꾸준한 노력으로 12개월 후 첫 주에는 110 mg/㎗ 이하로도 떨어질 때가 있었고, 연 말에는 97mg/㎗가 되었다. 혈당이 100mg/㎗ 이하일 때는 평소에 먹고 싶었던 단 과일도 조금씩 먹도록 권한다. 안색도 처음에 만났을 때에는 병색을 띠었지만 이제는 건강하게 보인다.

당뇨의 합병증이 나타나는 것은 개인마다 다르다. K 부인은 눈에 먼저 이상이 나타났지만, 어떤 20대 청년은 발의 일부가 썩어서 할 수없이 그 부분을 절단했다고 한다. 54세에 승하한 세종대왕도 당뇨병으로 재위 중에 실명되어 곁에 앉은 사람도 알아볼 수가 없었고, 각기병, 종창 등에 시달렸다고 한다. 아마도 세종대왕께서도 어미(백미)를 잡수셨던 것 같다. 세종대왕도 섬유소가 많은 음식을 섭취하고 부지런히 운동만 해도 54세보다는 더 살 수 있었을 것이다.

세종대왕이 질병의 백화점이었던 것은 당뇨병의 합병증 때문이었다. 조선의 많은 왕들이 이 병을 앓은 가계가 있다는 것은 우리 한국인에게 기름진 음식과 운동부족은 당뇨를 부르는 유전이 있다는 것을 의미한다.

하와이로 이민 간 한국인의 당뇨병 발병은 백인에 비해 훨씬 높다. 하와이에 살면서 먹은 음식은 미국인들의 기름진 음식, 햄버거, 소다 등이었는데, 현재 한국인 노인들 중 10명 중 5명은 당뇨병을 갖고 있는 현상이다. 1968년의 연구에 의하면 아시아계 9개 국가 이주민 중 한국인

의 당뇨병의 발생이 가장 높은 50%로 백인의 3배였다. (생로병사의 비밀, 2005년 1월 18일)

당뇨병은 환자 본인의 혈당이 비정상이라는 것을 아는 순간 그 즉시 인정하고 노력해야 한다. 새로 진단 받은 많은 당뇨병 환자들은—이 질병으로 오랜 동안 힘들게 살아온 환자들도 마찬가지로—그들의 당뇨병을 우수한 생활습관으로 극복할 수가 있다. 눈이 멀 때까지, 발을 잘라야 할 때까지, 심장마비나 신장이 고장 날 때까지 기다리지 말아야 한다. 경종을 울리는 소리는 처음 "혈당이 정상보다 높다"라고 진단받았을 때이다.

당뇨병이란 무엇인가?

B.C. 1500년경에 파피루스에 씌어진 기록에 의하면 당뇨병은 고대 이집트에도 있었다. 기록에 남을 정도라면 아마도 꿀과 대추 야자와 같은 단 음식을 마음껏 먹을 수 있었던 귀족 계급으로 추측이 된다. 그러나 히포크라테스 시대에는 기록이 없으므로 고대에 이 당뇨병은 매우 희귀한 병이었다.

당뇨는 말 그대로 '소변으로 포도당이 나가는 증세'이다. 서구에서 예전에는 의사들이 당뇨 검사를 할 때에는 환자의 소변을 맛보고 알았다고 한다. 소장에서 흡수된 포도당이 혈류에 들어온 후에 세포 속으로 들어가지 못하고 혈액 속을 떠돌다가 할 수 없이 소변으로 배설되는 것이다. 당뇨병 환자는 소변양이 많아지기 때문에, 과거에는 당뇨병을 신장의 문제로 보았다. 그러나 신장은 죄가 없으며 세포 속에 들어가지 못하고 할 수없이 과잉으로 떠도는 포도당을 제거하느라 고생만 하다가 나중에 병이 든다.

1889년 러시아 출신 의사 오스카 민코스키는 췌장을 제거한 개가 소변의 포도당이 현저하게 높아지면서(5~10%) 죽는 것을 두 차례나 실험했다. 이러한 개에게 정상 췌장의 추출물을 주사한 결과, 당뇨증상이 완화된 것을 관찰한 후 당뇨병과 췌장을 연결짓기 시작했다. 예나 지금이나 인간의 다양한 질병의 원인을 연구하기 위해 많은 동물들이 희생당하고 있다.

췌장 추출물에 들어있는 활성 인자인 인슐린은 밴팅(Banting), 베스트(Best), 콜립(Collip), 맥클리드(Macleod)에 의해서 1922년에 순수하게 분리되었다. 이 때부터 인슐린은 사람의 당뇨병 치료에 사용되어 의학계에서 대단히 중요한 치료약의 하나가 되었고 많은 사람의 생명을 연장시켰다. 그러나 인슐린이 당뇨병을 낫게 하는 것은 아니다.

우리의 췌장은 혈당을 수시로 감시하면서 혈당이 너무 올라가면 인슐린을 분비한다. 혈당이 너무 낮아지면 인슐린의 공급을 중단하면서 그 대신 글루카곤을 분비해서 혈당이 더 이상 떨어지는 것을 막는다. 췌장은 2개의 호르몬을 분비하면서 일정한 혈당수준을 유지하는 항상성 기능을 갖는다. 당뇨병은 마치 자동온도 조절장치가 망가진 에어컨과 같다.

혈액 내에 혈당이 주체할 수 없을 정도로 높아지면 여러 병리현상이 생긴다. 소변으로 포도당을 버리는 한편, 간에서는 혈당을 내리기 위한 노력으로 중성지방으로 전환한다. 그래서 당뇨병 환자는 고혈당에 고혈지질이 되는 것이다. 고혈지질은 서서히 혈관 질환으로 발전한다. 혈액의 농도가 걸쭉해져서 혈액 순환이 잘 안되기 때문에 몸 여러 부위에 여러 증상이 나타난다. 합병증은 오랜 세월을 두고 나타나기 때문에 환자들이 경계심을 늦춘다. 식이요법도 제대로 하지 않는 사람들이 의외로 많다. 식중독과 같이 증세가 빨리 나타나고, 고통이 갑자기 오면 경각심을 가지겠으나, 혈관으로 나타나는 질병은 '조용한 살인자' 이기 때문에 많은 사람들이 심각성을 모른다.

지금까지 국내외에서 적용되어 온 당뇨병 진단 기준은 지난 97년 미국 당뇨병학회와 세계보건기구(WHO)가 정한 공복시 혈당 126㎎/㎗였다. 그러나 한국인은 공복시 혈당치가 110㎎/㎗를 넘으면 당뇨병으로 간주해야 한다는 주장이 제기됐다. 대한당뇨병학회 진단소위원회는 한국인에게 가장 적합한 진단 기준을 마련하기 위해 지난 90년 이후 실시된 관련 연구를 종합 분석한 결과 이 같은 결론에 이르렀다고 대한당뇨병학회 추계학술대회(2004년)에서 밝혔다.

인슐린의 역할과 당뇨병과의 관계

우리 몸 세포의 중요한 연료는 포도당이다. 그런데 포도당은 인슐린이 있어야만 각각의 세포 속으로 들어갈 수가 있다. 어떤 학자들은 인슐린을 세포 속의 '문' 을 열고 생명의 연료인 포도당이 그 속으로 들어갈 수 있게 하는 열쇠에 비유한다. 또 인슐린이 세포의 초인종을 누른다고 비유하기도 한다.

우리가 탄수화물을 먹으면 췌장은 인슐린을 생산해서 혈액 내로 분비한다. 그러나 인슐린이 소아당뇨처럼 충분하지 않을 때, 또 세포의 표면의 인슐린 수용체(또는 초인종)가 엉겨 붙어서 세포의 문을 열기가 어려울 때(성인당뇨), 포도당이 세포 속으로 들어가지 못해서 혈당이 오른다.

감당할 수 있는 한계 이상 혈당이 올랐을 때, 신장은 혈당을 소변으로 버린다. 포도당은 물과 함께 배설되는데, 다뇨(소변이 많은 증세)는 혈당을 조절하지 않는 당뇨병 환자에게 흔한 증세이다. 수분을 많이 잃기 때문에 심한 갈증이 생겨서 물을 많이 마신다. 그러나 딱한 일은 남아도는 포도당이 세포 속으로 적당하게 들어가지 않기 때문에 몸의 세포들은 에너지가 필요해서 굶주리고 있는 것이다. 그래서 당뇨병 환자들은 흔히 피로, 체중감소, 심한 공복감을 느끼고 많이 먹으려고 한다.

당뇨병은 모두 같지 않다

1) 소아 당뇨병(제 I형 당뇨병, 인슐린 의존성)

소아 당뇨병에 걸린 20대의 어느 여성은 혈당을 부지런히 재면서 어떤 식품이 혈당을 올리는지 분명히 안다. 그러나 소아당뇨 판정을 받은 초등학교 4학년 한 어린이는 그동안 먹던 부실한 음식을 바꾸어야 하니 문제가 이만 저만이 아니다. 소아 당뇨로 진단받은 어린이들의 식생활을 살펴보면 평소에 정제당이 포함된 가공식품을 많이 즐겼다.

제 I형 당뇨병은 가장 심각한 형태의 질병이다. 이것은 전형적으로 아동기(그러나 어떤 연령에서도 나타날 수가 있다)에 나타나고 이러한 이유 때문에 과거에는 '소아 당뇨'라고 불렀다. 제 I형 당뇨병의 가장 흔한 원인은 '자가 면역'으로 자신의 면역체에 의해서 췌장 속의 인슐린 생산 세포가 파괴되는 것이다.

제 I형 당뇨병의 원인은 아직 정확히 알려지지 않다. 어린이 중 모유를 적게 먹었거나 우유를 일찍부터 먹기 시작한 어린이는 제 I형 당뇨병의 위험이 증가하는 것이 많은 연구에 의해 밝혀졌다. 과학자들은 우유의 단백질이 췌장의 베타 세포의 표면에서 발견되는 단백질과 닮은 꼴이라고 밝히고 있다. 유전적인 소인이 있는 어린이는 우유 단백질에 대해 항체를 만드는데 이 항체가 비슷하게 생긴 췌장의 베타 세포를 공격할 수가 있다는 것이다. 췌장 세포가 파괴되면 당뇨병이 생기며 적당한 인슐린 생산능력을 상실했기 때문에 인슐린 주사를 맞고 살아야 한다. 주사를 맞지 않으면 당뇨성 케토산증이 생겨 치명적이 된다.

췌장세포의 파괴로 인슐린이 부족하기 때문에 제 I형 당뇨병 환자들은 일찍이 증상이 나타나고 진단이 쉽게 된다. 전형적으로 이들의 증세는 다뇨(많은 소변), 다갈(심한 갈증), 심한 공복, 다식(많이 먹음) 등이다. 이들은 피로와 체중 감소를 호소한다. 전체 당뇨병 환자 중 약 5%~10%만이 제 I형 당뇨병의 범주에 들어간다. 미국에서도 진단 받은 지 7년 안에 당뇨병을 가진 어린이들의 50%가 당뇨병성 망막질환에 의해 결국 실명하게 되는 무서운 질병이다.

대한 당뇨병학회에 따르면 제 1형 당뇨병 발생률은 지난 85~87년 10만 명당 0.7명에서 94년 1.86명으로 두 배 이상 폭증했다고 한다. 그러나 실제 환자 수가 최대 10배 이상일 것으로 추정하는 전문의들도 있다. (조선일보 2003년 3월 12일)

어린이 당뇨 환자가 빠른 속도로 증가하는 것도 식생활의 변화와 관계가 깊다. 정크 푸드(junk food, 열량은 많고 영양소는 부족한 식품들)에 젖어있는 어린이일수록 면역체의 기능이 떨어지고, 감염에 의해서 췌장이 손상되는 것이나 자가 면역에 의해서 췌장이 파괴되는 것이나 결과는 마찬가지이다.

췌장이 더 이상 파괴되기 전에 식생활부터 바꾸어야 하고 소아 당뇨병이 생기기 전에 건전한 식생활로 당뇨병 예방에 힘써야 한다. 아이들의 식습관은 엄마에 의해서 좌우된다.

인슐린의 발견은 당뇨병 환자들에게 희소식이었으나, 결국은 인슐린이 당뇨병으로 인한 사망을 단순히 늦추었을 뿐 치유된 것은 아니다. 인슐린이 발견된 지 80여년이 되었지만, 당뇨병 환자는 줄지는 않고 해마다 증가하고 있다. 다음은 《슈거 블루스》의 저자 윌리엄 더프티가 연구한 데이터이다. 영국에 인슐린이 도입되기 전 당뇨병 사망률은 100만 명당 1920년 110명, 1922년 119명, 1925년 112명이었다. 그러나 인슐린이 도입된 후의 당뇨병 사망률은 100만 명당 1926년 115명, 1928년 131명, 1929년 142명, 1931년 145명으로 증가 추세이었다.

미국 조지아 의과대학의 세 진지웅 박사는 '네이처 유전학'(2004년 7월)에 발표한 연구보고서에서 제1형 당뇨병 환자가 있는 약 1천 가계(家系)를 대상으로 실시한 유전자 검사 결과 제1형 당뇨병 환자가 있는 가계 사람들이 그렇지 않은 가계 사람들에 비해 유전자(SUMO-4)가 변이되어 있을 가능성이 높다는 사실이 밝혀졌다고 말했다. 이 유전자가 변이되면 사이토킨이 더 많이 만들어지고 이것이 인슐린을 만드는 췌장의 베타세포에 대한 자가 면역반응을 촉발시킨다고 세 박사는 설명했다. 자가 면역 질환이란 면역체계가 자신의 세포나 조직을 외부침입자로 오인하고 공격함으로써 발생하는 질환이다.

2) 성인 당뇨병(제Ⅱ형 당뇨, 인슐린 비의존형)

소아 당뇨에 비해 성인 당뇨병은 파악하기 힘든 특성 때문에 진단이 안 되는 경우가 많다. 제Ⅱ형 당뇨병 환자들은 다뇨, 다갈, 심한 공복, 피로, 체중 감소와 같은 전형적인 당뇨병 증세가 없을 수도 있다. 어느 시점에서든지 제Ⅱ형 당뇨병의 약 50%는 진단이 되지 않는 것으로 추정하고 있다. 물론 본인이 모르는 당뇨병도 꾸준하게 조용히 몸에 피해를 입히고 있다. 제Ⅱ형 당뇨병이라고 새로 진단을 받은 환자들 중 약 20%는 벌써 눈에 손상을 입고 있다. 제Ⅱ형 당뇨병에도 대부분 유전적 소인을 갖는 것으로 보인다. 이 종류의 당뇨 환자들에게는 같은 질병을 앓고 있는 가족들이 있다.

《육식의 종말》의 제레미 리프킨은 미국의 인디언들이 백인들에게 땅을 빼앗기기 전에는 버팔로에 생활을 의존하고 살았다고 말한다. 백인들이 유럽산 소를 사육하기 위해 버팔로를 멸종시키고 그 땅에 소를 키우기 위해 인디언들을 인디안 보호구역으로 쫓아내었다. 그 후부터 먹을 것이 없는 인디언들에게 미정부는 정제곡류와 정제당을 주었는데, 당뇨병은 식생활이 바뀐 다음부터 나타난 현상이다. 비만이 많은 인디언들이 설탕과 지방이 풍부한 서구식의 식이를 공급받기 전에는 당뇨병이 없었다. 대부분의 인디언들은 미정부가 가난한 사람들에게 주는 '푸드 스탬프(Food Stamp)'라는 것으로 식품을 구입한다. 가장 싼 것은 정제곡류와 설탕으로 만든 식품인 것이다. 백인들이 오기 전 미국의 인디언은 훌륭한 몸매를 가졌다 한다. 이러한 현상은 서구식 식생활로 바꾼 호주의 원주민도 마찬가지이다. 성인 당뇨가 되려면 보통 두 가지 요인이 동시에 필요하다.

- 유전적 경향
- 열등한 식이-평균적인 미국인의 식이

이 두 가지에 운동 부족이 겹치면 당뇨병으로 가기 마련이다.

많은 제 II형 당뇨병 환자들은 충분한 인슐린을 생산해 내는데 그들의 세포에서 저항을 받는다. 이러한 인슐린 저항 상태는 생활습관의 변화에 의해서 조절될 수가 있다. 많은 제 II형 당뇨병 환자들은 훌륭한 고섬유 식이와 이상적인 체중을 유지하고, 적절한 운동을 함으로써, 그들의 생활 습관만을 바꾸어도 혈당을 조절할 수가 있다.

제 II형 당뇨병은 혈당을 검사함으로써 쉽게 알 수가 있지만 많은 사람들은 불행히도 아플 때까지 기다린다. 그 결과, 많은 제 II형 당뇨병 환자들은 눈, 신장, 신경 문제나 심장마비 같이 회복하기 어려운 병이 생겨야 비로소 당뇨를 의식하는 것이다.

Tip

인슐린 사용과 비만

많은 제 II형 당뇨병 환자들은 인슐린을 사용하는데 이것은 '인슐린 사용의 악순환' 이라 불리는 것이다. 인슐린 사용은 체중증가를 과도하게 촉진하기 때문이다. 체중이 많이 나가는 것은 제 II형 당뇨병 환자들에게는 특히 불길한 것이다.

제 I형 당뇨병 환자들은 제 II형 당뇨병 환자들과 비교해서 대개 날씬하거나 체중이 증가하는 것이 훨씬 어렵다. 많은 제 II형 당뇨병 환자들은 이 질병의 시작부터 과체중이고 병이 진행됨에 따라 체중이 더 증가하는 것을 경험한다. 체중 증가는 제 II형 당뇨병 환자의 인슐린 효과에 대한 저항성을 더욱 키운다. 그래서 체중이 증가하면 인슐린의 필요도 증가한다. 인슐린 요법은 체중증가를 촉진하는 경향이 있으므로, 미국 국립 건강 기구(NIH, National Institutes of Health)는 " 인슐린 요법은 제 II형 당뇨병 환자들인 대부분의 과체중 환자들에게는 적당하지 않을 것이다"라고 했다.

3) 임신성 당뇨병

딸 하나를 낳고 당뇨병이 생긴 어느 과체중의 종갓집 며느리는 유산을 자주 경험했다. 임신 전에 당뇨가 있으면 치료를 해야 한다. 또 임신한 여성들은 정기적으로 그들이 임신 중 당뇨병이 아닌지 검사를 해야 한다.

미국의 경우 임신한 여성 중 2~5%가 임신성 당뇨병에 걸려 있다. 해마다 약 20만 명의 어린이가 당뇨병 엄마로부터 태어나는 것이다. 이것은 매우 심각한 것인데 아기들은 출산 때 쇼크, 저혈당(신생아 저혈당), 신생아 사망 등의 위험률이 증가하기 때문이다.

임신성 당뇨병이 생기면, 식사와 생활습관을 잘 조정해야 하고, 혈당도 치밀하게 조절해야 한다. 게다가, 임신성 당뇨병이 생긴 여성은 유전적으로 당뇨병이 될 경향이 있으며 말년에 당뇨병이 생길 위험도 매우 높다. 그래서 사는 동안 건강한 습관을 꾸준히 유지하는 것이 필수적이다. 임신부가 비만, 고혈압, 당뇨와 같은 지병이 있는 상태에서는 사산하기 쉽고, 또 태어나더라도 결함을 갖는 아기가 태어나는 경우가 많다. 건강한 아기를 원하면 임신 전부터 엄마가 건강해야 한다.

당뇨병의 합병증은 다양하다

당뇨병은 혈당이 높아서 생기는 질병이기 때문에 혈당만 조절하면 합병증으로 진행하지 않는다. 젊은 나이에 당뇨병의 진단을 받고 평생 식생활과 운동으로 혈당 조절을 잘하고 지내는 사람들도 많다. 그러나 혈당조절을 하지 않아 오랫동안 높은 혈당으로 인해 생긴 혈관의 문제가 몸 곳곳에 나타나는데 병명은 다르지만 원인은 한 가지 '높은 혈당' 이다. 많은 사람들이 약만 먹으면 해결되리라고 생각하나 식이요법과 운동만이 유일한 방법이라는 것이 과학으로 증명되었다.

1) 실명

우리 눈의 망막 세포의 모세 혈관은 상당히 미세하다. 혈액 순환 장애로 망막의 혈관이 터지기 때문에 실명이 된다. 몇 년 전에 당뇨병에 걸린 가까운 집안 어르신께 현미밥을 권했으나 귀담아 듣지 않았다. 오히려 준비해 간 현미밥을 먹는 나를 이상하게 보았으니 말이다. 담당 의사도 당뇨라고 하면서, 처방약에만 의존했다. 이제는 한쪽 눈에 실명이 왔다고 한다. 그러나 수술이 잘못되어 인조안구를 넣어야 할 입장이 되었다. 아마 그 의사도 실명했거나 다른 합병증이 왔을 것이다. 식이요법과 운동을 하지 않으면 비극은 이것으로 끝나지 않는다.

2) 발절단

당뇨환자들에게 흔한 합병증은 신경 질환으로 말초 조직에 혈액순환이 제대로 되지 않아 신경이 손상된다. 이 증세는 발과 다리, 손과 팔이 뜨끔뜨끔하거나 아픈 것이다. 이 질병은 나중에 마비로 발전하고 감염된 부위에 뜨거운 것, 찬 것, 아픈 것에 대한 감각이 더 이상 없다. 약은 이 증세를 완화시키지만, 중요한 영향은 끼치지 못한다.

당뇨환자는 걸어가다 감각이 없기 때문에 신이 벗겨져도 모른다. 사고로 발에 상처가 나도 신경은 이미 죽었으니 느낌이 없다. 혈액순환이 제대로 되지 않으므로 상처회복이 되지 않아 결국은 썩게 된다. 발톱을 깎다가 상처가 나도 아물지가 않는다.〈사진〉

미국 사회에서도 발을 자르는 수술의 대부분은 거의 모두 당뇨환자들이다. 발을 자른 후에 상태가 악화되면 다리를 자른다. 환자들이 애초부터 식이요법을 철저히 하고, 매일 식사 후 걷기 운동을 30분씩만 했어도, 혈당이 조절되기 때문에 발을 자를 이유가 없다. 이러한 합병증으로 서서히 몸이 불구가 된다. 의사가 발을 잘라야한다고 진단을 내린 경우에도 자연치료로 발의 신경이 돌아오고 회복되는 사례를 가끔 접한다. 이러한 경우에 상처에서 통증을 느끼기 시작하는 것은 축복이다.

3) 혈관계질환

당뇨환자의 고지혈증은 혈관질환으로 이어진다. 심장마비, 뇌졸중(중풍) 등의 위험률이 높아진다. 당뇨로 인한 혈관계 질환이나 비만, 고지혈증으로 인한 질환이나 이로 인한 증세와 치료는 같다. (혈관계 질환 참조)

4) 신부전증

당뇨병환자는 신장질환이 발생할 위험률이 매우 크다. 신장질환의 마지막 단계의 모든 환자 중 35% 이상이 당뇨병 환자이다. 당뇨환자의 신장질환을 더욱 악화시킬 수 있는 다른 여러 인자들은 고혈압, 흡연, 높은 혈지질(LDL콜레스테롤과 혈지질) 등이다.

또 당뇨 환자에서 신장 질환의 위험률을 높이는 잘 알려지지 않은 한 인자는 타이레놀과 다른 아세트아미노펜(acetaminophen)의 상품들이다. 많은 연구는 당뇨 환자들이 일주일에 알약 두 개만 복용해도 심한 신장질환의 위험률을 두배로 높이는 것을 보여 주었다.

5) 암발생

우리나라 당뇨병 환자(공복혈당 126mg/dℓ 이상 또는 당뇨약을 복용하는 사람)는 공복혈당이 90mg/dℓ이하인 경우에 비해 암 사망률이 남자는 27%, 여자는 31% 높았다. (조선일보 2005년 1월 13일)

여성 당뇨병 환자는 유방암과 자궁암이 생기기 더욱 쉽다. 몇 해 전에 만난 한 유방암 환자는 원래 당뇨였다고 한다. 아이들은 어린데, 그 해를 넘기기 전에 사망했다. 당뇨로 인해서 암은 덤으로 생겼고 귀한 생명까지 잃은 것이다.

미국의 와일드우드에서 만난 니콜이라는 상당히 뚱뚱한 흑인 여성은 당뇨로 인해서 요양병원에 입원하게 되었다. 내가 떠나는 날 결장암으로 의심이 되어서 다시 조사를 받았다. 미국의 성인당뇨 환자들은 비만이 많다. 이들은 체중만 조절해도 혈당이 쉽게 조절되고 암도 예방이 된다.

6) 뇌기능과 기억력 감소

미국 뉴욕대 뇌 건강연구센터 안토니오 콘비트 박사는 "포도당이 뇌 세포로 흡수되지 않고 혈액에 오래 머물러 있으면 에너지가 부족해 기억력이 떨어지는 것으로 추정된다"고 말했다. 당뇨병 환자가 인지기능 검사에서 '낙제점'을 받을 확률은 정상인의 2.16배로 계산됐고, 당뇨

환자의 인지기능은 실제 나이보다 4살 연상의 정상인과 비슷한 것으로 나타났다. 고혈당은 뇌졸중이나 치매의 위험인자이다. (조선일보 2003년 9월 17일)

경구약 사용

경구약 사용은 의학계에서 아주 오랫동안 지속되어 온 논쟁 중의 하나이다. 혈당 조절용으로 지속적으로 사용되어 온 주된 약품은 설폰요소(sulfonylureas)계에 속해 있다. 흔한 약은 다이아베타(DiaBeta), 마이크로네이즈(Micronase), 글루코트롤(Glucotrol), 글라이네이즈(Glynase), 아마릴(Amaryl)과 다이아비니즈(Diabinese) 등이다.

의사의 인용 책에서 이 약들에 관한 내용을 살펴보면, 굵은 글씨로 쓰여진 '심혈관 질환의 사망 위험의 증가에 관한 특별한 경고'를 볼 수 있다. 1970년대에 발표된 소위 대학군 당뇨 프로그램(University Group Diabetes Program, UGDP)의 연구가들은 연구에 사용한 경구약 톨뷰타마이드를 복용한 당뇨 환자들이 식이요법으로 치료를 받는 환자들과 비교했을 때, 심혈관으로 죽을 위험률이 두 배 높은 것을 발견하였다.

최신의 약은 더 좋아졌다고 한다. 그러나 FDA는 아직도 이 계통의 가장 최신의 약이라도 굵은 글씨의 다음과 같은 경고문을 요구한다. "비록 UGDP 연구에서 설폰요소계(톨뷰타마이드)에서 한가지만이 사용되었지만, 이 경고가 역시 다른 저혈당 경구약에게도 적용이 될 수가 있다. 이 약들은 화학적 구조나 작용 양식이 유사하므로 안전성을 고려하는 것은 현명한 일이다".

당뇨환자들을 위한 새로운 경구약 예를 들면, 프리코즈(Precose), 글루코파지(Glucophage), 레줄린(Rezulin)은 이 계열이 들어있지 않고 대사도 다르다. 또 이 약들은 아직 시장에 나온 기간이 충분하지는 않지만, 심혈관 질환으로 인한 사망률이 낮을 수도 있다. 그러나 인슐린과 경구약 복용은 득보다 실이 더욱 많다.

약 없이 놀랄만한 결과를 보다

캘리포니아 위마 병원의 밀톤 크레인 박사 팀은 25일을 숙박하는 제 II형 당뇨병 환자들을 위한 종합적인 생활습관 프로그램의 유익성을 보고하였다. 연구의 책임자는 내분비전공의 밀톤 크레인 박사이며, 그는 육류가 없는 식사, 동물성 식품이 전혀 없고 정제하지 않은 곡채식 위주의 식이는 고통스러운 신경질환의 환자들의 80% 이상이 4일에서 16일 사이에 증상이 많이 완화된 것을 증명하였다.

프로그램에 포함된 다른 요소는 규칙적인 운동, 물 치료법(hydrotherapy), 조리교실, 집단 강의, 여러 음료의 제거(커피, 차, 알코올), 금연, 또 원하는 사람을 위해서는 상담을 하였다. 이러한 식이로 혈당과 콜레스테롤의 수치는 극적으로 향상되었다. 최적의 식사, 즉 완전 채식은 표준 미국인의 식사에 비해 단백질의 양이 훨씬 적다. 이러한 저단백 식이는 신장에 부담을 주지 않고 신장의 건강에 유익을 준다. 미국에는 이러한 천연치료를 하는 기관이 많다.

우리나라에도 이러한 생활습관을 교정하는 요양병원에서 많은 성인병 가운데 당뇨병과 고혈압을 가장 쉽게 조절한다. 입원 첫날에 고무신이 벗겨져도 모른다는 어떤 부인은 식사 후 항상 드러누워 있었는데, 내가 매일 들여다보고 일으켜 세웠다. 일주일 후 신이 벗겨지는 것을 알게 되었다고 한다. 질병은 잘못된 생활습관에서 왔기 때문에 생활습관을 고치는 데 적응하는 시간이 걸릴 뿐이다.

당뇨병을 위한 생활습관 프로그램의 필수 요소

1) 운동 – 첫 번째 요소

운동은 혈당을 낮추는 데 막강한 역할을 한다. 움직이는 근육은 인슐린에 대한 저항을 낮춘다. 쉽게 말해서, 운동은 당뇨 환자들에게 인슐린과 같이 작용한다. 즉 혈당이 혈액을 빠져나가 근육 속으로 들어가도록 돕는다. 사실, 훌륭한 죠스린의 당뇨병 교과서에 의하면 운동부족은 사람이 늙어갈 때 인슐린 저항이 증가하는 '중요한 인자' 라고 한다. 당뇨 환자들은 인슐린이 매일 필요하므로 운동을 매일 하는 것이 혈당과 질병을 최적으로 조절하기 위해서 필요한 것이다.

운동은 당뇨 환자의 혈당조절을 도울 뿐만 아니라 당뇨병이 없는 사람들도 이러한 당뇨병이 발생할 위험률을 낮추는데 도움이 된다. 여기에서 언급하는 운동은 대단한 것이 아니라 식사 후 산보로 걷는 것 정도를 의미한다. 그만큼 우리는 몸을 움직이는 것이 중요하다.

2) 식이요법 – 두 번째 요소

최근까지 당뇨 환자들은 혈당을 조절하기 위해서는 식이로부터 대부분의 탄수화물을 제거해야 한다고 들어왔다. 그들은 설탕을 피하라고 들어왔는데 메시지는 거기에서 끝나지 않았다. 식물성 식품 –천연으로 복합 탄수화물이 풍부한– 도 역시 '중요한 명단' 에 들어있었다. 그 결과 당뇨병 환자의 식이는 무거운 육류 위주의 식사로 전환하였다. 그 당시 의료계는 우리가 이미 알고 있는 것을 의식하지 못하였는데 즉 '고단백식이는 신장 파괴를 촉진한다는 것이다.

혈당을 내리기 위해 탄수화물을 엄격하게 제한하고 육류와 지방 위주의 식단을 섭취하는 것은 콜레스테롤과 포화지방산의 섭취도 증가시킨다. 저탄수화물 식사(무거운 육식)는 혈당을 조절할 수는 있었지만, 당뇨 환자들은 대부분 심장과 혈관계 질환으로 사망했다. 또 고단백식이는 이미 혈관장애로 손상되어가고 있는 신장에 치명타를 가한다.

실제로, 미국 심장협회는 80%의 당뇨 환자들이 심장이나 혈관계 질환으로 사망한다는 기록을 보였다. 심장과 혈관계 질환의 원인은 동맥경화이다. 이 질병의 진행은 콜레스테롤과 포화 지방산이 많은 육식에 의해서 더욱 악화된다. 결국 당뇨환자의 고혈당을 무거운 육식으로 치료한다는 것은 '당뇨병을 심장질환으로 인한 조기 사망과 교환하는 것'이었다.

비만은 인슐린 저항(제 II형 당뇨병의 주된 원인)의 주된 요인 중의 하나이다. 비만 당뇨병 환자는 절대적으로 체중을 줄여야 한다. 육류는 열량이 농축되어 있고 체중 감량을 더욱 어렵게 한다. 반면에 곡류, 야채, 과일은 열량이 상대적으로 적고, 체중 감량을 쉽게 할 수가 있다.

1차대전 후 파스퇴르 연구소에 근무했던 사쿠라자와는 《당신들은 모두 삼백안이다》를 일어와 프랑스어로 출판했다. 서양 의학에서 고단백식이를 처방할 때, 그는 현미쌀, 팥, 된장과 두부로 된 고탄수화물 식이를 처방해서 많은 당뇨병 환자를 살렸다. 그는 "설탕 소비와 질병의 관련성을 경고하는 데 서양의학은 수십 년 뒤져있다"라는 결론을 내렸다.

1970년대 에드윈 버만 박사팀은 고탄수화물 식이가 실제로 혈당 수치를 낮출 수가 있다고 처음 보고했다. 그는 "고탄수화물(복합 탄수화물)식이로 혈당치가 높아지지는 않는다. 지난 30년 동안 대부분의 의사들은 잘못된 개념을 믿어왔다"라고 말했다. 많은 당뇨병 환자들이 오랜 세월동안 고단백 고지방식으로 희생된 이후에 사쿠라자와의 이론을 위마 병원의 밀톤 크레인 박사가 1990년대에 실천한 셈이다.

혈당 조절의 핵심 요소는 섬유소이다

거의 모든 종류의 섬유소는 소화가 되지 않는 탄수화물이다. 섬유소가 풍부한 식품들은 많이 있다. 불용성 섬유소는 물을 빨아들이고 팽윤하는 성질이 크다. 수용성 섬유소가 많이 발견되는 식품은 대부분의 현미, 보리, 오트와 같은 통곡식과 콩(생이나 말린 것), 해조류, 야채, 과일 등이다. 수용성 섬유소가 많은 대부분의 식품에도 역시 불용성 섬유소가 많이 들어 있다. 수용성 섬유소는 물에 녹아 점도가 높은 콜로이드 용액이 되면 식이 성분이 확산하는 속도를 지연시킨다. 수용성 섬유소는 음식물이 위에 정체하는 시간을 연장해서 소화 흡수를 느리게 한다. 따라서 혈당을 조절한다.

섬유소가 많은 식품은 혈당을 서서히 올리기 때문에 그 결과 인슐린이 덜 필요하게 되는 것은 많은 연구 결과에 의해 분명히 밝혀졌다. 펙틴이나 검과 같은 수용성 섬유소는 위에서 음식이 서서히 내려가게 하고 소장에서 소화된 당이 천천히 흡수되게 한다. 이것은 고지방식사가 식후 5시간 후에도 고 혈당을 유지하는 것과 대조된다.

켄터키 대학교의 제임스 앤더슨 박사는 고탄수화물과 고섬유소 식이에 의해서 인슐린의 필요량이 상당히 낮아진 것을 발견하였다. 혈당 조절은 더욱 좋아졌고 공복시의 콜레스테롤과 혈지질의 수치도 떨어졌다.

고 복합 탄수화물과 고 섬유소식이의 유익한 점

- 혈청 콜레스테롤과 중성지방의 수치를 내린다.
- 인슐린 필요량이 내려간다.
- 심장질환으로 인한 사망 위험률이 내려간다.
- 비만인의 경우 체중이 내려간다.
- 혈당 조절이 향상된다.
- 고혈압 환자의 혈압을 내린다.
- 성인당뇨 환자들은 인슐린을 끊게 된다.
- 소화기계의 기능이 향상된다.
- 신장 손상 위험률이 내려간다.

당뇨병 조절에서는 영양학계가 권장하는 양보다 더 많은 양의 섬유소를 권한다. 하루 50에서 100g의 범위로 섬유소를 취할 수 있는 모든 급원을 동원한다. 수용성 섬유소의 섭취는 혈당이 급하게 오르는 것을 방지하고 또 그 최고점도 낮다. 그러므로 섬유소가 첨가되면 인슐린의 필요량은 낮아지게 된다. 한 연구에서는 높은 수치의 인슐린은 동맥경화가 일어나는 곳의 진행속도를 더 빠르게 한다는 것을 밝혔다. 인슐린의 필요량을 낮추는 방법은 정제당을 적게 먹고 섬유소가 풍부한 식품을 선택하는 것이다.

당뇨병 환자가 아닌 집단이 고섬유식의 채식을 먹고 이러한 인슐린을 낮추는 효과로부터 얻는 유익은 고혈압을 가진 사람들이다. 고혈압 환자들은(소위 '본태성 고혈압'이라 하는데), 이들이 과체중이나 당뇨병 환자가 아니라도, 그들의 체조직이 인슐린에 대해 저항을 가지는 경향이 있다. 신체는 이러한 조직의 민감성이 떨어지는 것을 보충하기 위해 인슐린을 더욱 생산하는 것으로 반응한다. 따라서 고혈압 환자가 더 우수한 식이를 택하면, 인슐린의 생산은 감소되고, 동맥경화는 서서히 회복이 되며, 덤으로 혈압도 떨어진다. 이러한 식이로 80대 할머니가 3주 경과 후 혈압이 떨어지는 기록도 있다. (천연치유 식이요법, 송숙자 외)

특히 노년의 고혈당은 뇌졸중이나 치매의 위험인자이고, 식이요법과 운동으로 얼마든지 혈당을 내릴 수가 있다. 혈당은 항상 정상범위로 조절해야 한다.

저혈당 증상과 해결법

- 당뇨병 환자들에게 인위적으로 과잉의 인슐린을 처방하면 저혈당이 된다.
- 당뇨환자가 인슐린 과잉으로 반응할 때에는 식사가 늦었거나, 운동으로 혈당 소모가 지나쳤을 때이다.
- 당뇨병인 산모에게서 출생한 신생아에서 자주 저혈당증을 볼 수 있다.

뇌는 포도당이 부족해지는 것을 알아채기 시작하면서 경고신호를 보낸다. 동시에 몸에서 사용할 연료가 떨어져가고 있기 때문에 온몸에 기운이 빠지는 것처럼 느끼게 된다. 허기진 느낌과 함께 마음이 긴장되고 불안해지며, 어지럽고 머리가 아프고, 피부가 창백하고, 심장이 뛰고, 식은땀이 나고, 손발의 떨림 등이 일어나며, 심하면 의식 장애에서 혼수상태에 이른다.

심한 저혈당이 오면 가장 영향을 받는 것은 뇌이다. 다른 장기들은 포도당 이외에도 지방을 연료로 사용하지만 뇌는 포도당을 연료로 쓰기 때문이다. 혈당이 40mg/dℓ 정도일 때에는 혼돈을 보이기도 하고 의식이 없다.

시력이 떨어지거나 말이 어둔해지기도 하며, 어떤 경우에는 잠시 한쪽 팔다리의 마비가 오기도 하고 전신 경련을 일으키기도 한다. 환자가 안색이 창백하고 정신적으로 좀 이상한 것 같다는 느낌을 준다.

당이 30mg/dℓ 정도일 때에는 의식을 완전히 잃고 혼수에 빠진다. 사람에 따라서 이런 증상을 보이게 되는 혈당치에는 약간의 차이가 있을 수 있다. 이러한 증상은 인슐린 처방이 과잉으로 작용했을 때 당뇨환자들이 겪는 증상들이다.

1) 저혈당 무감지증

당뇨병성 자율 신경병증이 있는 일부 환자들은 저혈당에 빠져도 아드레날린을 제대로 분비하지 못한다. 그러면 아드레날린에 의한 저혈당 경고신호가 없어져 버리기 때문에 환자는 가벼운 저혈당이 있을 때는 전혀 느끼지 못하다가 심한 저혈당으로 진행하면 갑자기 의식을 잃게 된다. 이것을 '저혈당 무감지증'이라고 하는데 이런 환자들은 저혈당에 대처할만한 기회를 놓치게 되고 결국 심한 저혈당이 반복되면서 뇌에 중대한 손상을 입거나 심지어는 사망할 수도 있다.

2) 대사 생리와 후유증

저혈당 상태가 되면 혈당 상승호르몬인 아드레날린이나 글루카곤 등의 분비가 증가하고 간에 축적되어 있는 글리코겐의 분해를 촉진하여 스스로 혈당을 상승시키는 메커니즘이 작용한다. 그러나 이 같은 작용에 의해서도 혈당치가 충분히 오르지 않으면 포도당의 부족이 대뇌를 포함하는 신경세포의 정상적인 대사를 저해하여 정신·신경 증상을 나타내게 된다. 치료가 늦어져 저혈당증이 오래되면 불가역적인 뇌신경세포의 변화를 일으켜 신경계에 후유증을 남기며 그 결과 식물인간이 되기도 한다.

췌장 세포가 파괴되어 인슐린이 전혀 분비되지 않는 소아당뇨의 경우는 철저하게 인슐린을 관리해야 한다. 그러나 성인당뇨의 경우는 인슐린이 분비되고 있으므로, 식이요법과 운동으로 얼마든지 혈당을 조절할 수가 있다. 본인의 노력에 달려있는 것이다.

3) 저혈당이 왔을 때에는 통곡류 음식을 먹는다

인슐린 과잉으로 저혈당이 왔을 때, 보통 사탕이든, 단순당이 들어있는 식품을 빨리 먹도록 한다. 그러나 정제당은 저혈당의 급한 불을 끄기는 하지만, 다시 췌장을 자극하기 때문에 악순환이 연속된다. 경미한 인슐린 쇼크가 오는 듯하면, 통밀 빵이나, 현미밥을 충분히 씹어 입에서 맥아당을 만들어 삼키는 것이 더 바람직하다. 섬유소가 같이 들어가므로 급히 흡수되어 두 번째 저혈당을 유발하지 않는다.

당뇨병은 부자나라일수록 많다

전 세계에 당뇨병이 없는 나라도 있다. 이 병도 역시 심혈관 질환이나 암 등과 같은 만성질환으로 발병률은 소득 수준과 비례한다고 보겠다. 제 1, 2차 세계 대전 중에 식량난이 극심할 때에는 선진국에서 당뇨의 발병률은 상당히 떨어졌다. 미국은 전 세계의 당뇨 환자 중 반수가 살고 있다고 한다.

당뇨병 환자들은 정상인보다 혈청 콜레스테롤 수치가 더 높고 동맥 경화를 더 잘 일으킨다. 당뇨병은 혈당 조절을 하지 않으면, 신경 세포, 신장 세포, 눈의 망막, 말단 조직의 세포를 파괴하는 무서운 병이다. 신장병의 두 번째 원인은 바로 이 당뇨병이고, 미국사회에서 실명의 첫 번째 원인도 바로 이 당뇨병이다. 또 다리 절단의 반 수 이상의 원인도 이 당뇨병이다. 우리 한국도 소득 수준이 높아지면서 이 당뇨병의 이환율이 높아지고 있다.

과거에는 당이 문제라고 생각해서 당뇨병 환자의 식이에는 탄수화물을 철저히 제거했다. 그러나 과학자들은 당뇨병이 극히 드문 사회에서 복합 당질을 많이 먹는 것을 보았다. 한 연구에 따르면, 서아프리카의 두 마을의 원주민의 혈당을 조사했더니 당뇨병이 전혀 없었는데, 이들의 식이는 80%가 탄수화물이고 10%가 지방이었다. 캘리포니아의 프리티킨 장수 센타의 연구에서도 10%의 지방식은 과반수 이상의 환자들이 인슐린 주사와 약 복용을 끊게 했다고 했다. 그러나 지방의 양이 17%로 상승했을 때에는 다시 약이 필요해졌다.

1917년 존 하비 켈로그는 당뇨병 치료에 '대두가 상당히 귀한 식품' 이라고 하였다. 당뇨병 치료에 대두의 역할은 섬유소에 있다. 많은 대두 제품들은 껍질이 제거된 것이 많지만 혈당을 조절하는 데는 껍질이 매우 중요하다. 대두 섬유소의 수용성 섬유소는 소장에서 젤과 같은 형태가 되어서 포도당이 혈액으로 서서히 들어가도록 조정을 한다. 당뇨병 환자일수록 포도당의 흡수속도가 느려서 몸이 조절을 할 수 있도록 해야 한다. 따라서 고 섬유, 고 복합 탄수화물 식사는 인슐린에 민감해져서 당뇨환자들의 세포를 깨울 수가 있다. 대두는 오트밀, 보리, 과일, 다른 콩 종류들과 같이 섭취함으로써 섬유소의 양을 증가하면 혈당을 상당히 효과 있게 조절할 수가 있다.

식후 고혈당 억제와 당수치(GLYCEMIC INDEX, GI)의 의미

캐나다의 젠킨 박사 연구진은 1982년에 당수치(Glycemic Index, GI)라는 개념을 제안했다. 당수치는 식이섬유 섭취가 식사 후에 혈당의 상승을 억제한다는 개념에 의한 것이며 포도당이나 빵을 기준으로 해서 식후 혈당 상승곡선의 면적비를 비교한 것이다. 당수치를 식이요법에 이용하는 것은 하루 중 혈당의 변동이 되도록이면 완만해지고 식후 혈당과 인슐린의 수치가 높게 상승하는 것을 억제하기 위함이다. 인슐린의 수치가 높아지면, 지질합성이 활발해지고 신장의 나트륨의 재흡수가 항진되어 혈압이 올라간다. 또 인슐린 자체에 의해서 혈관벽의 감수성이 높아져서 동맥경화의 위험이 커진다.

Tip

식후 혈당수치가 상승하는 원인

- 음식의 섭취 후에 위에서 소장으로 내려가는 속도가 빨라서(이 속도를 늦추는 것은 섬유소 식품뿐이다)
- 당분의 소화율과 소화 속도가 빨라서(소화율과 소화속도 역시 섬유소가 조절한다)
- 당분의 장 흡수율과 흡수 속도가 빨라서(장흡수율과 흡수 속도 역시 충분한 섬유소만이 조절할 수가 있다)
- 혈당 상승에 대한 인슐린의 초기분비가 억제되어서(충분한 섬유소에 의해서 혈당이 서서히 소화되고 흡수되면 췌장에 무리를 주지 않는다)
- 흡수된 당분이 간에서 대사가 억제되어서 간으로부터의 배출이 항진되어서
- 간에서 배출된 포도당이 말초조직에서 이용효율이 낮아져서

따라서 당뇨병, 고혈압, 동맥경화, 고지혈증을 예방하고 치료하기 위해서 당수치는 유익한 식사지침이 된다. 나가타 다카유키의 당수치는 더 많은 자료를 포함하고 있다. 정제한 곡류는 당수치가 높고, 통곡류는 낮은 편이다. 탄수화물의 양이 적은 야채는 당수치가 낮다. 나가타 다카유키는 '살찌는 원인이 지방보다 탄수화물 '이라 하지만 살찌는 원인은 당수치가 높은 정제 탄수화물 식품과 열량이 많은 지방 식품이다. 단백질 식품과 지방 식품은 포도당이 구성성분이 아니기 때문에 당수치가 낮다. 단순히 당수치가 낮다는 이유로 지방식품을 섭취하는 것은 비만을 초래한다. '당뇨대란' 이란 제목으로 난 기사(조선일보 2005. 3. 14) 에서 '우리나라 사람의 식단은 주로 쌀밥, 국수, 밀가루, 녹말 등 탄수화물로 되어 있어 탄수화물이 차지하는 비율이 70%이기 때문에 당뇨병의 발병률이 높아졌다는 논지였다. 췌장의 인슐린 생산 부담을 늘리기 때문에 밥 위주의 식사에서 벗어나는 것이 당뇨병과 멀어지는 것이다.' 라고 언급하고 있다. 1969년 국민영양조사를 했을때 탄수화물의 열량비율은 80%이었지만 당뇨병이 지금과 같지 않았다. 당뇨병의 원인은 정제당, 정제곡류, 정제지방의 섭취가 증가하고 운동의 부족이다. 과거 서구 사회에서 당뇨병 환자에게 탄수화물 대신 고단백 고지방식이를 처방해서 심혈관질

환이 가속화되었다.

다음의 당수치(GI)는 포도당의 GI가 100일 때를 기준으로 한 크라우스의 자료이다. 다른 자료와 수치가 반드시 일치하지는 않으나 경향은 비슷하다.

아침 시리얼	GI Index	야채	GI Index	낙농품	GI Index
켈로그 올-브랜	30	비츠	64	전지유	27
켈로그 코코아 퍼프	77	당근	47	탈지유	32
켈로그 콘플래이크	92	완두	48	초코유	42
올드패션 오트밀	42	구운 감자	85	농축유	61
켈로그 라이스크리스피	82	호박	75	커스터드	43
켈로그 레이진 브랜	61	스위트옥수수	60	아이스크림	61
곡류		고구마	61	저지방	50
모밀	54	루타바가	72	요구르트(저)	33
현미	50	얌	37	음료	
인스턴트	87	콩		사과주스	40
흰쌀(long grain)	39	베이크 빈	48	코카콜라	63
스파게티	38	브로드 빈	79	레모네이드	66
빵		갈반조 콩	28	판타	68
베이글	72	강낭콩	28	오렌지주스	52
크루아상	67	렌틸류	29	스낵	
피타빵	57	대두	18	토르티야칩	63
펌퍼니켈	50	과일		땅콩	14
귀리빵	58	사과	38	팝콘	72
흰빵	77	살구	31	감자칩	57
통밀빵	70	바나나	51	편이식	
크래커	71	체리	22	마카로니치즈	64
오트밀 쿠키	55	자몽	25	치즈피자	60
케이크		포도	46	젤리빈	78
초콜릿	38	오렌지	48	꿀	55
스폰지 케이크	46	파파야	59	포도당	100
와플	76	자두	39	설탕	68

7. 저혈당과 정제한 단순당

미국 의사들이 밝힌 저혈당 증세

칼톤 프래데릭스 박사에 의하면 저혈당은 믿기지 않을 만큼 많은 증상의 원인이 된다고 했다. 저혈당은 혈당이 정상치 이하로 떨어지는 상태이다. 대부분의 사람들은 혈당이 70mg% 이하로 내려가기 전에는 별 이상을 느끼지 못한다. 그러나 혈당 저하가 점점 진행됨에 따라 결국 증상이 나타나기 시작한다.

프레데릭스 박사는 미국인들은 일생동안 35분마다 설탕을 한 술씩 24시간 동안 먹으면서 췌장을 자극한다고 말한다. 이것은 췌장을 과잉으로 자극해서 인슐린을 과잉으로 분비하게 하고 따라서 저혈당이 되게 한다. 췌장을 과잉 자극한 대가로 미국인 네 명 중의 한 명이 당뇨병의 성향으로 전환된다. 1920년대에 씰 해리스박사는 이미 예언하기를 "오늘의 저혈당 환자는 내일의 당뇨병 환자다"라고 말했다. 저혈당 증세는 단것에 대한 갈망을 더욱 촉진하기 때문에 비만으로 간다. 그래서 비만인들이 당뇨가 많다. 의사인 씰 해리스박사는 1924년 미국 의학회지(JAMA)에 저혈당과 그 증세를 발표했었다.

플로리다 주 템파에 살던 질랜드 박사는 3년 동안의 심한 증세(불안, 떨림, 허약, 어지러움, 실신, 갑작스러운 심장박동의 증가, 집중력 저하 및 기억력 감퇴)로 인해 전문가 14명을 찾아다녔고, 유명한 종합병원 3군데를 방문했었는데, 진단은 신경과민, 뇌종양, 당뇨, 뇌동맥경화 등이었다. 그는 씰 해리스박사의 학회지를 우연히 읽고, 자신이 저혈당임을 확인한 다음 설탕을 끊음으로서 그 증상에서 벗어났다. 그래서 1953년 7월 18일 미국 의학회지에 자신의 경험을 적은 편지를 띄웠다. 또 그가 자신의 600명의 저혈당 환자의 진단, 증세, 치료, 반응 등을 연구한 것을 보냈으나 발표되지 않자 브라질 의학회지에 포르투칼어로 싣게 되었다. 다음은 질랜드박사가 자신의 환자들을 진단하면서 그의 저혈당 환자들이 그 이전에 받은 진단들을 열거한 것이다.

경련은 2%가 경험하였다.

또한 그의 환자들이 언급한 것은 성격의 변화에 대한 것도 언급하였다. 즉 전례 없는 도덕적인 타락, 옷차림의 무신경, 약과 술 의존도가 높아지는 경향 등이었다. 이러한 기능적인 저혈당증은 우리의 몸과 정신에 영향을 미치지만 많은 미국의 의료진들은 이 많은 질병들의 탈을 쓴 흔한 이상 증세를 의식하지 못한다는 것이다.

신경과민	98%	성 충동결여(여)	44%	발작적 울음	46%	비틀거림	34%
불안정	89%	불면증	62%	알레르기	43%	한숨과 하품	30%
지침, 피로	87%	끊임없는 걱정	62%	운동실조증	43%	발기불능	29%
어지럼증, 식은땀	86%	혼동	57%	다리 경련	43%	의식불명	27%
우울증	77%	내부의 떨림	57%	집중력 부족	42%	악몽	27%
정신적 혼란	73%	빠른 맥박	54%	눈이 침침함	40%	관절염	24%
졸림	72%	근육통	53%	근육 경련	40%	공포, 무서움증	23%
두통	71%	무감각	51%	가려움증	39%	신경성 피부염	21%
소화기 장애	69%	결단성이 없음	50%	숨을 헐떡임	37%	자살기도	20%
잘 잊어버림	67%	반사회적 성향	47%	숨이 막히는 발작	34%	신경쇠약	17%

시드니 A. 포티스 박사에 의하면 이러한 저혈당 증세의 환자들이 진단 착오로 정신병원에 입원하게 되고, 또 친척들은 환자를 방문할 때 캔디와 쿠키 등을 들고 와서 환자의 증세를 더욱 악화시키기도 한다는 것이다.

정신과 의사 살처 박사에 의하면, 췌장의 과잉 인슐린 분비가 진단이 되면, 환자들이 '무엇을 먹어야 하는지'를 가르치기만 해도 많은 사람들이 불필요하게 고통을 받고, 필요 없는 수술과 전기충격요법으로 보내는 여러 해를 절약할 수가 있으며, 위험이 유전되는 진정제, 자극제, 안정제 등도 복용할 필요가 없다는 것이다. 그의 저혈당 환자들도 과거에 정신신경성 우울증, 정신분열증, 이와 유사한 정신질환으로 진단이 되었었다.

200명의 환자들 중에서 '저혈당 극복 식이' 이후에 80명은 완전히 회복되었고 75명은 상당히 좋아졌다. 155명은 식이처방만으로도 좋아졌는데, 이들 환자 중 18명은 과거에 전기충격요법을 받았다는 것이다. 살처 박사는 "인슐린의 과잉 분비는 결국은 정신 신경성 질병의 매우 중요한 원인이다"라고 결론을 내렸다. 그는 정신질환자들 중 약 40%의 환자들이 인슐린 과잉증을 가진 환자들이라고 보고 있다. 이들이 건강한 식사만 했더라도 정신분석, 정신치료요법, 조건반사요법, 화학요법, 진정제, 안정제, 충격요법, 정신병원 입원 등이 불필요하다는 결론이다. 이러한 치료로 인한 고통보다 건강한 식사(비록 처음에는 입에 맞지 않는다 해도)가 훨씬 낫지 않을까?

저혈당과 식사

문명의 발달로 말미암아 현대인들은 보기에 아름답고 맛과 향도 좋은 매력적인 가공식품(소위 문명식)을 많이 먹게 되었다. 이로 인해서 과거에는 생소했던 증상들이 많이 나타났으며 그 중 많은 증상들이 저혈당증과 관련이 있다. 헤리스 박사는 고인슐린으로 인한 저혈당을 '배고픈 질병'이라고 불렀고, 다른 사람들은 '피로', '만성피로'라고 불러왔다.

호프만 박사는 그의 저서 《The Missing Link in the Medical Curriculum》에서 저혈당의 원인은 '정크 푸드(Junk Food, 쓰레기 음식)'라고 말한다. 즉 '텅 빈 열량'을 가진 식품들이다. 이 식품들은 비타민이 없고, 무기질도 없고, 단지 열량만을 가지고 있다. 흰설탕, 흰밀가루, 흰쌀, 설탕을 뒤집어 쓴 시리얼, 알코올은 모두 여기에 속한다. 특히 설탕은 분자량이 작아 흡수가 빨라서 혈당이 빨리 오르기 때문에 췌장이 지나치게 자극받아 인슐린을 과잉으로 분비하게 된다. 이 과잉 생산된 인슐린으로 인해서 저혈당이 온다.

오래된 의학 교과서에 의하면, 이른 아침 공복시 정상인의 정맥혈의 혈당 수치(혈액의 포도당농도)는 80~120mg/dℓ이었는데, 언제부터인지 70mg/dℓ으로 내려갔다는 것이다. 혈당의 농도 65mg/dℓ을 의사들은 정상이라고 부르지만, 호프만 박사는 이 농도를 저혈당으로 부른다. 정제 가공식품을 많이 먹는 문명국에 이 저혈당 증세가 흔한데, 아침 공복 시에만 혈당이 낮은 것이 아니다.

프래데릭스와 호프만 박사가 열거한 다양한 저혈당 증세

우리의 뇌세포는 유일하게 포도당을 연료로 사용하며 뇌가 굶을 때에는 일을 제대로 할 수가 없다.

- 저혈당은 이해할 수 없는 공포, 몸속의 떨림, 무서운 악몽에서 불면증으로 이어진다. 많은 사람들이 불면증으로 인해 안정제나 수면제를 복용하지만, 이러한 약들은 알코올과 마찬가지로 뇌를 손상한다. 나의 아버지도 불면증으로 매일 밤 별로 도움 되지 않는 술을 드셨는데, 불면증은 해결하지 못했고 그 대신 면역기능이 떨어져 뇌농양 수술 후 술을 끊으셨다. 그러나 수술 후의 후유증은 엄청나다. 그러나 저혈당을 해결한 사람들은 아기같이 잠을 잘 잘 수가 있다.

- 신경 과민(nervousness), 신경쇠약(nervous break down), 정신착란(schizophrenia), 우울증(melancholy), 이유 없는 울음, 청소년 비행, 두려움이나 과대망상증 등으로 인해 진정제나 정신과 의사의 처방을 받게 만든다.

- 또 다른 증상들은 피부 질환, 신경염, 다양한 알레르기, 헤이 피버(hay fever), 콧물, 만성 비염, 천식, 위궤양, 관절염, 간질 등이다. 간질은 뇌의 손상으로부터 오는 것이 아니면, 저혈당을 해결하는 식사로 짧은 시일 내에 나을 수 있다. 호프만 박사는 비타민과 무기질 보충제를 다량 권하지만 나는 유기농산물로 구성한 식사를 권한다.

- 파킨슨씨병도 저혈당 증세로부터 시작한다고 한다. 어떤 여성은 머리, 손, 다리를 떨었는데 호프만 박사의 프로그램으로 이 떨림이 멎었다고 한다. 호프만 박사 자신도 기대를 하지 않

았는데도 말이다.

- 다발성 경화증도 초반부에 저혈당을 치료하면 멎지만 너무 늦으면 완전히 치료가 어렵다고 한다.

- 어른이나 아이들이나 기억력이 나쁜 것도 역시 저혈당의 후유증이다. 저혈당이 해결되면 기억력도 좋아진다. 아이들의 학교 성적이 나쁘면 엄마들은 아이들에게 무엇을 먹였는지를 반성해야 한다. 정크 푸드를 먹이면 아이들은 저혈당이 되고, 따라서 뇌가 굶는다. 굶는 뇌는 제대로 작동되지를 않아 기억을 잘 할 수가 없다.

- 저혈당이 되면 피곤하고 에너지가 떨어지며 끊임없이 졸음이 온다. 또 근육이 떨리는 습관이 생기는데 신경질적으로 손이 떨리는 증상이 생긴다. 틱 돌루릭스(Tic douloureux)는 뺨 한쪽이 끔찍하게 아픈 증상으로 보통은 안정제를 처방하지만, 안 들을 경우에는 신경을 절단한다. 그러나 이러한 수술은 불필요하다. 저혈당만 해결하면 이 증상이 없어지기 때문이다.

- 과행동증도 저혈당이 원인이 된다. 호프만 박사에게 상담한 세 아이의 어머니는 첫째 아이는 과행동증이고, 둘째 아이는 모든 알레르기를 갖고 있고, 셋째 아이는 아무 문제가 없다고 했다. 호프만 박사가 지적한 것은 위의 두 아이들은 조제유로 키웠는데, 조제유 속의 당류에 의해서 아이들이 유아기 때부터 저혈당이 생겼고 지금도 그렇다는 것이다.

- 편두통 역시 저혈당으로 인해 생긴다. 어릴 때부터 편두통으로 고생한 한 20대 여성은 저혈당을 해결한 뒤에는 편두통이 없어졌다. 그 후 어느 저녁 초대에서 단 것을 마음껏 먹은 후에 매우 심한 편두통이 생겨 다시는 단 것을 먹지 않았다고 한다.

- 저혈당을 의심하는 사람은 두 번 혈당 검사를 권한다. 첫 번째는 아침 8시경(전날 저녁 이후에는 아무것도 먹어서는 안됨. 14시간 금식). 이 때의 혈당은 80에서 120mg/dℓ 사이가 정상이다. 두 번째는 점심 식사한 지 한 시간 후인데, 이때 혈당은 120에서 140mg/dℓ을 정상으로 본다. 이 정상범위보다 낮으면 저혈당이다.

- 저혈당을 극복하기 위해서는 우선 단순당이 들어있는 식품을 끊어야한다. 가공한 식품에는 거의 안 들어간 데가 없을 정도이다. 설탕, 캔디, 초코릿, 크림으로 장식한 케이크, 파이나 페이스트리, 도우넛, 과자, 아이스크림, 빙과류, 꿀, 시럽, 포도주스, 푸룬주스, 설탕이나 액상 과당이 들어간 모든 청량음료, 칵테일, 와인, 맥주, 카페인이 들어있는 모든 음료와 약품.

카페인과 초콜릿의 데오브로마인(theobromine)은 쌍둥이와 같다. 두 가지 물질은 분자도 거의 비슷한데 부신의 아드레날린의 분비를 자극한다. 아드레날린 호르몬은 간에 저장된 글리코겐을 분해해서 포도당을 분비하게 한다. 커피를 마시고 원기가 나는 것은 잠깐인데 이것을 '가짜 자극'이라고 한다. 췌장은 포도당의 분비에 따라 또 인슐린을 분비한다. 간에서 나온 포도당이라도 같은 포도당이니까 췌장이 이렇게 반복적으로 자극을 받으면 민감해져서 정상적인 자극에도 과민반응을 하게 된다. 체중을 줄인다는 명분으로 블랙커피를 마시는 사람은 고인슐린 혈증으로 저혈당이 되므로 배고픈 고통을 더욱 이겨내기가 어려워진다. 그래서 체중 조절을 하려면 카페인이 들어간 모든 것을 제거해야 한다.

현대 의학이 해결하지 못하는 질병과 증상

2000년이 지난 현재에도 현대 의학이 해결하지 못하는 질병과 증상들이 많다. 이럴 때 환자들의 식생활을 보면 문제점이 많이 보인다. 우리나라에도 알레르기성 질환이 많다. 먹거리에 관심을 많이 기울이고, 식생활을 바꾸면 증세가 많이 해결되는 것을 보고 듣는다. 증상을 보면

- 주의력 부족
- 과잉행동
- 충동적 행동
- 반항적 행동
- 쉽게 화를 내는 성향
- 우울하거나 불안한 감정
- 학습 장애
- 틱 장애

등으로 나타났는데, 모두 저혈당 증세와 유사하다.

대부분의 의사들은 약물로만 해결하고자 하지만 약물만으로는 해결되지 않는다. 이러한 장애를 3살부터 여든까지 끌고만 갈 것이 아니라 먹거리부터 바꾸는 것이 엄마들이 해야 할 일이다. 비타민과 무기질이 부족한 정제한 음식을 끊고 미량 영양소가 풍부한 유기농 먹거리로 바꾸면 시간이 걸리기는 하지만 변화를 볼 수가 있다.

질병은 반드시 원인이 있다. 먹거리로 인한 질병과 증상은 하루아침에 낫지 않는다. 세포가 모두 바뀔 때까지는 시간이 걸리기 때문이다. 또한 유기농산물로 자라는 어린이들에게서는 이러한 증상이 없다. 아이들이 건강하게 자라기를 바라는 엄마라면, 통곡류로 만든 음식은 이유기부터 먹기 시작해야 한다. 밥의 색이 진할수록 좋다는 것이 어릴 때부터 머리에 입력되고, 간식도 통곡식으로 다양하게 즐길 수가 있다면, 정크 푸드에 대한 미련이 생기지 않을 것이다. 아이들이 어릴 때부터 간단히 현미 쑥개떡, 현미떡 와플 등 음식을 만드는 일에 참여하도록 하는 것도 좋은 산교육이다. 또 가공한 식품을 구별할 줄 알고, 자연의 음식을 그대로 만들고, 먹는 훈련을 한다. 조선일보 2003년 8월 13일자에는 '마음의 병을 간단한 수술로도 고친다.'라는

기사가 나왔는데, 그동안의 약물치료가 효과가 없었기 때문에 나온 차선책이다. 대개 정신질
환자들은 부적절하고 부실한 식생활로 인해 변비와 저혈당이 많다. 마음의 병을 약물과 수술
로 해결하는 것보다 우선 식생활을 바꾸는 것이 어떨까?

저혈당과 호르몬 불균형

과잉의 편이식품이나 정제한 탄수화물 섭취로 인해 혈당은 오르락내리락 한다. 우리 몸은
저혈당증에 곧 반응하면 아드레날린 호르몬이 올라간다. 이 호르몬이 과잉 분비되면, 뇌에서
분비되는 도파민의 생산량이 줄어든다. 특히 집중력이 부족한 과잉 행동증을 가진 어린이들에
게서 도파민의 분비량이 적다!

저혈당은 또한 코티솔 호르몬을 과잉 분비하게 하는데, 코티솔은 오랫동안 작용하는 스트레
스 호르몬이다. 이 호르몬이 오래 분비되면 뇌가 상한다. 쥐 실험에서 코티솔을 주사한 쥐들은
미로를 잘 찾지 못하고 부검해 보면 뇌가 손상되어 있었다는 연구들이 많다. 코티솔은 특히 뇌
의 히포켐퍼스 부위를 손상하게 하며 이것은 알츠하이머 치매와 관련이 있다. 알츠하이머 치
매를 앓는 사람들은 코티솔의 분비가 많고, DHEA 수치는 낮다고 한다. 아드레날 선에서 분비
되는 DHEA 호르몬은 '모계 호르몬(mother hormone)'이라고 불리는데, 나이가 많아짐에 따
라, 몸 안에 축적되는 독소물질에 의해서 분비가 감소한다. DHEA 호르몬의 수치가 낮은 사람
들은 뇌의 정신적인 기능이 손상된다고 한다. 또 이 호르몬의 수치가 낮을 때 사람들은 만성피
로를 겪는다고 한다. 과거에 몰랐던 DHEA 호르몬의 효과는 잘 연구되었다. 동물실험에서 이
호르몬은 항암역할, 항바이러스 역할, 항 우울증 역할을 하는 것으로 밝혀졌다.

레이 분더리치 박사는 이러한 호르몬의 불균형으로 인한 질병이 흔히 정신병으로 오진이 된
다고 했다. 이러한 호르몬 불균형은 정제 탄수화물 섭취가 한 원인이다. 특히 식사 사이 정제당
이 들어있는 음식을 간식으로 섭취할 경우 식사와 같이 먹는 것보다 이 호르몬 불균형이 심하
다는 것이다.

만성우울증

과거에 비해 더 많은 현대의 어린이들이 행동장애를 겪는다고 린더 엘리스 박사가 주장하는
것처럼 렌든 스미스 박사도 과거에 비해 더 많은 현대의 어린이들이 만성 우울증을 겪는다고
한다. 스미스 박사는 특히 환경오염으로 인한 마그네슘의 결핍을 강조한다. 그가 초등학교를
방문했을 때, 25~30명이 앉았는데, 모두 다리를 흔들고 불안정했다.

"여러분 중에서 일주일에 한 번~두 번 이상의 두통이 있는 학생 손 들어보세요"

했더니, 모두가 손을 들었다고 한다.

"아침에 무엇을 먹었어요?"

했더니, 부모들이 모두 바빠서 도너스, 케이크, 페이스트리 등과 같은 것을 먹었다고 했다.

캘리포니아대학교의 사회학교수인 스테판 슈엔탈러는 1979년에서 1984년까지 뉴욕시의 약 백만 명의 초등학교 학생들을 연구했다. 5년 동안 어린이들에게 아침과 점심에 설탕, 착색료, 인공향료를 주지 않았더니, 수업방법은 바뀌지 않았음에도 불구하고 5년 후에는 최고의 성적이 나왔다고 한다. 스미스박사는 교육의 문제가 "식생활 하나로 풀리는 것은 아니지만 이것은 하나의 시작이다"라고 말했다. 어린이뿐만이 아니라 성인의 우울증도 식생활 점검부터 해야 한다. 우울증은 자살로 연결이 될 수가 있다.

급격한 혈당 상승을 예방하는 방법

- 지방이 많이 들어간 음식을 피한다. 튀긴 음식, 식용유, 마가린, 버터, 마요네즈가 많이 들어간 음식 등.
- 정제당을 피한다.
- 열량이 농축된 식품을 피한다. 포장된 시리얼, 청량음료, 패스트푸드, 크림으로 장식한 단 케이크 등 일반적으로 지방, 설탕, 소금 등이 너무 많은 음식.
- 췌장에 손상을 줄 수 있는 알코올 음료, 카페인, 니코틴 등을 금한다.
- 매일 태양광선을 쪼이면서 운동시간을 갖는다.
- 매일 규칙적인 일상생활을 한다.
- 혈당을 항상 정상범위로 유지하면 노화의 가속을 막을 수 있다.

제 2 장

지방 이야기

1. 한국인의 지방섭취는 증가하고 있다

아이들이 패스트푸드를 원해서 가끔 사준 적이 있었다. 하루는 우리가 살던 동네의 한 유명한 미국 프랜차이즈 닭튀김집의 뒷문을 지나가다가 알루미늄 쇼트닝 캔을 잔뜩 쌓아 놓은 것을 보았다. 집에 돌아와서 아이들보고,

"얘들아, 앞으로 엄마는 ○○치킨은 다시 사주고 싶은 생각이 없구나. 너희들이 정 먹고 싶으면, 너희들 용돈으로 사먹지, 엄마는 앞으로 다시는 안 산다"라고 선언했다. 또 중국집에 음식을 주문할 때에는,

"조리할 때 무슨 기름을 쓰시나요? 식용유를 쓰세요, 아니면 돼지기름을 쓰세요?" 이렇게 질문하면 아이들은, "아이, 엄마, 창피하게 그런 건 왜 물어?" 하고는 야단들이었고,

"얘, 엄마가 내 돈 내고 주문하는데 그런 것도 물어보지 못하니?" 라고 옥신각신하였다.

우리가 물건을 살 때 그 물건의 재료를 알 권리는 누구나 있다. 더구나 우리가 먹는 음식은 우리 몸의 일부가 되지 않는가? 수퍼에서 구입하는 가공 식품은 포장에 내용물이 적혀있지만 (모두 적혀 있는지는 모르지만), 주문하는 배달 음식은 조리과정을 눈으로 보기 전에는 그 재료를 모두 알 수가 없다.

다음 〈표 1〉의 국민영양조사를 비교하면 총에너지 섭취량 중 지방으로부터 섭취가 1969년에는 7.2%인 데 비해서 2001년에는 19.5%로 약 30 여 년 동안 거의 3배 정도로 상당히 증가하였다. 지방 급원식품으로는 돼지고기, 콩기름, 계란, 옥수수 기름 순이다.

〈표 1〉 한국인 일인 에너지와 영양 섭취량

1일 1인 평균 섭취	1969년		2001년	
	무게(g)	에너지비율(%)	무게(g)	에너지비율(%)
탄수화물	423	80.3	315	65.6
단백질	65.6	12.5	71.6	14.9
지방	16.9	7.2	41.5	19.5
열량(칼로리)	2,105		1,976	

(자료: 국민 영양조사)

2001년도의 지방의 에너지 비율 19.5%는 평균값이다. 전국적으로 에너지 권장량의 125% 이상과 지방의 에너지 비율이 30%가 넘는 사람이 4.1%(남자 4.9%, 여자 3.5%)가 되었다. 이들 중 청소년(13~19세)의 비율이 가장 높게 나타나 미래의 질병 패턴이 서구사회를 닮아갈 가능성을 예측할 수가 있다. 지역별로 볼 때는 대도시, 중소도시, 읍·면의 순으로 나타났다.

미농림성(USDA)의 조사연구에 의하면 미국인들의 지방 섭취는 1977~78년도에는 40%, 1989~91년도에는 34%, 1994~96년도에는 33%로 내려오고 있다. 아직도 이들의 식사는 지방이 많다. 식사 패턴이 점점 서구화 되어가고 한국인의 지방 섭취증가는 주로 동물성 식품, 가공 식품, 편의식품의 섭취가 증가하는 것에 기인하는데 이것은 포화지방산의 섭취증가를 가져오기 때문에 바람직한 현상은 아니다.

기름진 음식은 체지방 저장이 잘 된다

음식에 지방이 들어가면 맛이 있다. 그래서 사람들이 기름진 음식을 선호하는데 이 기름은 쉽게 저장되어 몸을 비대하게 한다. 지방은 버터나 마가린, 쇠고기나 돼지고기의 지방 덩어리나 식용유와 같이 '눈에 보이는 지방' 과 육류의 살코기에 있는 지방이나 우유나 계란 중에 포함되어 있는 '눈에 보이지 않는 지방' 모두를 포함하는데 대부분 중성지방이다. 우리 혈액을 떠도는 지방도 바로 이 중성지방(지단백의 형태)이다. 설탕이 많이 들어간 음식(케이크, 쿠키류, 캔디, 아이스크림 등), 과당이 많은 과일, 흰쌀밥을 많이 먹었을 때에도 탄수화물이 지방으로 전환되어 혈액 속의 중성지방의 양이 한층 더 많아진다. 그래서 "밥 많이 먹으면 살찐다"라는 말이 생겼다. 이 때의 살은 근육이 아니라 지방이다. 중성지방은 식물의 씨앗에도 저장되어 있다. 싹이 틀 때 필요한 에너지와 생합성 물질을 만들어낸다.

동물세포에서 주로 만들어지는 팔미틴산은 길이가 긴 지방산의 재료가 된다. 척추동물의 지방세포(adipocytes)는 많은 양의 중성지방을 작은 방울로 저장하여 세포 전체를 채운다. 사람의 지방조직은 주로 피부 밑, 복강, 유선에서 많이 볼 수 있다. 비만인의 체지방 15~20kg은 지방세포에 들어 있는데, 이 양만으로도 한 달 이상의 열량을 공급할 수가 있다.

체지방은 적은 부피로 많은 열량을 효율적으로 저장한다. 체지방은 근육에 저장되는 같은 열량의 글리코겐보다 부피가 8배나 작다. 과잉 열량 섭취로 체중이 증가하면 간에도 지방이 끼는 데, 이것이 지방간이다. 체중이 빠지면, 지방간의 지방도 자연스럽게 빠진다. 그러므로 정상체중을 유지하는 것은 건강을 지키는 필수 사항이다.

지방의 종류와 다양한 역할

지방은 순수한 중성지방, 중성지방이 변형된 인지질과 왁스, 중성지방의 성분(지방산)에서 유도된 지방 등 종류가 다양하다. 콜레스테롤은 지방의 유도체이다. 이렇게 다양한 지방 성분들은 우리 몸에서 모두 생산하지만 필수 지방산만은 생산하지 못하므로 식품에서 취해야 한다.

1) 중성지방의 역할

식품이나 우리 체지방의 약 95%는 중성지방의 형태로 존재한다. 나머지는 인지질이나 콜레스테롤, 왁스와 같이 변형된 것으로 각기 기능이 다르다.

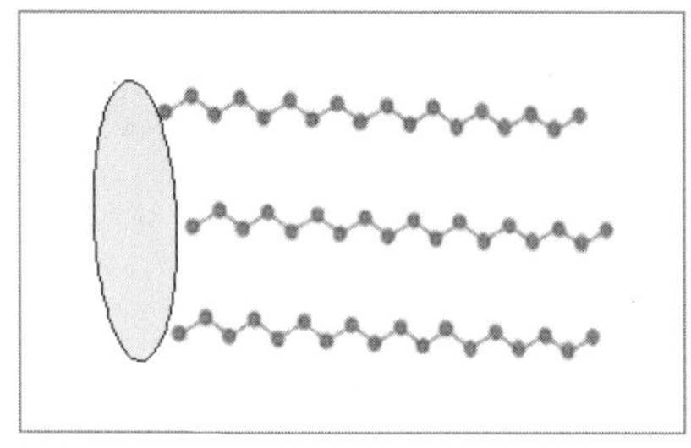

옆 그림의 중성지방은 글리세롤 분자 1개와 3개의 포화지방산으로 되어 있다. 자연에 존재하는 중성지방은 3개의 지방산이 서로 다르다. 지방상의 사슬 길이는 탄소 수가 많을수록 길고, 빽빽이 들어있어 분자 활동이 어렵다. 그래서 포화지방산이 많으면 굳기름이 된다.

가장 대표적인 중성지방은 동물과 식물의 저장형태로 존재해서 열량공급과 열차단의 역할을 한다. 저장된 지방은 여성의 아름다운 곡선도 되고 단열재의 역할도 한다. 뚱뚱한 사람은 단열재가 많아 더위에 약하고 마른 사람은 추위에 약한 이유도 된다. 물개, 월루스, 펭귄 등의 온혈동물은 저장된 중성 지방으로 패딩되어 있다. 곰과 같이 동면하는 동물도 동면에 들어가기 전에 많은 양의 지방을 축적해서 동면하는 동안 열을 차단하는 역할과 에너지 공급원으로 사용된다.

향유고래는 머리가 체중의 삼분의 1을 차지할 정도로 상당히 크다. 이 동물의 특징은 머리에 경납이라는 특징적인 지방을 3,600kg까지 저장한다고 한다. 중성지방과 왁스의 혼합물인 경납은 온도가 높으면 녹고 온도가 내려가면 결정체가 되어 몸의 밀도가 바닷물의 밀도와 같게 만드는 특징이 있어 바다 속 깊이 잠수해 내려가 오징어 떼를 맘껏 잡아먹을 수가 있다고 한다. 향유고래야말로 지방의 녹는 점을 잠수에 활용하는 특기가 있다. 사람들이 향유고래의 지방을 우수한 램프기름과 윤활제로 사용하기 위해 수세기 동안 무차별적으로 남획하는 바람에 지금은 멸종 위기에 있다고 한다.

2) 세포막의 지방 성분의 역할

지방은 세포막의 중요한 재료가 된다. 식사에 필수 지방산이 부족하면 어린이들이 자라지 못하고 상처 회복도 되지 않는다. 세포막의 지방 성분은 세포 안과 밖의 성분을 격리하는 장벽을 형성한다.

생물의 세포막은 지방질의 이중구조 〈그림〉로 되어 있다. 세포막을 이루는

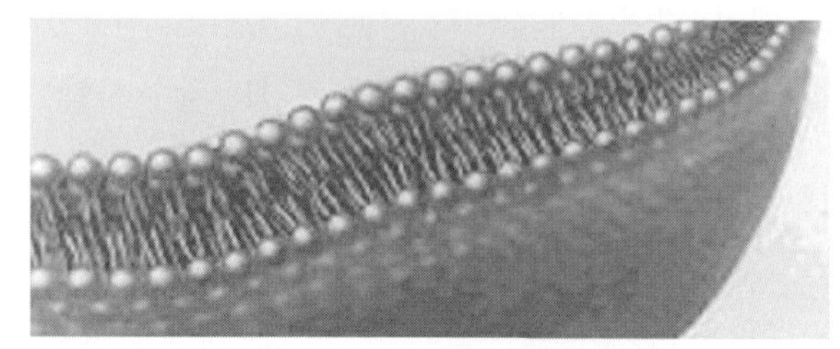

지방성분은 인지질, 스핑고 지방질, 콜레스테롤이다. 인지질은 중성지방의 지방산 하나가 인산기로 바뀌면서 물에 녹는 성질을 가진다. 콜레스테롤은 세포막의 성분뿐만이 아니라 호르몬과 같은 중요한 여러 물질의 재료가 된다. 세포막의 동그란 부분은 물에 녹는 성분이고 이중막 속의 두개의 다리는 물에 녹지 않는 지방산을 그린 것이다.

미카엘 브라운과 조셉 골드슈타인은 콜레스테롤의 대사에 관한 연구업적으로 1985년 노벨상을 탔는데, "…… 1784년 콜레스테롤은 담석에서 분리된 이후, 13개의 노벨상이 콜레스테롤을 연구한 과학자들에게 돌아갔다"고 한다.

스핑고 지방질은 의사이며 화학자인 조한 터디컴에 의해서 100년 전에 발견되었다. 이 물질의 생물학적인 역할은 스핑크스와 같이 불가사의한 정도로 알려져서 이름을 스핑고 지방질로 명명했다고 한다. 스핑고 지방질은 세포 표면에서 일어나는 여러 가지 인식에 관여하는 것으로 알려져 있으나 아직 모든 기능이 밝혀지지는 않았다.

3) 왁스의 역할

생체에서 분비하는 왁스는 지방산과 알코올이 결합한 에스테르이다. 척추동물의 피부에서는 왁스가 분비되어 모발과 피부를 보호하고, 부드럽고, 기름지고, 물에 젖지 않게 한다. 특히 물새들은 부리에서 왁스를 분비하여 깃털이 물에 젖지 않게 한다. 식물의 광택이 나는 잎은 왁스층으로 덮여있기 때문에 열대지방에서는 과도한 수분의 증발을 막고 외부의 침입으로부터 보호한다.

4) 특이한 기능을 갖는 지방성분들

콜레스테롤은 여러 스테로이드 호르몬, 남성호르몬(테스토스테론), 여성호르몬(에스트로겐), 콜티솔과 알도스테론 등의 재료이다. 호르몬의 특징은 한 조직에서 만들어진 후, 혈액을 타고 목표가 되는 조직으로 운반된다. 그러나 국소 호르몬은 생산된 근처의 세포에 작용하는 점이 일반 호르몬과 다른데 소량 분비되고 짧은 순간 작용하기 때문에 연구하기에 매우 어렵다.

대표적인 국소 호르몬은 아이코사노이드인데 프로스타글란딘(PG), 트롬복산(TB), 루코트리엔(LT)등이 있으며 오메가 −6 지방산 계열인 아라키도닌 산에서 만들어진다.

프로스타글란딘(PG)은 세포나 조직의 기능에 광범위한 영향을 준다. PG는 체온을 올리고(발열), 염증, 통증을 촉진한다. 어떤 PG는 분만이나 월경 중 자궁 평활근의 수축을 촉진하고 또 혈류의 흐름, 의식−수면 사이클에 영향을 준다.

TB는 혈소판에서 분비되는데 혈액 응고에 작용한다. 아스피린은 아라키도닌 산에서 PG과 TB로 전환되는 과정을 방해하는 역할을 한다.

LT는 백혈구에서 분비되는데 과잉생산은 천식발작의 원인이 된다. 천식을 위한 식이요법에 지방이 없는 식이가 도움이 된다고 보고 되었는데(천식 참조) 약물로 LT 생산을 억제하는 것보다는 재료(오메가-6 지방산)를 적게 공급하는 편이 더 낫다고 본다.

태양 광선에 의해 피부에서 만들어지는 비타민 D의 재료는 콜레스테롤이다. 소장에서의 칼슘 흡수는 이 비타민 D가 있어야 가능하다.

유익을 주는 것이 없는 포화지방산

옛날 아주 추운 겨울철 고깃국을 놋대접에 먹으면 식사 도중 뜨거운 국이 점점 식어서 숟가락과 대접에 기름기가 붙은 것을 볼 수가 있었다. 대학에서 영양학을 배우면서 이 굳기름이 좋지 않다는 것을 처음으로 알았다. 그 후 육류를 삶거나 찜을 할 때에는 반드시 지방을 굳혀서 거두어 낸 다음 상에 올리곤 했다.

동물성 지방	녹는점(℃)
쇠기름	36 ~ 50
돼지기름	28 ~ 48
닭기름	33 ~ 40
우유지방	30 ~ 41

중성지방의 녹는점은 지방산 분자의 길이(탄소의 숫자)와 불포화도에 따라서 영향을 받는다. 실온(25℃)에서 탄소가 12개에서 24개 사이의 포화지방산은 왁스와 같은 굳기를 가진다. 버터, 돼지기름, 쇠기름 등은 포화지방산이 많아 실온에서 항상 굳은 상태이다. 굳기름의 녹는점은 대부분 30 ℃ 이상이며 쇠기름이 가장 높다. 이 녹는점이 우리의 체온보다 높은 지방일수록 포화지방산이 많아서 우리 몸에 유익하지 않다.〈표 2〉

식물성 액체 지방에 수소를 첨가하여 굳기름으로 만든 마가린도 동물성 지방과 같은 포화지방산이다. 굳기름과 액체기름이 외관으로 이렇게 차이가 있는 것은 그 분자 구조부터 다르기 때문이다. 포화지방산에 이중결합이 생기면, 구조상 뒤틀림(kink)이 생겨 포화지방산과 같이 빈틈없이 배열될 수가 없다. 이로 인해서 지방산끼리의 상호작용은 약해진다. 그래서 같은 탄소의 숫자를 갖더라도 불포화지방산은 포화지방산보다 녹는점이 낮다.

이중결합의 유무에 따라서 포화지방산(saturated fatty acids: SFA)과 불포화지방산(unsaturated fatty acids: USFA)으로 나눈다. 동물성 지방은 대부분 포화지방산의 함량이 불포화지방산보다 많다. 불포화지방산도 이중결합이 많은 것을 다가불포화 지방산(polyunsaturated fatty acids: PUSFA)이라고 하는데 주로 식물성 지방에 많다.

포화지방산이 많이 들어있는 굳기름은 조리에 사용하면 맛이 있어 과잉섭취하면 체지방으로 쉽게 쌓여 동맥경화를 일으키며 암발생의 원인도 되기 때문에 포화지방산은 절제해야하는 지방이다.〈표 2〉

육식 위주의 생활을 하지만 심혈관 질환 발병률이 서구인보다 훨씬 낮은 에스키모인이 먹는 바다 동물의 지방산은 육지 동물의 지방산과 조성이 다르다. 이런 해양 동물의 지방산은 불포화도(EPA: 이중결합 5개, DHA: 이중결합 6개)가 높은 지방산인 것이다. 추운 얼음 속에 사는 동물들의 지방이 모두 포화도가 높은 굳기름이라면 얼음물 속에서 몸이 모두 얼어붙어 한대지방에는 동물이 존재하지 못했을 것이다. 미국에서는 등푸른 생선 기름이 좋다고 80년대에 유행한 바가 있다.

〈표 2〉 지방식품의 지방산 조성

지방의 종류	지방산의 종류(%)		
	포화지방산	단일불포화	다가불포화
쇠기름	49.8	36.0	3.7
돼지기름	39.2	41.2	11.2
닭기름	29.9	37.3	20.5
버터	50.5	20.4	3.0
꽁치기름	23.3	39.4	34.1
마가린	19.8	32.0	25.1
쇼트닝	25.0	44.5	26.1
옥수수기름	12.7	24.2	58.7
콩기름	14.4	22.8	57.8
참기름	14.2	39.3	41.6
들기름	8.2	14.4	77.1
올리브기름	13.5	72.5	8.5
밀배유	18.8	14.6	61.7
호두기름	9.1	22.2	63.3
야자유	86.5	5.8	1.8
팜유	49.3	36.6	9.3

(자료 : H. Charley, Dood Science; 식품성분표, 농촌생활연구소)

위의 표는 지방의 종류에 따라서 지방산의 성분을 비교한 것이다. 굳기름으로 유명한 쇠기름은 포화지방산이 약 50%인데, 야자유는 86.5%나 된다. 팜유의 포화지방산도 쇠기름 수준급이다. 보통 식물성 기름이 좋다고 하지만이 두 기름은 예외이다. 여러 종류의 기름을 실험쥐들에게 먹인 후에 지방세포에 의한 인슐린 반응을 조사했더니 팜유는 인슐린 반응에 저항을 보였다.(J.M. van Amelsvoort et al., 1986) 꽁치와 같은 등푸른 생선의 기름은 육지 동물의 지방산 조성보다 좋은 편이다. 값이 비싸고 맛이 훌륭한 버터는 포화지방산이 쇠기름 수준이고 필수지방산의 양도 적다. 참기름은 들기름보다 값이 비싸지만 필수지방산의 함량은 들기름이 더 많다. 특히 들기름은 리놀렌산(오메가-3 지방산)의 훌륭한 급원이다. 호두와 밀배아도 훌륭한 필수지방산의 급원이다.

식물성 지방이 액체인 까닭은 : 불포화는 무엇인가

불포화지방산 사슬의 주인공 탄소(●)의 손은 4개이다. 아래의 왼쪽 그림처럼 손 4개가 모두 차 있으면 이때의 악수를 단일 결합(포화)이라 한다.

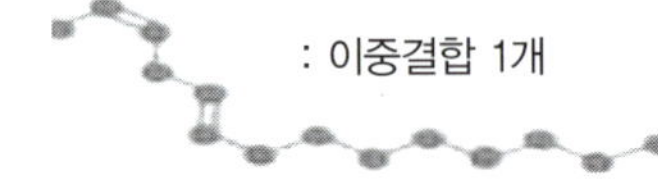

오른쪽 그림은 한 결합에서 손 2개가 자기끼리 악수한 것을 불포화라고 하고, 이것이 이중결합이다. 이중결합에서 지방산 사슬이 꺾이기 때문에 이중결합이 많을수록 길이가 짧아지고, 분자사이에 공간이 생긴다. 따라서 분자 활동이 활발하기 때문에 실온에서 액체 상태로 존재한다.

액체 지방은 불포화지방산이 많다

대부분의 한국인들이 한옥에 살 때는 아주 추운 겨울 부뚜막에 있던 참기름이 얼었다. 참기름은 항상 액체로 존재하는 것이 아니라 녹는점이 있었던 것이다. 녹는점은 이중결합(불포화도)이 많을수록 낮아진다.

식물성 기름	녹는점(℃)
대두유	−7 ~ −8
참기름	−3 ~ −6
올리브유	0 ~ 6
팜유, 야자유	20 ~ 28

옆의 표는 식물성 기름의 녹는점을 비교한 것으로 지방 속의 불포화지방산의 함량이 많을수록 녹는점이 낮다. 팜유와 야자유의 녹는점이 높은 것은 포화지방산이 많기 때문이다. 식물성 지방 중에서 야자유와 팜유도 예외적으로 포화지방산이 많아 열등한 지방이다. 우리나라의 가공식품에 이 값싼 야자유와 팜유가 많이 사용된다. 초코릿이나 커피의 크림(whitener), 스낵이나 라면의 튀김 기름은 지방의 성분이 무엇인지 확인할 필요가 있다. 어린이들이 즐겨먹는 대부분의 과자, 크래커에도 대부분 값싼 식물성 포화지방산과 트랜스 지방산이 들어있다.

지방산의 조성이 식품마다 다르므로 포화지방산과 불포화지방산의 비율로 나타내는 경우도 있다. 이것을 P/S 비율이라고 하는데, P는 불포화지방산(PUSFA)을 나타내고, S는 포화지방산(SFA)으로 값이 큰 지방을 우수한 것으로 친다.

다음의 〈표 3〉에서 P/S 비율이 가장 좋은 것은 들기름으로 참기름이나 콩기름보다 더 우수한 기름이다. 이 비율이 낮은 것은 육류의 지방, 팜유, 야자유이다. P/S 비율이 낮은 식품의 과

<표 3> 지방식품의 P/S 비율

동물성식품	P/S비율	식물성 식품	P/S비율
생선	1.8	들기름	11.2
칠면조	0.87	홍화씨	9.5
닭	0.76	해바라기씨	8.2
버터	0.11	옥수수, 올리브기름	6.5~6.1
우유	0.11	대두유, 참기름	5.6
치즈	0.09	밀배유	4.1
쇠고기, 가공육	0.09	피칸	3.8
베이콘, 양고기	0.17~0.50	아몬드	2.21
		팜유, 야자유	0.2~0.01

(자료 : N. Nedley, proof Positive; 식품성분표, 농촌생활연구소)

잉섭취는 혈관질환과 관련이 높다.

포화지방산은 우리 몸에서 만들어낸다. 그러나 불포화지방산 중에서 리놀렌산(오메가-3) 지방산과 리놀레산(오메가-6 지방산)은 우리 몸에서 만들어 낼 수 없는 필수지방산이다. 우리 몸이 필수지방산을 생산 할 수 있는 효소가 없으므로 식품으로 섭취해야 한다. 우리 몸은 필수지방산에서 EPA, DHA, 아라키도닌산 등도 만들어낸다.

불포화지방산은 좋은 기름 성분

올레인산 : 단일불포화 지방산(이중결합 1개)

지중해 연안의 사람들의 혈관질환 비율이 낮은 이유로 꼽는 것은 올리브 기름이다. 올리브 기름은 올레인산의 함량이 높다. 오래전 서구인들은 집안에 올리브 기름 짜는 기구를 두고, 기름이 필요할 때마다 올리브를 넣고 두들겼다고 한다. '열을 가하지 않고 기름을 짜는 방법(cold press)' 인데, 기름의 산화를 막는 가장 좋은 자연스러운 방법이다.

올리브 기름은 압착으로 짤 때 제일 처음 나온 것을 처녀기름(extra virgin oil)' 이라고 한다. 가격이 가장 비싸다. 그 다음에 열을 가해서 짜내는 것은 값이 처음 것 보다는 싸다. 서양요리에서 올리브기름의 사용은 버터나 마가린보다는 좋다. 혈액의 지단백질 중 나쁜 콜레스테롤의 수치를 낮춘다고 한다. 올레인산은 올리브기름(73%), 땅콩기름(45%), 돼지기름(41%), 참기름(40%), 팜유(37%), 쇠기름(36%), 양기름(37%), 코코아버터(33%), 들기름(16%) 등에 들어있다.

리놀레산(오메가-6 지방산) : 이중결합 2개

리놀레산은 해바라기씨유(66%), 옥수수기름(58%), 밀배유(55%), 면실유(52%), 대두유(51%),

참기름(42%), 땅콩기름(32%), 닭기름(20%), 들기름(15%), 쇠기름(3%)등에 들어있다. 식용유에 가장 흔한 지방산이 오메가-6 지방산이다. 보통의 식사만 해도 식물성 지방과 육류로부터 충분히 오메가-6 지방산을 얻을 수 있다.

이중결합이 4개인 아라키돈산은 오메가-6 지방산 계열에서 만들어진다. 아라키돈산은 계란, 육류, 유지방에 들어있고 이 지방산으로부터 염증물질이 생산이 되어 염증을 촉진한다. 아라키도닌산으로부터 과잉 생산된 아이코사노이드는 혈전증, 관절염, 루퍼스, 암을 포함한 염증 및 면역계와 관련된 여러 질환을 유발한다. 따라서 《The Wrinkle Cure》의 저자인 피부과 의사 페리콘 박사는 여드름이 심한 환자의 경우에는 이 지방성 식품을 절제시키고, 아가타트래쉬 박사도 루퍼스 등의 질환에 이 지방산이 없는 식사를 권한다.

리놀레산(식물성 기름) →→ 아라키도닌산(동물성 지방) →→ 세포막 인지질
→→ 프로스타글란딘(혈관수축, 혈관확장, 염증 유발)

리놀렌산(오메가-3 지방산) : 이중결합 3개

리놀렌산은 들기름(60%), 아마씨유(54%), 호두(10%), 밀배유(7%), 대두유(7%), 나머지 식물성 기름(0.2~0.7) 등에 들어있다. 오메가-3 지방산은 정상적인 성장과 발달에 필수이고 항염증인자이다. 심혈관 질환, 암, 관절염의 예방과 치료에 매우 중요하다.

이중결합이 많은 불포화지방산(EPA와 DHA)은 뇌구조와 망막의 중요한 인지질 성분이다. EPA와 DHA는 등푸른 생선으로부터 섭취하거나 리놀렌산으로부터 만들어진다. 망막의 광수용체막·뇌·정자·정소에 많이 존재하고, 인지기능, 시각기능, 신경증 예방에 도움이 된다. 특히 두뇌와 망막은 DHA 수준이 매우 높다. 식사에 오메가-6, 오메가-3 지방산이 부족하면 인지질의 다가불포화지방의 수준이 감소한다. 출생 직전 원숭이의 오메가-3 지방산 결핍은 시력감퇴, 망막불규칙성(electro retinogram irregularities), 조갈증(polydipsia), 인지장애 등의 변화가 증가하고, 행동적 변화가 있었다. 오메가-3 지방산이 부족한 분유를 먹고 자란 아이는 뇌조직에 DHA 수준이 더 낮고 지능지수(IQ)도 감소한다. 오메가-3 지방산은 염증성 대장질환의 증상을 개선하고 또 유방암과 전립선암 억제에 유익하다. 오메가-3/오메가-6 비율이 증가할수록 유익하다. 오메가-3 지방산이 풍부한 유지류를 충분히 섭취하면 두뇌 형성에 좋다는 EPA와 DHA를 우리 몸에서 충분히 생산할 수 있다.

생선 기름(DHA)
리놀렌산(식물성 기름) →→ EPA →→ 프로스타글란딘(PG)

오메가-3 지방산 섭취로 효과를 볼 수 있는 질병들

- 류마티스성 관절염
- 초기 레이노드병
- 버즘
- 소화기 궤양
- 궤양성 대장염

- 우울증
- 크론씨병
- 과격한 성격
- 유방암, 대장종양의 예방
- 만성 폐쇄성 질환 예방

(자료: Neil Nedley, Proof positive)

들깨가 좋은 이유 : 오메가-3 지방산이 많다

한국인들은 참기름보다 값이 싼 들기름을 항상 애용해 왔다. 들기름이 몸에 좋다는 것은 경험에서 나온 것이다. 들깨의 가격은 참깨보다 싸지만, 필수지방산 조성은 더 우수하다〈표 2〉. 들깨가루를 나물에 무칠 때 넣고, 국과 찌개에 넣어서 맛을 좋게 하고, 통들깨 자체를 와플반죽에 넣고, 또 소스에 갈아서 넣는 등 다양하게 조리에 사용한다. (레시피 참조) 들깨에는 서구에서 건강식품으로 인정하는 아마씨보다 더 많은 오메가-3 지방산이 들어있다.

오메가-3과 오메가-6 지방산의 함량 비교

지방 식품	오메가-3 지방산(%)	오메가-6 지방산(%)
들깨	63	14.0
아마씨 기름	60	20.0
강낭콩	44.7	27.9
녹두	21.0	35.5
호두	9.8	59.7
대두(검은콩)	8.4	55.9
옥수수기름	1.5	50.8
땅콩	1.3	35.6
올리브유	0.6	7.8
검은깨	0.3	48.1
참깨	0.3	45.5
아몬드	0.2	25.8

(자료: 식품성분표 제II형 2001.)

필수지방산이 필요한 이유

필수지방산(오메가-3, 오메가-6 지방산)은 성장, 피부의 정상적인 기능, 생식기능 등 모든 세포에 관여한다. 필수지방산은 불포화지방산에서만 얻어지는데, 오메가-6 지방산(리놀레산)과 오메가-3 지방산(리놀렌산) 계열의 지방산은 서로 전환이 되지 않는다.

세포막 성분의 지방산은 포화와 불포화지방산이 일정비율을 유지해야 세포막이 적당한 유동성, 유연성, 투과성을 지닐 수가 있다. 필수지방산은 유연성 유지에 중요하다.

인지질의 필수지방산은 혈액 속의 유리 콜레스테롤과 결합해서 간으로 이동한 후에 담즙산으로 전환한다. 담즙산은 우리가 음식을 먹었을 때 십이지장으로 분비되어 지방 소화를 위한 유화제로 작용한 후 분변과 함께 배설되므로 혈청 콜레스테롤을 감소시킬 수 있다.

뇌와 신경조직에는 지방의 함량이 높고 신경조직의 기능은 지방과 관련이 있다. 대뇌피질을 구성하는 지방산 중 1/3 정도는 DHA이다. 또 망막에도 DHA가 많이 존재한다. 그러므로 성장기에 오메가−3 지방산이 부족하면 인지기능, 학습능력, 시각 기능 등이 저하된다.

다음의 표는 각 세포막의 성분 함량인데 구성성분이 다르다. 지방은 신경세포에 가장 많이 들어있다. 아기들은 생후 첫 1년이 뇌세포의 형성으로 매우 중요한 시기이다. 이때 오메가−3 지방산이 풍부한 모유수유가 중요하고 아기엄마는 수유기 동안에는 들깨와 같은 오메가−3 지방산이 풍부한 식품을 충분히 섭취하는 것이 좋다.

세포막	단백질(%)	지방(%)	탄수화물(%)
신경세포	20	75	5
적혈구	49	43	8
간세포	54	39	7
미토콘드리아(겉)	50	46	4

필수지방산의 정확한 권장량은 없으나 리놀레산(오메가−6 지방산)은 총열량의 1~2%, FAO/WHO는 영유아의 성장을 근거로 3%, 임신과 수유기간에는 4.5~5.7%를 권장한다. 리놀렌산(오메가−3 지방산) 권장량은 없으나 모유의 조성을 근거로 해서 총열량의 0.7~1.3%를 권장한다. 바람직한 오메가−6/오메가−3지방산의 비율은 모유 조성을 근거로 해서 4:1~10:1이 되도록 한다.

마가린과 쇼트닝은 트랜스 지방산(rans fatty acid)

요즈음은 성전환(trans gender) 때문에 '트랜스' 라는 단어가 학생들에게도 낯설지가 않다. 서구사회에서도 버터는 비싸기 때문에 마가린과 같은 값싼 가짜 버터를 만들게 된 것이다. 버터가 동물성 지방이라서 식물성 기름으로 만든 마가린이 좋을 것(?)으로 생각하는 사람들이 많다. 마가린의 냄새와 맛은 진짜와 거의 흡사하지만(너무나 비슷해서 나 자신도 구별이 어려울 때가 있다), 지방산의 구조가 다르고 또 인공 향료, 인공 색소, 인공 맛을 내는 성분이 첨가된 것이다.

과거에 우리나라의 식품가공기술이 발달하기 전에는 값이 싼 쇠기름으로 마가린을 만든 때도 있었다. 쇠기름의 녹는점이 높아 이 마가린은 비누와 마찬가지로 삼복 더위에도 수퍼의 선반위에서 녹지 않고 끄떡없이 잘 버티었다. 지방 섭취가 많아진 현대에 와서는 지방의 품질을 따질 때가 되었다.

액체 식물성 지방은 이중결합이 있는 불포화 지방산이 많이 들어있다. 여기에 수소를 첨가하여 포화지방산으로 전환하면 마가린이나 쇼트닝이 된다. 수소첨가 과정에서 식물성지방산의 이중결합이 시스형태에서 트랜스로 변형한다.

마가린과 쇼트닝은 식물성 유지임에도 불구하고 체내에서 동물성 지방을 섭취한 것과 같은 효과를 나타내어 혈중 콜레스테롤의 농도를 높이게 된다.

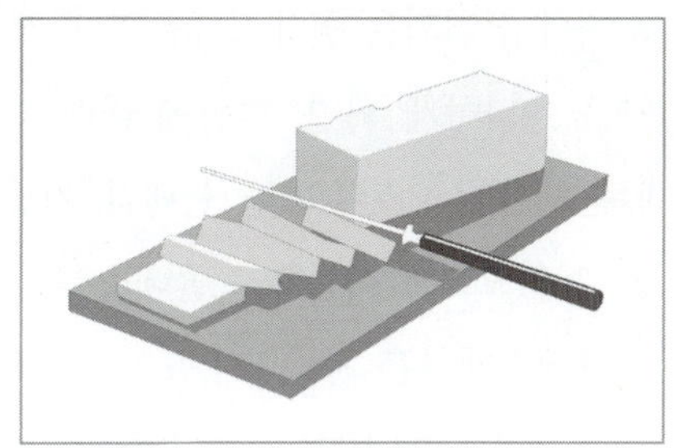

월렛 박사팀은 하루에 4티스푼 이상의 마가린을 먹은 여성들은 한달에 1티스푼 이하로 먹은 여성들보다 심장 질환에 걸릴 확률이 66퍼센트 더 높아진다고 보고했으며, 아와드 박사팀은 트랜스지방산과 암과의 관련도 보고했다. 패스트푸드 식당에서는 튀김용으로 쇼트닝이나 값싼 팜유를 사용한다.

트랜스 지방산은 포화지방산과 비슷한 성질을 갖고 있다. 이것은 세포막 인지질의 구성성분으로 들어가면 시스 지방산보다 세포막을 단단하게 하여 막에 존재하는 수용체나 효소의 기능을 방해한다고 한다. 트랜스 지방산은 나쁜 혈청 콜레스테롤(LDL)의 농도를 증가시키고 좋은 콜레스테롤(HDL)의 농도는 감소시킨다. 또 다른 지방산으로의 합성을 방해하기도 한다.

불행히도 아이들이 좋아하는 가공식품, 즉 감자튀김, 생선튀김, 닭튀김, 비프까스, 돈까스, 스낵, 감자칩, 크래커, 쿠키, 케이크, 페이스트리, 도넛 등에는 트랜스 지방산이 많이 사용된다. 트랜스 지방산이 많은 지방으로 튀긴 튀김은 기존의 다른 지방보다 더 바삭거리기 때문에 인기가 높으니 문제이다. 가공식품 중 트랜스지방산 함량이 피자에서 가장 높게 나왔다 (44.83%). 식품의약품안전청은 4일(2004년 11월) 시중 패스트푸드점 등에서 유통 중인 감자칩과 감자튀김 가운데 5종을 무작위로 골라 검사한 결과 발암물질로 의심되는 아크릴아마이드 성분이 일부 검출됐다고 발표했다.

지방을 먹어야 하는 이유

우리가 지방을 먹어야 하는 이유는 불포화지방산 중에 포함된 필수지방산과 지용성비타민을 섭취하기 위함이다. 지용성 비타민은 지방에 녹아 같이 섭취된다. 브라운 박사팀의 연구에서도 지용성인 캐로틴 계열은 과일과 야채에 밝은 노랑색, 주홍색, 붉은색을 주고 기관지 질환과 암으로부터 보호한다고 밝혔다. 캐로틴과 같은 지용성 비타민은 소장에서 흡수되려면 지방과 같이 섞여야한다. 지용성 비타민 그룹은 비타민 A, D, E, K의 4개인데 모두 이소프렌이라는 지방성 물질에서 만들어지는 공통점이 있다.

콜레스테롤은 우리 몸 세포가 충분히 생산한다

성장하고 있는 모든 동물 조직은 세포막을 만드는데 콜레스테롤이 필요하다. 콜레스테롤 생산은 간에서 50%, 소장에서 25%, 그 외에는 나머지 조직에서 이루어진다. 콜레스테롤 생산은 세포 속의 콜레스테롤 농도에 의해서 조절되고 호르몬의 영향을 받는다. 인슐린과 갑상선 호르몬은 생산을 증진하고, 글루카곤이나 글루코콜티코이드는 생산을 저지한다. 콜레스테롤의 생산이 조절되지 않으면 치명적인 질병으로 진행할 가능성이 있다. 생산되는 콜레스테롤과 식품에서 섭취되는 콜레스테롤의 총계가 세포막, 담즙산, 스테로이드 호르몬의 합성에 필요한 양을 초과하게 되면, 혈관에 콜레스테롤이 침착되어 동맥경화가 생긴다. 포유동물은 간에서 단순한 전구체(탄수화물, 단백질, 지방이 모두 재료로 쓰일 수가 있다)로부터 콜레스테롤을 합성할 수 있으므로 식품으로 콜레스테롤을 따로 섭취할 필요는 없다. (Lehninger et al, 생화학, 2005)

콜레스테롤은 지방의 유도체이므로 콜레스테롤이 많이 들어있는 식품은 맛이 있다. 모든 동물 체세포 내에 들어 있으며 특히 간이나 신장, 뇌, 알 종류 등에 많은 양의 콜레스테롤이 들어 있고 인지질과 함께 세포막과 조직의 구성성분이다. 계란, 굴, 명란, 동물의 내장 등은 콜레스테롤이 많은 식품들이다.

대부분의 사람들이 맛있다고 생각하는 식품은 콜레스테롤이 많다. 한 가지 공통점은 동물성 식품인 것이다. 식물성 식품은 콜레스테롤이 전혀 없다.

〈표 4〉 식품 중의 콜레스테롤 함량(각 100g당 mg함유)

특히 많은 식품 (300mg이상)		상당히 많은 식품 (300~150mg)		약간 많은 식품 (150~50mg)		적은 식품 (50~0mg)	
쇠골	2000	성게	290	작은새우	125	굴	36
난황	1300	돼지콩팥	290	게살	125	우유	11
건오징어	630	돼지 간	250	고지방크림	120	탈지분유	3.2
연어알젓	510	쇠간	246	보리멸치	100	난백	1
메추리알	470	구운 뱀장어	240	닭다리	95	견과류,식용유	0
청어알	370	마요네즈	212	가공치즈	80곡	류	0
명태알	340	버터	200	가자미,청어	70	감자, 고구마	0
소콩팥	310	빙어	182	소,돼지고기	65	과일류	0
생오징어	300	보리새우	150	고등어	55	야채류	0

(자료: 식품성분표, 농촌진흥청, 2001)

콜레스테롤이 많은 음식을 좋아하면 혈액의 콜레스테롤 수치는 먹는 만큼 비례한다. 식물성 식품에는 콜레스테롤이 전혀 없으나 채식을 하는 사람들도 간에서 콜레스레롤을 필요한 만큼 만들어낸다. 현대인에게 콜레스테롤은 너무 먹어서 문제이지 필수 영양소는 아니다.

콜레스테롤의 역할

콜레스테롤은 성호르몬인 에스트로겐, 프로게스테론, 테스토스테론 같은 스테로이드계 호르몬을 합성하는 중요한 재료이다. 폐경기 여성들은 콜레스테롤 수치가 많이 올라가 노년에는 중풍으로 이어진다. 이것은 평소에 에스트로겐으로 가는 회로가 막혔기 때문인데 콜레스테롤 섭취를 제한해야 한다. 부신피질 호르몬인 코티솔과 알도스테론도 콜레스테롤에서 만들어진다. 스테로이드 호르몬은 조직 사이의 정보를 전달하는 역할을 한다.

콜레스테롤은 체내 피부에서 자외선에 의해 비타민 D(7-디하이드로 콜레스테롤)를 만드는 재료이다. 매일 30분가량 햇빛을 쪼이면 비타민 D는 따로 먹을 필요가 없다. 그러나 태양광선이 제한된 겨울 북구 사회에 거주하게 되면, 비타민 D를 강화한 식품을 섭취할 필요는 있다.

지방의 소화 흡수에 중요한 담즙은 간에서 생산된다. 한국인의 식생활이 서구화되면서 콜레스테롤의 섭취와 흡수가 많아지면서 콜레스테롤이 결석을 이루어 담석증이 발생될 수 있다. 담석의 형성을 억제하려면 식이에서 포화지방산과 콜레스테롤의 섭취를 제한하면 된다.

산화 콜레스테롤

1940년대부터 알려진 '산화 콜레스테롤'이라고 불리는 물질은 매우 독성이 강해서 24시간 이내에 동맥의 내벽 세포를 파괴한다. 펭과 테일러 박사는 "혈관 벽의 치명적인 손상은 혈청 콜레스테롤의 0.5%만 산화가 되어도 일어난다"고 하였다. 펭과 테일러 박사는 또한 특정한 식품의 화학물질을 측정해서 산화 콜레스테롤이 얼마나 들어있는가를 알아보았다.

산화 콜레스테롤의 가장 해로운 조합은 설탕, 우유와 계란이 섞인 커스터드에서 발견되었다. 분말 가루는 유통기간이 길어 공기 중에 상당히 오랜 기간 노출된다. 계란과 분말 우유를 포함한 팬케이크 분말 가루는 커스터드만큼 해롭다.

세 번째로 가장 해로운 식품은 파마산 치즈이다. 이것은 돼지기름만큼 해로운 것으로 나타났다. 게다가, 산화 콜레스테롤을 먹는 것은 순수한 콜레스테롤 자체를 먹는 것보다 혈청 콜레스테롤 수치를 더 올릴 수가 있다.

동물실험이나 인체실험 연구도 역시 음식의 산화 콜레스테롤은 비록 혈청 콜레스테롤의 수치가 정상이더라도 심장질환의 위험을 높인다는 사실을 지지하였다. 콜레스테롤 식품을 더 먹으면 심장질환 위험이 더욱 커진다.

연구 결과가 우리에게 말해주고 있는 것은 콜레스테롤을 자유롭게 먹는 사람들이 심장마비로 인해 훨씬 더 고통을 받는다는 것이다. 콜레스테롤을 가진 모든 식품은 그 속에 얼마 정도는 산화된 형태로 들어있다. 중요한 메시지는 혈청 콜레스테롤 수치가 정상인 사람도 그들의 식사에 콜레스테롤을 제한해야 한다는 것이다.

산화 기름은 노화 촉진제

참기름이나 땅콩이나 아몬드와 같은 견과류도 오래되면 기름이 산화해서 쩐 내가 난다. 이런 쩐 기름이나 쩐 견과류는 버리는 것이 좋다. 우리 몸을 상하는 활성산소 급원이기 때문이다. 시판되는 도넛, 감자튀김, 닭튀김에 사용되는 기름은 반복해서 사용되므로 산패될 가능성이 많다. 또 컨베이어로 구운 김구이도 구워서 공기에 오래 노출된 것은 피하는 것이 좋다. 유부 표면의 산화된 기름은 제거한 뒤에 조리에 사용한다.

식물성 기름의 불포화지방산은 말 그대로 포화가 덜되었기 때문에 열이나 자외선 등에 의해 산소와 쉽게 결합하고, 산패되면 과산화물을 형성하여 기분 나쁜 냄새(쩐 내)와 맛을 낸다. 식물성 지방은 불포화도가 높아 자신의 산화를 막기 위해서 항산화제를 만들어 낸다. 그래서 식물성 지방에는 항산화 기능을 하는 비타민 E가 기본으로 포함되어있다. 기름이 쩐 것은 이 항산화제 역할을 하는 성분이 다 소모된 것이다. 정제한 기름이 오래가는 것은 항산화제를 첨가했기 때문이다.

지방이 많은 식물성 식품은 이 산화를 방지하기 위해서 피막이 두껍다. 들깨와 참깨도 껍질째 갈아서 음식에 사용하는 것이 좋다. 볶을 때는 살짝 볶아 냉동 칸에 보관한다. 호두, 피칸, 아몬드 등의 견과류도 껍질이 단단하다. 천연의 보호막으로 산화를 방지하는 기능을 한다. 보호막을 제거한 견과류는 냉동보관해서 산화를 늦추는 것이 좋다.

불포화지방산의 산화로 인해 생긴 활성산소는 세포막의 파괴나 노화의 촉진, 암 유발의 가능성 등 해로운 영향을 준다고 보고 되고 있다. 산패를 막기 위해 소량씩 구입하고 남으면 공기나 금속과의 접촉을 피하여 그늘에 보관하는 등 주의를 해야 한다.

고온에서 조리된 지방이 많은 식품은 활성산소가 많이 생긴다. 실습시간에 부득이 기름을 사용할 때에는 학생들에게, "기름 태우지 마세요, 태운 기름 몸에 안 좋아요"라고 말한다.

혈관질환과 지방섭취의 증가

지방은 영양소 중에서 여러 성인병 질환과 가장 밀접한 관계가 있는 영양소이다. 70년대 이후부터는 우리의 식생활이 서구화되어 가면서 지방 섭취량이 증가됨에 따라 우리 국민의 사망 원인 중 혈관계질환과 암이 1, 2위를 다투고 있다. 혈관질환의 원인은 주로 고혈압, 고지혈증, 동맥경화인데 급변사와 같은 심장병이나 중풍 등을 예고한다.

동물성 단백질은 지방과 함께 섭취된다. 오랫동안 과잉 섭취된 동물성 지방은 포화지방산 및 콜레스테롤의 형태로 우리의 혈관에 침착되는데, 심장을 돌아가는 혈관(관상동맥)이 막히면 심장마비로 말미암은 돌연사이고, 뇌의 혈관이 막히면 뇌졸중, 즉 흔히 중풍이라고 부르는 병이 생긴다. 나라가 가난하여 꽁보리밥에 시래기 된장국을 먹던 시절에는 이러한 질병이 없었다.

우리 몸의 면역체계가 건강하면 세균성 질환도 걸리지 않는다. 70년대 이전에는 모든 국민이 밥도 충분히 먹을 형편이 안 되었다. 그런데 육식을 많이 해야 잘 먹는 것이라고 인식되면서 70년대 이후 30년 동안 육류의 소비는 4배나 늘었고, 지방의 섭취는 두 배가 넘었다. 암과 혈관질환은 식원병(食原病)으로 식생활과 생활습관 교정으로 치료하고 예방할 수 있다. 이러한 질병은 한때 성인병이라고 불렸지만 이제는 연령층이 점점 낮아지므로 생활습관 병으로 바뀌었다.

혈지질은 지단백질

우리가 식품에서 섭취한 지방은 십이지장에서 담즙에 의해 유화되고 효소에 의해서 글리세롤과 지방산의 형태로 분해된 다음 소장에서 흡수된다. 소장벽의 세포 안에서 다시 지방으로 전환되는데, 분자크기가 크기 때문에 혈관으로 들어가는 대신 임파관으로 들어간 다음 대정맥에서 합쳐진다.

기름진 음식을 먹은 후 혈액이 뽀얗게 변하는 것은 지방성분(카이로마이크론) 때문이다. 카이로마이크론은 지방함량이 많은 지단백질이다. 지방은 물에 녹지 않기 때문에 항상 수용성인 단백질과 인지질과 결합한 상태로 혈액 속에서 운반이 된다.

지단백질은 중성지방과 단백질의 양에 따라 무게가 다르다. 혈액샘플을 원심분리기에 돌리면 이 무게의 순서대로 카이로마이크론, 초저밀도 지단백질(매우 가벼운 지단백질, VLDL), 저밀도 지단백질(가벼운 지단백질, LDL), 고밀도 지단백질(무거운 지단백질, HDL)로 나누어진다. 지단백질의 중심부에 위치한 중성지방이 많을수록 상대적으로 바깥 부분에 위치한 단백질은 적어져서 밀도가 낮고 가벼워지며, 반대로 중성지방이 적고 단백질이 많을수록 밀도가 커진다. 즉 무게가 무거워진다. 아래의 표는 지단백질의 함량을 비교하고, 원그래프를 나타내어서 차이를 비교한 것이다.

성분, (%)	지방	단백질	콜레스테롤	인지질
카이로마이크론	84	2	7	7
VLDL	54	9	19	18
LDL	11	21	46	22
HDL	4	50	22	24

(자료 : R. Montgomery et al, Biochemistry)

1) 카이로마이크론

소장벽의 세포 속에서 만들어지는데, 식사로부터 얻은 지방을 조직으로 운반하므로 중성지방이 풍부하고 단백질의 함량은 가장 적어 무게가 가장 가볍다. 동물성 지방이 많은 식사를 한 뒤 혈액을 뽑아서 적혈구를 가라앉히면 시험관 위의 혈청은 뽀얗게 불투명해진다. 이때의 혈청 속 카이로마이크론은 주로 포화지방산이라 버터같이 굳어 시험관 벽에 붙는다. 이러한 음식을 오랫동안 먹으면 혈관도 좁아진다.

2) 초저밀도 지단백질(VLDL)

간에서 만든 지단백질이다. 이 지단백질을 조직으로 운반한 후에 저밀도 지단백질(LDL)을 만든다. 아침 공복의 혈액검사를 할 때 중성지방의 수치로 나타나는 지단백질인데, 비대한 사람들은 이 수치가 높다. 무게는 카이로마이크론 다음으로 가볍다.

3) 나쁜 콜레스테롤 : 저밀도 지단백질(LDL)

VLDL이 혈액 내에서 전환되어 생성된 것으로서 콜레스테롤이 가장 많은 지단백질이다. 혈관을 돌다가 혈관 벽에 콜레스테롤을 침착하여 동맥경화증의 원인이 되므로 '나쁜 콜레스테롤'이라고도 한다. 혈중 콜레스테롤의 약 70%가 LDL 콜레스테롤이다.

4) 좋은 콜레스테롤 : 고밀도 지단백질(HDL)

지단백질 중에서 단백질 함량이 가장 많은 HDL은 간에서 생산되고 조직에서 간으로 콜레스테롤을 운반한다. 말초 혈관에 쌓여 있는 콜레스테롤을 걷어서 간으로 이동시키는 항동맥경화성 지단백질이다. 그래서 HDL을 '좋은 콜레스테롤'이라고 한다.

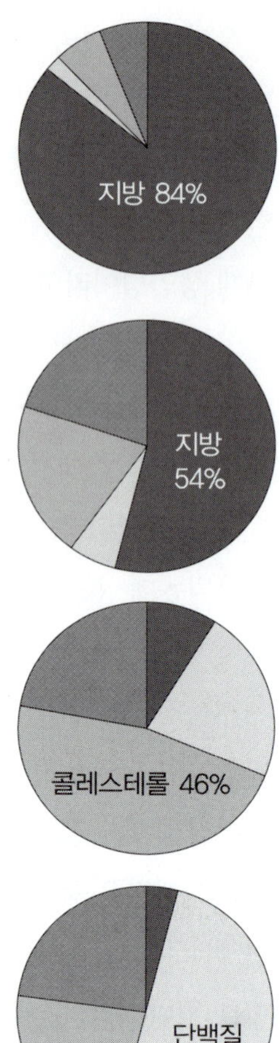

설탕과 지방과의 관계

과잉의 과당섭취는 고지혈증으로 이어진다. 현대인의 과당의 급원은 많은 가공 식품 속에 들어있는 설탕이며 설탕대신 감미료로 사용되는 과당의 농도는 상당히 높다. 설탕은 흡수가 빨라 혈액 내의 당농도가 상당히 높게 오르며 간에 도달하면서 중성지방으로 쉽게 전환이 된다. 이것이 위에 나온 초저밀도 지단백질(VLDL)이다. (Biochemistry the molecular basis of life, p 395)

따라서 설탕섭취와 여드름의 상관관계도 높다. 과일을 많이 먹으면 좋다고 하지만, 중년 이후 과다한 과일 섭취는 개인에 따라서 혈액의 중성지방 수치를 높일 수가 있다. 평소 중성지방 수치가 높은 사람은 과일보다는 신선한 야채가 좋다.

2. 지방과 관련된 질병

뇌졸중과 할아버지

나의 외할머니는 1800년대 말에 태어나셨고 J여고 1회 졸업생으로 신식교육을 받으신 신여성이었다. 외할아버지와 결혼하실 때 그 당시 드물게 영국에서 주문한 턱시도와 웨딩드레스를 입고 결혼식을 올리셨다. 한국인의 표면적 서구화와 내면의 전통성의 차이는 그 다음 시집살이에서 나타난다.

시댁 부엌에서 처음으로 시어머니와 아침상을 차리는데 시어머니께서 밥상 두 개를 차리셨다. 하나는 남자 밥상, 또 하나는 여자 밥상. 남자 밥상에는 흰쌀밥과 고깃국이 올랐고 여자 밥상에는 보리밥과 시레기 된장국이 메인 디쉬이었다. 큰 언니로부터 이 말을 듣는 순간에 나는,

"어머나, 여자 밥상이 더 건강식이야"라는 말이 곧 튀어나왔다. 베타 글루칸이라는 섬유소는 보리에 유난히 많이(15%) 들어있다. 흰쌀밥과 비교하면 15배가 많다고 할 수가 있다. 베타 글루칸은 혈당과 혈중 콜레스테롤을 내리는 막강한 능력을 발휘하는 기능성 섬유소이다.

그리하여 시집살이가 마음에 들지 않은 할머니는 할아버지가 지방에 전근을 가시도록 영향력을 행사해서 K도로 전근을 가시게 된 계기가 되었다. 물론 할머니의 통솔 하에서 전쟁기간을 빼놓고 보리밥이 다시는 상에 오르지 않았다.

해방 후에 할아버지는 초대 도지사가 되셨는데, 역사에 남는 한 소요사건이 일어나 그 책임으로 물러나셨다. 그리고 그 충격으로 쓰러지셔서 61세에 세상을 떠나셨다. 재능이 많았던 할아버지의 갑작스러운 죽음은 가족들에게 큰 충격을 주었고, 할머니는 30년 이상을 혼자 사시면서 꽤 장수하셨다. 할아버지의 뇌졸중을 생각하면 식생활로 인해서라고 볼 수 있다. 사냥을 좋아하셨던 할아버지는 끊임없는 동물성 단백질과 지방으로 무장(?)된 음식 호사를 즐기셨고 고기를 좋아하시는 나의 엄마는 여러 가지 사냥감의 맛을 기억하셨다.

그동안 과학의 발전으로 간단한 혈액 검사로 몸의 상태를 파악할 수가 있는 시대가 되었다. 우리가 중풍이라고 부르는 뇌졸중은 1950년대부터 사망원인 5위 안에 들어와서 1위, 2위, 3위를 계속 기록하는 질환이다. 2002년도의 통계로 보면 암 사망자는 하루 평균이 172명, 뇌혈관질환 사망자는 101명, 심장질환은 48.9명이라고 한다. 암은 여러 종류의 암을 합한 것이므로 단일 질병으로 볼 때에는 뇌혈관질환 사망이 가장 많다고 볼 수 있다.

뇌졸중은 뇌출혈과 뇌경색으로 나뉘는데, 음식을 짜게 먹는 일본과 한국인은 뇌출혈이 많

고, 포화지방의 섭취가 많은 서구인들은 혈관이 막히는 뇌경색이 많다. 뇌의 혈관이 터지면 치명적이다. 출혈로 인해서 두개골 안에서의 압력이 올라가기 때문에 뇌의 일부가 척수로 밀려 내려가는 헤르니아 현상을 일으키기 때문이다. 혈관이 막히면 그 뇌 부분의 지배를 받는 몸이 마비가 된다.

와다나베 쇼 박사는 일본에서 1955년경부터 고혈압과 뇌졸중에 의한 사망을 줄이기 위해 저염 운동을 시작했더니, 2000년도에는 염분 섭취량이 12.3g까지 내려갔다고 한다. 음식으로 생긴 식원병(食原病)은 식생활의 변화로 치료될 수밖에 없다. 콜레스테롤 수치가 정상(100+자기 나이)보다 높으면, 그때부터 내리는 노력을 해야 한다. 어릴 때부터 섬유소가 풍부하고 포화지방이 적은 건강한 음식을 먹는 식습관을 형성하는 것이 좋다.

돌연사는 2000년 전에도 있었다

《마왕퇴의 귀부인》이란 책이 번역되어 나온 적이 있었다. 그 후 예술의 전당 미술관 3층에서 2002년 7월에서 9월 사이에 '마왕퇴 유물전'이 열렸다. 1970년대에 중국 장사 지역에서 발굴된 한무제 시대의 정승부인의 시신이 약 2100년 동안 그대로 보존이 된 것만으로 매우 경이로운 일이다.

그 50대 귀부인을 해부한 결과 몸 여러 군데에서 혈관의 동맥 경화를 볼 수가 있었다. 이 책을 읽으면서 느낀 점은 동맥경화는 현대인의 질병이 아니라는 점이다. 또 매장할 때 넣었던 식품의 명단을 보면 그 종류도 다양하기 그지없었다. 식생활도 상당히 호사스러웠음이 엿보인다. 담석도 많이 들어있음을 볼 때 식생활 또한 기름진 육류를 많이 소비하였고, 섬유소는 적게 섭취한 것으로 추측된다. 그녀의 사인은 돌연사 즉, 심장의 관상동맥이 상당히 막혀있었다. 참외씨가 식도부터 내장까지 분포되어 있는 점으로 볼 때 참외를 먹다가 갑자기 심장마비가 온 것으로 진단했다.

비단에 그려진 그림에 의하면, 이 귀부인은 평소 육중한 몸을 지팡이에 의존하여 살았다. 이로 볼 때 요즈음 우리가 말하는 성인병을 평소 앓으며 살았던 것이다. 많은 하인을 거느리고 있던 귀족으로 운동부족과 기름지고 맛있는 음식이 결국 돌연사의 원인이었던 것이다.

영양학 기원이 되는 최초의 책, 《성경》은 3,400여 년 전에 이미 《레위기》 3장 17절에서, "너희는 기름(fat)과 피를 먹지 말라"라고 구별된 식생활을 권하였다. 이 기름은 모두 희생동물을 잡았을 때 나오는 지방을 의미하며 이 동물성 지방은 모두 제단 위에 얹어 불사르는 화제(火祭)로 사용되었다.

1970년대 소득 수준이 낮아 동물성 식품을 많이 먹지 못했을 때에는 이러한 내용이 눈에 와 닿지 않았다. 그러나 10대에도 풍이 나타나고, 젊은이들의 돌연사가 세계 1위(?)가 된 이상, 이제는 이 오래된 책의 내용이 구구절절 마음에 와 닿는다. 동물성 포화지방은 동맥경화의 원인이 되지만, 오염이 심각해진 현대에 와서 동물의 지방에는 많은 지용성 화학물질이 축적되어있다.

동맥경화는 노인성 질환이 아니다

동맥경화 사례발표로 흔히 사용되는 고전적인 연구가 있다. 1953년에 미국의학협회지에 발표된 것으로 한국전쟁이 무대가 되었다. 그 당시 군의관들은 6·25전쟁으로 인해 죽은 서양에서 온 많은 평균연령 22세 군인들의 시체 부검을 했는데, 놀라운 것은 그들의 77%가 이미 동맥경화가 온 것을 밝혀 낸 것이다.

이제는 정기적인 세미나를 주최하는 S병원에서의 고혈압과 고지혈증 강의 중에 심장마비로 돌연사한 19세 청년의 기름 낀 혈관벽을 예로 보여주는 시대가 되었다. 전세계의 시공간을 초월한 데이터를 분석할 때, 이러한 질병은 운명도 아니고, 운수가 나빠서 걸리는 것도 아니고, 결국 기름진 식생활과 운동부족으로 나타나는 생활습관병인 것이다.

동맥경화증의 초기 단계는 "지방질 축적(fatty streak)"이다. 동맥경화증의 과정은 심장 동맥에만 국한되지는 않는다. "신체 전체에 걸쳐 굵거나 또는 중간 정도 크기의 동맥에 플래크(plaque)가 생겨 지방질이 축적됨에 따라 혈관이 좁아질 수 있다. 이러한 현상은 포화지방산의 섭취와 관계가 깊다.

동맥경화증은 사람 따라 다르게 나타나며 10세~15세에 나타날 수도 있다. 20세가 되면, 지방질 축적이 아주 두드러지게 되어 심장의 동맥을 절단해보면 분명하게 볼 수 있다. 만일, 건강에 해로운 생활 습관이 계속되면 30대에 플래크의 진전이 훨씬 더 두드러지게 된다. 40대가 되면 동맥의 직경이 절반 이상 좁아져 심장의 동맥이 막힐 차례가 된다.

대부분의 사람은 증세가 전혀 없는데, '협심증'이 나타나면, 행운이다. 협심증은 왼쪽 가슴이나 가슴 중앙에 집중적으로 나타나는 짓누름, 압력, 답답함으로 표현된다. 이 통증은 목, 턱, 두 팔, 등, 위 어느 쪽으로든지 이동되고 열량이 많은 식사나 추운 계절에는 가중된다. 통증의 원인은 심장의 근육에 혈액이 충분히 공급되지 않은 것이다. 불행하게도, 많은 사람이 최초의 심장마비가 생길 때까지 증세가 없다. 많은 사람들이 70%까지 혹은 그 이상 막혀도 대부분 분명한 증세가 없다.

혈관질환은 조용한 살인자

다음의 그림은 각국의 남성들의 콜레스테롤 수치가 심장마비 사망과 비례하는 것을 나타낸 것이다. 혈중 콜레스테롤 수치가 높을수록 동맥경화가 심해지며 심장의 혈관이 막히면 심장마비이고, 뇌의 혈관이 막히면 뇌졸중(뇌경색)이다.

미국사회에서는 매일 점보제트 비행기 10대의 탑승자 수에 해당하는 사람들이 혈관질환으로 사망한다. 서울에서 뉴욕을 왕복하는 점보제트는 250명 이상이 탑승하는데, 비행기가 한대 추락하면 전 세계에 방송된다. 그러나 매일 이보다 10배 이상의 숫자가 혈관질환으로 사망하는 것에 대한 관심은 비행기 1대 추락만 못

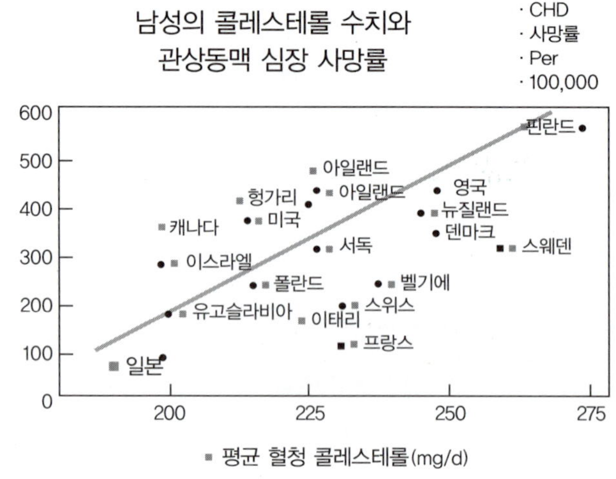

하다. 왜 그럴까? 혈관질병은 조용히 찾아오기 때문이다. 심장마비로 죽는 사람의 약 60%는 병원 밖에서 치료를 받기도 전에 죽는다. 모든 돌연사의 절반 이상(여성에게 있어서는 돌연사의 거의 3분의 2)은 이전에 관상 동맥증으로 진단 받지 않은 사람들에게서 생긴다. 최초의 심장마비가 마지막의 심장마비이며 돌연사는 두 번째 기회를 주지 않는다.

운이 좋아 병원 문턱을 넘어 심장마비에서 살아남았다 해도, 3 분의 2 이상은 완전히 회복되지는 않는다. 어떤 형태이든지 불구가 되고 또 삶의 질이 영구히 저하하게 된다. 심장마비에 뒤이어 근육 조직이 없어져서 심장이 더욱 약해진다. 혈관질환의 문제는 '몸이 불구가 되는 삶'이다. 죽지 못해 사는 삶 보다는 예방이 중요하다.

혈지질 수치는 예방에 좋은 인덱스

고지혈증은 혈액 중에 나쁜 콜레스테롤(LDL 콜레스테롤)과 중성지방이 증가하며 반면에 좋은 콜레스테롤(HDL 콜레스테롤)은 감소한다. 혈액 중에 지질 성분인 중성지방이나 콜레스테롤의 농도가 높아져 있는 상태이다.

혈관 질환은 얼마든지 예방할 수 있다. 우선 혈액검사에서 콜레스테롤 수치가 200(mg/dℓ)이 넘는 사람들은 이 수치를 약 대신 식생활로 내려야한다. 운동이 부족한 현대인일수록 식생활을 절제해야 한다.

현재 병원에서는 콜레스테롤의 수치 200을 정상으로 보지만 이 수치는 높다. 바람직한 수치는 **100+자기연령**이다. 200정도로 안심하는 것은 위험하다. 베렌슨 박사팀에 의하면 30대에 콜레스테롤의 수치가 230이면 동맥의 50%가 이미 지방질로 덮여있다는 것이다! 따라서 이 수치를 내리지 않는 사람들은 심장혈관이 막힐 때까지나 뇌의 동맥혈관이 막힐 때까지 기다리는 것이다.

"계단 오를 때 가슴 답답한 적 있습니까?"라는 제목의 기사(조선일보. 2001년 9월 13일자)는 심장혈관이 좁아진 환자에게 스텐트 삽입을 권하는 내용이었다. 기사를 읽으면서 다음과 같은 의문이 들었다.

- 환자가 식생활과 생활습관을 바꾸지 않으면 스텐트 삽입은 그 효과가 얼마나 갈까? (스텐트는 아래의 샘플과 같이 가는 철망인데, 혈관 속에 넣어 막힌 혈관을 넓힌다)
- 또 삽입은 혈관 하나로 충분할 것인가?
  식생활과 생활습관을 바꾸지 않으면 삽입한 스텐트 안에 지방 침전물이 또 끼게 될 것이다. 같은 해 조선일보 9월 6일 자에 나온 《'대동맥 파열' 새 시술법 나왔다》의 내용도 마찬가지이다. 스텐트 삽입은 급한 불은 끄지만 근원이 치유되는 것은 아니다. 원인이 제거되면 병은 자연히 낫게 된다.

콜레스테롤 수치를 내리는 쉬운 방법

몸에 많이 흘러 다니는 콜레스테롤을 내리는 방법은 간단하다. 식생활과 생활습관을 바꾸는 것이다. 두 가지 모두 바꾸기 어려우면 식생활부터 우선 바꾸는 것이 어떨까?

우리의 혈액에서 문제가 되는 높은 수치의 콜레스테롤을 몸 밖으로 배출하는 방법이 있다. 우리 간에서 만들어 내는 담즙은 3가지 성분이 있는데 그중 하나가 콜레스테롤이다. 이 담즙은 우리가 음식을 먹으면 소장 상부에 분비되어서 기능을 다한 후 소장의 마지막 부분(회장)에서 재흡수 된다. 이때 콜레스테롤도 재흡수 되므로 이 재흡수를 막는 것이 가장 좋은 방법이다.

나의 동생처럼 콜레스테롤 수치가 높은 사람은 기름진 음식만을 맛있다고 생각하고 섬유소가 많은 음식은 맛이 없다고 생각하는 사람들이 대부분이다(임상사례). 섬유소가 풍부한 식품은 표(섬유소)로 제시했는데 이러한 식품으로 만든 음식을 감사한 마음으로 먹으면 맛이 있다. 맛은 생각하기에 달려있는 것이다. 콜레스테롤 수치가 높은 사람일수록 일주일에 하루 이상 단식하면 효과가 좋다. 몸에 축적된 지방을 연소할 수 있기 때문이다.

혈중 콜레스테롤 수치가 높은 사람들은 정상으로 떨어질 때까지 표4의 콜레스테롤 식품을 금하고 섬유소가 풍부한 식품을 충분히 취하면서 매일 30분 이상의 운동을 꾸준히 하면 자연스럽게 수치가 내려간다. 1주일마다 혈액검사를 해도 그 차이를 볼 수가 있다. 일광욕도 콜레스테롤 수치를 내리는 방법의 하나이다.

심장병과 풍은 식생활로 예방과 치유가 가능하다

세상 여러 곳의 많은 병원은 심장 질환을 가진 환자들을 위해 영양교육을 제공한다. 내가 영양사 훈련과정 중에 있을 때에도 환자를 교육하는 시간이 있었다. 환자는 심장질환이 있는 남성이었는데, 아침에 먹은 스크램블에그가 가짜였다고 자기를 속였다고 너무 화를 내서 교육을 계속할 수가 없었다. 환자가 된 후에 교육을 받는 것은 너무 늦다. 물론 전혀 안 받는 것보다는 낫지만.

미국의 국립 콜레스테롤 교육 프로그램(National Cholesterol Education Program, NCEP)에서 처음 시도한 NCEP 스텝 I 식이는 하루의 콜레스테롤 섭취를 300mg으로 제한했다. 그리고 스텝 II 식이에서는 200mg으로 제한했으나, 결과는 실망뿐이었다.

딘 오니쉬 박사와 그의 동료들은 '심장질환을 위한 생활습관 실험(The Lifestyle Heart Trial)' 이라고 부르는 연구를 했다. 하루에 5mg의 콜레스테롤과 10%의 지방만 허용하였고 총열량은 제한하지를 않았다. 식이는 계란 흰자와 한 컵의 탈지우유나 탈지 요구르트를 제외하고는 동물성 식품은 전혀 없는 거의 완전채식(과일, 야채, 곡류, 적은 양의 견과류)에 가까웠다.

이 연구는 1990년 유명한 '란셋' 이라는 의학학회지에 나온 내용인데 오니쉬 박사는 환자들에게 총열량의 10%를 지방으로 하는 식이를 1년간 계속 하게 했더니 82%의 환자의 좁아진 혈관이 확장되는 경험을 한 것이다. 그 경험을 바탕으로 한 책《심장병 회복하기》는 뉴욕타임즈 베스트셀러가 되었다. 다음은 그의 책에서 발췌한 메뉴의 한 예이다. 복합 탄수화물은 75%, 단백질 15%, 콜레스테롤은 5% 이하, 카페인 금지, 열량은 제한 없음.

아침 : 통밀와플, 탈지 요구르트, 딸기, 오렌지 주스, 녹차
점심 : 까만콩 칠리, 옥수수 톨틸라, 완두와 과카몰리, 푸른 샐러드, 살사, 신선한 과일
저녁 : 대두와 토마토 스프, 야채케이크, 양상치와 옥수수 샐러드, 마늘빵, 복숭아빵 푸딩

이 연구의 생활습관 내용은 다음과 같다.

- 저지방 채식위주의 식사
- 스트레스 관리
- 금연
- 적당한 운동
- 사회적 정서적인 지지

그 후 오니쉬 박사의 환자들은 5년의 추적 검사를 받았다. 심장의 혈액량의 측정은 계속적으로 상당히 좋아졌다. 이것은 5년 전 프로그램을 실시하기 전보다 또 NCEP 식이를 지속한

대조군과 비교했을 때보다 훨씬 더 좋아진 것이다.

클린턴 대통령의 주치의였던 존 맥더갈 박사의 책《Program for Healthy Heart》에서 발췌한 심장질환을 위한 식이도 역시 채식 위주의 저지방 고섬유소 식사이다. 그는 환자에게 약 처방보다는 조리실습을 잘해주는 의사이다.

맥더갈 박사는 과당이 들어있는 과일을 엄격히 제한했으며, 이유는 대부분의 과일이 특히 고지방 식이에 민감한 체질일수록 혈지질(중성지방)과 콜레스테롤의 수치를 올린다고 했다. 과잉의 과당은 혈액의 LDL과 VLDL의 수치를 올리고 동맥경화와 심장병의 원인이 되며, 정제한 설탕도 풍부한 과당의 급원이다.

맥더갈 식이(The McDougall Diet)에 사용되는 식품군

통곡류 : 현미, 보리, 메밀, 옥수수, 조, 오트밀, 통밀, 통밀로 만든 국수류, 아마란트, 퀴노아

통곡류로 만든 제품들 : 통밀, 귀리, 여러 곡류로 만든 국수, 빵(단, 지방이 들어간 빵종류는 제외) 감자류, 고구마류, 얌종류

호박류 : 다양한 호박류는 모두 좋다. 에이콘호박, 버터컵호박, 버터넛호박, 허바드호박 등

콩과 팥류 : 아두끼콩, 블랙콩, 까만눈콩, 병아리콩, 파바, 완두, 강낭콩, 렌틸, 리마콩, 녹두, 네이비콩, 핀토콩, 대두, 쪼갠 콩 등

푸른색과 노란색 야채 : 중국배추, 콜라드잎, 엔다이브, 에스카롤, 케일, 리크, 짙은색 양상치, 겨자잎, 스프라우트(싹)류, 미나리 등

둥근 야채들 : 오이, 오크라, 양파, 페퍼(빨간색, 초록색, 노란색), 토마토, 다양한 버섯들

구근채 : 비트, 당근, 다이콘레디쉬, 파스닙, 레디쉬, 루타바가, 무

순한 스파이스와 허브 : 올스파이스, 에나이스, 베이질, 베이잎, 카라웨이, 칼다몸, 실란트로(코리엔더잎), 계피, 정향, 쿠민, 딜, 펜넬, 마늘, 생강, 민트, 겨자, 너트맥, 오리가노, 후추, 로즈마리, 사프론, 세이지, 테라곤, 다임

다음은 제한된 양을 먹을 것 : 과일, 과일 주스, 말린 과일

협심증 사례

항상 바쁘다는 나의 남동생은 콜레스테롤 수치가 '500'이 넘는다고 해서 깜짝 놀랐다. 여지껏 그런 수치는 들어본 적이 없었기 때문이다.

"얘, 그런 수치도 있니?"

"응, 안내려가는 거 보니 아마 체질인가 봐"

"얘, 체질은 무슨 체질, 나는 150밖에 안돼. 너와 내가 엄마와 아버지가 같은데 무슨 체질 탓

을 하니?" 교재에 사용했던 식품의 명단을 주면서,

"앞으로 콜레스테롤 수치 떨어질 때까지 앞면에 있는 '섬유소 식품' 위주로 먹고, 뒷면에 있는 '콜레스테롤 식품' 은 당분간 먹지 마"라고 했다.

"이건 모두 맛이 없잖아"가 첫마디의 반응이었다. 그다음에 왔을 때에는 왼쪽가슴이 아프다고 했다. 통증은 이미 혈관이 많이 좁아졌다는 의미이다.

"네 입에 넣는 것은 네 선택이야"라고 했더니, 그 후부터는 식생활에 주의를 하기 시작했다. 인간은 자기 이빨로 자기 무덤을 판다.

좋지 않은 식생활이 암의 위험을 증가하는 것은 이민이 증명한다

한국사회에서는 지방섭취가 증가하고 있는데, 서구사회에서는 "지방을 줄이라"는 메시지를 많이 홍보한다. 미보건성 연구보고서는 국제적 연구들이 과잉 지방 섭취가 유방암, 전립선암, 피부암, 결장암, 직장암, 난소암, 자궁암에 걸리는 위험을 증가시킨다는 것을 보고하고 있다.

돌 박사의 연구가 발표되기 전에는 암이 유전이라는 가능성을 생각했었는데 위의 표는 그 생각을 뒤집는 데이터이다. 상당히 많은 연구들이 이민의 결과인 생활 습관의 변화가 건강과 질병의 열쇠를 쥐고 있는 요인임을 발견하였다.

일본에서는 위암과 식도암을 제외하고는 암에 걸리는 비율이 낮았다. 그러나 일본에서 하와이로 이주했을 때 많은 유형의 암에 의한 사망률이 하와이에 거주하는 백인들과 아주 비슷해졌

매해 100,000명당 일본 이민자의 암 사망률

암종류	일본인		백인
	일본거주	하와이거주	하와이거주
결장암	78	371	368
직장암	95	297	204
전립선암	14	154	343
유방암	335	1221	1869
자궁암	32	407	714
난소암	51	160	274
폐암	237	379	962
위암	1331	397	217
식도암	150	46	75

다. 위의 아홉 가지 암 중 일곱 가지는 일본인이 하와이에 이주해 살면서 상당히 증가했다. 일본에서 결장암 발생은 100,000명 중 78명 정도로 매우 적은 편이다. 미국에 이주한 후 그들이 결장암에 걸리는 비율은 100,000명 당 371명으로 5배 정도 증가한 셈이다. 직장암 역시 일본에 사는 일본인에게는 매우 적지만, 하와이로 이주한 후 3배 이상이 되었다. 이 연구가 나오고 약 20년 이 지난 지금, 일본이나 한국의 암발생 패턴은 점점 서구화되고 있다. 많은 생활 습관 요인들은 사람들이 미국이나 문화가 다른 곳으로 이주할 때 변한다. 의생태학자들은 식생활의 변화가 이주하는 사람들에게서 암의 위험이 변화하는 주요 이유 중의 하나라고 믿고 있다.

하와이로 이주한 사람들은 일본에 있는 사람들보다 실제로 지방분을 2배 더 많이 먹고 탄수화물을 적게 먹는다. 그들은 버터, 마가린, 치즈를 많이 먹으며 육류를 약간 더 먹는다. 그들의 쌀과 두부의 소비는 줄어든다. 그러므로 하와이에 사는 일본 이민자들이 섭취한 지방분의 65%에서 70%가 포화지방(일본에서 지방섭취의 40 %만이 포화지방)이 되는 것은 놀랄 일이 아니다. 하와이에 사는 사람들이 섭취한 탄소화물의 35%는 설탕이 들어 있다. 제 1세대의 이주자들은 2세대보다 일본식 식사 습관을 더 많이 간직하고 있다.

일본인의 식이의 변화는 모든 면에서 해로운 것은 아니다. 그들이 하와이에 올 때 적어도 두 가지 암—위암과 식도암—은 그들이 하와이에 이주함과 동시에 줄었다. 짜게 절인 야채와 소금에 절인 건조한 생선의 섭취감소는 위암과 식도암의 감소율과 연관되어 있다. 이와 유사한 관계가 하와이로 이주한 필리핀 사람들에 관한 연구에서도 보고되고 있다. 이러한 연구들은 암의 진행에서 유전이 우리의 식생활과 생활습관과 같은 환경의 조건들보다 훨씬 덜 중요하다는 것을 말해주고 있다. 따라서 식이는 암발생과 예방에 매우 큰 역할을 한다.

지방섭취와 유방암

캐롤 박사팀의 유방암에 관한 1970년대의 연구는 어느 나라에서나 유방암에 의한 사망률과 지방섭취와 크게 상관된다는 것을 옆의 그림에서 보여주고 있다. 이 연구는 1944년에서 1966 사이의 데이터를 사용했는데, 일본의 유방암 발병율이 가장 낮게 나왔다. 그러나 30년 사이에 일본이나 우리나라 지방 섭취율은

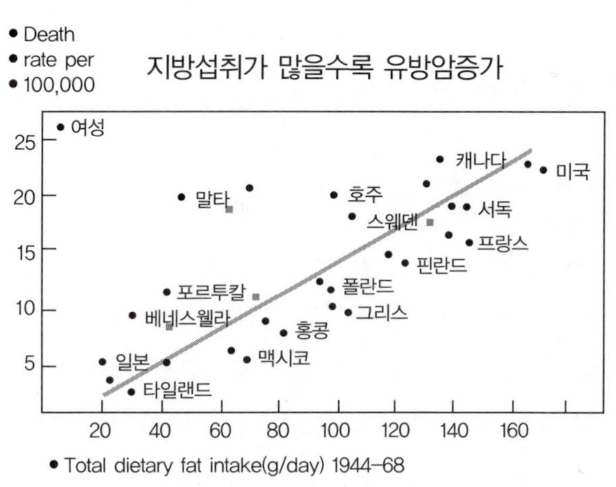

증가했으므로 조사를 다시 하면, 일본과 우리나라도 이 그래프 중간 정도로 상승할 것이다.

우리나라와 마찬가지로 일본사회도 1964년에서 1978년 사이에 지방 섭취가 두 배로 증가하면서 유방암 발병률이 늘었다. 이러한 경향은 동양의 여러나라에서도 나타나는데 서구인들처럼 먹고 생활한 결과로, 동양인들도 서구인들이 많이 걸리는 암으로 죽기 시작하고 있다. 미국, 캐나다, 오스트레일리아, 스웨덴, 독일, 프랑스 등의 국가에서는 동물성 지방을 많이 먹는 사람들이 유방암에 걸릴 위험이 가장 크다고 한다. 프랑스 리차드슨 박사팀의 연구는 지방섭취가 가장 많은 여성들은 유방암에 걸리는 위험이 60%나 증가되었다. 특히 폐경 후 여성들의 포화지방 섭취는 유방암의 위험이 3배 이상 증가하였다.

스웨덴의 홀름 박사팀은 암에 걸렸다고 진단된 240명의 폐경 후 여성들을 4년 동안의 추적 검사하였다. 그 여성들의 약 3분의 2가 호르몬에 반응을 하는 종양을 가지고 있었는데, 지방섭취가 1% 증가할 때마다, 치료의 실패율(유방암의 재발)이 13% 늘었다. 특히 포화지방의 섭취는 1% 증가함에 따라 위험은 23% 증가하였다. 이 연구가 주는 메시지는 "지방섭취를 제한하는 것은 유방암의 치료뿐만 아니라 예방에서도 중요한 역할을 한다"는 것이다. 지방은 암발생의 시작에 관여하는 것보다는 일단 암이 형성이 되면 암의 발전(promotion)단계에 관여하는 것으로 본다.

전립선암도 지방 섭취와 함께 증가한다

담배를 피우지 않는 사람들에게도 치명적인 전립선암은 유방암과 마찬가지로 많은 지방 섭취와 관계가 있다. 1950년대에 일본은 전립선암에 의한 사망률이 아주 낮았다. 그런데 일본인의 전립선암에 의한 사망률의 놀라운 증가는 지방질 섭취와 비례한다. 이미 지적한 바와 같이, 일본인의 지방분 섭취는 1964년에서 1978년 사이에 2배로 증가하였다.

하와이와 미국에 살고 있는 일본인의 1950년대의 전립선암에 의한 사망률은 그들과 함께 살고 있는 백인들과 비교할 때 비슷한 것을 발견할 수 있다. 광범위한 국제적 비교는 전립선암과 지방 섭취의 관련을 줄곧 보여 왔다. 로오즈와 그 동료들이 가장 최근의 이 연구에서 지적한 것처럼, 전립선암에 걸릴 위험은 동물성 지방질의 섭취와만 관련되어 있었다.

피부암

피부암도 저지방 식이를 섭취함으로써 줄일 수 있다. 여러 동물 연구들은 많은 지방질을 섭취하는 식이는 햇빛에 노출 후 피부암을 증가시킨다는 것을 증명하였다. 1994년 베일러(Baylor) 대학교의 블랙 박사팀은 이 관계를 확인하는 데이터를 발표하였다. 이 연구에 참여한 76명의 참가자들은 모두 이전에 피부암 진단을 받은 적이 있었고, 대체로 지방질을 많이 섭취하는 전형적인 미국인의 식이를 따르고 있었다.

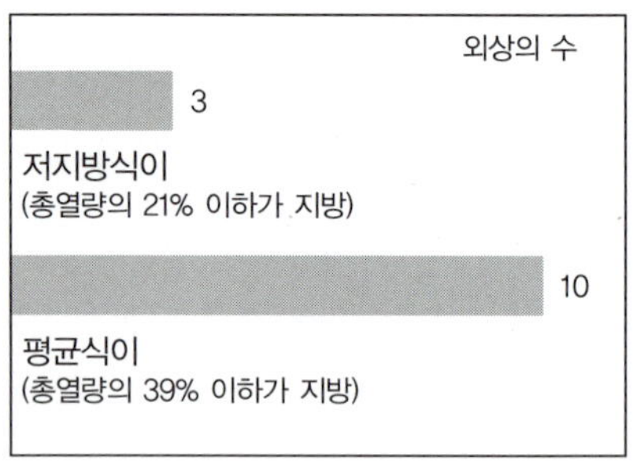

저지방식이가 암성(Precancerous) 피부 외상에 어떤 영향을 주는가

연구가들은 환자 중 38명을 무작위로 뽑아 지방 섭취가 총열량의 20%인 저지방식의 교육 프로그램에 참가하게 하였다. 이후 2년 동안 이 실험군은 프로그램을 잘 이수하였다. 참가자들은 그 식이를 잘 지킴으로써 좋은 효과를 보았는데, 평균적인 지방 섭취를 하는 사람들에 비하여 암에 걸리기 전의 피부의 손상이 3 분의 1로 줄었던 것이다.

선식, 생식, 그라눌라

혈관질환의 환자는 콜레스테롤 수치를 효과적으로 내리기 위해 당분간 동물성식품을 끊어 보는 것이 좋다. 요양병원의 환자들이 채식위주의 식사를 한 뒤 1주일 정도 지나면 콜레스테롤 수치가 확실히 내려간다. 잘 계획된 채식은 단백질 부족을 우려할 이유가 없다. 우리 사회에서 성인질병에 선식과 생식이 유행하는데, 통곡식 위주의 내용물은 좋다. 선식은 익힌(cooked) 식품이고, 생식은 날(raw)음식의 차이이다. 주로 분말형태로 구입해서 우유나 두유에 타서 마심으로 입에서 씹는 과정이 생략된다.

요즈음에는 씹을 수 있게끔 케이크 형태로도 판매가 된다. 성형과정에 재료로 포화지방산(팜유 등)을 넣고 맛을 내기 위해 단순당을 넣은 것 같다. 수입제품도 다양한 곡류, 말린 과일, 견과류로 우리나라의 강정같이 만든 제품도 구할 수가 있으나 단순당이 들어가 맛이 달다. 주재료는 모두 좋은 재료지만 단순당 대신 말린 과일로 맛을 내고, 엉겨 붙는 재료로 좀더 좋은 재료를 넣으면 식사용으로도 좋다.

요약

지방의 과잉섭취는 여러 질병과 관련이 있는 것을 많은 연구들이 증명하였다. 우리나라의 지방섭취는 1969년에는 총열량의 7.2%이었다. 10% 이상을 확실히 넘은 때는 80년대에 들어와서부터이다. 80년대 이전에는 심혈관 질환과 암발생이 요즈음과 같지 않았다.

음식의 지방은 우리에게 맛을 준다. 그러나 과잉의 포화지방산의 섭취는 현대인을 괴롭히는 질병으로 발전된다. 특히 인간은 물론 모든 동물의 지방은 여러 환경호르몬이 축적될 가능성이 많다. 현대에는 우리도 모르는 사이에 특히 동물성 식품으로부터 불필요한 화학물질을 많이 얻는다. 인간이 사용한 화학물질이 우리의 먹거리와 환경에 노출되어 우리에게 돌아오고 있다. 현재 사용되고 있는 농약은 모든 종류의 실험이 다 이루어지고 있지는 않다.

필수지방산을 포함한 견과류나 종실류를 자연 그대로 사용하면 풍부한 섬유소와 미량 영양소를 함께 보너스로 섭취할 수 있다. 자연의 기름은 유화된 상태이기 때문에 소화가 잘되며, 과잉섭취하게 되지 않는다. 또 항암물질도 얻는다.

제 3 장

단백질 이야기

1. '잘 먹는다' 는 무엇인가?

2. 단백질과 관련된 질병

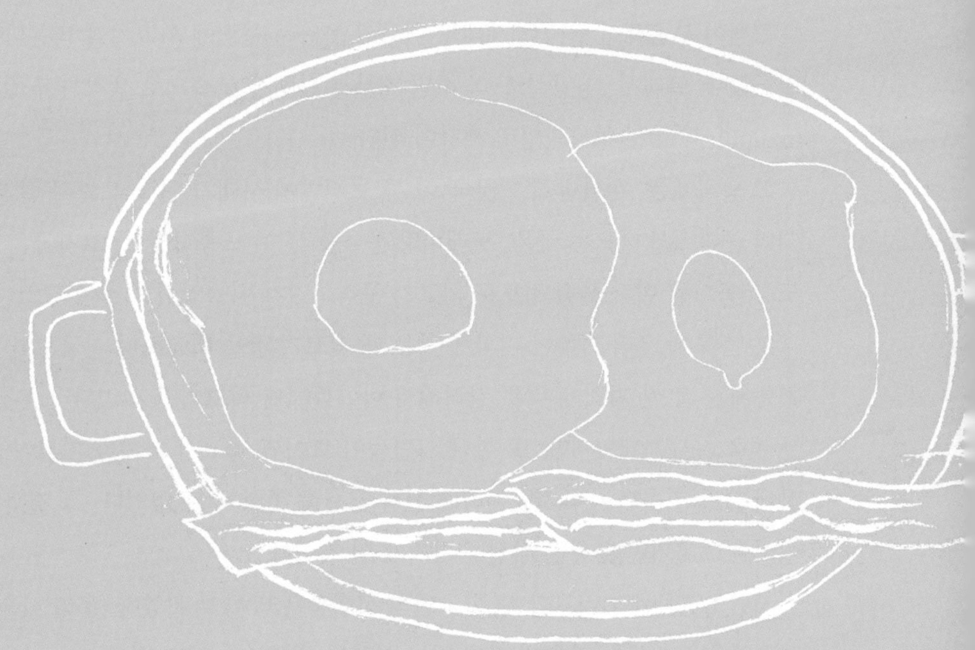

1. '잘 먹는다'는 무엇인가?

1970 년대 우리나라에서는 서민의 굶주림이 해결되지 못했었다. 그 당시에도 '보리고개'라는 단어가 사용되었고 내가 1970년대 초 대학원 논문 준비하던 당시 청계천 하수 처리장의 이농민 거주지에서도 굶는 사람들이 많았었다. 농경 사회에서 국민들이 다 먹고 살 수가 없었다니 참 아이러니하다.

식품이 풍족하지 않았던 그 당시의 영양학은 "어떤 영양소가 부족해서 문제인가"를 배우던 시절이었다. 반면에 "미국같이 풍족한 나라에는 영양학이 왜 필요할까"라는 어리석은 의문도 가져보았었다. 영양학을 단지 결핍증을 해결하는 학문으로 이해하고 있었기 때문이었다.

곡식이 부족해서 열량을 제대로 취하지 못하는 형편에 쇠고기를 먹는다는 것은 더욱 어려운 일이었다. 그래서 '영양실조'라 하면 대부분 단백질 부족으로 생각하고 있었다. 사실 영양실조 (malnutrition)는 영양과잉도 해당이 된다.

그 당시에는 '흰쌀밥에 고깃국'이 '꽁보리밥에 시래기 된장국'보다 잘 먹는 것이었다. 그 시대의 군대에서 나오는 국은 '도래미탕(콩나물국)'이 보통이었고, 고기국은 '소 목욕물'이나 '소 도강(渡江)탕'이라 불릴 정도로 쇠고기 구경하기가 힘들었던 시절이 있었다.

80년 초에 우리 가족이 미국에 갔을 때 쇠고기 값을 비교하니 한국보다 4분의 1 가격이었다. 처음에는 그 싼 가격에 너무 감격해서 아이들에게 쇠고기만 먹였다. (싼 것이 좋은 것은 아니라는 것을 다시 깨달았지만) 또 한국 사람들이 모이면 불고기 파티가 기본이었다. 우리 가족이 처음에 살았던 곳은 내륙지방이라 신선한 생선을 구할 수는 없었다. 그 결과 우리 둘째는 생선을 싫어하고 고기만 밝히는 식성을 가지게 된 것이다.

지난 30년 전과 비교할 때 한국인의 식생활은 많이 바뀌었다. 우리 사회가 산업화하면서 환경오염을 우려하는 가운데 전례 없는 식품의 풍요를 누리고 있다.

만 7년 만에 고국에 돌아와서 보니 강남에서 가장 많이 눈에 뜨이는 것이 '숯불갈비'와 '주물럭' 집이었다(처음에는 '주물럭' 집이 무엇을 하는 곳인지 몰랐다). 우리가 미국으로 떠난 80년대 초만 해도 이렇게 많은 고기구이집이 서울에 없었다. 이 풍요가 과연 '잘 먹고 잘 사는 것'일까? 직업을 가진 학생들(계절학기나 야간강의 학생들은 대부분 직장을 다니고 있다)에게 단백질 시간이 되면 항상 묻는 질문이 있다.

"갑자기 보너스가 생기면 우선 무엇을 먹고 싶어요?"

"스테이크요" "갈비구이요" "생선회요" 학기마다 비슷한 대답이다.

어느 국가든 소득이 많아지면 동물성 단백질 식품의 섭취가 증가하는 것은 자연적인 현상인가보다. 2차 대전 후의 일본과 6 · 25사변 후의 우리나라는 서구와의 교류가 잦아지면서 대부분의 서구인들의 큰 체구를 볼 때마다, "저 사람들은 무엇을 먹어서 저렇게 클까?" 감탄하며, 그들의 식생활에 관심을 갖게 된 것은 사실이었다.

또 일본인들은 그들의 체력이 백인들보다 떨어지는 것도 패전의 한 원인이라 생각하고 2세들에게 서구의 식품을 많이 먹인 것도 사실이었고, 2세들의 체구가 커진 것도 사실이다. 우리나라도 전쟁 후 구호품으로 들어온 분말우유, 치즈, 가공 육류 등의 서양의 동물성 단백질 식품에 길들여진 어린세대들이 서구의 식생활을 여러모로 모방하게 되었다. 우리의 2세들도 이러한 서구식 식품의 영향으로 부모 세대에 비해 평균 신장이 많이 커진 것은 2차대전 이후의 일본과 유사하다. 〈표 1〉의 1969에서 2001년 사이의 국민영양조사를 비교하여 보면 33년 동안 국민의 식생활이 많이 변화한 것을 볼 수 있다.

〈표 1〉 한국인 식생활의 변화

1일 1인 평균 섭취	1969년		2001년	
	무게(g)	에너지비율(%)	무게(g)	에너지비율(%)
탄수화물	423	85.9	315	65.6
단백질	65.6	12.5	71.6	14.9
동물성 단백질 섭취비율	11.6%		47.9%	
지방	16.9	7.2	41.5	19.5
열량(칼로리)	2,105		1,976	

단백질의 섭취 비율은 12.5%에서 14.9%로 상승하였다. 또 동물성 단백질의 섭취 비율은 총 단백질 섭취량의 11.6%에서 47.9%로 상당한 증가를 보이고 있다.

식품수급을 비교하면 70년대에 비해 90년대의 육류의 공급량은 약 4배로 증가했다. 우리나라보다 경제 성장이 한발 앞선 일본에서는 1955년부터 25년 사이에 우리와 비슷한 변화를 보였으며 식생활의 서구화로 인해 앞으로도 이런 추세는 계속되리라 보여 진다.

1900년대 초반에는 우리가 풍요하다고 알고 있는 미국인들도 고기를 많이 먹을 형편은 안되었다. 그러다 현대식 메뉴로 아침에 '계란과 베이컨', 점심에 '햄버거', 저녁에 '스테이크'와 같은 고단백 식생활을 즐기게 된 것이다. 그러한 서구인들은 비만과 여러 성인병으로 고통을 받고 산다. 육식 위주의 식생활로 인해 동물성 지방의 섭취가 많아지고 따라서 심장질환이나 풍으로 인한 혈관질환이 사망률 으뜸이 되었다. 미국 사회에서는 심장에 이상이 있다고 하면 모두 벌벌 떤다. 주변에서 갑자기 사망하는 사례를 수없이 겪어서 그런 모양이다.

미국이나 한국이나 모두 1990년대 2위였던 암은 2000년이 되기도 전에 1위가 되었다. 또 서구에서 골다공증은 60대 이상의 여성 4명 중 1명꼴이다. 재채기 한 번하고 갈비뼈에 금이 간다면 너무나 한심한 일이 아닌가? 이러한 질병들은 우리나라에 비해 훨씬 심각하다. 이러한 질병들은 모두 단백질의 과잉 섭취와 관련이 있다.

그런데, 우리나라도 식생활이 풍요로워지면서 질병 패턴은 이 서구인들을 따라가고 있는 추세이다. 우리나라도 1980년대부터는 혈관질환(심장병과 뇌졸중을 합쳐서)이 사망원인의 으뜸이 되었고, 1990년대에는 암과 1, 2위를 다투고 있다. 현재는 암이 1위이지만, 심장질환과 뇌질환은 같은 혈관질환이기 때문에 두 개를 합치면 암사망을 앞지른다. 또 골다공증도 심심치 않게 언급되고 있는 실정이다.

현재 급부상하는 중국도 소득 수준이 높아진 일부 계층의 질병이 서구와 같아지는 것이다. 동물성 단백질의 과잉 섭취로 인해서 만성질환에 시달리는 것은 '잘 먹는 것'이 아니다. 이미 곡류에서 설명한 것처럼 곡류를 가장 많이 섭취하고, 둘째로는 야채와 과일, 단백질은 셋째에 들어가는 것이 균형 잡힌 식사이며 '잘 먹는 것'이다.

큰 체구와 수명은 항상 비례하지 않는다

1970년대에 영양학과가 여러 대학에 등장하면서 동물성 단백질을 섭취한 실험쥐들이 더 빨리 성장하는 연구 발표로 전통적인 영양학자들은 육류와 유제품 등의 동물성 단백질을 높이 평가해 온 것은 사실이었다. 그 당시의 동물실험은 한 종류의 단백질(계란 단백질, 우유 단백질, 옥수수 단백질 등)에 관한 비교 실험이었고 우리가 먹는 전체 식사의 비교는 아니었다.

과거에 우리가 서양인의 식생활을 모방한 영양학과 서양 조리를 배울 때는 젊은 서구인의 큰 체구라는 밝은 면만을 보았으며 그들이 나이 들어서 그 식생활로 인해 만성질환의 고통에 시달린다는 어두운 면은 많은 역학 연구가 밝혀낼 때까지 전혀 몰랐었다. 단지 그러한 만성질환은 노화나 유전으로 인한 것 정도로 알았을 뿐이었다.

사실 나도 몇 년 전까지는 강의 시간에 동물성 단백질이 식물성보다 우수하다고 말했었다. 그러나 지금의 먹거리는 30년 전보다 너무나 다르게 오염되어 있기 때문에 이제는 그렇게 말하지 못한다. 또한 콩단백질의 우수성이 인정이 되고 있으나, 여러 연구에 의하면 어린 시절 순수채식(vegan)으로 자란 사람들의 성장률이 동물성 단백질로 자란 사람들보다 낮기 때문에 이제는 그 장단점을 말하고 각자의 선택으로 남긴다.

조선일보 2004년 8월 11일자에는 아시아 국가에서 한국의 17세 청소년의 키(남자 173.3cm, 여자 160.9cm)가 가장 크다고 했다. 우리 아이들이 미국 청소년들보다 3~4cm 작고, 일본 청소년보다 평균 3cm가 큰 것을 보면, 유전적인 경향을 볼 수가 있고, 북한 청소년이 우리 아이들보다 10~15cm 작은 것을 보면, 부족한 식량이 작은 키로 나타나는 것을 알 수 있다. 1960년 이후 한국 17세 청소년의 신장을 비교하면 다음과 같다.

년도	1963		1973		1985		2004	
성별	남	여	남	여	남	여	남	여
신장(cm)	163.0	156.5	166.7	157.8	169.1	157.7	173.3	160.9

모든 한국의 엄마들은 아이들의 키가 크기를 원하고 열심히 먹이지만, 나의 경험으로 볼 때 이 영역만큼은 사실 엄마들 마음대로 되지 않는다. 큰 키라고 너무 좋아할 것도 아니고, 원하는 만큼 크지 않았다고 실망할 것도 없다. 가장 중요한 것은 아이들이 건강하게 자라는 것이다.

육식을 많이 하는 나라에서는 심혈관 질환뿐만 아니라 당뇨, 골다공증, 신장질환, 담석증, 신장결석, 통풍 등이 문제가 되고 있다.

단백질의 역할

단백질은 모든 생명과 관련되어 있고 영양소로 처음 밝혀진 것은 1838년 네델란드의 화학자 뮐더(Gerriát J. Mülder)에 의해서였다. 그때에 이미 "단백질이 가장 단순한 단세포에서 사람에게까지 모든 형태의 생명과 관련되어 있다"는 것이 알려져 있었다. 웹스터 사전에 의하면 단백질, 프로테인(protein)은 그리스어 어원으로 '으뜸', '첫째'라는 의미를 갖고 있다. 대장균은 약 3,000 종류의 단백질을 만들고, 사람의 세포는 50,000~100,000 종류의 서로 다른 단백질을 만들어 낸다고 한다. 서로 다른 단백질은 특이한 구조를 가지고 있으며 독특한 기능을 한다. 이 특이성은 아미노산의 배열에서 형성된다. 다양한 종류의 단백질을 크게 기능별로 나누면 다음과 같다.

1) 콜라겐과 케라틴은 구조단백질이다

힘줄이나 연골을 형성해 우리 몸을 보호하고 지지하는 역할을 한다. 주성분은 섬유 모양으로 생긴 '콜라겐'으로 매우 강한 장력이 있다. 피혁도 거의 순수한 '콜라겐'이다. 뼈와 가죽을 삶으면 콜라겐이 녹아 젤라틴이 되며 뼈국이 식으면 굳어지는 성질이 있다. 피부의 탄력은 표피 밑의 콜라겐 층에 달려있는데, 자외선에 의해서 콜라겐이 파괴되어 얇아지면서 잔주름이 생긴다. 피부의 노화로 잔주름이 생기는 것을 먹는 콜라겐으로 없앨 수는 없다. 우리의 소장에서 단백질은 분해 되어야 흡수되기 때문이다.

척추동물은 '케라틴'이라는 단백질을 만든다. 머리카락, 손톱, 깃털, 양모, 뿔 등은 대부분 딱딱한 불용성 단백질인 '케라틴'으로 이루어졌다. 거미줄이나 실크의 주성분은 '피브로인'이라는 단백질이다.

2) 근육은 움직이는 단백질이다

수축과 이완을 할 수 있는 능력이 있다. 우리 몸의 근육, 원생동물의 편모와 섬모 등은 움직일 수가 있다. 한 번에 불고기를 5인분 이상 먹는다고 해서 그 다음날 팔이나 다리의 근육이 생기지 않는다. 이 근육은 운동과 병행해야 형성이 된다. 근육 훈련 없이 과잉 섭취한 동물성 단백질은 필요한 만큼 쓰이고 남는 것은 체지방으로 저장된다.

3) 헤모글로빈, 지단백질, 알부민은 운반하는 역할을 한다

단백질은 물에 녹는 성질이 있기 때문에 혈액 속에서 특별한 분자와 결합하여 운반하는 역할을 한다. 적혈구의 헤모글로빈은 혈액이 폐를 지날 때 산소와 결합하고 산소를 각 세포에 운반한다. 또 지단백질은 지방을 여러 조직으로 운반한다. 혈청 알부민은 유리 지방산을 운반하는 역할을 한다. 혈액검사의 알부민 수치는 환자의 영양상태를 판단하는데 주로 사용된다. 환자의 알부민 수치가 정상보다 낮으면 수술회복이 잘 되지 않아 사망할 수가 있다.

4) 단백질은 저장되어 영양분으로 사용된다

밀, 옥수수, 쌀 등의 단백질은 많은 식물의 종자에 저장되어 있다. 동·식물의 조직에서 볼 수 있는 '페리틴'은 철분을 저장하는 단백질이다. 계란 난백의 '알부민'도 저장 단백질이다. 동물 혈액의 알부민도 일종의 저장형태로 필요에 따라 다른 용도로 사용된다. 미국병원에서는 환자가 수술하기 전에 반드시 혈액의 단백질의 수치와 피부의 면역 반응 등 여러 가지를 점검해서 영양상태를 파악한다. 특히 혈청 알부민의 수치가 정상 이하이면 면역반응도 잘 나타나지 않는다. 수술 후의 회복은 평소 환자의 영양 상태에 달려있기 때문에 이 평가를 하는 임상 영양사의 역할도 매우 중요하다.

5) 면역체, 독소도 단백질이다

항체, 면역 글로불린과 같은 특이한 단백질은 박테리아, 비루스, 다른 생물의 단백질을 인식하여, 침전시키거나 중화시키는 역할을 한다. 혈관이 손상되었을 때 혈액의 손실을 막아주는 혈액 응고 단백질, 뱀의 독, 박테리아의 독소 등도 단백질이다.

6) 효소도 단백질이다

효소는 가장 다양하고 고도로 특수화된 단백질로서 생체 내의 모든 대사에서 촉매 역할을 한다. 서로 다른 생물에서 몇 천 가지의 효소가 발견되었다. 우리가 음식을 먹었을 때 침 속에 있는 효소(프티알린)나 위, 췌장, 소장에서 나오는 소화 효소도 모두 단백질이다. 이러한 효소들은 우리의 체온에서 가장 기능을 잘한다. 체온이 올라가거나 내려가면 효소의 기능이 떨어진다. 평소 위의 기능이 안 좋은 사람은 너무 찬 음식이 좋지 않다. 시중에 건강보조제로 효소

제품이 나와 있지만 효소는 단백질이므로 먹으면 소화과정에서 분해 되고 효소의 기능을 하지
못한다. 효소단백질 분자는 너무 커서 건강한 성인의 소장 벽으로 흡수가 안 된다.

7) 중요한 여러 호르몬도 단백질이다

호르몬이 포함되는데, 인슐린, 글루카곤은 탄수화물 대사를 조절하는 단백질 호르몬이다.
뇌하수체의 성장 호르몬, 멜라토닌, 세라토닌과 같은 호르몬도 역시 단백질이다. 모든 단백질
이 아미노산 20개로 이루어져서 다양한 역할을 하는 것은 매우 놀라운 일이다. 복잡한 단백질
들의 아미노산 배열은 1953년 프래데릭 쌩거 박사가 인슐린을 판독함으로써 시작되었다.

굶으면 근육이 줄어든다

단백질은 탄수화물에 비해서 구조가 복잡하다. 그래서 단백질의 구조를 밝혀내는 데도 꽤
오랜 세월이 걸렸다. 단백질의 기본 구성단위인 아미노산은 탄소(C), 수소(H), 산소(O) 및 질소
(N)로 구성되며, 일부 아미노산은 황(S)을 함유하고 있다. 탄수화물은 같은 포도당만이 연결되
었지만 단백질은 서로 다른 아미노산의 결합(펩타이드)인 것이다. 서로 다른 아미노산의 결합
이 특징적인 단백질을 구성한다.

단백질은 에너지를 내는 것 이외에도 체내에서 효소나 호르몬, 항체의 합성 등 당질이나 지
질로서는 할 수 없는 기능을 해야 한다. 그러므로 단백질이 에너지원으로 사용되는 것은 바람
직하지 못하다. 총열량의 섭취가 충분치 못할 경우에 체지방이 줄기는 하지만, 또한 체내의 근
육 단백질을 태워서 열량으로 쓰는데, 이것은 좋지 않다. 심하면 생명에 위협이 된다. 근육을
보호하기 위해서 열량은 탄수화물로 충분히 공급해야 한다.

굶어서 체중을 빼겠다는 발상이 좋지 않은 것은, 체지방만 줄면 좋지만 실상은 몸의 근육을
연료로 쓰기 때문이다. 근육의 단백질이 분해되어 일부 아미노산이 포도당으로 전환(이것을 당
신생(gluconeogenesis)이라고 부른다)되어 뇌세포를 먹여 살려야 하기 때문이다. 우리가 굶으
면 소화기관은 쉴 수가 있지만 모든 기관을 총지휘하는 뇌세포는 쉴 수가 없기 때문이다. 체지
방이 분해해서는 포도당이 제대로 생기지 않는다.

우리 몸에서 뇌세포는 유일하게 포도당을 연료로 쓰기 때문에 뇌로 가는 포도당 공급은 결
국은 근육을 분해해서 하는 셈이다. 근육은 유일하게 축적된 지방을 태울 수 있는 기관이기 때
문에 굶어서 근육을 줄인다는 것은 오히려 해롭다. 오히려 체중을 줄이기 위해 굶어가며 불행
한 마음으로 스트레스를 받는 것보다, 아침과 늦은 점심 두 끼만 먹으면서 체중을 빼는 방법이
더 좋다. 기아 상태나 당뇨병의 경우에도 당질을 이용할 수가 없으므로 근육을 분해해서 연료
로 사용한다.

단백질이 분해하면 찌끼가 남는다

세포는 필요에 의해서 다양한 단백질을 만들어낸다. 세포 속의 단백질이 정상적으로 생합성과 분해될 때 떨어져 나온 아미노산은 새로운 단백질에 사용되지 않으면 분해가 되면서 암모니아라는 찌끼가 나온다. 단백질이 풍부한 음식을 섭취하면 소장에서 아미노산으로 흡수되는데, 생체에 필요한 양 이상으로 초과되면, 과잉의 아미노산은 분해된다. 아미노산은 저장되지 않기 때문이다. 물에 사는 많은 생물은 암모니아 성분을 물에 배출하고, 육지에 사는 대부분의 척추동물들은 암모니아를 요소로 전환해서 소변으로 배설한다. 소변을 누지 않는 조류는 요산의 형태로 대변으로 배설한다. 단백질이 분해해서 생기는 암모니아는 대단히 유독하기 때문에 이 성분이 제거되지 않으면 발육부진을 초래하고 정신 장애를 일으키며, 양이 더 많아지면 뇌세포가 손상되어 혼수상태가 되거나 사망한다.

정상적인 상태에서 암모니아는 간으로 운반되어 요소로 전환된다. 신장은 이 요소를 물에 녹여 소변으로 배출한다. 단백질이 주된 에너지원으로 이용되는 경우 이 과정을 담당하는 간과 신장에 과중한 부담을 주게 되며 비싼 소변으로 배설되므로 매우 비효율적이다.

간이 기능을 제대로 하지 못하는 간암, 간경화 환자들은 혈액내의 암모니아 수치가 높아져서 신장에 부담을 준다. 게다가 신장이 나빠지면 배설이 잘 안되므로 혈액의 요소 함량도 높아진다. 이러한 현상은 생명에 위협이 된다. 단백질의 유황 성분도 우리의 체액에 영향을 미친다. 지금도 내 기억에서 잊지 못하는 한 젊은 여성 간암환자는 암모니아 수치가 $426\mu g/d\ell$이었다. (남성의 정상범위: $27\text{–}102\mu g/d\ell$ 여성의 정상범위: $19\text{–}87\mu g/d\ell$) 통증이 너무 심해 괴로워했는데, 내가 만난 후 일주일 후에 사망했다.

아미노산과 진주 목걸이

전분의 경우에는 포도당 한 분자가 진주 목걸이의 진주알에 해당되지만, 단백질은 서로 다른 20종류의 아미노산이 진주알의 역할을 하는 매우 복잡한 구조이다. 아미노산들이 서로 연결된 구조를 '펩타이드 결합'이라고 한다. 척추동물의 호르몬은 상당수가 작은 펩타이드이다. 예를 들면 인슐린은 펩타이드가 2개인 구조이다. 코르티코트로핀은 뇌하수체 호르몬으로 부신피질을 자극하는데 39개의 아미노산으로 형성된 펩타이드이다. 상업적으로 아스팔탐으로 알려진 인공감미료(Nutra Sweet)는 우리나라에 화인스위트, 그린 스위트 등으로 알려졌는데, 이것도 작은 펩타이드이다.

단백질은 여러 개의 아미노산으로 구성된 큰 분자의 펩타이드이다. 쌀의 글루텔린, 밀가루의 글루텐, 계란의 알부민, 우유의 카제인 등 이름이 다른 것도 아미노산의 배합이 다르기 때문이다.

사람이 분비하는 인슐린 단백질과 소가 분비하는 인슐린 단백질은 기능은 같으나 아미노산의 조성은 똑같지가 않다. 당뇨병 환자에게 소의 인슐린을 사용한 때가 있었으나 알레르기 증상을 보였다. 과학의 발전으로 이제는 사람의 인슐린의 아미노산의 순서가 모두 밝혀져서 인슐린을 합성해 낼 수가 있다. 그러나 매번 인슐린 주사를 맞는 번거로움보다는 생활습관을 고친다면 당뇨병의 늪에서 나올 수가 있다. (당뇨병 참조)

멜라토닌도 마찬가지이다. 불면증 해소, 회춘용 등으로 멜라토닌이 시판되지만 주로 소의 송과체에서 뽑아낸 물질이다. 소의 단백질에 알레르기가 있는 사람은 역시 이 제품에 알레르기를 보일 수가 있다.

완전 단백질은 필수아미노산이 균형을 이룬 것

완전 단백질이란 신체의 성장과 유지에 필요한 필수아미노산이 모두 들어있고 양적으로도 충분히 함유되어 있는 단백질을 완전 단백질이라 한다. 우유의 카제인(casein), 혈청과 계란의 알부민(albumin), 대두의 글라이시닌(glycinin)이 여기에 속한다. 이 단백질은 신체의 성장과 유지에 필요한 필수아미노산이 충분히 함유되어 있다.

과거에는 동물성 단백질이 우수하고, 식물성 단백질은 열등하다고 하였지만, 단백질의 생물가를 비교하면서부터는 이렇게 단정할 수는 없게 되었다. 여러 단백질의 질을 평가하는 연구가 다양하고, 연구가에 따라서 그 결과도 조금씩 다르다. 그 중에서 생물가를 비교하면서 단백질의 질을 비교할 수가 있다〈표2〉. 동물성 단백질 중에서 우수한 것은 우유와 계란으로 나왔

〈표 2〉 단백가(생물가)의 비교

식품	단백질(g/100g)	열량(kcal/100g)	소화율(%)	생물가(%)
계란	13	163	99	94
우유	4	66	97	85
생선	19	125	98	83
쇠고기	18	250	99	74
닭고기	21	120	95	74
돼지고기	12	350	95	74
대두	34	403	90	73
땅콩	26	564	87	55
이스트	39	283	84	67
밀	12	330	91	66
옥수수	9	355	90	60
현미	8	360	96	73
백미	7	363	98	64
감자	2	76	89	73

고, 쇠고기, 돼지고기, 닭고기 등의 육류와 대두, 현미, 감자의 단백가는 거의 비슷한 수준이다. 육류에도 제한 아미노산이 있기 때문이다. 따라서 음식을 골고루 섞어서 균형 잡힌 식단을 먹는 것이 중요하다. 과거에는 육류를 완전 단백질로 표현했지만, 계란과 우유만큼 좋은 수준은 아니다. 또 백미 단백질의 생물가는 현미보다 훨씬 낮다.

우리의 아이들이 부모세대에 비해서 동물성단백질을 더 많이 섭취해서 평균 신장이 더 커진 것은 사실이다. 우리 아이들 세대의 성장은 우선 풍부한 식량으로 열량이 충족되었고 쌀밥 주식에 단백질 식품의 섭취 증가로 인해 필수 아미노산의 조성이 더 균형이 잡힌 것이다. 월남전 시절 한국인과 월남인의 체격이 비교되었을 때, 우리 쌀이 그들의 쌀보다 품질(단백가)이 좋아서 체격이 더 좋다고 한 때가 있었다.

불완전 단백질은 필수아미노산 몇 개가 빠진 것

오래전 예일 대학교의 오스본과 멘델 교수는 흰쥐에게 옥수수 단백질 제인만을 주었을 때 발육이 정지되고 죽는 것을 발견했다. 그런데 트립토판을 첨가하면 죽지는 않는 대신 발육은 안되고, 라이신을 주었을 때는 정상적인 발육을 하는 것을 발견하였다.

불완전단백질이란 식품의 아미노산 조성에 있어서 한 가지 또는 그 이상의 필수 아미노산이 결여되어 있거나 양적으로 신체 성장과 유지를 위해 충분하지 못한 단백질을 말한다. 제한 아미노산을 가지고 있는 일부 식물성 단백질로 옥수수의 제인(zein), 밀의 글리아딘(gliadin), 보리의 호르데인(hordein)과 동물성 단백질인 젤라틴이 불완전 단백질에 속한다. 우리의 식생활은 여러 가지 식품군을 포함하기 때문에 균형 잡힌 식사를 하게 되면 서로 모자라는 것을 보충해 준다. 불완전 단백질 하나만 동물에 주게 되면 동물들이 정상적으로 자라지 못한다.

젤라틴의 다양한 용도

젤라틴은 동물의 결체 조직(콜라겐 단백질)을 끓이면 녹아나오는 단백질이다. 뼈, 힘줄, 가죽 등을 삶아 식히면 국물이 응고하는데, 이것이 젤라틴 단백질이다. 동물성 단백질 중에서 젤라틴은 트립토판이 부족하므로 열등한 단백질이다. 젤라틴은 투명하고 아름다운 색을 넣어 젤로(Gello)의 원료가 된다. 빨간색, 초록색, 오렌지 색 등의 다양한 색과 향을 내는 투명한 젤로는 서양식에서 디저트용으로 많이 사용된다. 우리나라 식품 중 족발이나 돼지머리가 쫄깃한 씹히는 맛을 주는 것도 젤라틴 성분이 많이 들어있기 때문이다. 병들었을 때 몸보신한다고 뼈를 고아먹는 습관이 있으나 뼈에서 우러나오는 것은 젤라틴 단백질이다. 국물이 뽀얀 것은 칼슘이 아니라 인성분이다. 젤라틴은 열등한 단백질이지만 설농탕 집에서는 다양한 재료를 넣어 단백가를 올린다.

제한 아미노산(limiting amino acid)

학기초 실험용 쥐를 키울 때 사료로 방앗간에서 빻아온 쌀가루에 여러 비타민과 무기질을 섞어서 먹인다. 쌀을 주식으로 먹이는 실험에서 한 그룹만 사료에 '라이신'이라는 필수아

> • 쌀의 제한 아미노산 – 라이신
> • 밀의 제한 아미노산 – 라이신, 메티오닌, 트레오닌
> • 옥수수의 제한 아미노산 – 라이신, 트립토판
> • 젤라틴의 제한 아미노산– 트립토판

미노산을 첨가해 주면 서너 달 지난 후에 상당한 차이를 보인다. 보기에는 같은 사료를 먹은 것처럼 보이지만 라이신을 첨가해서 먹은 쥐들은 성장률이 매우 좋다. 학기말이 되면 눈에 뜨이게 커져서 시범 해부용으로 쓰인다. 쌀 단백질에는 필수아미노산 중에서 라이신이 부족하기 때문이다. 부족한 것을 첨가해 주면 우수한 단백질이 된다. 모자라는 것을 '제한 아미노산'이라고 하며 곡류는 대개 한 두 가지 부족한 필수 아미노산이 있다. 과거에는 식물성 단백질을 열등하다고 했으나 쌀과 콩, 보리와 콩, 밀과 콩, 옥수수와 콩 등 라이신이 풍부한 콩을 보충하면 질 좋은 단백질이 된다.

동물 실험에서 한 가지 곡식 가루만을 주었을 때 가장 성장이 좋지 않았던 결과는 옥수수였다. 그래서 옥수수의 제인 단백질이 열등하다는 평가를 받게 되었지만 여기에 콩이나 우유 단백질(카제인)이나 계란 단백질(알부민)을 첨가해 주면 제한 아미노산이 보충되어 성장이 좋아진다.

《패스트푸드의 제국》의 저자 에릭 슬로서는 한 독일인의 에세이에서 미국에 대한 열광을 인용했는데,

"미국에서 들어온 모든 것은 전에 있던 어떤 것들보다 더 크고, 더 좋아 보였다"라고 했다. 더 큰 미국 물건이 더 좋아 보였던 것은 6·25 전쟁 이후 어렵게 살았던 한국인이나 2차대전 후의 독일인이나 같은 심정인 것 같다. 전쟁 이후에 자랐던 우리세대도 미제 물건은 무조건(?) 좋아 보였기 때문이다. 독일도 패스트푸드의 침입으로 인해 독일 전통적 식당이 급속도로 사라지고 있다고 한다.

우리나라도 미국의 패스트푸드 체인이 들어오기는 하지만, 아직도 한식을 선호하는 세대들이 있기 때문에 우리 전통 한식당이 쉽게 없어지리라고 생각하지 않는다. 특히 지방의 향토 음식을 소개하는 우리나라의 한식당을 방문할 때마다 나는 많은 조리법을 배운다.

단백질의 질 올리기(Complementary Proteins)

식물성 단백질은 동물성 단백질에 비해서 단백가가 낮다고 하지만 실제 식생활에서는 한 가지 단백질만을 섭취하는 것이 아니므로 서로 섞어 먹으면 부족한 아미노산이 보충된다. 각각

의 부족한 필수 아미노산의 종류가 다를 때 이러한 식품을 두 가지 이상 섞어 먹으면 영양가가 크게 향상될 수 있다.

쌀밥에는 라이신이 부족한데, 과거 30년 동안 이 라이신이 풍부한 쇠고기 등의 육류 섭취량이 증가하여 국민의 체위가 향상된 것은 사실이다. 그런데 육류만 라이신이 많은 것이 아니라 콩에도 라이신이 많은 편이다. 쌀, 보리, 밀, 옥수수 등 대부분의 곡류 단백질은 라이신이 부족하다. 따라서 흰쌀밥만 먹거나, 쌀과 보리를 섞는 것보다는 콩을 섞는 것이 좋다. 콩밥, 오곡밥, 빵과 콩 수우프, 옥수수와 두유, 밥과 생선, 시리얼과 우유, 빵과 치즈, 달걀과 토스트 등도 바람직한 단백질의 보충이다.

필수와 비필수 아미노산의 비교

영양학계에서 균형 잡힌 식단을 권하고 다양한 식품을 섭취하도록 권하는 이유는 여러 가지 영양소를 충분히 얻기 위함이다. 모든 영양소를 완전하게 갖춘 식품은 없다. 한국인은 쌀, 특히 흰쌀밥에 집착하지만, 곡식도 다양하게 섭취하는 것이 다양한 아미노산을 섭취할 수가 있기 때문에 좋다. 흰쌀밥보다는 잡곡을 섞은 잡곡밥이 더 좋고, 도정한 곡식보다는 통곡식을 사용해서 다양한 밥을 지으면 더욱 좋다.

미국의 영양학자 로즈(W.C. Rose) 교수는 천연의 20종류의 아미노산 중 흰쥐의 발육에 8종류가 필수적인 것을 처음으로 밝힌 학자이다. 사람은 20개의 아미노산 중 약 절반은 합성할 수가 있다. 그러나 우리가 단백질을 식품에서 섭취해야 하는 이유는 합성하지 못하는 필수아미노산을 얻기 위해서이다. 단백질의 기본 구성단위인 아미노산은 체내에서 합성되지 않거나 합성되어도 그 양이 체내 기능에 불충분한 9개의 필수 아미노산과 이 필수 아미노산으로부터 합성이 되는 11개의 비필수 아미노산으로 나누어진다. 필수 아미노산은 반드시 식사로 섭취되어야 체내에서 필요한 생리 기능을 할 수 있다.

필수 아미노산이 식사로부터 충분히 공급되지 않으면 체내에서 단백질이 합성되는 도중 분해 되어 버린다. 따라서 필수 아미노산은 충분히 공급되어야 한다. 단백질의 분해가 합성을 능가하게 되면 건강에 해롭다. 특히 자라나는 어린이들은 성인보다 단백질의 필요량이 높다. 필수 아미노산이 들어있는 식품의 꾸준한 섭취가 중요하지만, 동물성 단백질의 과잉 섭취로 육체적인 성장이 정신적 성장을 너무 앞지르는 것도 문제가 된다. 따라서 항상 균형 잡힌 식단이 되어야 한다.

다음의 〈표 3〉의 필수아미노산은 필요에 따라 비필수 아미노산으로 전환된다. 우리가 알게 모르게 이러한 성분들은 우리의 생활에 많이 적용이 되고 있다. 비필수 아미노산 중 굴루타민산(Glutamate)은 밀가루 단백질 글루텐에서 추출되어 이름을 얻었고, MSG(mono sodium

필수 아미노산	비필수 아미노산
페닐알라닌(phenylalanine)	글라이신(glycine)
트립토판(tryptophan)	알라닌(alanine)
발린(valine)	프롤린(proline)
루이신(leucine)	타이로신(tyrosine)
아이소루이신(isoleucine)	세린(serine)
메티오닌(methionine)	시스테인(cysteine)
트레오닌(threonine)	아스파테이트(aspartate)
라이신(lysine)	글루타메이트(glutamate)
히스티딘(histidine)	아스파라긴(asparagine)
아르기닌(arginine, 어린이)	글루타민(glutamine)

glutamate)의 성분으로 국물 맛을 내는 조미료성분으로 쓰였다. 아스파테이트는 무가당 감미료인 아스팔탐의 성분이다. 또 아스파라진은 아스파라가스의 단백질에서 처음 분해 되었다고 한다.

현대인의 상식 : 페닐케톤증(PKU, Phenylketonuria)

위의 필수아미노산 중에서 페닐알라닌은 우리 몸의 세포에서 타이로신으로 쉽게 전환된다. 그런데 이 대사가 안 되는 사람들이 있다. 대개 생후 3~6개월이 되어야 나타나며, 유전적인 결함으로 효소가 생산되지 않아 페닐알라닌이 타이로신으로 전환되지 못한다. 이 과정에서 생긴 중간 생성물이 축적되어 정신 발달의 부진을 보인다. 중간 생성물은 페닐 케톤이며, 소변으로 많이 배설되어 시간이 경과할수록 신경손상이 심해져 정신박약아가 된다.

미국에서는 연방법으로 제정해서 모든 주의 아기들이 태어나자마자 PKU 검사를 한다. PKU 아기로 판단되면 페닐알라닌을 제거한 아기 조제유를 주어 정박아가 되는 것을 방지한다. 우리나라에서도 일부 소아과에서는 이 검사를 한다고 광고를 하지만 이 검사는 태어나자마자 해야 효과를 볼 수가 있다.

단백질은 얼마나 먹어야 좋을까?

다음의 〈표 4〉에서는 우리나라의 단백질의 권장량을 나타내었다. 남자의 경우 하루 70g, 성인 여자의 경우 하루 55g를 권장하고 있으며 임신부에게는 15g을, 수유부에게는 20g 을 추가로 권장하고 있다.

2001년도 보건복지부 조사결과 우리나라 사람은 총 에너지의 14.9%를 단백질로부터 섭취

연령		단백질 권장량(g)	연령		단백질 권장량(g)
영아	0 ~ 4(개월)	15(20)*		20 ~ 29	70(55)
	5 ~ 11(개월)	20		30 ~ 49	70(55)
소아	1 ~ 3(세)	25	남자(여자)	50 ~ 64	70(55)
	4 ~ 6	30		65 ~ 74	65(55)
	7 ~9	40		75이상	60(55)
남자(여자)	10 ~ 12(세)	55(55)	임신전반기		+15
	13 ~ 15	70(65)	임신후반기		+15
	16 ~ 19	75(60)	수유기		20

*모유 영유아 기준 권장량 (조제유 영양아 권장량)　　　　　　(2000년 제7차 개정 영양권장량)

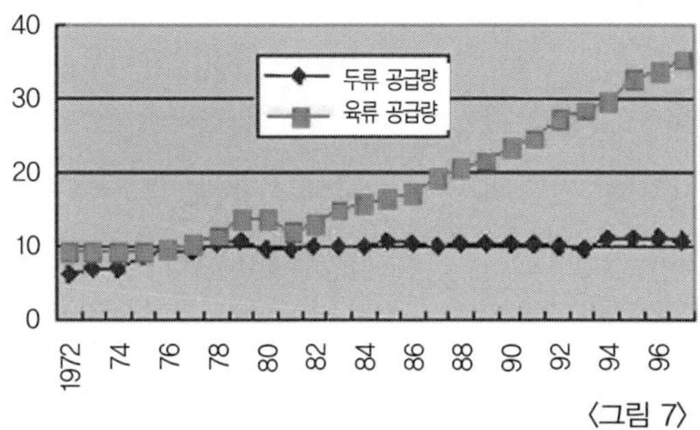

〈그림 7〉

미국의 단백질 권장량(괄호 안은 여성)

연령(세)	단백질권장량(g)	단백질권장(g/kg)
0~1/2	13	2.2
1/2~1	14	1.6
1~3	16	1.2
4~6	24	1.1
7~10	28	1.0
11~14	45(46)	1.0(1.0)
15~18	59(44)	0.9(0.8)
19~24	58(46)	0.8(0.8)
25~50	63(50)	0.8(0.8)
51+	63(50)	0.8(0.8)

(자료:Understanding Normal & Clinical Nutrition, 2002)

하였다. 1일 단백질 섭취량은 국민 1인당 74.2g이었고, 단백질 권장량에 대한 섭취 비율은 117.8%로 권장량 이상으로 섭취하고 있었다. 동물성 식품으로부터 공급된 단백질은 34.5g으로 총단백질 섭취의 47.4%였다. 이것은 1971년의 11.7%에 비해 4배 가까이 증가한 것이다. 특히 2001년에는 단백질 섭취량의 21.8%가 육류에서 공급되었으며 18.4%는 어패류에서 공급되었다. 2001년은 단백질 공급원으로 육류 및 그 제품의 섭취가 어패류보다 더 많아진 첫 해로서 우리 국민의 식생활 변화에 한 획을 긋는 계기가 되었다.

한국 국민이 하루에 가장 많이 먹는 육류는 돼지고기(삼겹살, 돼지고기 부산물)로 평균 35.1g인데, 1998년에 비해 26.7%가 증가했다. 다음은 쇠고기 26.6g, 닭고기 13.2g 순으로 나타났다.

옆의 그래프는 우리나라 육류와 두류의 공급량을 나타낸 것이다.현재 대다수의 한국인은 단백질을 권장량 이상 섭취하고 있다. 또 일반적 영양학 교과서에서는 단백질은 체중 1kg당 1g 비율로 권하지만, 미국의 예를 보면 성인은 kg당 0.8g의 단백질을 권한다. 성인 남자는 63g, 성인 여자는 50g이 권장량이다. 우리나라보다도 적은 양이다.

단백질은 필요한 영양소이지만, 과잉은 해롭다.

단백질 필요량과 권장량이 나오게 된 근거

인체나 동물실험에서 단백질이 전혀 없는 식이를 주었을 때에 배설되는 질소의 양이 현저하게 줄기는 하지만, 기본적으로 잃게 되는 질소의 양(obligatory loss)이 있다. 이것을 단백질로 환산하면, 성인의 평균 단백질 필요량은 체중 1kg당 0.34g이라는 계산이 나온다. 이 값에 개인차, 식품의 단백질의 질 등을 고려해서 나온 값이 0.8g/kg이다. 체중 70kg인 성인 남자는 56g의 단백질이 필요한 셈이다. (Modern Nutrition in Health and Disease)국민영양조사에서 한국인의 단백질 섭취량은 높은 편이다. 성인이 단백질을 과잉 섭취하는 것은 건강에 좋지 않다.

서양의 쇠고기 신화

제레미 리프킨의 《육식의 종말》에 의하면, 쇠고기를 먹는 것은 고대 이집트의 종교 의식에서부터 비롯되었다. 황소의 체력과 생식력, 전쟁과 정복에 대한 남성적인 상징으로 왕 역시 황소 신으로 숭배를 받았다. 황소의 고기를 먹고 황소 같은 체력으로 전쟁의 승리를 통해 더 넓은 영토를 지배하고자 하는 인간의 욕망에서 비롯된 것으로 보인다.

《성경》의 구약에서도 이스라엘 백성이 바알(Baal) 신을 섬겨 하나님의 노여움을 사는데, 이 바알은 황소신이다. 이 황소신은 '폭풍의 신'이자 '다산의 신'이라는 것이다. 지중해의 고대 미노스문명도 황소신을 숭배했다. 그리스 문화권에서 제우스는 황소신이고, 그의 아내인 헤라도 암소의 여신이라고 한다. 우리가 술의 신으로 알고 있는 박카스(디오니소스)도 생명과 다산의 신으로 '뿔 달린 황소'나 '암소의 아들'로 숭배되었다는 것이다.

내가 지난번 터어키의 셀주크(에베소)에서 본 아르테미스 여신의 유방이 수없이 달린 이상한 대리석 상을 보았는데, 이러한 것도 암소의 유방을 모방한 것으로 보인다. 모두 인간의 풍요에 대한 열망이 신앙의 숭배 대상으로 나타나는 것이다. 이렇게 쇠고기가 체력의 향상, 다산, 풍요를 준다는 의식이 오랜 세월동안 서구 문화권을 지배해 온 것으로 보인다.

이 저자의 재미있는 지적은 신대륙의 발견을 인간의 육식에 대한 욕구의 산물로 보는 점이다. 15세기 냉장고도 없던 시대에는 부패한 고기의 역겨운 냄새를 없애기 위해 향신료에 의존했다. 콜럼버스가 쇠고기 맛을 향상시키는 향신료를 찾아 나선 것이 결국은 신대륙을 발견하게 되었다는 것이다. 또 그는 신세계에 소를 데리고 온 최초의 인물이라고 한다.

미 대륙이 스페인계에서 영국계로 넘어갔는데, 영국의 귀족들은 쇠고기를 대량으로 먹는 것은 활력을 주고 엄청난 힘과 남성다움을 준다고 생각했다는 것이다. 이러한 사고방식이 그 문화권에 영향을 주어 빈곤층과 노동자 계급도 귀족들의 육식 생활을 갈망했다. 즉 육식은 지배자 계급의 식품인 것이다. 이러한 영향으로 영국의 식민지가 된 지역은 미국이나 남미나 호주, 뉴질랜드에 모두 축산단지가 형성되었다. 후에 식민지의 특권을 나타내는 지방이 풍부한 쇠고기를 먹는 것은 새로운 풍습이 되었고 풍요의 상징이 되었다.

베스킨 라빈스와 존 로빈스

세계적인 아이스크림 회사 베스킨 라빈스의 상속자였던 존 로빈스가 1987년 출판한《새로운 미국을 위한 식사, Diet for a New America》(우리말 번역은 《육식, 건강을 망치고, 세상을 망친다》)는 전 세계에서 밀리언셀러가 되었다. 나는 그때에 텍사스에 살고 있었는데, 시간에 쫓기는 생활을 하기는 했지만, 그의 책에 대해 전혀 들은 바가 없었다. 텍사스는 육우 생산이 많은 곳이다. 그 분위기가 이 책의 홍보를 방어하지 않았나 하는 생각이 든다. 충실한 자료조사를 통해 훌륭한 책을 저술한 존 로빈스는 레이첼 카슨만큼이나 용기 있는 사람이라 할 수 있다.

2000년 와일드우드를 방문했을 때, 그 책 내용의 비디오 테이프를 볼 기회가 있었고, 그 테이프를 구해서 교재로 사용했었다. 몇 년 뒤에 KBS의 '환경스페셜'에 이 내용의 일부가 나오면서 이것이 훌륭한 교재가 되었다.

그의 책 2권을 읽기 전까지는 나 자신도 일반 대중과 마찬가지로 동물의 사육에 전혀 문외한이었다. 고기를 값싸게 많이 먹고자 하는 인간의 욕심 때문에 화학약품을 너무 많이 사용하고, 가축을 열악한 환경에서 다루기 때문에 먹거리로서의 질이 떨어진다는 내용이었다. 그리고 많은 동물들이 암과 질병에도 노출이 되었다. 존 로빈스의 두 번째 책 《음식혁명》도 훌륭한 저서인데 절판되어 시중에서 구하기가 어려워지니 참 유감이다.

동물의 고기가 문제되는 이유

미국에서는 쇠고기 등급을 매긴다. 가장 좋은 것은 프라임(Prime), 두 번째는 초이스(Choice)이다. 미 영양학계에서 프라임은 지방이 많아서 영양면에서는 초이스가 더 낫다고 하였다. 또 쇠고기를 살 때 근육사이 사이에 지방이 낀 '마블링(Marbling)'이 잘 된 것이 고기가 연하고 맛이 더 좋다고 영양학에서는 가르쳐 왔었다.

일본의 유명한 마쯔쟈까 쇠고기는 한우보다 15배 정도로 엄청나게 비싸지고, 지방의 함량이 50% 가까이 되었다. 쇠고기에 지방이 많으면 맛은 좋지만, 이 지방은 포화지방산으로 동맥경화를 일으킨다. 그런데 인간의 입맛에 맞추기 위해, 즉 소를 살찌게 기르기 위해 목초 대신 열량이 높은 곡물을 먹이기 시작했는데, 이것이 소의 생리에 적당하지 않다는 지적이다. 그 결과 소화기 질병이 발생한다. 미국에서 도살되는 소의 8%는 간에서 종양이 발견된다고 한다.

축산업자였던 하와드 라이먼(Howard Lyman)도 그의 책 《성난 카우보이》(Mad Cowboy, 우리말 번역은 《나는 왜 채식주의자가 되었는가》)에서 이 소화기관의 문제 때문에 농장의 많은 소들이 탈장이나 탈항의 고통을 겪었다고 증언한다. 수의사를 부르기에는 너무 비용이 많이 들어 25파운드에 달하는 직장을 안으로 넣고 상처를 꿰맨 경험이 수도 없이 많다는 것이다. 자연을 거스르는 먹이를 주고, 살찌우기 위해서 운동을 못하게 가두는 환경에서 동물은 병이 들고, 이 병든 동물에게는 다량의 항생제가 투여되므로 이것을 먹는 사람이 병드는 것도 당연한 결과이다.

화학약품의 사용

축산업자 하와드 라이먼은 축사 안의 소는 한 마리가 하루에 11kg의 배설물을 배출하는데 여기에 몰려드는 엄청난 파리 떼를 없애는 과학적인 해결책은 살충제라고 했다. 그는 아침마다 온 축사에 구름같이 피어오를 만큼 많은 살충제를 뿌렸다고 고백한다. 제초제와 살충제를 사용한 곡물을 먹이고 매일같이 이러한 화학약품을 사용하는 과정에서 가축의 몸에 화학약품의 성분이 축적된다.

미국의 FDA는 1993년 포실락이라는 유전공학으로 만든 성장호르몬(rBGH)의 사용을 허용했다. 라이먼은 이 성장호르몬이 소의 유선염 발생률을 현저하게 높이고 사람의 건강에도 악영향을 끼친다고 한다. 유선염의 특징은 고름 우유 생산이며 유선염과 싸우는 과정에서 낙농업자들은 막대한 양의 항생물질을 소에게 주입한다는 것이다.

또 다른 잠재적 위험요소는 인슐린 성장 인자 1(IGF-1)이다. 인간의 몸에 이것이 너무 많으면 말단이 비대해지는 질병이 생기는데, rBGH를 주입한 소의 젖과 고기에는 인슐린성장인자 1이 많아진다고 한다. 이 물질은 살균이나 소화 작용으로 없어지지 않는다.

일부 과학자들은 이것이 암과의 원인과 결과의 관계에 가능성이 있다고 본다. 이들은 IGF-1이 장내 상피세포의 성장과 분열을 자극하고, 결장암의 증식이나 어쩌면 인간의 상피 암종과도 연관이 있다는 증거를 얻었다고 한다. 건강을 우려하는 소비자들은 우유와 고기에 이러한 인공합성 호르몬이 들어있는지 확인할 수 있도록 정부가 개입해야 한다고 생각한다.

살충제와 제충제

레이첼 카슨이 《침묵의 봄》을 발표한 지 35년이 지난 후에는 13,000배나 더 빠른 비율로 살충제를 생산하고 있다고 한다. 30년 전에 6년 걸려 생산하던 양을 지금은 2시간에 생산한다고 한다. 제초제와 살충제를 생산하기 위한 포스진과 지콘-B는 원래 살상용이었다. 말라티온과 파라티온을 포함한 살충제는 오늘날 가장 널리 사용된다. 또 염화탄화수소계인 DDT나 알드린, 케폰, 딜드린, 클로데인, 헵타클로르, 엔드린, 미렉스, PCB's, 톡사펜, 린데인 등은 대단히 안정된 화합물이어서 앞으로도 몇 십 년, 몇 백 년 동안 우리의 환경에 남아있을 것이라고 한다.

위에 언급한 딜드린은 1974년에 미국 정부가 금지했는데, FDA가 모든 육류에서 96%, 유제품에서 85%, 미국 국민 99.5%의 체내에서 이 물질을 발견했다는 것이다. 이 물질은 이제껏 알려진 가장 강력한 발암물질 중 하나이며 사용한 땅과 물에 남아있다.

다이옥신은 베트남 전쟁에 사용한 제초제인데, 아직도 이것을 포함한 제초제(2,4,5-T 등)가 수백만 파운드씩 사용되고 있는 실정이다. 그런데 이것이 뿌려진 땅에 방목된 쇠고기의 지방과 유제품에 이 성분이 검출된다.

헥사클로르핀은 추적이 가능할 만큼의 다이옥신을 포함하고 이와 같은 살충제의 중독은 몇 년 뒤 암이나 기형아 출산 등으로 나타난다. 다이옥신과 그 외의 유독성 화학물질이 체내 면역계의 중추 역할을 하는 흉선을 손상시키기 때문에 손상된 면역체계를 가진 사람들은 감염도 잘되고 암과 같은 질환에 걸릴 확률이 높다.

PCB's는 극소량으로도 실험동물에게 선천성 기형과 암을 유발할 수 있는 악명 높은 화학물질이다. 지구상의 모든 생물이 오염되었다고 할 정도라는 것이다. 이 물질은 미국의 모든 강, 북극과 남극의 눈, 지구상의 모든 물고기의 체내 조직에서 발견이 된다고 한다. 오늘날 공장식 사육장에서 사육되는 가축들은 어류 사료를 먹는데, 세계 어획량의 1/2이 가축용 사료로 쓰인다고 한다. 1970년대에 사료를 먹은 닭들의 체내 PCBs의 농도가 너무 높아 폐기처분한 예가 여러 건 있었다. (여러 책을 읽다보니 폐기 처분한 것이 또 다른 동물의 사료가 되지는 않았는지 의심스럽다)

톡사핀은 가축에 기생하는 기생충을 박멸하기 위한 화학약품으로 DDT, 케폰, 딜드린, 헵타클로르 및 PCB's를 포함하는 치명적인 염화탄화수소 중의 하나이며 안정되고 치명적인 독극물이다. 극미량으로도 실험동물에게 암과 선천성 기형을 유발했다고 한다.

디클로버스는 너무나 맹독성으로 이것은 가축에 들끓는 파리와 유충박멸제로 쓰인다. 분무제에도 쓰이지만 사료에도 넣는다. 가축의 배설물에 이 약이 들어있기 때문에 파리가 알을 낳아도 살아남지 못하게 하려는 발상에서 나온 것이다. 그래서 미국 의회는 1966년에 이미 '유제품과 미국의 전 지역이 살충제의 잔유물이 남을 가능성'을 인정했고 그 후 상황이 더 좋아지지는 않았다.

다음은 우리나라에서 가축에 사용되는 항생제만 언급한 신문기사 내용이다.

산드라 스타인그래버는 《모성혁명》(원명은 《페이스를 가지며, Having Faith》)에서 새로운 것을 독자들에게 알려주었다. 독성물질은 먹이사슬을 따라 위로 올라 갈수록 점점 농축된다. 빙어에서 고등어로, 고등어에서 참치로, 참치에서 사람으로. 난분해성 독성 물질은 먹이 사슬을 하나씩 올라갈 적마다 10~100배가 농축된다고 한다. 그런데 사람이 먹이사슬의 맨 꼭대기가 아니라 젖을 먹는 아기들이 최상부에 있다! 그래서 엄마의 젖에는 소젖보다 10~20배나 더 높은 농도의 유기 염소계 화학물질이 있다. 1998년 독일의 연구에서도 모유먹은 아기들의 유기 염소계 화학물질 농도가 우유 먹는 아기들보다 10~15배나 더 높았다. DDT와 PCBs는 엄마의 젖에서 가장 흔하게 발견되는 화학물질이다. 이 농도가 높을수록 아기들의 지능 상태가 좋지 않다. 우리나라도 환경오염으로부터 안전하다고 생각되지는 않으며, 앞으로는 정부 차원에서 모유에 관한 연구가 필요하다고 본다. 2세들의 지능발달은 그 국가의 미래가 아닌가?

한국의 쇠고기 신화

한국의 대표적 음식을 꼽으라면 불고기를 꼽는다. 미국의 파크에서 불고기를 구우면 지나가던 사람들마다 모두 군침을 흘린다. 그들의 스테이크 굽는 냄새보다 훨씬 훌륭하기 때문이다.

불고기는 고구려시대의 '맥적'이 원조라고 한다. 삼국시대부터 불교가 들어온(고구려는 372년, 백제는 384년) 후부터는 육식문화가 발달하지는 못했다. 528년 신라 법흥왕 15년에 불교가 공인된 이후는 상류층에 퍼져 국민의 식생활을 규제하게 되었다. 그러나 육식금지가 절대적인 것은 아니었지만 조선시대에도 불교에는 육식 금기가 남아있었다. 소의 노동력이 필요한 농경을 위해서 농우(농우) 도살금지가 이어지고 있었다.

고려시대 육식을 좋아하는 몽고인의 침입으로 이들의 지배 아래에서 맥적이 '설야멱'으로 살아나고 오늘날의 불고기로 이어졌다고 한다. 불교의 영향을 받아서 채식 위주의 서민생활이 있었는가 하면 또 한편으로는 육식금기로 인한 반작용으로 쇠고기 선호도가 지나친 상태라고 한다.

불고기는 숯불에 구워야 맛이 가장 좋다고 한다. 한국조리는 모두 불 위에서 이루어지는데, 불고기를 불 위에서 직접 구우면 그 국물이 불 위에 떨어지면서 연기가 고기에 배게 된다. 이 연기가 밴 것을 맛이 좋다고 하지만 1960년대에 서양의 영양학계에서 고기의 탄 성분(tar 물질)에 발암성이 있다는 것은 이미 알려져 있었다. 예를 들면, 1964년에 'Science' 학회지에 발표한 리진스키 박사팀의 고전적인 연구 내용은 숯불에 구운 900g의 스테이크에는 담배 600개피에 해당하는 발암물질의 일종인 '벤조피렌'이 발생한다는 것이다. 따라서 안전한 조리는 불에 굽는 것보다는 물에 삶는 편육이나 찜류가 낫다. 이러한 조리는 식은 후 굳은 지방을 걷어낼 수가 있으므로 좋은 조리법이다.

몇 해 전에 나의 야간 수업을 듣던 한 학생의 남편은 암 투병 중이었다. 단백질 강의를 듣고 난 뒤에 그 학생이 나에게 와서 말했다.

"선생님, 남편이 암인데, 어제도 숯불구이를 먹었어요. 이런 내용을 전혀 몰랐거든요"

많은 암환자나 그 가족을 만난 경험으로 볼 때 암은 식생활의 절제를 통해 '예방이 첫째'이다. 암말기 진단을 받은 환자들은 마치 벼랑 끝에 매달린 것처럼 보인다. 그중에는 살아 돌아오는 사람들이 반드시 있으나 그 과정은 너무 힘들다. 모든 병에는 원인이 있다. 암의 원인은 한 가지가 아니지만 원인이 되는 것은 가능한 모두 제거해야 한다. 많은 사람들은 자신의 병이 식생활과 연관이 있음을 모른다.

광우병이 생기는 이유

하와드 라이먼이 1996년 오프라 윈프리의 토크쇼에 나와서 양심 고백을 할 때까지는 일반 대중이 아무도 소가 쇠고기를 먹는다는 사실을 몰랐다. 소의 사료로 죽은 소를 포함한 여러 동물의 시체를 사용한다는 것이었다. 축산업자들은 이것을 '농축단백질'이라 부른다고 한다. 라이먼의 양심고백으로 인해 텍사스의 축산업자 몇 명이 라이먼과 오프라 윈프리를 '음식 경멸법'으로 고소를 했다고 한다.

초식 동물에게 동물성 사료를 먹이는 것은 자연을 역행하는 일이다. 농축 단백질로 인해 동물의 성장이 빨라질 수는 있지만 광우병이라는 재앙이 초래된다. 1997년 미국의 식약청(FDA)은 소에 쇠고기를 먹이는 것은 금했지만 다른 동물을 먹이는 것은 허용하였다.

영국의 광우병은 1970년대 말 초식동물의 사료에 진전병(scrape)에 걸려 죽은 양의 조직을 사료로 먹인 것으로부터 시작되었다. 영국의 관료들은 소가 최종 숙주라고 우겼지만(즉 소의 병이 인간에게 전염이 되지 않는다는 것) 이제는 광우병 증세가 세계 여러 나라에 퍼지는 것을 보면 이것은 오염된 쇠고기가 안전하지 않다는 것을 암시하는 것이다.

호르몬제 오염과 성조숙아

성조숙이란 7, 8세 이전의 여아가 유방 발육이나 생리 증세를 보인다거나, 8, 9세 이전의 남아가 턱수염이 나고, 음경과 고환이 커지는 등 2차 성징이 나타나는 병리현상이다. 신촌 세브란스병원 소아과는 10여 년 전부터 나타나기 시작한 성조숙증 환자는 월 평균 6~7명으로 생후 1년 6개월 된 여아도 유방 이상발육과 생리증상이 있다고 했다. 성조숙아들은 단기간에 성장이 이뤄지고, 성인이 되어서도 정상인보다 20cm 이상 키가 작다고 한다. 또 급격한 신체의 변화로 인한 심리적 충격으로 정신질환을 앓을 위험도 높다. 호르몬이 들어간 화장품을 바르거나, 호르몬 첨가한 고기를 먹은 경우, 뇌종양, 부신피질 비후증, 고환종양 등을 원인으로 들고 있다. (여성신문 1992년 8월 21일)

샌즈 박사는 1982년 2월 푸에르토리코 의학협회 저널에 성적으로 조기 성숙하는 현상이 만연하는 이유를 다음과 같이 설명했다. "환자들이 에스트로겐 약이나 크림을 사용했던 사례는 없었다. 유아들의 비정상적인 가슴조직이 나타난 사례 중 97%는 그들이 먹은 우유에 원인이 있었고, 그 이후의 연령 대에서는 그 지역에서 생산한 우유, 닭, 소고기의 섭취였다"라고 밝히고 있다. 환자들이 이 식품들을 끊으면 증상이 가라앉았다고 한다. (존 로빈스, Diet for a New America)

초등학교 교사로 있는 친구로부터 들은 이야기는 요즈음 여자 어린이의 초경연령이 2~3학년으로 많이 낮아졌다는 것이다. 초경이 이를수록 폐경도 일찍 오는 경향이 있다. 폐경이 일찍 온다는 것은 생활습관을 철저히 관리하지 않으면 골다공증을 포함한 여러 질병에 일찍 노출될 수가 있다는 뜻이다.

아이들에게 정신적 성장보다 육체적 성장만이 일찍 오는 것은 그리 바람직하지 않다. 모든 성장은 균등하게 이루어져야 한다. 아이들의 식생활에서 열량, 단백질, 지방의 비율이 높아진 결과 이러한 현상이 온 것이다. 또 동물성 단백질의 과잉섭취와 단백질의 호르몬 오염도 영향을 준다. 육체와 정신의 성장이 함께 균형을 이루어야 한다.

한살림 축산 생산자모임(한축회)은 소규모 축산 농가들이 모여 대규모 기업축산농업의 환경파괴를 반대하고, 자연에서 받은 만큼 자연에게 되돌려 주기 위한 지역 순환 농업을 하기위해 노력하고 있다. 현실적인 어려움이 있지만 점차적으로 더 나은 친환경 축산업으로 발전하리라고 기대한다.

지금 생각하면, 80년대 미국의 값싼 육류의 가격은 존 로빈스가 고발한 것처럼 대량생산 때문에 가능했던 것이다. 무지한 어미 탓에 우리 아이들은 이미 고기에 맛들여 고기를 포기할 생각이 없다. 가격이 비싸기는 하지만 아이들이 원하면 유기농으로 키운 고기를 구입해서 찜을 해주거나 콩고기를 준다.

가공육류와 나이트로사민(Nitrosamine)

이 기사는 나의 은사님이 쓰신 1972년 10월 15일 방송통신대학교의 통신학보에 실린 '식품 공해 : 특히 발암성에 관한 소고'의 일부이다.

나이트로사민(nitrodimethylamine)은 동물실험으로 발암성 이외에도 돌연변이와 태아의 기형을 유발하는 작용이 있다는 것이 밝혀졌다. 또 여러 식품, 담배와 그 연기에도 들어있고 아질산염과 질산염의 함량이 높은 식품, 음료, 약품 등오 나이트로사민이 생산될 위험성이 높다.

나이트로사민은 기성 화학물질보다는 아민류와 아질산염과 공존으로 생성되는 위험률이 훨씬 크다. 아질산염은 식품 중 가공육류, 어패류 제품에 많이 들어있는데 이것들이 나이트로사민 생성에 강력한 반응제의 구실을 한다. 육류, 어류 등의 가공식품에 아질산염을 첨가물로 사용하는 목적은 특유한 색을 내고, 풍미를 돕고, 항균작용이 있기 때문이다. 한편 아질산염은 그 자체로서는 아민류가 나이트로사민으로 전환되지 못하지만 사람이나 가축의 장내세균에 의하여 또는 저장 중 부패되어 아질산염으로 환원되어 아민과 함께 나이트로사민이 생성된다. 따라서 질산염 함량이 많은 식품이나 음료수는 이러한 위험성이 있다.

질산염은 채소류의 성분인데, 특히 시금치, 무우, 가지, 상추, 샐러리, 사탕무우 등에 많이 들어있다. 그러나 품종, 재배환경, 비료의 조건, 채취시기 등에 큰 차이는 있다. 특히 토질, 오물처리, 비료 등으로 인한 지하수의 오염으로 인해 음료수의 오염도 심각하다. 저장 중에 상한 채소는 질산염이 아질산염으로 환원되기 때문에 버리는 것이 좋다.

비타민 C는 이 비타민은 아질산염과 작용해서 아민과 아질산이 나이트로사민으로 생성되는 것을 억제한다고 한다.

유제품

어릴 때 치즈 맛을 들여서 그런지 나 자신도 치즈가 들어간 음식을 좋아한다. 맨해튼을 방문할 때마다 이탈리아인이 만드는 피자집을 그냥 지나가기가 섭섭해서 한번 정도는 들른다. 그러나 광우병 파동 이후 이 치즈와 다른 유제품에 대해서도 다시 생각하기 시작했다. 이제 선진사회에서는 이에 대비해서 풀을 먹은 유기농 소의 제품을 판매한다.

스위스 알프스에서 풀을 먹여 키운 소의 치즈는 오메가-3 지방산이 곡류를 먹여서 키운 소의 치즈보다 훨씬 많다고 한다. 물론 지방산의 조성도 다르겠지만 우선 알프스 산에서 풀을 먹고 사는 소는 열악한 환경에서 항생제와 동물성이 섞인 사료를 먹고 자란 소보다 훨씬 자연에 가깝다. 우리나라도 유기농으로 자란 축산물의 등급표시제가 시행되기를 바란다.

계 란

예전에는 계란이 귀해서 선물용으로도 사용한 때가 있었다. 볏짚으로 만든 케이스에 계란 10개를 넣은 것은 귀한 선물이었다. 그 당시 식품 기호도를 어린이들에게 물어보면 항상 인기가 좋은 귀한 단백질 급원이었다. 또 단백질의 질도 우수하다.

그러나 양계장에서 대량생산하기 때문에 계란 값도 상당히 싸졌고 요즈음은 선물로 사용하는 사람도 없다. 공장식 축사에서 대량생산된 계란과 방사해서 키운 닭의 계란은 식품분석표 기준으로 볼 때 단백질 조성은 같지만 그 이외 우리가 생각해 볼 성분들이 있다.

사람과 마찬가지로 동물들도 먹은 음식이 그들의 몸이 된다. 우리가 유기농 식품을 찾고, 유정란을 찾는 이유는 불필요한 항생제와 화학물질의 노출을 피하기 위함이다. 또 행복한 암탉이 낳은 알과, 갇혀서 잘 움직이지도 못한 상태에서 불행한(스트레스를 받고 사는) 마음으로 낳은 알의 모든 성분이 같을까? 행복한 마음으로 낳은 암탉의 계란 속에는 유해한(스트레스 호르몬) 성분은 훨씬 적으리라고 생각된다.

"엄마가 화가 났을 때 젖을 먹이면, 아기가 꼭 설사를 했다"는 친정어머니 말씀이 기억이 난다. 화가 났을 때에 몸에서 분비되는 모유의 성분도 평온한 마음이었을 때와는 달라지는 것이다.

요즈음 서구사회에서는 아마씨를 사료에 섞어 먹여 오메가-3 지방산의 함량이 높은 계란을 생산한다고 한다. 좋은 사료를 먹고 좋은 환경에서 낳은 계란은 비싼 가격을 받을 만하다.

생 선

설립 초창기부터 국민을 위해 먹거리의 실정을 파헤친 일본자손기금은 식품의 안정성을 위해 분투해오고 있는 기관이다. 이 기관의 조사연구에 의하면, 횟감으로 사용되는 고급 양식어는 항생제를 사용하고 배합사료를 먹여 기른 것이다. 첨가물로 산화방지제와 곰팡이 방지제도 들어간다고 한다. 또 기생충을 제거하기 위해 포르말린도 사용한다. 양식어 가운데 원인을 알 수 없는 기형이 많이 발생한다고 한다. 연어는 유전자 조작이 가장 활발하게 이루어지는 생선이라고 한다. 언젠가는 우리의 식탁에도 등장할 수가 있다.

중국산 장어에서는 대만이나 말레이시아산 장어보다 더 많은 종류의 농약이 나왔고, 검출농도도 높았다고 한다. 참다랑어와 황다랑어는 고농도의 다이옥신에 오염되어 있었다. 일본 수산청과 후생노동성에서 조사하고 80개의 품목 가운데, 다이옥신이 가장 많이 검출된 생선을 1위에서 10위까지 나열하면, 농어, 참다랑어, 전어, 붕장어, 청새치, 갈치, 북어, 볼락, 황다랑어, 방어의 순이다.

오염도가 낮은 생선 1위에서 10위까지는 동갈 민어, 황등어, 날치, 명태, 대구, 복어, 적오징어, 가을연어, 장어의 치어, 조기의 순이다. 오염도가 높은 생선은 수질이 잘 오염되는 연안에서 잡히는 것이다. 오염된 수역에서 잡힌 생선이나 연안에서 서식하는 어패류는 오염도가 높다고 보아야한다. 그러나 먹이사슬에서 상위에 속해있는 대형 생선은 오염도가 높다. 반면에 또 지방이 적고 수명이 짧은 생선은 오염도가 낮다.

따라서 일본자손기금에서 권장하는 생선은 자연산 생선으로 은대구(메로), 옥돔, 꼬치삼치, 검정가자미, 꽁치, 소형정어리, 자연산 연어, 대구, 오징어 등이다. 우리나라와 일본의 바다는 서로 인접해 있으므로 이 해역에서 잡히는 생선의 오염도는 비슷하다고 볼 수 있겠다.

참치는 지방이 많은 큰 생선으로 먹이 사슬의 상위에 있으며 참치의 다이옥신 오염은 최근에 와서야 알려졌다. 이 큰 생선에 중금속 수은이 많다는 것은 영양학 교과서에는 이미 실려있는 사실이다. 우리나라의 소비자문제를 연구하는 시민의 모임에서도 시중에서 구한 황새치, 참다랑어, 눈다랑어, 광어, 고등어, 꽁치 6종류와 참치 통조림을 조사한 후 참치류에서 기준치 이상의 수은이 검출됐다고 밝혔다. 현재 참다랑어와 눈다랑어는 참치류로 분류하고, 황새치는 새치류로 분류하지만, 맛이 참치와 비슷해 횟집에서는 참치회로 분류하여 판매한다. 임신부나 어린이, 가임여성들은 수은 함량이 높은 황새치 섭취를 피하고 참치섭취는 가급적 제한할 것을 권한다. (여성신문 2004년 5월 14일자)

우리나라의 일부 양식장은 항생제뿐만 아니라 포르말린도 사용한다. 양식어의 최대 천적인 스쿠치카라는 기생충을 박멸하기 위해 관행적으로 써오던 것이 아직까지 이어지고 있는 것이다. 부패방지용으로 쓰이는 포르말린은 맹독성 물질이다. (한겨레신문, 2004년 7월 28일자)

지혜로운 먹거리 선택

몇 년 전까지 위의 내용들을 전혀 몰랐을 때에는 학생들에게 "지방은 식물성이 우수하고, 단백질은 동물성이 더 우수하다"라고 했었다. 그 당시 미국대학교의 영양학 시간에도 '공장식 사육'이나 사용하는 '화학물질들'에 관해 전혀 언급이 없었다. 오직 식품 속의 영양소만 따졌었다. 이제는 학생들에게 위의 내용을 알게 된 이상 학자의 입장에서 이 사실들을 은폐할 수는 없다고 말한다. 따라서 육류식품도 유기농 식품점에서 현명하게 선택하기를 권한다. 공동체의 회원들에 의해서 생산된 식품은 생산과정이 공개될 수가 있기에 가축에게 먹이는 먹을거리도 선택을 제대로 했을 것이고, 제초제, 살충제, 항생제, 호르몬으로부터 안전하리라고 생각한다. 아직 내 눈으로 확인까지는 못했지만. 또 숯불에 굽는 조리법보다는 찜이나 편육과 같은 습열 조리를 권한다. 그리고 섭취량은 식품구성탑의 순서대로 3번째임을 강조한다. 첫 번째 순서는 통곡식이다.

1998년에 광우병에 관한 책을 읽고, 유치파인(알라바마주, 미국) 요양병원을 방문했을 때 원장인 아가타 트래쉬박사 내외와 그 병원의 의사들과 인터뷰를 하였다. 키가 상당히 큰 아가타 트래쉬 박사는 낙농업을 하는 집안에서 자랐기 때문에 키가 크다고 했다. 그들은 평균 15년 이상 채식을 해온 순수채식인(Vegan)들이었는데, 미국사회에서의 순수 채식인을 만난 것은 처음이었다. 그곳의 조리방법을 익힌 후에 돌아와서는 조리법이 많이 달라지게 되었다.

영양학의 개념으로 채식에 대해 언급을 할 때에는 유란채식(Lacto-ovo-vegetarian, 우유와 계란을 먹는 채식)은 무난하지만, 순수채식은 비타민 B12부족을 염려했기 때문에 적극성을 띠지는 않았었다. 이 분들을 만난 후에 한국에 돌아와서는 식생활을 바꾸었다. 식구들에게는 생선은 주고, 나 자신은 단백질의 급원을 콩으로 바꾸었다. 나 자신이 실험대상이 된 것이다. 올해가 8년째인 셈인데, 항상 활력에 차있고, 일하는 자체가 행복하다.

왜 서구인들이 대두(soybeans)에 관심을 갖는가

서구사회에서 성인병 연구를 해오던 중 대두(메주콩, soybeans)를 먹는 동양사회는 이러한 질병이 적은 것이 알려지면서 90년대부터 서구인들이 동양인들이 많이 먹는 콩에 관심을 갖고 많은 연구를 쏟아내고 있다.

미국 수퍼마켓(그 곳에서는 그로서리라고 부른다)의 콩을 진열한 곳에 가면 우리나라에서 보지 못하던 참으로 다양한 콩 종류를 볼 수가 있었다. 색깔, 크기, 모양도 다양하다. 그런데 80년대에는 그 많은 다양한 콩 종류 가운데 우리가 흔히 메주콩이라 부르는 대두(soybean)는 보기가 어려웠다. 대두는 동양인들을 주로 상대하는 한국수퍼나 중국수퍼에 가야 구할 수가 있었다. 단백질의 질이 좋은 대두는 미국이 전 세계에서 생산량 제 1위이며 그 동안 미국 생산량의 90%는 가축의 사료에 쓰이고 있었다.

대부분의 미국인들은 대두를 우리들만큼 자주 조리에 사용하지를 않았다. 수퍼에 '토푸(Tofu)' 라는 두부를 팔고 있지만 일부 채식가들을 제외하고는 대부분 동양계가 사먹는다. 그들은 두부된장찌개를 먹어본 일도 없고, 또 중·고등학교 조리시간에 따로 배우지도 않아서 이 음식이 그들에게는 아주 생소하다. 언젠가 미국의 한 TV 채널에서 백만장자가 먹는 음식의 레시피를 소개했는데, 미소된장국도 있었고, 우리나라의 고구마범벅 비슷한 것도 있었다. 우리 눈에는 익숙한 레시피가 그 나라에서는 특별한 음식인 것이다. 90년대부터 서구인들은 대부분 동물의 사료로만 사용됐던, 대두와 그 생소한 제품에 관심을 갖고 많은 연구를 하고 있다. 그중 그들이 밝혀낸 것은 이 '쏘이' 가 다른 콩과는 달리 상당히 많은 '아이소플라본' 이 있다는 점이다.

1990년 6월 27일 워싱톤의 국립 암 연구소에서 학계, 정계, 재계의 전문인들이 모여 콩의 항암 역할에 대해 토의했으며, 이들은 대두의 항암 역할에 동의했다. 대두 속에는 여러 가지 항암

물질들이 있다. 과거에는 불필요한 것으로 간주했던 이 물질들이 이제는 항암 역할, 노화 억제 역할을 하는 것으로 각광을 받는다.

대두의 항암 물질들은 종양이 생기는 것을 예방하고 또 다른 항암 물질들은 종양의 성장을 늦추거나 아니면 완전히 정지시킨다. 많은 과학자들이 이러한 물질들을 추출해서 실험으로 증명하였다. 이러한 항암 물질들은 단독으로 항암 역할을 하기 보다는 식품 속에서 여러 항암 물질들과 같이 상승효과를 발휘할 때 더욱 강력한 힘을 발휘할 수 있다고 한다. 이 항암 물질들 중에서 가장 강력한 것이 '아이소플라본'이라는 식물성 에스트로겐이다. 분자의 구조도 매우 비슷하다.

콩과 콩 제품들

몇 해 전 콩요리 전시회 기간에 연사로 호주에서 초빙된 금발의 수 라드(Sue Radd)는 호주에서 자기의 별명이 '콩의 여왕(Queen of soy)'이라고 했다. 그녀는 7, 80년대에 비해 1990년대에 발표된 콩에 관한 연구들이나 매스컴에 나타난 양은 '폭발'이라고 할 정도로 많다고 지적하였다. 또 그녀는 호주 사회에서 콩요리에 관심이 많아져 요리책을 많이 내고 상담도 많이 하는 여성이다.

아이소플라본은 그 분자 구조가 여성호르몬 에스트로겐과 유사해서 대두를 많이 섭취하는 동양계에는 성호르몬과 관련된 암 즉, 유방암, 난소암, 자궁암, 전립선암 등의 발생률이 서구 사회에 비해서 상당히 적다고 한다. 일본, 중국, 싱가포르, 홍콩 등의 연구에서도 콩 제품을 많이 먹는 사람들은 적게 먹는 사람들에 비해서 암 발생률이 상당히 낮았다.

이러한 정보가 서구 사회에 알려지면서 최근 미국의 건강식품 가게에 가면 이 대두 콩의 제품을 다양하게 볼 수가 있다. 콩에서 기름을 제거한 TVP(콩단백질) 뿐만 아니라, 대두콩을 토스트한 것, '쏘이 마요네이즈', '쏘이 치즈', '쏘이 아이스크림' 등, 참으로 아이디어가 다양하

다. 콩 치즈의 종류도 다양하다. 옆의 사진은 뜨거울 때 길게 늘어지는 성질이 있는 피자용 모자렐라 치즈이다. 유지방, 유단백질(카제인)과 콜레스테롤이 없다고 쓰여있다. 성분만 식물성이지 질감과 맛이 동물성과 같다. '쏘이'를 주제로 한 요리 책도 해마다 나오고 있고 나도 아직 보지도 못한 여러 동양계의 콩 제품을 조리에 이용하고 있다.

우리 한국인들이 자주 먹는 콩 음식은 콩밥, 콩자반, 두부, 된장, 유부, 콩국수, 두유 등 그 다음에 머리를 짜도 잘 떠오르지 않는다. 그 동안 우리는 일본이나 중국같이 다양한 콩 제품을 개발하지는 않았다. 또 식품 수급표를 보면 콩 섭취는 육류에 비해 섭취도가 상당히 떨어져 오히려 감소하는 추세이다.

한국인, 중국인, 일본인 등의 동양인들은 오랜 세월 동안 된장과 두부 등의 콩 제품을 먹어 왔다. 그리고 중국과 일본은 우리 한국에 비해 상당히 다양한 콩 제품을 개발해 왔다. 심양의 노천 시장에 들렀을 때에 놀란 것은 콩제품이 200 가지가 넘는다는 것이었다! 아래의 사진은 심양에서 구입한 콩단백질로 만든 오징어포와 오징어채이다.

작년 여름 일본에서 먹은 '유바 국수' 는 아직도 그 씹히는 맛을 잊을 수가 없다. 몇 해 전 여름에 뉴욕 맨해튼 남쪽에 있는 '앤젤라의 부엌' 이라는 음식점을 일부러 찾아간 적이 있었다. 이 음식점은 육류는 전혀 안 쓰는 '순채식' 음식만을 조리하는 집으로 유명하다. 한참 헤매다 오후 3시경에 겨우 그 집을 찾아갔는데 그 때에도 손님들이 줄을 서고 있었고 안내원은 나를 보더니 한 15분을 기다려야 한다고 할 정도였다. 그 곳에서 템페 샌드위치를 처음으로 맛보았는데 템페는 인도네시아인들이 즐겨먹는 콩제품의 일종이다.

콩은 암 예방에 좋다

지금 우리나라에서도 미국과 같이 암 사망률은 심혈관 질환을 앞질러 제 1위가 되었다. 우리의 통계는 일본과 비슷하다. 10년 전에는 사망한 사람 10명 중 1명꼴이었는데 지금은 4명 중 1명이다. 미국은 더 심하다. 남성은 2명 중 1명, 여성은 3명 중 1명으로 점점 증가하는 추세이다. 과거에는 이렇게 심각하지 않았다. 왜 이렇게 되었을까? 식생활의 서구화를 큰 원인의 하나로 꼽을 수가 있다. 미국여성의 사망률 제2위는 유방암인데 위암이 많던 일본인들도 식생활의 서구화로 위암은 내려가고 유방암은 증가하고 있다. 한국도 같은 추세이다.

폐암과 마찬가지로 유방암은 얼마든지 예방이 가능하다. 지방분이 많은 서구식 식사는 여성 호르몬 에스트로겐의 생산을 높이는데, 과잉 생산된 에스트로겐은 유방암과 관련이 있다. 반면에 고섬유식은 이 호르몬의 생산을 내리는 것으로 알려졌다. 또 섬유소가 많은 식품은 우리가 먹는 음식물 중 알게 모르게 들어 온 암을 유발하는 발암물질을 제거하는데 큰 도움이 된다.

마크 메시나 박사는 탁월한 대두 연구가이며 항암 역할을 하는 대두 단백질 식품의 리스트를 작성하였다. 이것은 대두 단백분(粉), 대두분, 대두단백질(TVP, Textured Vegetable Protein)등이다. 인구집단에 관한 연구에서 대두는 결장암, 직장암, 전립선암, 위암, 폐암과 유방암을 포함한 여러 가지 암을 예방하는 역할을 한다고 하였다. 1994년에 발간된 그의 책《대두(Soy bean)》에 나와 있는 대두와 암 발생을 국가별로 비교하면, 콩을 섭취할수록 유방암과 전립선암의 발생이 낮았다. 대두는 위의 두 가지 암뿐만 아니라 다른 여러 가지 암에도 예방효과가 있는 것으로 나타났다. 일본, 중국, 싱가포르, 홍콩 등의 연구에서 콩 제품을 많이 먹는 사람들은 적게 먹는 사람들에 비해서 암 발생율이 상당히 낮았다. 메시나 박사는 이 제품들이 항암 효과를 갖는 이유는 암 형성을 막는 식물성 약성분인 항산화 물질이 풍부하기 때문이라고 설명하였다.

우리의 대장에는 비피도 박테리아가 있는데 일본에서는 농촌인의 대장의 비피도 박테리아 수가 도쿄에 사는 도시인들보다 많았고, 비피도 박테리아는 여러 종류의 암을 예방한다는 연구 결과가 나왔다. 우리가 콩을 먹었을 때 가스가 많이 발생하는 것은 콩 속의 여러 소화되지 않는 당분(올리고당) 때문인데, 비피도 박테리아는 소화되지 않는 당분을 먹이로 삼는다. 먹이가 많으면 비피도 박테리아가 잘 자라서 암을 예방하는 것이다.

대두는 돌연사나 풍 예방에도 효과가 있다

서구나 우리나라 혈관질환 사망률은 제 2위로 밀렸지만 심각한 성인 질환이다. 심장질환, 뇌졸중(중풍) 등의 질환은 모두 혈관질환에 속한다. 원인은 같지만 어디에 있는 혈관이 막히느냐에 따라 병명이 달라진다. 이러한 질환은 심장마비나 풍으로 나타나기 이전에 혈액검사 결과와 혈압으로 우리에게 미리 경고한다. 평소 고혈압이나 혈지질(중성지방), 콜레스테롤의 수치가 높은 사람들은 이러한 성인병의 후보들이다.

동물성 식품을 많이 먹게 되면 콜레스테롤의 섭취도 많아지고 따라서 동맥 혈관 내의 끈끈한 콜레스테롤 물질(플래크)이 축적된다. 식생활의 변화가 없으면 이러한 축적은 계속되어 혈관이 좁아진다. 이렇게 좁아진 혈관으로 혈액을 펌프질해야 하기 때문에 심장은 더욱 힘이 들어 혈압이 올라간다. 혈압은 혈관 질환의 중요한 위험 요인이다. 혈관은 반 이상 좁아져도 아무 증세가 없으며 조용히 갑자기 찾아오기 때문에 쓰러지는 순간까지 본인이나 가족들은 건강하다고 생각할 수도 있는 것이 문제이다.

여러 학자들은 식물성 단백질이 혈액내의 콜레스테롤 수치를 낮춘다는 연구를 많이 해왔다.

콩 단백질은 심장병 예방에 도움이 된다. 특히 콩단백질은 나쁜 콜레스테롤인 LDL 콜레스테롤을 낮추는데 극적인 효과가 있다. 콩의 아미노산 조성 중 글라이신과 아지닌의 함량이 많은 단백질은 혈액 내 인슐린 수치를 낮추는 역할을 하고, 인슐린이 낮으면 간이 콜레스테롤을 적게 만든다고 한다. 따라서 채식인들의 심장질환이 적은 것이다. 반면에 동물성 단백질은 라이신이라는 아미노산이 많은데 이것은 반대로 인슐린 생산을 촉진하고 따라서 콜레스테롤 생산을 촉진한다. 지방분이 없는 육류나 우유도 콜레스테롤 생산을 촉진하기 때문에 채식만큼 효과가 없는 것이다.

콩은 섬유소가 현미의 4배나 된다. 콩 섬유소의 30%는 수용성이다. 콩 단백질과 마찬가지로 콩 섬유소는 콜레스테롤을 낮추는 효과가 크다. 한 실험에서 콩 섬유소를 4주간 먹은 사람들은 총 콜레스테롤 수치가 11% 낮아졌다. 콩은 또한 유화제라고 하는 레시틴의 함량도 많다. 이것도 역시 콜레스테롤의 수치를 낮추는 효과가 크다. 또 콩의 사포닌도 역시 콜레스테롤 수치를 낮춘다. 콩 속에 많이 들어있는 아이소플라본 역시 콜레스테롤 수치를 낮춘다고 한다. 따라서 심혈관 및 중풍 예방을 하기 위해서는 혈청 콜레스테롤 수치를 내리는 콩을 포함한 곡채식 위주의 식사를 운동과 꾸준히 하는 것이 바람직하다.

골다공증 예방에 콩이 좋은 이유

메시나 박사의 저서 《대두(Soy bean)》에서 매우 재미있는 것을 발견할 수가 있다. 국가별로 칼슘 섭취가 많을수록 골반 뼈의 골절이 많았다. 동물성 단백질 섭취가 많을수록 골반 뼈의 골절이 많은 것이다. 반면 개발도상국들은 칼슘 섭취는 낮아도 골다공증은 드물었다. 단백질 섭취가 너무 많으면 몸에서 칼슘이 빠져나가므로 칼슘을 아무리 많이 먹어도 효과가 없다. 결국 칼슘이 매우 적은 육식을 많이 하는 사람들은 뼈가 점점 약해진다.

대두에 많은 아이소플라본은 골다공증 예방에 좋은 역할을 한다는 것을 많은 연구에 의해서 밝혀지고 있다. 성호르몬은 골밀도와 밀접한 관계가 있다. 폐경 후 여성은 에스트로겐의 생산 부족으로 골밀도가 급격히 떨어진다. 폐경 후 첫 10년 동안 골질량의 15에서 50%를 잃는다고 한다. 그러나 최근의 많은 연구에 의하면 콩의 아이소플라본 성분이 골질량을 보호한다는 것이다.

나는 학위 논문을 쓰기 위해 1999년 K시에서 폐경기 여성을 상대로 골밀도 조사를 했는데, 콩의 섭취가 많은 여성일수록 뼈의 분해가 덜 되는 것을 확인하였다. 이 때에 우리가 분석한 것은 소변으로 나오는 아이소플라본의 양과 DPD의 양이었다. DPD는 생화학적 인자로서 'Deoxypyridinoline' 이라는 물질인데, 뼈가 분해할 때만 소변으로 배설되는 일종의 특수한 단백질이다. 이 단백질은 콩을 많이 섭취하는 여성일수록 적게 나왔다. 이미 여러 과학적인 실험에서 아이소플라본이 뼈의 분해를 막는다는 것이 입증된 바가 있다. 따라서 가장 바람직한 것은 성인일수록 단백질의 섭취는 칼슘을 많이 배설하는 동물성보다 식물성, 특히 뼈를 보호하는 성분을 가진 대두를 섭취하는 것이 좋다.

장수로 유명한 오끼나와 사람들이 세계에서 가장 콩을 많이 섭취한다는 사실도 특이하다. 오키나와 장수노인들이 섭취하는 콩의 양은 하루 평균 60~120ｇ에 이르는 데 비해 보통 일본인은 30~50ｇ, 중국인은 10ｇ, 미국인은 '0g'에 가깝다. (뉴욕=연합뉴스 2004/8/23)

2. 단백질과 관련된 질병

문명사회와 질병

코넬 대학교의 켐벨 교수는 1990년대 중국에 가서 6,500여명을 상대로 역학조사를 했다. 서구인들이 동양권의 개발도상국에 관심을 갖게 된 것은 이 동양인들이 서구인에 비해서 성인병의 발생(이환)율이 상대적으로 현저히 낮기 때문이다. 또 이러한 낮은 이환율이 그들과는 다른 식생활에서 온 것을 잘 알고 있기 때문이다.

중국의 대다수 가난한 사람들은 수입이 적기 때문에 주로 탄수화물과 야채 위주의 식사를 하며 지방도 적게 사용한다. 켐벨 교수에 의하면 중국인들이 섭취한 총 단백질 중 10%가 동물성인 반면에 미국인의 식사는 70%가 동물성이라고 하였다. 대부분의 중국인들은 심장질환도 적고, 암 발생도 적고 골다공증도 매우 적다. 이러한 중국에 자본주의가 들어가면서 미국의 프랜차이즈 레스토랑, 미국의 청량음료 등의 서구음식이 따라 들어가 신세대의 인기를 끌며 입맛을 변화시키고 있다. 또 이러한 중국에 서구인들의 성인병이 발생하는 집단은 주로 식생활이 기름진 육식 위주의 식생활로 바뀐 부유층이다.

임파종양은 과잉의 동물성 단백질 섭취와 관련이 있다

아이오와 의과대학 조교수인 제임스 알 써어한(James R. Cerhan)박사팀은 육류와 지방을 동시에 줄일 것을 권한다. "붉은 육류를 줄이고 포화 지방 섭취를 줄이세요, 그리고 야채를 더 많이 잡수세요."라고 충고한다. 그의 충고는 육류섭취는 임파선 암과 관련이 있기 때문이다. 써어한과 그의 동료들은 아이오와의 여성 35,000 명을 연구하였는데, 붉은 육류를 가장 많이 먹는 그룹의 암발생률이 적게 먹는 그룹보다 높았다. 특히, 햄버거를 매 주 네 번 이상 먹음으로써 비(非)-하쥬킨(Hodgkin)임파선 암에 걸릴 위험이 거의 두 배나 되었다. 그러나 여성들은 하루에 세 번 혹은 그 이상 과일을 먹음으로써 임파선 암에 걸리는 위험을 36% 줄일 수 있었다.

암도 역시 동물성 단백질의 과잉 섭취와 연결되어 있다. 국제적인 비교연구에 의하면 동물성 단백질 섭취가 많은 국가일수록 임파선에 치명적인 임파 종양이 더 많았다. 특히 젊은 청년들에게 치명적이다. 현대 의료기술의 발전으로 치료 가능해졌음에도 불구하고, 미국에서만도 해마다 이 임파 종양으로 23,000명이 목숨을 잃는다.

동물성 단백질의 섭취와 임파 종양과의 상관관계는 분명한데, 특히 쇠고기 단백질과 밀접한 관계가 있음이 발견되었다. 뉴욕의 알란 커닝햄 박사는 많은 국가에서 낙농품과 쇠고기의 단백질과 임파 종양 간에 상관관계가 있음을 발견하였다. 특히 미국, 뉴질랜드, 덴마크, 스웨덴 등 소득 수준이 높고 쇠고기 소비량이 많은 국가에서 임파 종양의 발생빈도가 높았다. 일본은 매우 낮게 나와 있으나 이 연구는 1976년에 란셋에 발표된 것이므로 지금과는 많은 차이가 있다. 그 사이 우리나라와 마찬가지로 일본의 육류 소비량은 서구의 수준을 향해가고 있기 때문에 임파 종양의 발생 빈도수는 아마도 중간 정도로 올라오지 않았나 싶다.

육류 섭취는 유방암의 위험을 증가시킨다

많은 연구들이 육류 섭취와 유방암의 위험과의 관계를 증명하고 있다. 약 20년 전에, 다께시 히라야마 박사는 140,000명의 여성을 상대로 10년 동안의 연구에서 유방암에 관한 놀라운 관찰을 하였다. 사회경제적인 지위가 다른 두 그룹은 위험률에 큰 차이가 있었다.

사회경제적 요인과 인구 통계적 요인이 유방암의 발병위험에 영향을 준다는 것은 잘 알려져 있는 사실이다. 적은 임신 횟수, 나이가 많은 첫 임신, 모유 수유를 적게 하는 것, 모두 유방암이 많이 생기게 하는 것으로 보인다. 더구나, 이 요인들의 하나는 전문직에 종사하거나 경영하는 일을 하는 여성들에게서 더 흔한 것 같다. 14,000 명의 노르웨이 여성들을 대상으로 한 바텐 박사팀의 연구에서도 한 주에 육류를 다섯 번 혹은 그 이상 먹는 여성들과 두 번 혹은 그보다 덜 먹는 여성들이 비교되었다. 더 많이 먹은 사람들은 거의 두 배 가깝게 유방암에 걸렸다.

육류섭취와 유방암 위험율

구분	위험율
낮은 사회경제 지위 육식: 가끔, 드물게, 전혀 없음	1
높은 사회경제 지위 육식: 매일	8.5

간암과 동물성 단백질

지난해 여름 Y요양병원에서 만난 간암 말기 환자 3명은 모두 젊은 나이에 간염으로 시작하여 간암까지 진전된 상태였다. 그 중 50대 주부는 대학생 아들도 간염이라고 했다. 특히 간암은 회복이 어렵기 때문에 간염부터 예방하는 것이 매우 중요하다. 간암을 처음으로 진단받은 젊은이의 당황하는 모습이 딱했는데, 대개의 경우 우왕좌왕하다가 세상을 뜨곤 한다.

암환자들을 자주 접하면서 암 진단을 받았을 때 어떻게 그 늪에서 빠져나올 수 있을까를 생각하기 시작했다. 일단 암선고를 받은 당사자나 그 가족은 암정복을 위해 남의 경험담으로 실린 책을 많이 탐독하기를 권한다. 많은 사례를 접하면서 자기 나름의 결정을 하는 것이 바람직하다. 공연히 이리저리 끌려 다니다 고생은 고생대로 하고, 비용은 엄청나게 쓰고 결국은 사망한다. 퀸즈에 살다온 나의 친구도 그해에 1억을 병원에서 쓰고 세상을 떠났다. 와일드우드(Wildwood, 조지아주)와 같은 자연치유 요양 병원에서는 한국, 일본, 중국에 간암과 위암이 서구 사회보다 많은 이유는 아플라톡신이 많은 발효 음식 때문이라고 교육한다.

특정한 암 연구는 동물성 단백질 자체가 암을 촉진하는 인자라는 것을 확인하였다. 코넬 대학교의 다이 비세글 박사와 후프나글 박사는 동물성 단백질 섭취와 간암과의 사이에 놀라운 관계가 있다는 증거를 제공하였다.

사람의 경우, 간암의 원인은 주로 두 가지이다. 간염 B 바이러스에 의한 유전자의 변이와 발암물질인 아플라톡신 B1이다.(아플라톡신은 곰팡이가 핀 땅콩같이 식품을 오염시키는 특정한 곰팡이에 의해 발생하는 독성분이다) 코넬 연구팀은 동물 실험에서 식이의 동물성 단백질을 줄이는 식이요법으로 두 막강한 간암의 원인들이 간암으로 진전하는 것을 억제할 수 있었다. 생쥐들에게 아플라톡신이나 B형 간염 바이러스로 인한 유전자 변이를 시켜서 암의 위험을 높였을 때, 동물성 단백질 섭취량을 줄이면, 간암 위험률을 극적으로 낮출 수가 있었다.

B형 간염 바이러스로 유전자 조작한 간암에 걸리기 쉬운 두 군의 생쥐연구에서, 챙 박사와 그의 동료들은 한 집단의 생쥐들에게 표준 22%의 우유 단백질(카제인)을 먹였다. 또 다른 군에게는 카제인 단백질을 75%나 줄인 식이를 주었다. 암이 발전하는 차이점은 놀랍게도 식이 중의 카제인의 양에 비례하였다.

동물성단백질의 함량(%)	간암발생률
22	64%
6	16%

표에서 표준 식이를 먹은 생쥐들은 64%가 간암에 걸린 반면에, 낮은 동물성 단백질 식이를 먹은 생쥐들은 16%뿐이었다(75%의 감소).

아플라톡신으로 실험했을 때도 유사한 결과가 나왔다. 우유 단백질 대신에 대두 단백질이나 다른 식물성 단백질을 20%로 올렸을 때 암의 위험률이 올라가지 않았다.

이러한 동물성 고단백질 식이의 암 촉진 효과는 역시 사람에게도 나타난다. 예를 들면, 중국인의 아플라톡신 노출은 낮은 단백질 식이 때문에 간암을 크게 상승시키는 것 같지는 않다.

결장암과 육식과의 관련

결장암도 육류섭취와 아주 깊은 관계가 있다. 하버드 대학교가 실시한 88,000 명의 간호사들을 대상으로 한 연구에서 붉은 육류를 주식으로 먹은 사람들은 결장암에 걸리는 수가 엄청나게 많았다.

육류를 매일 먹으면 위험이 149% 증가하였다. 달리 말하면, 육류를 매일 먹는 사람은 붉은 육류를 거의 혹은 전혀 먹지 않은 사람보다 위험이 2.5 배 컸다. 붉은 육류(red meats) 라는 것은 흔히 말하는 쇠고기, 돼지고기, 양고기와 이 육류제품이다. 로스트, 스테이크, 햄, 육류 라자니아, 샌드위치, 스튜, 캐서롤, 햄버거, 핫도그, 베이컨, 소세지, 살라미, 그 외의 런천미트 등이다. 이러한 붉은 육류를 매끼 먹지는 않아도 그래도 가끔 (한 주일에 다섯 번 내지 여섯 번) 먹은 사람들도 결장암의 위험이 84% 증가하였다. 붉은 육류를 주식으로 한 달에 한 번에서 네 번 먹은 사람들은 붉은 육류를 전혀 먹지 않거나 한 달에 한 번 이하 먹은 사람들보다 결장암에 39% 더 걸렸다. 이 데이터는 포화 지방만을 먹은 경우보다 붉은 육류로 만든 음식을 먹은 경우에 결장암에 걸릴 위험이 더 컸음을 보여준다.

하버드 연구처럼 1990년대 유럽과 호주에서도 비슷한 관계들을 발견하였다. 육류를 자주 먹은 여성들과 거의 혹은 전혀 먹지 않은 여성들을 비교했을 때, 전자는 결장암에 거의 2배 더 걸렸다. 호주의 스테인메츠 박사팀의 연구는 여성들에게서 여러 다른 동물성식품과 결장암의 관련을 발견하였다. 그 식품들에는 붉은 육류와 간, 또 생선이 들어 있었다. 하지만, 이 연구에서 가장 나쁜 식품은 계란이었는데, 아주 많이 먹는 사람들이 암에 걸리는 위험이 6배였다. 호주의 연구는, 육류 섭취와 결장암에 관련하여, 붉은 육류가 확실히 그 위험을 증가시키며, 닭고기와 생선은 위험이 덜하지만, 아주 안전하지는 않다는 결론을 강조하고 있다.

벤조피렌(benzopyrene)이라 불리는, 육류에 관련된 강한 발암물질은 조리와 관계가 있다. 벤조피렌은 담배연기 속에 있는 4,000가지 화학물질들 중의 하나이다. 인간의 세포배양 실험이나 쥐 실험 연구는 간, 위, 대장, 장, 식도, 폐, 유방 등이 조직에 벤조피렌의 발암 활동을 보여준다. 육류의 조리법은 불 위에 굽는 것보다는 삶는 것이 안전하다. 우리나라 조리법으로는 편육, 찜이나 탕이 해당한다. 조리 후에 식혀서 지방을 걷어내야 한다.

그 이외의 암과 동물성 단백질

암스트롱과 도올 박사 역시 동물성 단백질의 섭취 증가는 유방암, 결장암, 전립선암, 신장암과 자궁암의 위험률을 증가시키는 것을 발견하였다. 동물성 단백질 자체가 식물성에 비교해서 암의 위험률을 높인다. 반면에 많은 식물성 식품에서 발견되는 영양소는 암을 예방하는 것으로 나타난다. 또한 동물성 단백질을 많이 섭취하는 사람은 건강에 좋은 식물성 식품을 취하는 양이 적다.

많은 사람들이 값이 비싼 단백질 식품은 영양소가 많고 값이 싼 식물성 식품은 영양소가 별로 없는 것으로 착각하고 있지만, 영양소는 식품의 가격과 항상 비례하지 않는다. 동물은 사육 과정에서 환경과 사료로부터 오염이 되기 때문에 발암물질에 많이 노출이 된다. 식물은 자신의 몸을 보호하기 위한 다양한 물질을 만들어내는데 이러한 많은 물질은 항암역할을 하는 것으로 알려져 있다.

동물성단백질이 암을 유발하는 이유

동물성 고단백질 식이가 암의 위험률을 증가시키는 것은 동물성 단백질이 암의 성장을 자극하는 특정한 성장 호르몬의 수준을 높이기 때문인 것으로 보인다. 이러한 성장 인자는 인슐린 같은 성장 인자(IGF2)라고 불리는 물질이다. 이 인자는 태아의 정상 발육에 필요한 것이고 나이를 먹을수록 줄어든다. 그러나 종양에서는 이 물질의 농도가 꽤 높은 것이 발견된다. 여러 연구가들은 이 성장 인자가 암세포에게 성장의 특혜를 주는 것으로 믿는다. 특히 중요한 것은, B형 간염 바이러스로 유전자 조작한 생쥐들에게 22%의 카제인 식이를 주었고 6%의 카제인 식이를 준 생쥐들과 비교했을 때 IGF2의 농도가 4배 이상 높았다.

한국에서는 의사들이 항암치료를 받은 암환자들에게 면역체 수치가 떨어졌으니 고기를 많이 먹으라고 권하는 경우가 많다. 대부분의 의사와 암환자들은 육류를 많이 먹는 것을 잘 먹는 것으로 알고 있다. 암사망이 1위가 된 우리사회에서도 환자들의 회복식에 관한 진지한 연구가 많이 이루어져야 할 것이다.

육류 속에 철분이 너무 많이 들어 있다?

붉은 육류의 많은 양의 철분은 한때 유익하다고 크게 선전되었다. 하지만 이제는 육류 속에 있는 철분의 해로움에 대해서도 바르게 보기 시작하였다. UCLA에 제출된 최근의 한 학위논문은 결장암이 지나치게 낮거나 지나치게 높은 철분에 의하여 증가한다는 것을 시사하고 있다. 식물성 식품은 대체로 지나치지 않게 적당히 철분을 제공한다. 와인버그 박사는 1996년의 논문에서 암에 걸릴 위험이 있는 너무 많은 양의 철분에 관해 다음과 같이 요약하였다:

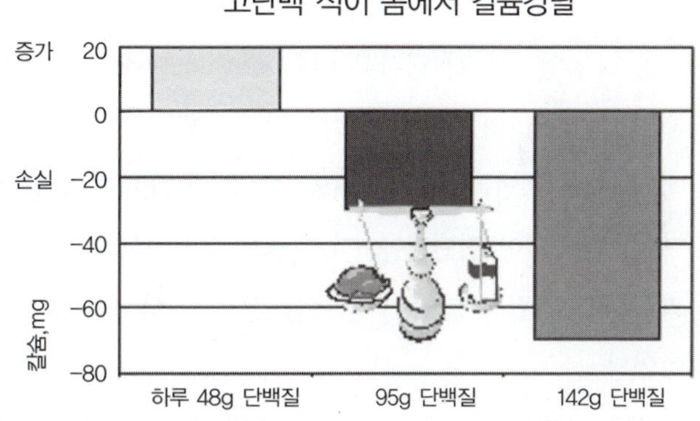

1. 철분은 DNA를 손상하는 잠재력이 있는 수산기 유리기(水酸基, hydroxyl radicals)라 하는 합성물의 형성을 돕는다.
2. 철분은 중요한 면역계 세포들의 활동을 억누른다.
3. 철분은 암 세포의 증식을 촉진한다.

그리고 그는 "철분을 적게 섭취하는 것은 암 예방과 신생물(암)질병의 치료에 도움이 된다"라고 결론지었다.

단백질 과잉 섭취는 칼슘을 잃는다

많은 연구를 통해서 식이 중의 과잉 단백질 -특히 동물성 단백질- 이 골다공증의 위험률을 높인다는 사실이 밝혀졌다. 육식이 우리 몸의 뼈로부터 칼슘을 잃는 원인이 될 수 있다는 것이다. 특히 1970년에 발표된 위스콘신 대학교의 존슨 박사의 연구에서는 건강한 성인 남자들에게 잘 계획된 식사를 약 4개월 동안 주었다. 이 전체의 기간 중에 그들은 매일 칼슘을 1,400mg 섭취했는데, -이 양은 오늘날 권장할 수 있는 최고의 양이며, 한국인의 하루 영양권장량 보다 두 배나 많은 양이다. 이 연구기간에 연구가들은 실험대상자의 단백질의 섭취량을 두 수준으로 즉 하루에 48g과 141g로 조절했다. 이 두 수준은 미농림성의 통계와 비교해서 현재 미국의 하루 평균량 105g보다 하나는 높고, 하나는 낮은 것이었다.

연구 결과, 저단백질 식이에서는 매일 10mg의 칼슘을 축적했지만, 고단백질 식이에서는 매일 84mg의 칼슘을 잃었다. 연구가들은 결론 내리기를, "매일 84mg의 손실은, 고단백식이를 먹였을 때 일어났는데, 이것은 현실적인 일이며, 이것이 오래 계속되면 체내의 상당한 칼슘이 손실된다"라고 했다.

1981년 린크스 윌러와 그의 동료에 의해 실시된 연구는 위의 연구와 상당히 유사했다. 그 당시 미국의 평균 하루 섭취량 99g과 유사한 95g을 더 첨가했다. 그들은 실험 대상자들을 세 집단을 나누었는데 각 집단은 다른 수준의 단백질을 섭취하였다. 세 집단은 이전 연구와 똑같이 매일 1,400mg의 칼슘을 섭취하였다. 결과는 앞의 그림에 두 연구를 합쳐서 나왔다. 하루에 단백질 142g을 먹는 집단은 매일 70mg의 칼슘을 잃었다. 칼슘은 그들의 뼈에서부터 나온 것이다. 고단백식이 집단은 단지 그들이 고단백질을 섭취했기 때문에 매일 칼슘을 잃고 있었다. 과잉의 단백질은 그들이 충분한 칼슘을 섭취함에도 불구하고 뼈로부터 칼슘이 빠져 나오고 있었다.

필수 아미노산의 섭취가 우리 몸의 필요량을 넘을 때, 간의 효소는 아미노산을 분해한다. 엘윈 박사는 많은 양의 육류를 개에게 먹이고 이 필수 아미노산들이 여행하는 경로를 추적하였다. 단백질은 위와 소장에서 분해되어 아미노산들이 소장의 혈관으로 흡수된다. 과잉 섭취이기 때문에 많은 양의 아미노산은 간을 통과하면서 즉시 분해된다. 반 이상이 요소로 전환되고 나머지 23%만이 간을 통해 나가면서 일반 순환계를 돌며 조직을 위해 쓰여진다. 이 때 생성된 많은 양의 요소는 이뇨제로 기능한다. 이뇨제는 물을 제거하면서 무기질도 함께 제거한다. 과잉의 요소는 물과 함께 칼슘도 제거한다. 고단백식이를 섭취하면 칼슘뿐만 아니라, 철분, 아연, 인도 역시 손실된다. 만일 하루에 140g의 고단백식이를 하게 되면, 추가로 칼슘을 따로 섭취하지 않는 이상 체내 칼슘은 평형이 유지되지 않는다.

골다공증에 대한 국제적인 연구도 같은 결론인데, 유명한 D.M. 헥스티드 박사는 "칼슘의 섭취가 많은 국가의 골다공증 발생이 더 높다"고 지적하였다. 그는 16개 국가의 골반골절과 평균 칼슘 섭취의 상관관계를 살펴보았다. 골다공증이 많은 나라는 주로 소득 수준과 육류의 소비량이 높은 나라들로, 노르웨이, 스웨덴, 덴마크, 영국, 미국 등이다. 골절이 낮은 국가는 남아프리카이며 이들은 반투족으로 골다공증 연구에 자주 등장하는 흑인 원주민이다. 노동량이 많은 이들은 칼슘 섭취량이 적고 아이들을 모유로 키워도 골밀도는 높다. 그러나 이 흑인 원주민들이 도시로 나와 백인들과 같은 식사를 하게 되면, 뼈가 약해진다.

에스키모와 골다공증

에스키모의 뜻은 '날고기를 먹는 사람'이라고 하므로 전 세계에서 고기를 가장 많이 먹는 종족은 에스키모일 것이다. 위스콘신의 연구가 리차드 마제스와 와렌 마터는 40세 이상의 에스키모들은 같은 나이의 백인들보다 10에서 15% 이상 골손실이 있음을 골밀도를 직접 측정함으로써 발견하였다. 골손실은 남녀 똑같이 나타났다. 연구가들이 발견한 것은 에스키모들은 하루에 2,500mg의 높은 칼슘을 섭취한다는 것이다. 에스키모들은 많은 양의 생선을 뼈까지 먹는다. 또한 하루에 물개, 고래 등과 생선으로부터 250~400g 범위의 높은 단백질을 섭취한다. 연구가들은 "가장 분명한 사실은 중년의 에스키모들의 높은 비율의 골손실은 육식에서 기인한다"라고 결론을 맺었다.

미국 사회에서 1980년대에 '등푸른 생선이 좋다'는 말이 유행했었다. 에스키모들이 동물성 식품을 많이 먹어도 미국인들과 같이 심장병이 흔하지 않은 이유는 '등푸른 생선'의 오메가-3 지방산이 많아서 혈액이 굳지 않는다는 것이었다. 이 유행은 미국사회에서는 이미 한물갔는데 에스키모의 혈액이 응고하지 않는다는 한 면만 보고 골다공증이 심한 다른 면에는 관심을 갖지 않는지 의아하다. 그 결과 많은 미국인들은 육식은 계속하면서 생선 기름이 들어있는 캡슐만 보충해서 먹었지만 혈관질환은 여전하고 골다공증은 점점 더 심해지고 있는 현실이다.

단백질식품을 과잉 섭취하면 노폐물이 증가한다

대부분의 사람들은 과잉의 지방 섭취와 또 과잉의 설탕 섭취가 좋지 않은 것을 알고 있다. 그러나 많은 사람들이 과잉의 단백질을 먹는 것이 해로운 것을 모르고 있다. 이점은 영양학 공부를 따로 하지 않는 한 의사들도 마찬가지이다. 일반 사람들이 생각하는 단백질 식품은 쇠고기, 닭고기, 계란, 생선과 같은 동물성 식품이다. 그러나 곡류, 야채, 견과류나 씨앗 종류에도 단백질은 들어있다. 한국인은 쌀을 주식으로 하는 식생활에서 단백질의 주요 공급은 고기반찬보다는 밥과 콩, 야채반찬이었다.

탄수화물의 대사는 거의 100%가 에너지로 전환되고 노폐물도 적게 배출된다. 그러나 단백질은 58%만이 연소될 수 있으며 처리해야 할 많은 노폐물을 남긴다. 고단백 식이는 단백질 분해 산물인 암모니아와 요소를 처리하기 위해 간과 신장에 무리한 부담을 주고, 독성의 잔여물을 체내에 그대로 남긴다. 이것이 신체에 손상을 일으켜 암, 관절염 등의 여러 다양한 질병을 유발한다. 고단백식이로부터 생성된 암모니아는 매우 유해한데, 정상 세포의 성장을 억누르는 반면, 암의 발병률을 높인다.

황제 다이어트

체중 조절을 위해 고단백 식이를 할 경우 불균형으로 인한 갑작스러운 죽음을 초래할 수가 있다. 너무 많은 단백질 섭취는 체내에 유해한 암모니아의 생성을 촉진해서 매우 유해하며 단백질의 일부가 대장에서 세균에 의해 분해되어 아민체를 형성하여 장운동을 억제하고 변비를 유발할 수도 있다.

황제 다이어트는 미국의 애트킨스 박사가 처음 제안한 다이어트법으로 종래의 체중조절 방법으로 애용되어 온 저지방 저칼로리 다이어트와 정반대되는 개념이다. 황제의 식사처럼 육류와 기름진 음식을 실컷 먹고도 살을 뺄 수 있다는 점을 강조하여 붙여진 이름이다. 저당질 고단백 식사는 체내

황제다이어트 창시자는 '116kg 뚱보'

지난해 숨진 앳킨스 박사
생전에 심장병 증세도

고단백질·저탄수화물 식사를 강조한 체중 감량 식이요법인 이른바 '황제 다이어트'를 창안한 미국의 고(故) 로버트 앳킨스(Atkins·사진) 박사가 지난해 사망 당시 체중이 116kg이나 되는 비만에다 심장병력도 갖고 있던 것으로 밝혀졌다.

월 스트리트 저널은 10일 뉴욕시 법의학실 보고서를 인용, 지난해 4월 넘어지면서 입은 부상으로 72세의 나이로 숨진 앳킨스 박사가 심장발작과 울혈성 심부전, 고혈압의 병력을 갖고 있었다고 보도했다.

또한 그는 키 180cm에 몸무게 116kg으로 '비만'이었다고 이 신문은 전했다.

물론 앳킨스 박사의 직접 사인은 '(넘어지면서 부딪쳐 생긴) 머리 부분의 충격'이라고 이 보고서는 밝혔으나, 비대한 덩치 때문에 제대로 몸을 가누지 못해 치명적인 상황까지 갔을 가능성도 없지 않다.

탄수화물의 섭취를 엄격히 제한하는 대신 육류 등 고단백 음식은 마음껏 먹어도 된다고 한 앳킨스식 다이어트는 미국뿐만 아니라 한국에서도 상당한 유행을 몰고 왔다. 그러나 상당수 전문가들은 이런 다이어트 요법이 심장병 위험을 증가시킨다고 비판해왔다.

앳킨스 박사는 평생 자신이 주장한 다이어트 요법을 지켰고 이 때문에 그의 건강 상태는 주목의 대상이 돼 왔는데, 이번에 그의 비만 상태와 심장병력이 '폭로'된 것이다.

이풍슬기자 yehee@chosun.com

칼슘의 손실을 초래하여 골다공증을 일으킬 수 있으므로 이 방법은 장기간 실시하면 위험부담이 크다. 그 자신도 그의 다이어트로 비만을 해결하지 못했고 72세에 심장병으로 사망했다.

페닐알라닌, 타이로신과 면역체 연구

내추럴 킬러세포는 백혈구의 특별한 종류인데 이 세포들은 이질적인 세포, 즉 암세포를 파괴하는 능력이 있다. 그런데 동물성 단백질 섭취를 많이 했을 때에는 내추럴 킬러세포의 수가 감소하는 것을 보여주는 노리스와 메도우스 박사의 연구가 있다. 고단백 식이는 두 종류의 또 다른 백혈구에 좋지 않은 영향을 준다. 그것은 T헬퍼 세포와 T사이토톡신 세포이다. 예를 들면, 페닐알라닌과 타이로신을 제한하면 건강한 성인 참가자들에게서 면역계가 향상되는 것이 밝혀졌다. 28일간 참가자들은 두 가지의 아미노산을 절제한 음식을 먹었고, 그 후 이들의 식이가 다시 이 두 개의 아미노산이 풍부한 보통의 미국인의 식이로 돌아갔다.

내추럴 킬러세포의 수는 실험기간 두 배가 되었다. 두 개의 또 다른 중요한 암예방 세포들 T헬퍼 세포와 T사이토톡신 세포의 수도 역시 증가하였다. 나머지 두 주일에는 전형적인 미국인의 페닐알라닌과 타이로신이 풍부한 육식으로 돌아갔을 때, 그들의 건강한 면역기능을 하는 세포의 농도는 떨어지고 내추럴 킬러세포만은 예외였다.

식품	페닐알라닌(mg)	타이로신(mg)
사과소스(1/2 컵)	6	4
사과(중)(2개)	14	11
양배추(1컵)	48	26
케일 잎(1컵)	61	47
겨자 잎(1컵)	90	180
말린 무화과(10개)	138	247
계란(1개)	332	255
전지유(1컵)	388	388
게살(1컵)	799	632
팥(1컵)	881	477
참치(90g)	970	836
비프스테이크(90g)	1012	868
닭 가슴살(한개)	1147	960

육류와 편두(lentils)는 이 아미노산의 함량이 높고 과일은 페닐알라닌과 타이로신을 피할 수 있는 제일 좋은 식품이다.

페닐알라닌과 타이로신과 같은 아미노산을 제한하는 것은 이미 전이된 암의 치료에 도움이 된다는 증거가 있다. 이미 간과 폐까지 전이된 흑색종이라는 피부암의 일종을 연구한 여러 동물 실험이 실시되었다. 생쥐들은 두 가지 아미노산이 낮은 식사를 했을 때 종양의 성장이 멈추었다. 반면 '정상적'인 식사를 한 생쥐들은 흑색종 종양의 성장으로 인해서 빨리 죽었다. 옆의 표의 수치를 비교하면 동물성 식품은 두 가지 아미노산의 함량이 높은 편이다.

고단백 식이는 신장의 기능을 더 악화시킨다

우리는 오래 지속된 고혈압이나 당뇨병이 신장의 미세한 여과 구조인 사구체를 파괴하는 것을 잘 알고 있다. 당뇨병의 합병증 중에서 신장질환은 장애나 사망을 유발하는 큰 인자이다. 인슐린 의존적인 당뇨환자 세 명 중 한명은 신장이 망가져 투석을 하거나 신장이식을 해야 한다. 미국에서 2천만 명이 신장과 요로 질환으로 고통 받고 있고 해마다 9만 명이 이 질환으로 죽는다. 고단백 섭취는 신장의 사구체를 서서히 파괴하고, 신장의 여과 기능을 약화시킨다. 이렇게 상한 신장은 일반적으로 점점 악화된다.

당뇨병 환자들이 혈당이나 혈압을 철저하게 조절한다고 해도 이 질병은 시간이 경과함에 따라 서서히 진행되어 악화된다.

이미 상당히 신장의 기능을 잃은 만성 신부전증 환자에 관한 고전적인 연구가 있다. 환자들은 신장의 여과기능이 나빠져 소변에 단백질이 나왔다.

정상적인 신장은 소변 속에 단백질을 내보내지 않는다. 의사들은 이 환자들의 신장의 여과

능력을 측정하였는데, 이들 환자들의 수치는 평균 50ml/min이었다. 즉 이들의 신장 기능은 이미 반 이상이 망가진 것이다. 정상인은 1분간 125ml/min이다.

연구진들은 이들 환자에게 하루에 40g의 단백질을 포함한 저단백 식이를 주었다. 1년 후 이들의 신장 기능이 예전과 똑같은 여과 기능 수준인 50ml/min이었다. 더 이상 악화되지 않은 것이다. 식사의 단백질 양을 줄이면 혈액 내의 단백질양이 감소하지 않을까? 하고 우려하겠지만, 비록 저단백 식이를 했어도 그들의 혈청 알부민 수치가 상당히 상승한 것을 주목할 수 있다. 이것은 정말 놀라운 것이다.

많은 의사들은 당뇨병 환자들이 소변으로 단백질을 많이 잃기 때문에 더 많은 단백질을 먹어야한다고 생각해 왔다. 고단백 식사가 소변으로 잃은 단백질을 보충한다고 생각했기 때문이다. 그러나 신장이 망가진 상태이기 때문에 고단백은 더 큰 부담이 된다. 이 연구는 저단백 식이가 매우 중요하다는 것을 분명히 밝히고 있다. 저단백 식이를 따른 지 일년 뒤에 환자의 소변 단백질 손실은 상당히 줄었다. 저단백 식이의 효과는 소변 단백질 손실의 감소로 이 손실을 상쇄하고도 남음이 있었고, 혈청 내 단백질의 수치가 상승했던 것이다.

이 연구를 요약하면, 신부전증이 심각한 환자들에게 저단백 식이는 네 가지의 효과를 줄 수 있다. 신장악화의 정지, 혈청 단백질 상승, 소변 단백질 손실 감소와 혈압 강하이다. 이 연구를 포함한 여러 연구는 신장질환에는 단백질 제한 식이의 치료가 제일 좋은 것임을 보여주었다.

신장결석

신장은 하루 180리터의 혈액을 매일 같이 걸러낸다. 신장이 고장 나면 독물질이 체내에 축적되어 사망할 수가 있다. 오랜 기간 고단백 식이를 하게 되면 단백질에서 나오는 암모니아를 제거하느라 신장이 과로하게 되어 상하게 된다. 영국에 나온 한 연구에 따르면, 동물성 단백질 식사 후에는 식물성 단백질 식사보다 신장이 16% 더 일을 한다고 했다.

고단백 식이는 신장결석이 잘 생기게 한다. 신장은 체내의 모든 무기염들을 농축하는데 만일 신장이 소변을 너무 농축하면 결석을 형성하게 된다. 신장 결석은 여성보다는 남성이 더 많이 생기고 미국인의 경우는 10명 중 1명이 예방할 수 있는 질병으로 고생한다. 신장 결석은 주로 칼슘 결정체로 이루어진다.

우리가 이미 골다공증에서 언급한 것처럼 동물성 단백질은 식물성에 비할 때 더욱 많은 칼슘을 배설하게 하는데 이 과량의 칼슘이 신장 결석을 만드는 것이다. 이것은 여러 연구들이 뒷받침하고 있다. 가장 중요한 연구는 뉴잉글랜드의학(NEJM)회지에 발표한 45,000명의 남자들을 대상으로 한 연구인데, 동물성 단백질 섭취가 많을수록 신장결석이 생길 확률이 더 높다는 것이다.

담석증

식물성 단백질, 특히 콩 단백질은 역시 담석의 형성을 예방한다고 볼 수가 있다. 한 연구에 따르면, 콩 단백질은 이미 형성된 담석을 녹이는데 도움이 된다고 했다. 이것은 채식인들보다 육식가들 중에 담석증이 두 배나 더 많은가에 대한 설명이 될 수가 있다. 담석은 담낭에서 만들어진다. 이 담낭은 지방을 소화하는 데 필요한 담즙이라는 액체를 분비하는데 담즙의 중요한 성분 중의 하나는 콜레스테롤이다. 콜레스테롤의 비율이 상대적으로 많아지면 담석이 생성될 확률이 크다. 콩은 혈청 콜레스테롤 수치를 낮추는 데 기여하므로 따라서 담즙 조성에도 영향을 미침으로써 담석 형성을 예방한다. 또 대두는 유화제 레시틴의 함량이 높으므로 이 담석 형성 예방에도 기여한다.

위에 언급한 많은 연구들은 서구에서 실시된 것이다. 이제 서구인들은 콩의 우수성을 알고 많은 연구 결과들을 쏟아내고 있으며 동양인의 식사에 많은 관심을 갖고 있다. 반면에, 우리 사회는 육류의 소비량이 1970년대에 비해서 4배가 증가하였고 식생활도 계속 서구화되어 가고 있는 중이다. 최근 보도된 뉴스에서는 그 결과 한국인에 흔한 위암과 간암에서 결장암, 유방암, 전립선암 등의 서구성 암으로 바뀌는 추세라고 한다. 이렇게 문제가 많은 육류를 섭취를 줄이고 콩으로 바꾸는 것이 어떨까?

제 4 장

에너지 이야기

1. 에너지 필요량과 식품의 열량
2. 비만 이야기

1. 에너지 필요량과 식품의 열량

프랑스인 라보아제(1743~1794)는 근대 화학의 아버지로 불리운다. 세무직으로 인한 수입이 상당히 많아 대부분의 돈을 도서관과 화학 실험실에 투자했다고 한다. 그는 아리스토텔레스의 4원소 중 세 가지(흙, 물, 공기)는 화합물이며 네 번째(불)는 실체가 없다는 것을 밝혔다. 동시에 산소, 수소, 질소, 탄소가 원소이며, 열량대사에 있어서 산소가 호흡과정에 관여하는 것을 증명한 학자이다.

라보아제는 영양학의 시조가 되었는데 아깝게도 프랑스 혁명 당시 단두대의 이슬로 사라졌다. 그의 아내 마리-앤은 남편의 실험실에서 메모한 것을 그림으로 그려 넣기 위해 유명한 화가(Jacques-Louis David)에게 그림공부를 했고 이 화가가 그린 부부의 매혹적인 초상화는 뉴욕의 메트로폴리탄 미술관에 걸려있다.

에너지(energy)는 en과 ergon의 합성어로서 '안(內)과 일한다'의 희랍어에서 유래되었다. 에너지는 일을 할 수 있는 힘으로 우리의 체내에서 생명의 원동력을 지속하도록 한다.

대사(metabolism)는 '전환시키다, 변화하다' 라는 의미의 희랍어에서 유래되었다. 대사는 식품 속의 물질이 우리 몸에 들어와 화학변화를 일으켜 다른 물질로 변화가 된다는 뜻이다. 따라서 에너지 대사는 생물체 내에서 에너지를 생산하기 위해 일어나는 여러 가지 화학적 변화를 의미한다.

인체가 필요한 에너지

인체의 필요 에너지는 개인의 신체조건, 활동량 등에 따라 다른데 크게 3종류로 구분한다. 기초대사량, 육체적 활동, 소화에 필요한 열량인데 이것은 개인에 따라서 서로 다르다. 몸을 많이 움직이지 않는 현대인은 3가지 중 기초대사량이 가장 많다. 이것은 열량을 측정함으로 알게 되었는데, 열량을 측정하기 위해서 직접 열량을 측정하는 방법(직접법)과 호흡에 소모되는 산소와 생산되는 탄산가스의 양을 측정해서 열량을 간접으로 측정하는 방법이 있다. 과거에 직접법으로 측정하기 위해서 밀폐된 방에 들어가 여러 가지 활동을 하면서 이 때 발생하는 열을 측정했다. 두 가지 방법으로 측정해서 얻은 데이타의 오차는 1% 정도라고 한다. 현재 우리는 기록돼있는 데이타를 사용하고 있다. 인체는 소모되는 열량을 식품을 통해 보충 받아야 한다. 자동차에 가솔린을 넣는 것과 마찬가지이다.

1) 기초대사량과 영향을 주는 요인

　자동차는 무생물이기 때문에 시동을 틀지 않는 한 가솔린(에너지)을 소비하지 않는다. 그러나 생명체인 우리는 의식을 갖고 조용히 누워서 눈을 감고 있어도 에너지는 필요하다. 이 때 필요한 기초대사량은 생명을 유지하기 위해 우리 몸에서 무의식적으로 일어나는 활동, 대사 등에 필요한 에너지이다. 생명유지를 위해서 호흡, 혈액순환, 심장의 박동, 체온 조절, 호르몬 분비 등은 끊임없이 일어난다. 기초대사량은 개인의 신체 조건에 따라서 다르며, 노동량이 적은 현대인은 총에너지 소비량 중에서 약 60%정도로 비중이 가장 가장 크다. 대체로 기초대사량은 체중에 비례한다.

　가장 정확하게 계산하는 방법은 체표면적을 사용하는 방법이다. 같은 체중이지만 뚱뚱하고 키가 작은 사람과 마르고 키가 큰사람은 차이가 크다. 계산법이 복잡하기 때문에, 간단히 다음의 체중에 비례하는 공식을 이용한다.

남 : 1(kcal/kg/hr) x 체중(kg) x 24시간

여 : 0.9(kcal/kg/hr) x 체중(kg) x 24시간

50kg인 여성의 기초대사량 : 0.9 x 50(kg) x 24시간 = 1,080칼로리

수면에 의한 공제(10%) : 0.1 x 50(kg) x 8(수면시간) = 40칼로리

실제 기초대사량 : 1,080 - 40 = 1,040 칼로리 ················· A

활동량이 적은 여성의 경우 열량 소비가 1,500칼로리이면 기초대사량은 3분의 2정도에 해당이 된다고 할 수 있다.

> **체중, 신장, 연령을 대입한 기초대사량 공식**
> - 남성의 기초대사량 = 66 + (13.7 x W) + (5 x H) − (6.8 x A)
> - 여성의　기초대사량 = 655 + (9.6 x W) + (1.7 x H) − (4.7 x A)
>
> 　W : 체중 kg,　H : 신장 cm,　A : 연령
>
> 　미국의 영양사들은 환자의 기초대사량을 구할 때는 이 공식을 사용한다.

　체구성 성분 중에서 근육은 지방조직에 비해 에너지 소모가 크다. 근육이 발달된 운동선수의 기초대사량은 일반인보다 6%가 높다고 한다. 이러한 선수들은 박스 안의 공식을 이용하는 것이 더 정확하다. 성(gender), 연령, 기후, 건강상태, 내분비 등도 영향을 준다.

　남성호르몬은 여성호르몬보다 10~15% 증진하는 경향이 있다. 성장호르몬 역시 15~20% 상

승한다. 부신 호르몬 에피네피린도 공포, 흥분, 분노 시에 분비되어 기초대사량을 상승시킨다. 그러나 수면 시에는 10% 감소한다.

2) 활동대사량(육체적 활동)

육체적 활동(physical activity)으로 인해 소모되는 열량을 활동대사량이라 한다. 활동 강도, 체력, 활동시간의 영향을 받는다. 현대인의 활동대사량은 총에너지 소비량의 약 30% 정도이다.

등급	활동상태	kcal/kg/hr
A	하루종일 휴식하고 있는 상태, 책읽기, 바느질, 약간 걷기, 서있는 종류	0.50
B	아주 가벼운 활동, 주로 앉아서 하루 종일 일하기, 2시간 정도 걷거나 서있기	0.59
C	가벼운 활동, 실험실에 서있기, 걸어다니기	0.79
D	중간 활동, 서있거나 걸어 다니면서 일하기, 마당손질	1.10
E	심한 활동, 농사일, 댄스, 별로 앉아있지 않은 상태	1.69
F	격심한 활동, 수영, 테니스, 농구, 배구, 마라톤 등	2.40

평소에 활동량이 별로 없어 가장 낮은 등급을 택하면,

활동대사량 : 0.5x50(kg)x16(활동시간) = 400 칼로리 ········B

3) 소화에 필요한 열량(식품의 열량소대사량)

음식을 먹었을 때 열량을 완전히 공급받는 것이 아니라, 일부는 식품이 소화되어 흡수된 후 완전히 연소되거나 이동 및 저장에 필요한 에너지가 있다. 일종의 세금과 같은 역할이다. 이 열량은 하루 섭취열량의 10% 이내로 본다.

(A+B)의 10% : (1,040+400)x0.1 = 144칼로리 ··············C

총 에너지 필요량은 : A+B+C = 1,040+400+144 = 1,584칼로리

에너지의 불균형과 체중

체중은 에너지의 균형에 좌우된다. 식품을 통한 영양소 공급(input)과 에너지 소비량(output)균형이 맞으면 체중의 변화가 없다.

- 에너지 균형이 '+'일 때 : 체중이 증가한다.
- 에너지 균형이 '−'일 때 : 체중이 감소한다.

위의 계산에서 체중감소를 원할 경우에는 식품의 섭취는 평소와 같게 하며 에너지 소비량에서 활동에너지만 증가시켜 '−' 밸런스를 만들면 된다. 체중이 증가하는 것은 체내의 에너지 저장으로 주로 지방으로 축적이 되기 때문이다. 평소에 간식을 먹는 것이 그날의 체중에 곧바로

반영이 되지는 않지만, 꾸준한 간식은 결국은 '+' 밸런스를 유도해 체중이 증가한다. 체중 조절에 관심을 두는 사람들은 간식과 밤참을 삼가고 저녁 7시 이후에는 물 이외 입에 넣지 않는 습관을 갖는 것이 좋다.

우리 몸에서 에너지를 저장할 수 있는 형태는 다양하지만 지방으로 저장하는 것이 가장 효율적이면서 많은 양의 저장이 가능하다.

- 혈액의 포도당 형태: 20g, 가장 적은 양
- 간과 근육의 글리코겐: 400g (성인)
- 신체의 단백질: 체중의 15%
- 체지방함량: 체지방은 저장성이 좋아서 체중의 50% 이상도 머리를 제외한 온 몸에 축적이 가능하다.

우리 몸의 세포에 따라 에너지 공급원이 조금씩 다르다.

- 뇌, 신경세포, 적혈구는 포도당만을 열량으로 사용한다.
- 근육세포는 포도당과 지방산을 열량으로 사용하기 때문에 근육은 체지방을 태울 수 있는 유일한 기관이다.

체중 감소를 위해 단식을 하는 것은 짧은 기간에는 효과를 볼 수 있지만 장기적인 안목으로 성공할 수 없는 것은 단식 중에 근육이 줄기 때문이다. 우리 몸이 정상상태일 때에는 저장된 글리코겐으로부터 열량을 얻는데, 단식 중 체중이 감소할 때에는 근육도 감소한다. 근육을 태워서 열량을 얻기 때문에 근육이 줄어드는 것은 바람직하지 않다. 체중 감소는 활동량을 늘여서 '−' 균형을 만드는 것이 가장 좋은 방법이다. 운동을 통해 근육이 만들어지고 체지방은 감소한다.

식품의 열량계산

내 자신뿐만이 아니라 영양학계의 선후배, 동기를 다 둘러보아도 매일 열량을 계산하고 사는 사람은 하나도 없으나 뚱뚱한 사람은 별로 없다. 그렇다고 해서 몸매가 모두 체조 선수들 같이 매끈하다는 것은 아니다. 하지만 식품의 조리와 열량을 꿰뚫고 있기 때문에 대부분 자신들의 열량조절은 잘하고 산다. 미국 대학교의 영양학 전공시간에는 심지어 "영양학 전공자가 뚱뚱하면 취업할 수가 없다."고 지도교수가 단정적으로 말하기도 했다.

직접법으로 식품의 열량을 측정한 결과, 탄수화물, 단백질, 지방 1g 당 각각 4.1, 5.65, 9.45 칼로리가 발생했다. 식품이 연소할 때는 탄소는 탄산가스, 수소는 물, 질소는 이산화질소로 산화되면서 열량을 발생한다. 그러나 생체 내에서는 탄수화물의 불소화율은 2%, 지방은 5%, 단백질의 질소는 산화되지 않고 떨어져 나오는 양이 1.3칼로리에 해당되고 불소화율이 8%이다. 그러므로 탄수화물의 생리적인 열량가는 4.0, 지방의 생리적인 열량가는 9.0, 단백질의 생리적인 열량가는 4.0칼로리로 나온다.

평소에 식품의 구성을 알면 각 영양소의 생리적 열량가를 대입해서 식품의 열량을 계산할 수가 있다. 1970년대에는 손으로 일일이 계산했었다. 내가 80년대 TWU 다닐 때에 컴퓨터 소프트웨어가 나오기 시작했는데, 완전한 것은 없었으나 장단점이 있어 서로를 비교하기도 했었다. 89년에 돌아와 모교에 출강했을 때 학생들이 소프트웨어를 이용한 계산법을 처음 응용했다.

요즈음은 국산 컴퓨터 소프트웨어가 더 좋은 것이 나와 하루에 섭취한 식품의 양을 입력하면, 열량뿐만이 아니라 각 영양소 함량의 합산이 나오고, 권장량과 비교했을 때 얼마나 넘치고 모자라는가도 곧 알 수가 있게 되었다.'

교환단위를 사용하면 열량계산이 쉽다

단체급식의 선두였던 미국에서 영양사들이 열량을 빨리 파악하기 위해 교환단위를 개발하였는데, 이것을 나의 은사님이 한국에 최초로 영양학계에 소개하셨다. 이 교환단위는 그 후에 한국의 실정에 맞게 조정이 되어 영양사협회에서는 간단한 자료를 일반에게 판매도 한다.

- 우선 일반대중이 쉽게 이해할 수 있도록 식품을 6군으로 분류하였다.
- 각 식품군의 식품을 같은 열량을 가진 1인 1교환단위(1서빙)를 정했다.
- 식품 계량법: 조리하지 않은 상태에서 계량한다. 먹는 부분의 무게만 측정한다. 식품의 부피를 계량할 때는 수평으로 깎아서 계량한다.

교환단위 6가지 식품군

1. 곡류 군

1교환은 100 칼로리, 탄수화물 23g, 단백질 2g

식품	무게와 눈어림치
밥류	쌀밥 1/3공기(70g), 보리밥 1/3공기(70g)
국수류	삶은 모든 국수 1/2공기(90g), 냉면, 메밀 등
떡류	가래떡(썬 것 11개) 50g, 시루떡 50g, 인절미(3개) 50g
빵류	식빵 한쪽 35g, 모닝 빵 35g, 바게트 빵 35g, 햄버거 빵 35g, 옥수수머핀 35g
건조곡류	백미 30g, 현미 30g, 찹쌀 30g, 보리 30g, 율무 30g, 차수수 30g, 차조 30g, 오트밀 30g, 콘플레이크 30g, 밀가루 30g, 녹말가루 30g, 미숫가루 30g, 마른 국수 30g, 메밀국수 30g, 당면 30g
묵 종류	도토리 묵 200g, 메밀묵 200g, 녹두묵 200g
뿌리	감자 130g, 토란 130g, 고구마 100g
기타	옥수수(1/2개) 50g, 밤(중 6개) 60g, 은행 60g

삶은 국수는 같은 열량의 밥보다 무게가 더 나가므로 같은 양을 먹었을 때에 열량섭취가 적다.

2-1. 어육류군, 저지방

1교환은 50칼로리, 단백질 8g, 지방 2g

식품	무게와 눈어림치
육류	닭살코기 40g, 닭간 40g, 돼지살코기 40g, 쇠고기(사태, 홍두깨) 40g, 쇠간 40g, 개고기 40g, 토끼고기 40g, 칠면조 40, 육포 15g
생선류	가자미 50g, 광어 50g, 대구 50g, 동태 50g, 병어 50g, 복어 50g, 연어 50g, 조기 50g, 도미 50g, 참치 50g, 홍어 50g, 물오징어 50g, 새우(中 3마리) 50g, 어묵 찐 것 50g, 어묵 튀긴 것 30g, 명란젓 40g, 창란젓 40g. 해삼 200g, 낙지(1/2C) 100g, 미더덕 100g, 문어 70g, 꽃게(小 1마리) 70g, 굴(1/3C) 70g, 조갯살(1/3C) 70g, 멍게 70g, 홍합(1/3C) 70g, 전복(작은것 2개) 70g.
건어류	건오징어 15g, 굴비 15g, 멸치 15g, 뱅어 15g, 북어 15g, 쥐치포 15g.

2-2. 어육류군, 중지방

1교환은 75칼로리, 단백질 8g, 지방 5g

식품	무게와 눈어림치
육류	돼지고기(안심) 40g, 쇠고기(등심, 안심) 40g, 쇠곱창 40g, 햄 40g
어류	고등어 50g, 꽁치 50g, 도루묵 50g, 민어 50g, 삼치 50g, 이면수 50g, 장어 50g, 전갱이 50g, 준치 50g, 청어 50g, 갈치 50g
알류	계란(1개) 55g, 메추리알(5개) 40g
두류	검정콩 20g, 두부 80g, 순두부(1컵) 200g, 연두부(1/2개) 150g

2-3. 어육류군, 고지방

1교환은 100칼로리, 단백질 8g, 지방 8g

식품	무게와 눈어림치
육류	닭고기(껍질 포함) 40g, 돼지족, 머리 40g, 삼겹살 40g, 소꼬리, 우설40 g, 런천미트 40g, 프랭크 소시지 40g, 소갈비 30g
어류	참치 통조림 50g, 고등어 통조림 50g, 뱀장어 50g 치즈(1.5장) 30g
두류	유부(6장) 30g

3. 채소군

1교환은 20칼로리, 탄수화물 3g, 단백질 2g

식품	무게와 눈어림치
열량이 적은 채소	미나리 70g, 부추 70g, 브로컬리 70g, 상추 70g, 양상치70g, 샐러리 70g, 쑥갓 70g, 시금치(데쳐서 1/3컵) 70g, 근대 70g, 양배추 70g, 케일(大 1.5장) 70g, 치커리 70g, 취 70g, 오이 70g, 풋고추 70g, 피만 70g, 호박 70g, 가지 70g, 컬리플라워 70g, 콩나물 70g, 숙주 70g, 죽순 70g, 무 70g, 열무 70g, 당근 70g, 달래 70g, 단무지 70g, 포기배추김치 70g, 고비 삶은 것 70g, 고사리 삶은 것(1/3컵) 70g. 고구마순(1/3컵) 70g, 양송이 70g, 느타리버섯 70g, 싸리버섯 70g, 물미역 70g. 채소주스(1컵) 200g
중간 열량	무청 50g, 쑥 50g, 아욱 50g, 양파 50g, 연근 50g, 풋마늘 50g, 냉이 50g, 생도라지(1/2컵) 50g, 두릅 50g, 표고버섯(大 3개) 50g
높은 열량	단호박 40g, 우엉 25g, 고춧잎(1/2컵) 25g, 더덕(中 2개) 25 g, 마늘 쫑 25g, 깻잎(20장) 20g, 무말랭이 10g, 김 2g

생야채 70g은 부피가 크다.

4. 과일군

1교환은 50칼로리, 탄수화물 12g

식품	무게와 눈어림치
열량이 높은편	금귤(7개) 60g, 생대추(8개) 60g, 바나나(中 1/2) 60g, 단감(中 1/2) 80g, 연시(小 1개) 80g, 자두(大 1개) 80g
중간	귤(中 1개) 100g, 오렌지(大 1/2개) 100g, 오렌지 주스 100cc, 배(中 1/4개) 100g, 후지사과(中 1/3개) 100g, 사과주스(1/2컵) 100cc, 키위(大 1개) 100g, 파인애플 100g, 파인애플 주스(1/2컵) 100cc, 파파야 100g, 포도(19개) 100g, 거봉포도(11개) 100g, 멜론 120g, 앵두 120g, 참외 120g, 자몽 150g, 딸기(10개) 150g
적은편	천도복숭아(小 2개) 200g, 수박(大 1쪽) 250g, 토마토(大 1개) 250g, 체리토마토 (中 20개)250g, 토마토 주스 200cc

5. 우유군

1교환은 125칼로리, 탄수화물 11g, 단백질 6g, 지방 6g

식품	무게와 눈어림치
우유	우유 200g(1팩), 산양유 200g, 락토우유 200g, 두유 200g
유제품	호상 요구르트 110g, 액상 요구르트 150g, 아이스크림 100g

6. 지방군

1교환은 45칼로리, 지방 5g

식품	무게와 눈어림치
기름	들기름(5g, 1t), 미강유(5g, 1t), 옥수수기름(5g, 1t), 유채기름(5g, 1t), 콩기름(5g, 1t), 참기름(5g, 1t), 캐놀라유(5g, 1t), 돼지기름(5g, 1.5t), 쇼트닝(5g, 1.5t)
굳기름	마가린(1.5t) 6g, 버터(1.5t) 6g, 땅콩버터 7g, 마요네즈(1.5t) 7g, 베이컨(1조각) 7g
견과류	땅콩(10개) 10g, 아몬드(7개) 8g, 호두(大 1개) 8g, 해바라기씨(1T) 8g, 피스타치오(10개) 8g, 잣(1T) 8g, 깨(1T) 8g

(자료: 식사계획을 위한 식품교환표, 대한영양사회)

열량을 무시하는 식품(다이어트 식품)

열량이 적은 식품들은 자유롭게 섭취할 수가 있다. 특히 다이어트에 좋다.

- 음료수: 물, 홍차, 녹차, 토닉워터
- 채소: 푸른 잎채소(오이, 배추, 상추, 양상추, 셀러리, 브로콜리) 무우, 토마토
- 해조류: 김, 미역, 다시마, 우무, 한천 등
- 기타: 맑은 국물, 맑은 채소국, 곤약, 허브와 양념, 간장 등

주의해야 할 식품들

설탕과 지방이 많이 들어있는 식품은 부피는 크지 않아도 열량만 많으며, 미량영양소는 없으므로 절제해야할 음식이다.

설탕, 청량음료, 캔디, 꿀, 잼, 엿, 쿠키류, 파이류, 케이크류, 초콜릿, 젤리, 과일통조림, 시럽, 조청, 초코우유, 가당연유, 가당 요구르트, 약과, 꿀떡, 설탕을 입힌 플레이크, 튀긴 스낵 종류

간단히 한식 밥상의 열량을 계산하는 법

교환단위의 사용은 열량을 쉽게 계산하기 위함이다.

아침	칼로리
보리밥 한 공기는 3교환	300
시금치나물 (야채 1교환)	20
무나물 (야채 1교환)	20
미역국(야채 1교환)	20
계란부침	75
조리에 사용한 기름 1교환	45
귤 1개	50
Total	530

나는 칼슘의 급원으로 국위에 깨 간 것을 한술 얹는다. 그러면 530 + 45 = 575칼로리가 된다. 아래의 표를 만들어 교환단위로 계산하면 한눈에 쉽게 파악하기가 쉽다.

식품군	교환	탄수화물(g)	단백질(g)	지방(g)	열량(kcal)
곡류군	1	23	2	0	100
어육류	1	0	8	2, 5, 7	50, 75, 100
채소군	1	3	2	0	20
과일군	1	12	0	0	50
유제품군	1	11	6	6	125
지방군	1	0	0	5	45

위의 표를 참고해서 교환단위 숫자를 곱한다. 탄수화물, 단백질, 지방, 열량의 총합을 구할 수가 있다.

식품군	교환	탄수화물(g)	단백질(g)	지방(g)	열량(kcal)
곡류군	3	69	6	0	300
어육류	1	0	8	5	75
채소군	3	9	6	0	60
과일군	1	12	0	0	50
유제품군	0	0	0	0	0
지방군	2	0	0	10	90
총계		90	20	15	575

3끼를 이와 같이 섭취하면 1,725칼로리를 섭취하는 셈이 된다. 단백질은 한 끼에 20g을 섭취했으므로 3끼의 단백질 섭취는 60g이 된다. 성인의 단백질의 권장은 체중 1kg 당 1g이므로

50kg인 사람은 50g이므로 10g 과잉이 되는 셈이다. 남성의 경우 밥을 2공기를 먹을 때 반찬의 섭취도 많아져 영양소의 섭취도 증가한다. 한식 밥상을 균형 있게 식사하면 모든 영양소를 다 취할 수가 있다.

원시인은 비만이 없었다

흰쌀밥이나 현미밥이나 1교환은 열량이 같기 때문에 같이 취급하지만 섬유소와 미량영양소는 차이가 많다. 기왕이면 정제하지 않은 곡식을 주식으로 하면 포만감이 오래간다. 정제곡류와 정제당을 사용하면 포만감이 적어 과잉 열량섭취를 하게 되고 혈당이 빨리 오르기 때문에 인슐린 반응도 빠르다. 과잉의 인슐린 분비로 인한 저혈당이 오게 되면, 끼니 때가 아직 오지 않았는데도 허기가 져서 간식을 찾게 되는 악순환이 된다.

열량을 계산하는 이유는 열량을 조절하기 위함인데, 정제당의 사용은 호르몬(특히 인슐린) 분비에 영향을 주기 때문에 과잉열량을 섭취해도 몸에서 식욕을 절제하기 어렵다. 정제당은 우리 체내에서의 반응은 통곡류와는 너무나도 다르다. 체중 증가를 원하지 않으면 기본은 통곡류가 주식이 되는 한식으로 식사하고 조리에 기름을 절제하면 체중이 증가할 수가 없다. 자연 그대로의 재료로 단순한 조리를 해서 섭취하면 포만감을 느낄 때가 내 몸이 필요한 영양소를 다 충족했다는 신호가 된다. 원시인은 칼로리를 몰라도 비만이 없었다.

2. 비만 이야기

살 빼는 약

비만이 흔한 미국사회에서 살빼는 약의 매출은 엄청난 규모이다. 우리 가족이 텍사스에 살 때에 본 TV 광고가 기억이 난다. 흰 가운을 입고 독일 과학자같이 생긴 한 대머리 남성이 'Dream Away' 라는 약병을 들고 나왔는데 마치 그 약을 먹고 잠만 자면, 자는 동안 체중이 저절로 빠진다는 인상을 주는 광고였다. 약 이름처럼 "잠자면서 체중이 빠진다"는 뚱보들에게는 너무 매력적인 약이었다.

그런데 한 신문 기자가 이 약에 대해서 쓴 기사를 읽게 되었다. 그 기자는 두개의 살빼는 약의 효과를 비교했는데(하나는 이 약(A)이었고, 또 다른 약 이름(B)은 생각이 안 난다), A의 처방전은 약을 먹으면서 철저하게 저열량 식사를 겸해야 하는 것이었고, B의 처방전은 약복용과 함께 하루에 운동 몇 가지를 철저히 해야 하는 것이었다. 그 기자는 A를 먹으면서 일주일 동안 저열량 식사를 했고, 그 다음 주는 약 없이 저열량 식사를 했다. 결과는 A를 복용하나마나 결과는 비슷했다. 또 B를 먹었을 때에는 처방대로 하루에 몇 마일을 걸었거나 다른 운동을 하였다. 그 다음 주에는 약을 먹지 않고 처방에 있는 운동만 하였다. 체중의 변화는 약을 먹었을 때나 안 먹었을 때나 마찬가지였다. 그 기자의 결론은 체지방을 빼는 효과는 저열량 식사와 운동이지 약들이 아니라는 것이다. 그 제약회사들은 만일 처방대로 해서 효과가 없으면 약값을 물어준다고 했는데, 소비자들은 대부분이 게을러서 이 돈을 청구하는 사람도 없다는 것이다.

기름진 서양음식은 비만의 원인

우리나라의 20대 학생들 수업에 들어가면 한눈에 훑어보아도 거의 모두 날씬하다. 얼굴만 보아도 정상체중임을 알 수가 있다. 같은 연령의 미국대학의 교실이라면 사정이 다르다. 절반 이상의 젊은애들이 한심할 정도로 뚱뚱하다. 백인, 흑인, 맥시칸, 모두. 왜 그럴까??? 바로 음식 때문인 것이다! 내가 대학을 다녔던 70년대에는 피자를 구경하려면 조선호텔이나 명동으로 나가야했다. 그 때에는 서양음식의 이름을 알고 또 먹는다는 것은 가격이 비싸서 그런지 문명화 및 생활수준이 높아지는 것으로 생각을 했었다. 서양인들의 체격이 한국인보다 크고 건강해보여서 그들이 먹는 음식이 더 훌륭한 것으로 생각되었다.

30여년이 지난 이제는 우리나라 어디를 가더라도 미국의 프랜차이즈 패스트푸드 체인점이 눈에 뜨이는 실정이 되었고, 피자 헛 회사의 한 간부는 "한국이 세계 3대 피자헛 시장이 될 줄 몰랐다"고 말했다. 우리의 아이들은 한국음식보다 이러한 서구식 기름진 음식에 거의 매일 길들여져 가고 있는 실정이다. 그러나 이미 서구사회에서는 이러한 정제한 식품으로 만든 기름지고 살이 찌는 음식들을 정크 푸드(Junk foods, 쓰레기 음식)라고 한다.

패스트푸드와 비만

에릭 슐로서는 《패스트푸드 제국》에서 "미국인들은 성인의 절반 이상과 어린이의 4분의 1 정도는 비만이나 과체중 상태에 있다. 이 비율은 패스트푸드의 소비량 증가와 같이 수십 년간 급증해왔다. 현재 미국 성인의 비만율은 1960년대 초반에 비해 거의 두 배가 증가했고, 어린이의 비만율은 1970년 대 후

1960년대	200칼로리
1970년대 후반	320칼로리
1990년대 중반	450칼로리
1990년대 후반	540칼로리
2000년대 현재는	610칼로리

반에 비해 두 배가 증가했다. 역사상 어떤 나라도 이렇게 사람들이 급속도로 살이 찐 적은 없었다"라고 말하고 있다. 그랙 크리처의 《비만의 제국》에서 맥도날드 감자튀김의 사이즈의 변화와 열량을 조사한 것을 보면(위의 자료 참고), 이제는 감자튀김 한 봉지가 우리 한식밥상 일인분보다 열량이 더 많아졌다. 한때 590칼로리였던 맥도날드 밀은 1550칼로리가 되었다고 하니, 50kg 여성의 하루 필요한 열량과 맞먹는다. 하루에 필요한 열량을 한 끼에 먹으니 비만의 제국이 될 수밖에! 아래의 그림은 우리나라에서 시판되는 패스트푸드의 세트메뉴 열량이다.

한식의 비빔밥이라면 씹을 것이 많아서 이렇게 한 끼에 1,000 칼로리를 먹을 수가 없다. 2001년 미네소타 대학교의 역학자들의 청소년 연구에서는 패스트푸드의 섭취가 많을수록 신선한 과일, 야채, 우유의 섭취는 반비례했다. 즉 열량섭취는 많고, 무기질과 비타민 섭취는 감소하는 것이다. (S.A. French, 2002)

1970년대 후반 미국에서 시작된 비만이라는 유행병은 이제 패스트푸드라는 매개체를 통해

패스트푸드 세트메뉴 열량

세트 메뉴 제품명	열량(kcal)	하루 권장열량 대비비율(10–12세 남자 2,200kcal)
롯데리아 빅립버거세트	922	42%
맥도날드 특불버거세트	985	45%
KFC 타워버거세트	1065	48.5%
파파이스 케이준통샌드위치세트	1052	48%
버거킹 와퍼세트	1053	48%
하디스 빅불고기스타버거세트	999	45%

(자료: 소비자 보호원)

전 세계로 퍼져나가고 있다. 1984년과 1993년 사이 10년 동안 영국의 패스트푸드 음식점 수는 거의 두 배 증가했으며 동시에 비만율도 두 배 증가했다. 현재 영국인들은 서유럽 전체에서 가장 많은 패스트푸드를 먹고 있고 비만율 또한 가장 높다(Gleick). 그렇지만 패스트푸드에 비교적 적게 돈을 쓰는 이탈리아와 에스파냐에서는 비만이 별로 심각한 문제가 아니라는 것이다. 이탈리아는 1986년 '슬로 푸드' 운동의 발상지이기도 하다. (www.slowfood.com)

미국의 패스트푸드 체인이 발을 딛는 세계 어디에서나 사람들의 허리둘레는 증가하기 시작한다. 중국에서는 지난 10년간 십대의 비만 비율이 대략 3배 증가했다.(Simon Pollock, 1999) 30년 전 일본에 맥도날드를 들여온 갑부 덴 후지타는 "우리가 맥도날드 햄버거와 프렌치 프라이를 천 년 동안 먹는다면, 큰 키, 흰 피부, 금발을 갖게 될 것이다"라고 말했다고 한다. 그런데 일본인의 기대와는 달리 햄버거와 프렌치프라이를 먹어도 금발이 되기는커녕 오히려 살만 쪘다. 1980년대에는 일본의 패스트푸드 판매량이 두 배 이상 증가했고 이를 따라 곧 일본 어린이들의 비만율도 두 배 증가했다. 일본에서 해피밀과 '비꾸 마쿠(빅맥의 일본식 발음)'를 먹고 자라난 첫 번째 세대에 속하는 오늘날 30대 일본 성인 남성의 3분의 1정도는 과체중 상태이다. (Joseph coleman, 1998)

서구인들이 '세계에서 가장 건강한 식습관' 이라고 인정해 온 쌀, 생선, 야채, 콩으로 짜여진 전통적인 식단의 일본에서 뚱뚱한 사람들을 발견하기란 쉽지 않았다. (Mark Hammond, 1990)

2차 세계대전 후 일본인의 육류 소비량은 계속 증가했다. 심장질환, 당뇨병, 결장암, 유방암 등과 같은 주요 '다발성 질환'은 섬유소가 부족하고 동물성 지방이 많은 식단과 관련되어 있다. 이렇게 미국적인 생활방식을 받아들인다는 것은 일찍 죽을 확률이 높아짐을 의미한다.

수퍼사이즈 미와 포만감

모건 스펄록 감독의 영화 '수퍼사이즈 미(Super Size Me)'는 30일 동안 한 번도 빼놓지 않고 맥도날드 패스트푸드만 먹었을 때 자신의 몸이 어떻게 변하는 가를 보여준 다큐멘터리이다. 1주일 만에 5kg이 늘었고, 한 달 뒤에는 12kg 살쪘고, 콜레스테롤과 혈압이 솟구쳤다.

생로병사에서 방영한(2004년 11월 30일) 한국판 수퍼사이즈 미에 도전한 청년 Y씨는 실험기간 중에 햄버거 90개, 감자튀김 18kg, 콜라 1.5리터짜리 25병을 먹었다. 실험 24일째 되는 날은 간의 상태가 급속히 나빠졌는데, GPT는 수치가 75로 정상의 두 배가 되었다. 그 때까지 체중은 3.4kg이 증가했으나 체지방률은 12.8에서 17.6%로 증가했다. Y씨는 평소 패스트푸드를 좋아하지 않았지만 점점 좋아하게 되었다고 실토했다. 하루 섭취 열량이 3,300칼로리이며 한 끼에 1,100칼로리를 먹은 셈이다. 그런데 문제는 식사 후 3시간이 지나면 소화가 빨리되 허기가 져서 또 먹게 된다는 점이었다!

열량과 포만감은 항상 일치하지를 않는다. 열량이 적어도 포만감을 느낄 수가 있고, 열량이 많아도 위와 같이 3시간 만에 다시 허기가 지는 식사는 건강한 식사가 아니다. 물론 무기질 부족도 나타났다. 미조리주 콜롬비아 대학교의 동물실험에서는 고지방 고당분을 먹은 쥐의 뇌는 약물중독과 같은 결과가 나왔다. 그런데 이 고지방 고당분 식사를 중단하면 금단현상이 나타난다고 했다. 이 정도로 사회에 경각심을 불러일으킨 중독을 부르는 식품, 기호품은 끊고 우리의 전통 한식 밥상으로 전환해야하지 않을까?

2001년도 한국인 국민건강·영양조사에 의하면 대도시에서 햄버거는 13%, 피자는 7%로 가장 자주 섭취하고 있었다. 두 가지 식품은 12~29세의 연령층에서 가장 선호하는 것으로 나타났는데, 햄버거는 10대의 3분의 1과 20대의 4분의 1 정도가 주 1회를 먹고 있어 패스트푸드로서의 위상을 실감할 수 있게 하는 결과였다고 한다. 이 아이들이 중독현상으로 갈까봐 두렵다.

한국식 밥상은 비만 예방식

내가 강의하는 대학교 앞에는 이곳의 학생들이 김밥, 떡볶이, 우동, 비빔밥, 칼국수 등을 비싸지 않은 가격으로 얼마든지 사먹을 수가 있다. 물론 더 큰길까지 나가면 패스트푸드점이 있기는 하지만 그래도 우리나라의 학교 앞은 탄수화물 식품 중 아직 선택의 여지는 많다.

우리 둘째가 뉴욕의 자기 학교 앞에서 김밥, 떡볶이, 우동, 비빔밥 등을 항상 먹을 수 있는 형편이었더라면 저렇게까지 체중이 늘지는 않았을 텐데 하고 생각했다. 쌀을 주식으로 하는 첩반상 위주의 순 한국식 식생활은 지방섭취가 10~20% 내외로 그다지 많지 않다. 이러한 한국의 밥과 반찬을 주식으로 하는 음식이 미국학교의 단체급식의 메뉴로 채택이 되면 뚱보가 줄어들 텐데 하는 생각을 한다.

우리가 '배가 부르다' 라는 느낌을 갖는 데는 여러 가지가 관여하지만, 열량이 많이 들어갔다고 해서 더 배부르게 느끼지는 않는다. 예를 들면, 비빔밥으로 근사하게 배부르게 잘 먹었을 때의 열량은 기름을 얼마나 썼는가에 따라서 약 500에서 600칼로리 정도로 볼 수가 있다. 서양식을 디너로 '배가 부르다' 라는 느낌으로 먹었을 때에는 900칼로리를 쉽게 넘는다. 한국인들이 미국에 가서 여러 맛있는 음식들을 이것저것 먹어보다 체중이 쉽게 증가하는 것은 그들의 음식에 지방과 정제당(설탕이나 과당)을 많기 때문이다. 두 성분은 포만감은 적게 주고 농축된 열량만 준다.

북캐롤라이나주 듀크 대학교의 부속병원에서는 '심장병 회복 클리닉과 쌀밥식이 프로그램' 이 있다. 기름진 단백질위주의 서양식에서 주식을 쌀밥으로 바꾼 프로그램으로 보인다. 많은 미국인들의 심장질환은 그들의 육식위주의 식생활에 원인이 있으므로 주식을 고기에서 쌀로 바꾸는 것은 좋은 발상이다.

패스트푸드는 영양의 불균형과 질병을 초래한다

햄버거 하나(약 400칼로리), 후렌치 후라이(약 400칼로리), 밀크쉐이크(약 300칼로리)를 마시면 1,100칼로리를 섭취한다. 피자 두 조각 (약 800칼로리)과 콜라 한 잔 (150칼로리)을 마시면 약 950칼로리를 섭취한다. 패스트푸드 열량의 50% 정도는 지질에서 나온다. 한국인에게는 지방의 함량이 높다. 소디움은 햄버거 하나에 약 800~1,000mg, 피자 두 조각에는 800~1,500mg이 들어있다. 패스트푸드 한 끼는 단백질, 지방, 철분, 소디움은 충분히 공급하지만, 비타민 A, 엽산, 비타민 C, 마그네슘, 섬유소는 거의 없다.

비만 청소년의 질병 위험도는 최고 13배

인제의대 서울백병원 비만센터 강재헌, 유선미 교수팀이 서울과 5대 광역시를 포함한 전국 14개 중학교 3,615명의 학생을 대상으로 '청소년 비만유병률과 합병증'을 조사한 결과가 밝혀졌다(2004년). 국내에서 청소년 비만에 대한 전국단위 조사가 이뤄지기는 이번이 처음이다.

조사 결과 전체 청소년 17%가 비만 상태로 판정됐으며 남학생의 비만율이(22.3%)이 여학생(10.7%)보다 높았다. 비만으로 진단된 청소년 총 587명 중 76.5%(449명)는 간기능 이상, 고지혈증, 고요산혈증, 고혈당 등 한가지 이상의 비만관련 합병증을 앓고 있는 것으로 밝혀졌는데 두가지 이상의 합병증을 지니고 있는 청소년도 36.3%(213명)에 달했다.

간기능 수치인 AST(GOT)와 ALT(GPT)의 경우 비만학생이 정상보다 각각 10배, 13배나 높았으며 비만학생의 고지혈증 위험도는 정상학생의 4배에 달했다. 혈액 내 요산이 정상치 이상으로 높은 '고요산혈증' 위험도도 비만학생이 2배 높았고 고혈당 위험도는 5배나 높았다. 10~13세에 시작된 과체중 및 비만의 80%가 성인 비만으로 이어지고 고혈압, 당뇨병, 고지혈증 등의 원인이 된다. 과다한 지방세포들은 많은 양의 지방산을 만들어내면서 인슐린의 기능을 방해한다. 따라서 비만이 되면 인슐린 저항성이 증가한다. 현대인의 식습관, 즉 고지방식사, 저섬유소, 정제당으로 가공한 식품은 인슐린의 저항성을 높인다. 미국 질병통제 예방 센타에서 나온 자료에 의하면, 비만 환자의 합병증 발병률은 당뇨가 7배, 고혈압 6배, 고콜레스테롤이 2배의 확률이라고 한다. 식생활을 바꾸고 꾸준한 운동을 하면서 체중이 빠지면, 혈압도 내린다. 또 혈당조절도 쉽게 된다.

한국인의 체중증가

우리나라에서 2002년 30세 이상의 성인을 대상으로 조사한 결과 1단계 비만의 유병률은 43.1%, 2단계 비만의 유병률은 8.8%로 나타났다. 즉 두 명 중 한 명이 비만이라는 결론이다. KOSSO(대한비만학회 : Korean Society for the study of Obesity) 기준으로 남성은 연평균

2.72%, 여성은 평균 3.32%의 비만 증가율을 보이고 있다. 가장 바람직한 것은 18세 때의 정상 체중을 일생 유지하는 것이 가장 좋다고 한다.

1) 비만도 계산

건강을 유지하는 데는 정상체중을 유지하는 것이 가장 중요하다. 간단히 정상체중을 계산하면, 자기 키에서 100을 빼고 0.9를 곱한다.

간단히 정상체중 계산하기 : (자기 키 cm − 100) × 0.9 = 표준체중

예를 들면 (160cm − 100) × 0.9 = 54kg으로 이보다 10% 많거나 적은 범위에 들면 정상으로 본다. 즉 키가 160인 사람의 체중 59.4kg~48.6kg 사이를 정상 범위로 본다.

$$\text{비만도 계산은} : \frac{(\text{현재 체중} - \text{표준체중})}{\text{표준체중} \times 100} = \underline{\hspace{2cm}} \%$$

비만도(%)	<10	10~19	20~29	30~39	≥40
비만정도	정상	과체중	경도비만	중등도비만	고도비만

2) BMI 계산

최근에는 체질량지수(Body Mass Index, BMI)를 자주 사용한다. BMI는 체중(kg)을 키(m)의 제곱으로 나눈 값이다.

키가 160cm이며 체중이 54kg인 사람의 BMI는 54 ÷ (1.6 × 1.6) = 21.09로 나온다.

계산 결과가 18.5 ~ 22.9 범위에 들면 정상이다.

BMI	<18.5	18.5~22.9	23.0~24.9	25.0~29.9	30.0~34.9	≥35
비만 정도	저체중	정상	과체중	1단계 비만	2단계 비만	3단계 비만

뚱보가 많은 미국은 BMI가 20~25 범위를 정상으로 보나, 한국인에게 이 숫자를 적용하기에는 너무 높다. 위의 표는 한국비만학회에서 한국인에게 맞게 조정한 숫자이다. 최근 통계에서 한국인의 체중증가를 볼 때 여성은 임신과 분만 후에 서서히 체중이 늘기 시작해서 50대에 피크를 이룬다. 그러나 남성은 30대에 피크로 나타나 있다.

3) 허리 엉덩이둘레 비율(WHR)

간단히 줄자로 허리와 엉덩이를 잰 값만으로 비만을 측정할 수가 있다. 이 비율은 혈지질,

BMI 등의 값과 상관관계가 크며, 복부비만(상반신 비만)의 판정에 유용하다. 여성의 경우 0.85 이상, 남성의 경우 0.95 이상이면 복부비만이라고 판정한다.

　　아래의 계산에 의해 50kg인 여성이 주로 앉아서 생활하면, 하루 1,500kcal 이하로도 충분하다. 열량 권장량을 따라갈 필요는 없다. 자기의 활동량에 맞는 열량을 섭취하면 된다.

　　육체적 활동이 거의 없는 사람 : 1일 필요열량 = 표준체중×25～30칼로리
　　보통의 활동을 하는 사람 : 1일 필요열량 = 표준체중×30～35칼로리
　　심한 육체활동을 하는 사람 : 1일 필요열량 = 표준체중×35～50칼로리

비만가족을 위한 식사와 생활습관 지침

- 비만 가족과 체중 감소에 관한 계획을 같이 대화한다.
- 장을 같이 보고 기름에 튀긴 스낵류, 인스턴트 식품, 빙과류, 고열량 식품은 사지 않는다. 스낵 한 봉지는 보통 열량이 400～500칼로리이며 먹어도 포만감이 없다. 빙과류도 종류에 따라서는 한 개에 250칼로리가 넘는 것도 많다.
- 하루 세끼 식사를 반드시 한다. 아침은 반드시 먹고, 간식을 금한다. 아침을 거르면 점심 전에 간식으로 스낵을 찾기 때문이다.
- 매끼 통곡식으로 밥을 하며 생야채와 해조류를 많이 사용한다.
- 식사 전에 통곡류로 만든 건강식을 같이 만든다. 고구마 와플, 떡 와플, 현미 김밥, 현미 주먹밥, 현미 떡볶이, 구운 감자, 으깬 감자, 쑥개떡, 팥고물 씌운 수수경단 등. 주로 우리 고유의 음식을 만든다.(자연식 건강조리 참조)
- 기름을 많이 사용하는 조리(튀김, 볶음)는 피한다. 조림이나, 찌거나 데친 요리가 좋다. 음식을 짜지 않게 조리한다. 정제기름대신 깨 가루와 들깨 가루를 사용한다.
- 가족들이 단결해서 패스트푸드 식당에 가지 않는다. 부득이 외식을 해야할 때에는 육류보다는 생선으로 바꾸며, 나물류가 많은 한식당에 간다.
- 상과 벌을 음식으로 보상하지 않는다.
- 한 끼에 먹을 음식을 한 작은 그릇에 담아 그 양을 눈으로 보고 천천히 씹어 먹는다.
- 규칙적이고 풍성한 아침과 점심은 천천히 잘 씹어서 먹고 저녁은 간단히 끝내는 습관을 들인다. 잠자기 3시간 전에 식사를 끝내며 저녁 식사 이후에 섭섭하면 물을 충분히 마신다. 밤참은 비만의 시작이며 아침에 식욕이 없으므로 악순환의 연속이 된다.
- 식사 사이에 물을 충분히 마신다. 청량음료는 구입하지 않는다.
- 걷기, 자전거, 수영 등, 아이들이 좋아하는 운동을 매일 30분 이상 함께 한다.

- TV 시청 및 컴퓨터 사용은 한 시간 이내로 제한하고 밖에서 스포츠에 참여한다.
- 청소, 세차, 등의 가사 일에 참여시킨다.
- 식사 횟수를 세끼에서 두 끼(아침과 늦은 점심)로 줄이면 체중 감소 효과를 본다. (두 끼 식사의 장점 참조)

영양권장량은 영양필요량과 다르다

이제는 메스컴에서도 영양권장량이라는 용어를 사용한다. 이것은 필요한 용어이지만 절대적인 기준은 아니다. 영양권장량은 참고자료이지만 영양필요량은 아니다. 영양권장량(Recommended Dietary Allowances, RDAs)이 처음으로 사용이 된 것은 세계 제 2차대전 중인 1943년이었다. 미국 정부가 군대를 해외에 내보내면서 군인들에게 얼마나 어떻게 식사를 제공해야하는가의 시작이었다. 국가의 승리를 위해서 군인들을 어떻게 잘 먹이는가의 기본이 영양권장량이다. 이것은 1) 영양소 섭취에 대한 조사로부터 2) 소수 집단의 실험으로부터 3) 동물을 통한 대사 실험으로부터 자료를 얻어서 결정한 것이다.

현재 영양권장량을 자주 참고로 하는 경우는 자기 스스로 영양섭취를 할 수 없는 환자들이다. 혈관으로 영양공급을 해야 하는 중증의 환자는 약사들이 영양소 계산을 하고 적어도 소화기계에 영양공급이 가능하면 영양사들이 관여한다.

영양필요량(requirements)은 실제로 우리 몸이 생리적으로 필요한 양이다. 이 필요량은 개인마다 다르기 때문에 측정이 어렵다. 그래서 안전한 여유분을 두어서 모든 건강한 사람의 필요량을 충족하도록 한 것이 영양권장량이다. 열량을 제외한 모든 영양소의 권장량은 조사 대상의 평균값에 표준 편차 2 값(전체 조사대상이 섭취한 영양소의 97.5%)을 더한 것이다. 그러나 열량의 경우는 비만을 방지하기 위해서 조사 대상의 평균 열량 값으로 정해졌다.

선진국에서 영양권장량이 정해진 이유는 특정한 영양소의 결핍을 막기 위한 배려이었는데 그동안 결핍증을 예방한다는 취지 하에 너무 먹어서 이제는 과잉 섭취를 우려하는 형편이 되었다. 그동안 여러 차례 개정을 거듭하였고 용어도 RDAs에서 DRI(Dietary Reference Intakes)로 바뀌었다. 우리나라도 1962년 FAO 한국협회의 주관으로 처음 제정이 되었는데 5년마다 개정하여 2000년도에 발표한 것은 7차 개정안이었다. 이렇게 자주 개정이 되는 이유는 권장량으로 정한 값이 오류가 있다는 의미이다.

아가타 트레쉬 박사는 주로 앉아 일하는 미국인들은 2,500과 2,000칼로리를 권하고 훈자촌의 농사지으며 장수하는 사람들은 1,700칼로리를 섭취한 것을 지적하고 있다.

한국인은 밥이 주식이기 때문에 열량의 대부분을 차지하는 밥을, 현미를 비롯한 통곡식 위주의 전통적인 식사를 하게 되면 비타민과 무기질의 권장량에 신경을 쓸 필요가 없다. 흰쌀밥으로 식사를 고집하는 경우에는 이 미량 영양소들을 따로 보충해야 한다. 따라서 영양소 결핍을 해결하기 위해 여러 가지를 더 먹다가 비만이 되는 것이다.

임상사례 : 아저씨가 청년으로 변하다

98년도 여름 트래쉬 박사부부가 운영하는 lifestyle center(요양원)와 병원을 겸한 알라바마 주의 유치파인을 방문했을 때의 일이다. 매일 같은 테이블 끝에서 식사를 했던 윌리라는 20대 초반의 청년은 매우 호리호리한 젊은이로 유치파인의 평범한 학생으로 보였다. 항상 조용히 식사를 하고 떠났기 때문에 별 특징이 있으리라고는 생각이 들지 않았다. 일주일 후 떠나는 날 윌리와 우연히 대화할 기회가 있어서 이것저것 물어보았다. 그와의 대화에서 깜짝 놀란 것은 그가 1년 동안 엄청난 감량을 한 것이었다. 그가 1년 전 유치파인에 처음 들어왔을 때의 사진을 자랑스럽게 보여주었을 때는 얼마나 뚱뚱한 아저씨였는지 눈을 의심할 정도이었다.

미국의 요양병원에 입원한 비만환자는 곡채식 위주의 2끼 식사만 주어진다. 비만 환자에게는 저녁을 주지 않는다. 자연과 학교에서 하루의 일과를 보내면서 1년 동안 자연스러운 체중감량이 있었던 것이었다. 체중감량과 더불어 당뇨와 관절염도 저절로 해결이 되었다고 말할 때 그 청년을 다시 보았다. 들어왔을 때 입었던 옷은 전혀 입을 수가 없어(허리가 42인치에서 28인치로 줄었으니) 옷을 새로 구해 입었다는 것이다. 그렇게 평범해 보였던 청년이 그런 문제가 많았던 아저씨였다는 것이 놀라울 따름이었고 그 곳에서 단지 생활하는 자체가 그러한 놀라운 변화를 준다는 것을 처음 눈으로 목격한 경험이었다.

유치파인의 직원들은 모두 정상체중이었는데 다들 그곳에 몇 년 동안 근무하면서 몇 파운드의 감량을 한 사람들이었다. 이때부터 식이요법을 포함한 천연치료의 위력을 눈으로 보고 체험하였고 귀국 후에 나의 식사에도 큰 변화가 있었다. 현대인들은 비만도 효과가 빠른 수술로 해결하려고 하지만 수술만이 유일한 방법은 아니다. 아가타 트래쉬 박사는 비만뿐만이 아니라 약과 수술로 해결되지 않는 많은 증상과 질병에 대한 천연치료법을 책으로 여러 권 발간했다. 그 중에서 《Natural Remedies》는 내가 자주 읽고 참고를 많이 하는 책이다.

비타민 이야기

1. 인류 질병의 역사

인류의 역사는 질병과의 투쟁이라고 해도 과언이 아닐 것이다. 인간이 살고 있는 대기권은 미생물권이기 때문에 질병이 없었던 시대가 없었다. 6세기에 유행한 페스트의 끝 무렵에는 콘스탄티노플 인구의 40%가 사망했다고 한다. 다시 이 역병이 14세기에 유행할 때는 통계자료가 분명치는 않아도 유라시아 인구의 4분의 1에 해당하는 인구가 희생되었다고 한다. 《질병의 역사》의 저자들은 유럽에서 300년 동안 맹위를 떨쳤던 페스트는 인간들의 적극적인 노력에 의해서가 아니라 어떤 자연적인 작용에 의해서 끝났다고 했다. 페스트의 원인균은 1884년에 가서야 발견되었고 항생제가 효과가 있음도 발견되었다.

여러 질병의 감염을 통해서 여러 병원균의 내성을 갖게 된 유럽인들은 새로운 지역을 다니면서 이 세균들을 옮겼다. 영국인들은 호주에, 스페인인들은 무방비 상태의 아메리카 원주민들에 악성 천연두를 오염시켜 그 땅들을 점령하게 된 동기가 되었다. 서구 강대국의 식민지 점령은 그들이 조상으로부터 얻은 면역능력으로 가능했던 것이지만 미생물과 면역체의 개념이 전혀 없었던 시대에 유럽인들은 '질병의 유행은 신의 징벌'이라는 중세의 개념으로 생각했었다.

1860년대까지도 유럽인들은 미생물에 대한 개념이 전혀 없었기 때문에 의사들은 시체부검을 하던 손으로 산모의 아기를 받았다. 의사들은 가운에 피를 묻히고 다니는 것을 권위의 상징으로 생각했다. 그 당시에는 산파가 아기를 받은 산모의 사망률보다 의사가 아기를 받은 산모의 사망률이 더 높았다. 제멜바이스(I.P. Semmelweis)라는 의사는 처음으로 검시대에서 분만실로 가기 전에 손을 씻어야 한다고 주장했는데, 의학계에서는 이 의사를 정신병자 취급을 했다는 것이다. 이와 같은 어처구니없는 일이 현대의학에는 없을까?

19세기 말에 프랑스인 파스퇴르의 미생물 연구와 또한 독일인 로베르트 고흐의 현미경 발견으로 그동안 인류를 괴롭힌 수많은 질병은 세균의 침입으로 발생된다는 개념이 지배적이 되었다. 기원전부터 인류를 괴롭혀 온 많은 질병의 원인이 밝혀지는 데 몇 천 년이 걸린 셈이다. 그러나 모든 병의 원인이 미생물만은 아니었다.

비타민 부족도 또 다른 질병의 원인이다

파스퇴르와 같은 시대의 루넌이라는 학자는 순수 정제한 당질, 단백질, 지방, 무기질, 물만으로 구성된 사료는 동물의 생명을 유지할 수가 없다고 보고했는데 별로 각광을 받지를 못했다. 1910년대 와서 영국의 홉킨스 박사도 루닌과 유사한 동물실험을 했다. 그는 정제한 당질, 단백질, 지방, 무기질로 키운 쥐는 4주 이상 생존하기 어려웠지만 우유를 보충한 사료를 첨가해 준 후에는 질병을 앓던 쥐들이 건강을 회복하는 것을 발견하였다. 그는 우유 속의 '미지의 유기물질'이 '건강에 필수'라는 것을 주장하였다. 그의 연구는 후일 비타민 발견에 기초가 되었다는 공로로 1929년 생리학 부문에서 노벨상을 받았다.

루닌과 홉킨스 박사의 실험으로 영양성분의 결핍에 의해 질병이 발생한다는 비타민설이 새로운 개념이 되었다. 그 당시까지 불치병으로 여겨진 야맹증, 각기병, 펠라그라, 악성 빈혈 등이 비타민 결핍에 의한 것으로 부족한 비타민을 보충하면 질병이 회복된다는 것이 입증되면서 비타민이 중시되었다.

비타민은 발견된 순서에 따라 알파벳 순서로 명명되었는데 예외로 비타민 K는 혈액응고와 관련하여 '응고'라는 덴마크어 철자 'Koagulation'의 첫 자로 명명되었다. 비타민 B는 여러 가지 유사한 물질로 구성되어 있어 '비타민 B 복합체'(삐콤, Vitamin B Complex)로 부르게 되었다. 처음 명명된 'Vitamine'은 Vita(생명)과 Amine(항각기성 물질에 아민기가 있었음)의 복합어로 '생명에 꼭 필요한 물질'을 의미한다. 그러나 비타민 중 B_1만이 아민기를 가지고 있기 때문에 어미의 'e'를 떼고 'Vitamin'으로 고쳤다.

20세기에 밝혀낸 비타민은 현재 지용성 4개(A, D, E, K), 수용성 비타민 B군 8가지와 비타민 C를 포함해 모두 13가지가 있다. 비타민 B군 8가지 중에서 비타민 B_1, B_2, 나이아신(B_3), 비오틴, 판토텐산은 포도당, 지방, 단백질이 열량을 내는 데 반드시 있어야 하는 비타민들이다. 또 엽산, 비타민 B_6, B_{12}는 조혈에 관여한다. 비타민의 필요량은 극소량이지만 세포의 대사에 반드시 있어야 하는 미량 영양소들이다.

학생들에게 비타민의 중요성을 설명할 때에는 드라마의 '조연급'으로 비유한다. 인기 있는 드라마일수록 조연급 배우들의 역할이 크다. 드라마의 남녀 주인공의 운명이 꼬이거나 제대로 되는 것은 이들에게 달렸다.

세포 속에서 일어나는 많은 대사에서 가장 중요한 것은 에너지를 내는 '티씨에이(TCA) 사이클'이다. 이 'TCA 싸이클'이라는 드라마에서 주연급은 열량을 내는 탄수화물, 단백질, 지방이고, 조연급은 비타민과 무기질이다. 조연급의 역할이 부족하면 대사가 잘 진행이 되지 않아 우리 몸에 불편한 증세가 생기거나 질병이 생긴다. 마치 남녀 주인공이 아무리 미남미녀라도 조연들의 충분한 협조 없이는 드라마가 성공하지 못하는 것과 같다.

시대 순으로는 비타민 A가 가장 먼저 발견되었으나, 쌀을 주식으로 사는 한국인들에게는 비타민 B군 부족이 심각하기 때문에 수용성 비타민부터 시작한다.

2. 수용성 비타민

수용성 비타민은 B군과 C를 포함하며, 물에 잘 녹는 성질이 있다. 물에 녹는 성질 때문에 필요 이상을 섭취할 경우에는 체내에 저장되지 않고 소변으로 배설이 된다. 흰밥을 먹는 대부분의 한국인들은 비타민 부족을 삐콤 알약을 복용하는 것으로 해결하려고 한다. 알약을 먹으면 그 다음날 소변의 색이 노랗게 되는 것은 비타민 B_2의 색깔이고 고소한 알약 냄새가 나는 것은 비타민 B_1의 성분이다.

비타민 알약을 많이 복용하는 한국인이나 미국인의 소변은 세상에서 가장 비싼 소변이다. 수용성 비타민은 저장되지 않기 때문에 필요량을 매일 공급해야한다. 이 필요량을 오랫동안 충족시키지 못하면 결핍증세가 나타난다.

비타민 B군(B complex, 삐콤)

비타민 B군은 주로 에너지를 내는 TCA 사이클에 관여하기 때문에 비록 양은 소량 필요하지만, 비타민이 가공 과정에서 제거되면 우리 몸에 영향을 미친다. 비타민 B군은 종류가 많기 때문에 크게 두 가지로 구분한다.

- 에너지 대사에 관여하는 비타민: B_1, B_2, 나이아신, 판토텐산, 비오틴
- 조혈작용에 관여하는 비타민: B_6, 엽산, B_{12}

에너지대사에 관여하는 비타민 B군

1) 비타민 B_1 (다이아민, 지아민, thiamin)

비타민 B_1은 탄수화물(실은 포도당)이 열량을 낼 때 반드시 개입되어야 하는 조연급 영양소의 하나이다. 비타민 B_1 부족증은 일찍이 BC 2600년경의 고대 중국의 기록에도 나와 있는 것으로 전해진다. 영어권에서는 '베리베리(beriberi)'라고 하는데 '허약함'을 의미하는 실론섬(스리랑카)의 말로, "난 못해, 난 못해(I can't, I can't)"라는 뜻이라고 한다. 우리의 뇌와 신경세포는 포도당을 연료로 사용하는데 비타민 B_1이 모자라면 뇌세포에 에너지가 공급되지 않는다. 열흘 동안 비타민 B_1이 없는 식사를 하면 우울증과 허약증세가 나타난다. 그래서 비타민 B_1이 풍부한 식사는 중요하다.

다카키 카네히로(高木兼寬)라는 일본 해군 장교는 1873년 런던의 가이병원 의과대학에 유학한 일본 최초의 군의관이다. 1881년 일본 해군은 군함 2척으로 세계일주를 하면서 각기병에 걸렸다. 그는 영국에서 배운 역학실력을 바탕으로 장교는 각기병이 적고 졸병들에게는 많은 것을 보고 음식이 원인이라고 판단했다. 1884년에 군함이 다시 출항할 때에는 동일한 코스를 동일한 인원으로 떠나면서 식사만 양식식단으로 바뀌었다. 즉 밥이 빵으로 바뀌었다. 420명 가운데 각기병에 걸린 사람은 말린 밥을 가지고 있던 2~3명뿐이었다. 이 결과가 란셋(Lancet)에 3차례 연재되었다고 한다. 일본 해군은 그 후 빵을 보리밥으로 바꾸었다. 반면 동경대 의학부를 졸업하고 독일로 유학했던 육군 군의관 모리 린타로는 각기병이 각기균이라는 세균이 원인이라고 생각했다. 그래서 육군에 백미를 지급했는데, 러일전쟁 당시 7만 8천명의 전사자 중 총탄에 맞아 죽은 사망자는 7~8천명인 반면 각기병으로 죽은 육군은 7만 명이었다고 한다.

1900년대 바로 이전에 자바섬에서 네델란드 내과 의사 크리스티앙 아이크만이 흰쌀을 먹은 닭들의 증세가 각기병에 걸린 사람과 비슷한 것을 발견했다. 이 의사는 각기병 환자와 각기병 닭에게 쌀겨와 왕겨를 먹였더니 증세가 회복이 되는 것을 보고 결국 이러한 병은 흰쌀밥을 주식으로 하는 동양 사람들에게 흔히 나타나는 것이라 인식하게 되었다.

카시미르 펑크 박사는 쌀겨와 이스트에서 이 비타민을 분리해 낸 최초의 과학자이다. 그는 이 물질이 필수 영양소라는 것을 처음으로 깨닫고 생명에 필요한 이 물질을 'Vitamine' 이라고 명명한 사람이다. 그는 쌀겨에서 수용액을 만들어 결핍증을 앓고 있는 비둘기에게 먹였더니 몇 시간이 지나 병이 나은 것을 발견했다. 현미 속의 생명의 물질이 정미 가공과정에서 사라진다는 이론을 발표한 것이다. 이때가 1912년이었다.

비타민 B라는 이름이 붙은 것은 이미 비타민 A가 발견이 된 뒤라 순서에 의해 B가 되었고 정식이름은 다이아민(혹은 지아민, thiamin)이다. 구조는 1926년에 밝혀졌고 10년 뒤부터는 합성할 수 있게 되었다. 비타민 B_1의 결핍증은 흰쌀을 주식으로 하는 중국, 한국, 일본, 동남아시아 국가의 지역 주민에게 많이 나타난다.

각기병의 증세를 살펴보면

가벼운 결핍 증세 : 식욕이 떨어지고, 몸이 허약해지고, 만사가 귀찮아지는 권태, 우울증, 불면증, 체중감소, 근육 무력증, 혈압의 저하 등이 생긴다. 이러한 증상들이 생겼을 때 평소에 먹는 음식, 특히 주식을 제대로 먹는지를 점검할 필요가 있다. 주로 외식 위주로 살고, 먹는 것이 부실하면, 비타민을 보충할 수는 있다. 그러나 올바른 식생활이 우선이다.

심한 증상 : 신경의 장애로 생긴 다발성신경염으로 온 몸이 쑤시고, 다리 근육의 깊은 통증, 팔다리를 제대로 가누지 못하는 마비, 심장이 비대해지는 허약증, 흥분성, 건망증, 정신의 혼

란, 공포증, 소화기계의 근육 무력으로 인한 변비 등이 생긴다.

각기병 두 종류

습성 각기병 : 세포 안에 수분이 축적되어 체조직, 특히 하반신에 부종이 나타난다.

건성 각기병 : 부종은 없다. 쉽게 피로를 느낀다. 근육의 쇠약으로 근육이 위축되고, 사지가 무겁고 약해진다. 다리의 신경이 둔화되어서 발에 마비가 오고, 찌르는 느낌도 온다. 일어나기가 힘들어지고, 심해지면 자리에 누워서 만성감염으로 사망하게 된다. 증세가 심해지면 심장이 비대해져서 심장박동이 불규칙적으로 되고, 호흡이 곤란해지고 사망하게 된다.

아기들의 각기병은 모유 속의 불충분한 비타민 B_1으로 인해 나타나는데 엄마는 증상이 없을 수도 있다. 아기의 증상은 빨리 나타나며, 호흡이 힘들고, 안면 창백, 안면 부종, 푸른 피부색, 구토, 경기, 심장이 빨리 뛰고, 진행이 빨라서 제때에 이 비타민 B_1을 공급하지 않으면 사망한다. 엄마가 임신기부터 통곡식 섭취를 잘하면 걱정할 이유가 없으나 흰쌀밥에 집착하면 다른 식품재료에서 비타민을 보충하거나 보충제로 보완해야 할 것이다.

〈표 1〉 비타민 B_1의 급원식품

식품	serving 크기	비타민 B_1 함량 (mg/serving)
이스트	1 T	1.25
폭찹, 브로일	90g	0.92
쌀기울	1컵	0.41
땅콩	1/2컵	0.23
완두, 냉동, 익힘	1/2컵	0.21
쇠간	90g	0.20
삶은 대두	1/2컵	0.19
끓인 오트밀	1컵	0.19
오렌지	중간 것	0.13

미국이나 유럽에는 영양 부족으로 오는 비타민 B_1의 결핍증은 거의 없지만 만성 알콜 중독이나 약복용으로 인한 제 2차 결핍증은 자주 발견된다. 만성 알콜 중독으로 오는 결핍증은 '베르니크-코르사코프' 신드롬이라고 하는데 초기에 치료하지 않으면, 뇌가 손상되어 치명적이 된다. 알코올은 좋을 것이 하나도 없으므로 절제력을 키우는 것이 중요하다.

비타민 B_1의 결핍증은 주로 쌀을 주식으로 하는 동양인들에게 흔하다. 감자나 빵을 먹는 서구인들에게는 각기병이 별로 문제 되지 않는다. 빵의 팽창제로 비타민 B_1이 풍부한 이스트를 사용하기도 하고, 또 서구사회의 흰 밀가루는 정제한 대신 정제로 없어진 비타민류를 다양하게 강화해서 판매하기 때문이다.

2) 비타민 B_2 (Riboflavin)

나의 어릴 때를 가끔 기억하고 강의 도중 학생들에게 언급하는 내용이 있다. 초등학교 시절 대개 겨울방학 끝나고 새 학기가 시작할 때쯤으로 기억하는데, 입술 양옆이 찢어지곤 하였다.

아버지와 뇌수술

　　나의 아버지는 학자로서 절제력이 강하고 일제시대의 영향을 받으셔서 위의 80%가 될 때 식사를 끝낸다는 신조를 가지고 살아오셨다. 체중은 정상 이하로 보였지만, 혈당, 콜레스테롤 수치, 혈압 등 성인병의 원인이 되는 요인은 항상 정상이었다.

　　그런데 불면증으로 잠을 청하기 위해서 매일 저녁 술을 드셨다. 처음에는 와인 한 잔이나 맥주 한 깡통으로 시작하셨으나, 별 효과가 없으므로 나중에는 양주와 중국 술 빼갈까지 진전이 되었다. 그러다가 어머니 돌아가신 해에 쓰러지셨는데, 수술 후 의사의 설명으로는,

　　"평소에 건강해도 술을 마시면 면역체의 기능이 약해져서 화농균이 뇌에 침범한 것"이라고 했다. 병원 입원 후 한달이 지난 다음 7시간의 뇌수술을 받으셨고 항경련제를 매일 복용해야만 했다. 뇌수술 후에 남는 상처가 스파크를 일으키며 경련을 일으킨다는 것이다.

　　병원에 입원하고 있는 동안에 매일 나오는 것은 흰 죽이었다. 밥으로 바뀔 때에도 흰 밥이었다. 병원 식사가 마땅치 않아서 흰 죽에는 준비해 간 흰깨, 검은깨, 들깨가루를 섞어드렸다. 병원에 입원한 석 달 동안 흰죽에 멀건 된장국물로만 연명을 했더라면, 아마 영양실조가 되어 수술회복도 어렵게 되었을 것이다. 미국 병원에서는 수술환자가 입원하면 반드시 영양사가 면담을 한다. 영양의 중요성을 아는 사회이기 때문이다.

　　하루는 간호사가 약 처방을 주면서 병원 정문 옆에 있는 약국에서 사오라는 것이다. 약 이름은 주사용 'thiamin' 이었다. 이것을 처방한 레지던트를 만났다.

　　"선생님, 왜 다이아민(thiamin)을 처방했어요?"

　　"환자가 술로 인해서 수술을 받았기 때문에 비타민 부족일 것으로 생각하기 때문이지요." 미국의사들이라면, 환자의 혈중 다이아민의 농도를 확인하고 처방한다.

　　"처방한 다이아민은 주사용이잖아요? 소화 기능이 정상인데 처방이 필요하다면 알약이 더 낫지 않겠어요? 병원에는 알약이 없나요?"

　　"그러고 보니 그렇군요." 이리하여 매일같이 나오는 약에 비타민이 B_1이 추가되었다. 사실 비타민 B_1이 부족이면, 비타민 B군은 모두 부족이다. 현미죽이나 현미밥이 나오면 모두 해결된다.

　　아버지가 항경련제를 복용하신 후에 나타난 현상은 근육 무력증과 청각 상실이다. 이제는 걸음의 보폭이 짧아져서 스스로 전철을 못타신다. 그러나 약의 노예가 되어 끊을 수는 없다. 작년부터 주치의는 약의 최저량이라고 하지만 이 최저량보다 더 낮은 양을 합의해서 줄이기 시작했다. 경미한 경련은 있었지만 3년 동안 응급실 출입은 하지 않았다. 살아있는 사람은 누구나 몸이 정상으로 갈 수 있는 자연 치유력이 있다고 믿는다.

1960년대 초반만 하더라도 우유배달이나 비닐하우스라는 것이 없었다. 우리나라 3월 달은 아직 추워서 푸른 싹을 보기 어렵고, 김장김치는 시어졌고, 신선한 야채는 전혀 없는 상태였다. 주위에 똑 같은 증세의 친구들도 흔히 있었는데 밥 먹을 때 입을 벌려야 할 때가 제일 문제였다.

　　"아이구, 아파, 아이구"하곤 하면, 주위의 어른들은 무엇이라고 말씀하였는가?

"네가 크니까, 입도 커지려고 그런다." 어릴 때에는 이 말을 믿었다.

내가 이런 이야기를 하면, 학생들도 똑같은 말을 들었다고 동의한다.

"몸이 크는데 왜 입만 찢어져요?"라고 물으면, "하하하" 다들 웃는다.

몸이 클 때 입이 찢어져야 하면 눈, 코, 입이 다 그래야 하지 않은가? 성장기에 열량이 더 필요하면 비타민 B군의 필요량도 역시 비례한다. 그 때 흰쌀밥으로 인한 비타민 B_2의 부족, 즉 구순구각염을 우리 세대뿐만 아니라 아직도 다음 세대도 겪었다는 것이다. 그러나 학생들의 연령이 낮아질수록 이 증상을 경험한 숫자는 줄어든다.

요즈음 주변의 어린이들에게서는 이런 증상이 눈에 띄지 않는다. 흰밥을 먹어도 이스트가 들어간 빵과 우유의 소비가 증가해서 최근에 와서는 이런 입 양쪽이 터진 어린이는 별로 본 적이 없다. 그러나 백미나 흰 밀가루 위주의 식사와 가공식품을 애용하고 신선한 야채와 과일이 부족한 계층은 식생활을 바꾸지 않는 한 많은 사람들이 아직도 계속 이런 식으로 비타민과 그 이외의 영양소 부족을 만성으로 겪을 수 있다.

학자들이 각기병을 치료하고 예방할 수 있는 항각기성 물질을 연구하다가 비타민 B가 하나가 아니고 또 다른 것이 있음을 발견했는데, 동물의 간, 우유, 달걀, 푸른 채소에서 분리하였다. 그리하여 열에 약한 것을 B_1, 열에 강한 것을 B_2라고 부르게 되었고 1935년부터는 유럽에서 합성하게 되었다.

비타민 B_2도 탄수화물, 지방, 단백질이 열량을 낼 때 필수적으로 필요한 조연급 비타민이다. 그 이외에도 다양한 기능을 한다. 아이들이 성장하면서 열량섭취가 증가하면 이 비타민의 필요량도 늘어난다. 현미밥 위주의 식사이면 문제가 없으나, 흰쌀밥이 주식이면 부식으로 보충

〈표 2〉 비타민 B_2 함유식품

식품	serving 크기	비타민 B_2 함량(mg/serving)
쇠간, 익힌 것	90g	3.54
우유, 저지방	240cc	0.52
쌀기울(40%)	1컵	0.49
이스트	1 T	0.34
시금치	1컵	0.25
아스파라가스	2/3컵	0.22
겨울호박, 구운 것	2/3컵	0.18
계란	1개(대)	0.15
브로콜리	2/3컵	0.15
삶은 대두	1/2컵	0.08

해야 하는데, 충분치가 않으니 구순구각염으로 나타난다. 심해지면 혀의 염증, 각막염, 피부질환, 피부염에 의한 탈모 등과 성장이 정지한다.

3) 나이아신

우리가 풍요롭다고 생각하는 미국도 가난한 시절이 있었다. 1914년 경 가난한 남부의 옥수수 재배지역에 '펠라그라' 라는 질병이 강타했을 당시에는 옥수수에 들어있는 독이 이 질병을 유발하는 것으로 생각했다. 골드버그라는 의사의 역학조사에 의해서 이 질병이 가난한 지역 주민의 식생활과 관계가 있음을 밝혀내었다. 이들은 주로 옥수수와 정제 설탕을 먹고 살았다.

뛰어난 세균학자인 골드버그는 1915년 건강한 죄수 11명을 석방해 준다는 조건하에 실험을 하였고 초조한 5개월이 지난 후에 펠라그라 증세가 생기는 것을 발견했다. 윌리암 더프티가 《슈거 블루스》에서 밝힌 그들의 실험식사는 흰 빵, 옥수수 죽, 옥수수 분말, 고구마, 소금에 절인 돼지고기, 사탕수수 시럽, 양배추, 커피가 전부였다. (옥수수를 주식으로 하되, 돼지고기를 빼고, 정제 설탕을 추가했더라면 증세가 더 일찍 나타났을 것이다) 그러나 문제는 그 당시 많은 사람들이 음식으로 인해 병이 생기고 음식으로 인해 병이 낫는 것을 믿지 않았고 그의 연구를 인정하지 않았다는 점이다. 옥수수에 부족한 나이아신이 관련된 것이 1937년에야 밝혀졌다.

옥수수에는 트립토판이라는 필수아미노산이 상당히 부족하다(제한 아미노산). 트립토판 60mg은 나이아신 1mg으로 전환되는데, 옥수수만을 주식으로 할 때에는 나이아신 결핍이 된다. 미국에서 1910년에서 1935년 사이에 매년 이 질병의 발병은 15,000건이나 보고되었다. 옥수수와 함께 다른 단백질 급원과 함께 한 식생활은 문제가 없었다.

펠라그라(pellagra) : 사람이나 동물이나 나이아신을 비롯해 비타민 B_1, B_2, B_6가 부족할 때 햇빛에 노출된 부분의 피부염(dermatitis), 설사(diarrhea), 치매(dementia), 죽음(death)으로 이어지는 모두 D로 시작되는 질병이라 4D라고 부른다. 우리나라에서도 과거 교통이 불편하고, 쌀 부족으로 인해 옥수수만을 주식으로 하던 강원도에서 가끔 '펠라그라' 가 보고 된 때가 있었다. 아래의 사진은 피부염이 생긴 것인데, 햇빛에 노출된 부분의 피부염이 심하다.

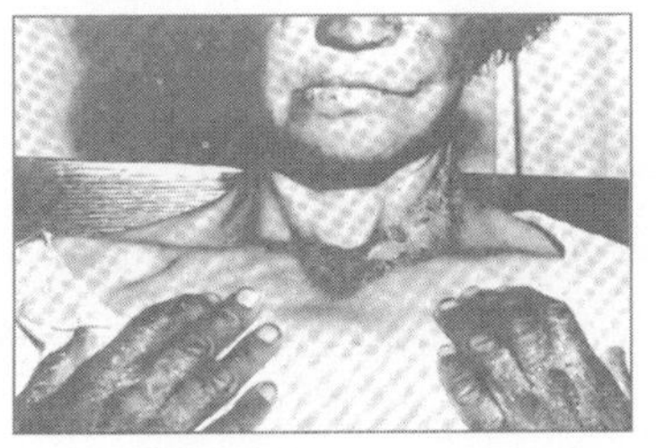

심장질환이나 정신질환의 치료제로 나이아신을 다량 복용할 경우에는 간에 독이 된다. 과량으로 섭취할 경우에는 몸에 이로운 수용성 비타민이 아니다.

식품	서빙 크기	트립토판(mg)	나이아신 전환	나이아신(mg)	나이아신 총합(mg)
비프스테이크	90g	194	3.2	5.1	8.3
닭고기	2쪽	125	2.1	5.8	7.9
강낭콩	1/2컵	181	3.0	2.1	5.1
우유, 전지	1컵	113	1.9	0.2	2.1
계란	1, 대	97	1.6	0.03	1.63
바나나	1, 중	31	0.5	0.8	1.3
오렌지	1, 중	5	0.1	0.5	0.6
당근, 생	1, 중	8	0.1	0.4	0.5
껍질 콩, 캔	1/2컵	17	0.3	0.2	0.5

4) 비오틴(Biotin)

천연에 가장 흔히 존재하는 비타민으로 1901년에 처음 발견이 되었다. 처음에는 미생물의 성장촉진의 역할 때문에 '바이오스'로 명명되었다. 프리츠 쾰 교수는 1936년 550파운드의 말린 오리알 노른자로부터 16차례의 과정을 거쳐 1mg의 매우 활성도가 높은 성장촉진 물질을 추출해서 이때 이름을 비오틴이라고 했다. 여러 과학자들이 이 물질을 연구하면서 다양한 이름으로 불렀다.

비오틴 급원식품

쇠간, 오트밀, 대두, 계란, 연어, 우유, 현미밥, 새우, 통닭, 아이스트림, 버섯, 광어, 바나나, 땅콩버터, 햄버거, 오렌지

    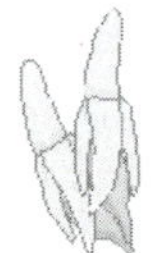 

1927년 마가렛 보아스 교수는 날계란 흰자를 쥐에게 주었을 때 피부염, 출혈성 피부, 마비, 체중감소, 눈 주변의 털이 빠지는 증상 등을 보이는 것을 발견했다. 익힌 흰자는 아무 문제가 없었다. 이것은 날계란 흰자의 아비딘이라는 단백질이 소장에서 비오틴이 흡수되는 것을 방해하기 때문이었다.

오래된 영화 '록키'에서 주인공 실베스터가 큰 컵에 날계란을 수없이 깨 넣어 꿀꺽꿀꺽 마시는 장면이 있었다. 영화의 의도는 고단백질을 많이 먹음으로써 근육 운동에 도움을 주려고 했

던 것 같다. 그 장면을 보면서 저렇게 날계란을 많이 먹어도 될까 싶었는데 그 후에 그는 한참 동안 몸이 좋지 않았다고 한다. 비오틴 결핍이 오지 않았나 싶다. 또 생선회를 자주 먹는 사람들에게서도 비오틴 결핍증이 보고 되고 있다.

유황이 들어있는 비오틴은 에너지 대사에 필수적으로 필요한 비타민이며 단백질과 지방의 대사에도 필수적인 비타민이다. 식품에 널리 존재하고 우리 내장의 미생물이 역시 합성해내기 때문에 평소에는 결핍증이 드물다. 단 항생제를 복용하면, 미생물들을 죽이기 때문에 영향을 준다. 실험적으로 유도한 결핍증은 식욕부진, 건조하고 벗겨지는 피부, 근육통, 멀미, 탈모 등의 증세를 보인다.

5) 판토텐산(Pantothenic Acid)로

로저 윌리암 교수는 1938년 이 비타민을 발견하고 그리스어로 '모든 곳(everywhere)'이라는 의미를 가진 'pantos'를 인용하여 이름을 붙였다. 이름 그대로 동식물 널리 분포되었고 1940년 처음 합성되었다. 판토텐산은 노란색을 띤 기름 같은 액체이다.

판토텐산은 신경전달물질, 스테로이드 호르몬, 지방, 헤모글로빈 등의 합성에 관여하고, TCA 사이클에 기본적으로 필요한 조효소(아세틸−CoA)의 구성 성분이다. 결핍증을 유도하기가 쉽지 않기 때문에 권장량을 정하기가 어렵다. 양에 차이는 있으나 모든 식품에 들어있다. 과일에는 적고, 많이 들어있는 식품은 통곡류, 쇠간, 계란, 아보카도, 버섯 등에 많이 들어있다.

좋은 급원

우유, 대두, 바나나, 오렌지, 양고기, 돼지고기, 콜리플라워, 당밀, 땅콩, 통곡식, 콩, 바나나, 감자, 맥주, 옥수수, 브로콜리, 현미, 치즈 등

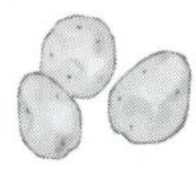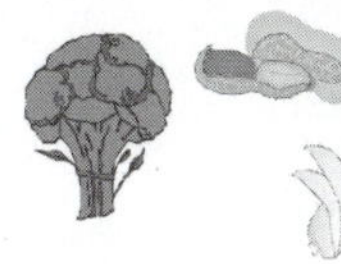

정제, 조리, 냉동, 저장 과정 중에 파괴되기 쉽다. 쥐를 대상으로 한 실험에서 유도한 결핍 증세로는 쥐털이 하얗게 되는데, 그렇다고 해서 이 비타민이 사람의 흰머리를 검게 하지는 않는다. 정상식사를 하는 경우 결핍증이 잘 나타나지 않지만, 동물 실험에서 판토텐산 결핍 시 식욕부진, 소화불량, 우울증, 팔, 다리 경련, 빈혈 등의 증세가 보고 되고 있다. 판토텐산을 과량 복용하면 설사가 일어난다.

조혈에 관여하는 비타민 B군

일반인들은 빈혈이라고 하면 대개 철분 부족으로 생각하지만 조혈작용에 관여하는 비타민 B_6, 비타민B_{12}, 엽산이 부족해도 빈혈증이 생긴다. 비타민 B_6는 철분 부족과 마찬가지로 적혈구의 크기가 작은 빈혈증이고, 엽산과 비타민 B_{12}가 부족하면 적혈구의 크기가 큰 거대적혈구성 빈혈증(Megaloblastic anemia)이 생긴다. 적혈구는 긴뼈에서 주로 생산되는데 미숙한 상태의 적혈구는 크기가 비정상으로 크다.

1) 비타민 B_6(Pyridoxine)

비타민 B_6는 동식물 식품에 널리 들어있기 때문에 평소에는 부족함이 없다. 그러나 임신 초기에 체내 비타민 B_6의 농도가 떨어져 입덧을 초래한다는 연구 보고들이 있기 때문에 입덧 기간 중에는 이 비타민이 많이 함유된 식품을 권한다. 입덧을 해결하고자 약을 복용하거나 청량음료를 마시는 것은 좋지 않다.

독일의 탈리도마이드 사건은 매우 유명했지만 《모성혁명》의 산드라 슈타인그레버는 미국사회에서도 48세 이후의 사람들은 이 사건을 거의 모른다고 한다. 그래서 나는 임신과 영양에 관한 수업시간에는 반드시 탈리도마이드로 인해 희생된 기형아들의 사진을 보여준다. 입덧이란 임신한 엄마에게 아기가 자기의 존재를 알리는 첫 번째 신호이다. 임신 초기에 아기는 간이 형성되지 않아 해독 작용을 할 능력이 없다. 그래서 입덧은 아기를 보호하기 위한 수단인 것이다. 그래야 임신 사실을 알고 태아를 보호하기 위한 모든 조처를 취할 수가 있기 때문이다.

〈표 4〉 비타민 B_6의 함유식품

식품	serving 크기	ug/serving
쇠간, 익힌 것	90g	569
바나나	1개, 중간 것	480
아보카도	1/2개	420
닭, 튀김	90g	340
광어, 구이	90g	289
옥수수	1/2컵	246
흰감자	1개, 중간 것	200
시금치	1/2컵	161
현미	1/2컵	110
브로콜리	1/2컵	107
우유, 전지유	240cc	98

이 비타민은 많은 식품에 널리 들어있기 때문에 결핍증을 유발하기는 어렵다. 그러나 길항작용(antagonist)을 하는 deoxypyridoxine을 처방하면 결핍증이 생기는데 멀미, 신경염, 피부염, 입과 혀의 염증, 적혈구의 크기가 작은 빈혈증 등이 생긴다. 과잉으로 가공처리해서 이 비타민이 파괴된 조제유를 먹은 아기들에게 위와 같은 증세가 보인다. 아기들에게 심한 경련이 생기는 것은 이 비타민이 중추신경의 기능에 관여하는 중요한 비타민이라는 점이다.

2) 엽산(Folic Acid, Folate)

1931년 루시 윌박사는 인도의 어느 임산부의 특징적인 빈혈을 보고했다. 그녀는 같은 식이(백미와 흰빵)를 원숭이에게 먹여서 같은 빈혈을 유도해서 알려지지 않은 비타민으로 치료되는 것을 발견했다. 간의 추출물도 이 악성빈혈을 치료하지 못했고, 이스트 역시 이 악성 빈혈을 치료하지 못했다. 엽산 결핍으로 인한 빈혈은 적혈구의 크기가 큰 '거대적혈구성' 빈혈이라고 부르며 적혈구가 생성된 후에 성숙되지 못한 채 떠돌아다닌다.

1941년에 박테리아의 성장을 촉진하는 이 물질이 시금치에서 분리가 되었고 라틴어원으로 '잎' 이라는 의미의 '엽산' 으로 명명되었다. 엽산은 임신기의 거대 적혈구성 빈혈을 치료한다는 것이 1945년에 알려져서 1948년 합성되었다.

이름 그대로 푸른 엽채류를 늘 상식하면(예를 들면, 우리의 김치류) 엽산의 부족이 생길 수가 없다. 그러나 미국 노인들 중 엽산 결핍으로 인한 빈혈이 종종 있다. 혼자 사는 노인들은 거동이 불편하고, 차도 없고, 운전도 제대로 못하므로 장을 제대로 볼 수도 없고, 깡통 음식으로 사는 경우가 많다. 이 캔에 들은 음식을 데워서 먹고, 남은 것을 또 데우고 하면, 엽산이 파괴되어 결핍증이 나타난다.

임신 중 엽산의 부족은 기형아 출산의 위험이 있고, 치매의 위험과도 관련이 있다는 보고가 있다. 엽산의 결핍이 뇌의 위축을 초래한다는 것이다. 치매 환자의 뇌수축은 혈중 낮은 엽산 농도와 높은 호모시스틴 농도와 관련이 있다.

수녀님 연구로 유명한 스노든 박사도 수녀님들의 혈중 엽산의 농도가 높을수록 뇌의 위축 정도가 적었다는 것을 1996년에 확인하였다. 그 연구 발표 후에는 수녀님들이 샐러드를 많이 잡수신다고 한다. 엽산의 섭취가 적으면 혈액 내의 호모시스테인의 농도가 높아진다. 이 아미노산은 동맥경화를 일으키는 요인이고 뇌의 혈관을 손상해서 지능을 떨어뜨리는 역할을 한다. 식이의 엽산과 비타민 B_6와 B_{12}는 메치오닌이라는 아미노산으로 전환함으로써 호모시스테인을 제거한다. 적어도 하루에 400mcg의 엽산을 과일과 야채로부터 얻으면 호모시스테인의 수치를 40%를 낮춤으로써 심장마비나 뇌졸중의 위험을 낮출 수가 있다. 미국의 식약청은 1996년부터 아침용 시리얼, 빵, 파스타 등의 곡류제품에 엽산의 강화를 의무화했다.

식품	servings 크기	free-엽산	총엽산함량(μg)/serving
이스트	1T	14	313
쇠간, 익힌 것	90g	–	123
시금치, 생	1컵	65	106
오렌지 주스	180cc	63	102
로메인 상치	1컵	33	98
비트	1/2컵	32	66
아보카도	1/2개	36	59
익힌 브로콜리	1/2컵	21	44
바나나	중간 것	26	33

위에서 언급한 호모시스테인은 아미노산의 일종인데 필수아미노산은 아니다. 이 호모시스테인은 흡연과 커피 섭취에 따라 농도가 올라간다. 혈관의 건강을 유지하는 데 위에 언급한 엽산, 비타민 B_6와 B_{12}의 중요성이 언급되고 있다.

3) 비타민 B_{12}

비타민 B_{12}는 모든 비타민 중에서 가장 크고 복잡한 구조를 가지고 있으며 가장 늦게 발견이 되었다. 19세기 중반에 영국에서 알려진 악성빈혈은 주로 노인들에게 나타나 3년에서 5년 사이에 사망하는 치명적인 질병으로 알려졌다. 1926년 미놋과 머피라는 미국인 의사는 매일 생간을 450g 먹을 때 이 악성빈혈이 치료되는 것을 발표했다. 1948년 영국과 미국에서 단백질이 없는 간 추출물에서 이 항 악성빈혈인자가 순수한 형태로 분리되었고 1956년에 그 복잡한 구조가 밝혀졌다. 또 1973년이 되어서야 합성되었다.

비타민 B_{12}는 크고 복잡한 구조이며 무기질 중 미량원소인 코발트를 포함하고 있다. 식물성 식품에는 풍부한 양이 발견되지 않으나 비타민 B_{12}는 매우 작은 양이 필요하다. 식품 속의 비타민 B_{12}는 단백질과 결합되어 있고 위에서 단백질 소화효소인 펩신(이 효소는 위산에 의해 활성화가 된다)에 의해서 분해 되어야 흡수가 가능해진다. 또 흡수되려면 위의 특정한 세포(parietal cell)에서 분비하는 내인성 인자라는 단백질과 결합해야 한다. 결합한 상태가 되어야 소장의 마지막 부분인 회장에 있는 이 단백질의 수용체에 의해 흡수가 용이하게 된다.

비타민 B_{12}의 평균 흡수율은 70%이나 보충제로 섭취가 많아지게 되면 흡수율은 20%로 떨어지며 나머지는 소변으로 배설된다. 비타민 B_{12}의 일부(5%미만)는 내인성 인자 없이도 흡수된다. 비타민 B_{12}의 1~10μg은 매일 담즙으로 분비되고 다시 이것이 재흡수 된다. 그러나 비타민 B_{12}의 흡수가 정지되면 3년 내에 결핍증이 생긴다.

50세 이후에는 위산의 분비 저하에 따라 비타민 B_{12}의 흡수율이 떨어진다. 이것으로 인해서 비타민 B_{12}의 섭취가 충분해도 결핍증이 생길 수가 있다.

비타민 B_{12}와 엽산은 적혈구의 성숙에 필수적이며 비타민 B_{12}는 신경조직의 주요 성분 (sphingomyelin)의 합성에 또한 필수 성분이다. 따라서 비타민 B_{12}가 모자라면 적혈구와 신경의 기능에 변화가 생긴다. 비타민 B_{12}는 엽산과 함께 DNA 합성과 세포분열에 필수적이다. 이두 비타민의 결핍은 DNA의 손상을 가져오고 암의 위험도 있다. 낮은 혈중 비타민 B_{12} 수치는 임파구의 DNA 손상과 관련이 있으므로 이 비타민 보충으로 손상이 감소된다. 또 혈중 비타민 B12의 농도가 낮은 여성일수록 유방암의 위험도가 가장 높았다. 비타민 B_{12}의 농도가 낮은 사람은 높은 농도를 가진 사람보다 알츠하이머병에 걸릴 위험이 4배가 높았다. 비타민 B_{12} 결핍으로 면역계가 위험해진 사람은 비타민 B_{12}의 주사로 면역계의 기능을 향상시킬 수 있다.

비타민 B_{12}의 결핍원인

- 식품선택 때문에 오는 비타민 B_{12}의 부족
- 노화, 위염, 위절제 등으로 인한 내인성 인자의 분비 저하
- 소장의 일부(회장) 절제, 또는 회장의 염증
- 드물게 오는 선천성 장애로 인한 비타민 B_{12}의 흡수장애
- AID 감염
- 씰리악 스프루(밀단백질로부터 오는 알레르기 설사병)
- 위의 무염산증

비타민 B_{12}의 결핍증세는 손과 발의 마비, 평형감각 상실, 무기력과 극도의 피로, 혼돈, 강박증, 불안감, 우울증과 같은 정신적인 문제, 기억상실과 치매 등이다. 이것은 말초신경, 척추신경, 뇌의 신경손상에서 온다. 비타민 B_{12}의 결핍으로 오는 첫 증상은 거대적혈구성 빈혈이라 여겼으나, 여러 연구에 의해 신경세포의 손상이 처음 오는 증상으로 지적되었다. 이러한 신경증세는 비타민 B_{12}의 치료에 매우 잘 반응하며 초기에 치료해야만 영구적인 손상을 예방할 수가 있다고 했다.

식품의 비타민 B_{12}의 함유량에 관한 전통적인 테스트는 활성과 비활성 형태를 구분하지를 못했다. 일부 식품(템페, 미소, 우메보시)이 비타민 B_{12}의 급원이라는 명성을 얻었지만 이 식품들이 가지고 있는 것은 비타민 B_{12}의 유사체(analogue)라고 한다. 일본의 연구가들은 생김(raw nori, 특히 파래 김)의 비타민 B_{12}의 73%는 활성형이고, 건조 김의 65%는 비활성형인 유사체인 것을 발견하였다(그러나 다른 문헌은 김에 있는 비타민 B_{12}도 유사체라고 함). 아마도 건조과정에서 활성형이 비활성형 유사체로 전환하는 것 같다. 마지막으로, 한 보고는 대두, 보리, 시금치도 토양으로부터 뿌리를 통해 비타민 B_{12}를 빨아올릴 수가 있다고 했다.

우리나라와 일본은 불교의 영향을 받아 채식 문화가 오래 지속되어 왔었다. 평생 채식으로 지내온 스님들의 비타민 B_{12}에 대한 연구는 아직 없었지만, 치매 증상을 보이는 스님에 관한 문헌도 별로 없다. 비타민 B_{12}는 인체의 장에서 미생물이 합성을 할 수 있는 비타민이다. 한국과 일본은 발효 식품의 역사가 길기 때문에 서구 사회에 비해서 미생물로 인한 유익을 얻는 것으로 생각된다. 육류의 오염으로 채식에 관한 관심이 높아지면서 앞으로 이 비타민 B_{12}에 관한 많은 연구를 기대한다.

비만과 비타민 B_{12} 결핍증 사례

내가 오스틴의 브래큰리치 병원에서 만난 63세의 무척 마른 샐리 할머니는 12년 전에 소장의 일부(회장: 소장의 마지막 부분)를 잘라내는 수술할 때만 해도 체중은 310파운드(141kg)이었다. 그런데 그 때부터 설사가 꾸준히 지속되면서 체중이 빠져서 입원할 당시에는 107파운드 (48.6kg)이었다! 심할 때는 하루에 20번 정도 설사를 했고 나중에는 적응이 되어 7~9회로 줄었다는 것이었다. 그녀는 자기의 이야기를 하면서 눈물을 펑펑 쏟았다. 그녀의 수술은 그 잘라낸 회장을 다시 붙이는 수술이었다.

우리는 그녀의 여러 검사자료를 놓고 검토하였는데, 혈청 알부민 수치는 정상 이하였고, 비타민 B_{12}의 결핍증이었다. 혈청의 알부민 수치가 정상 이하일 때에는 위험

〈표 6〉 비타민 B_{12}의 함유식품

식품	serving 크기	ug/serving
쇠간, 익힌 것	90g	68
대합조개	1/2컵	19.1
완두, 냉동	1/2컵	11
파인애플, 캔	1/2컵	9
복숭아	1개, 중간 것	7
당근, 익힌 것	1/2컵	5
오이, 생	1/4개, 작은 것	4
샐러리. 생	1대	4
참치, 캔	60g	1.32
우유, 전지	240cc	0.871
계란	1개, 대	0.773

하기 때문에 수술을 하지 못하는 것이 상례이다. 오랫동안의 설사로 인해 영양실조가 왔고, 영양실조 때문에 수술을 받는데 또한 지장이 있는 것이다. 그녀의 체지방은 12.8%이었고 키 (160cm)에 비해서 저체중이었다.

영양사들의 처방은 이러한 소화기계가 정상이 아닌 환자는 혈관으로 영양공급(TPN)이 바로 들어가는 것이며 그녀의 우울증은 비타민 B_{12}의 결핍에서 온 것으로 판단하였다. 소장의 3단계 중 마지막에 해당하는 회장은 비타민B_{12}가 흡수되는 부분이고 10년 넘게 이 부위가 없어졌으니 결핍증이 올 수밖에 없었다. 그나마 다행인 것은 잘라낸 회장이 그녀의 몸속에 있어 10여년 만에 정상으로 돌아올 수가 있었다. TPN은 가슴 상부에 있는 대정맥에 튜브를 수술로 연결해

서 고단위 영양을 공급하는 것인데 가끔 염증이 생겨 염려를 했었다. 일주일 후에 외래에서 기다리는 샐리 할머니를 다시 만났는데 얼굴에 화색이 돌았으며 "좀 어떠세요?"라고 인사하니 "좋아요."라고 답하는 미소가 얼마나 반가웠는지 모른다. 우리 한국인의 전통적인 음식을 먹으면 별일이 없을 텐데 미국인들의 기름진 식사가 비만을 부르고, 또 수술로 생명을 잃을 수도 있으니, 돈 주고 고생을 사서하는 미국인들임을 정말 실감하였다.

비타민 C(Ascorbic Acid)

균형 잡힌 식사에 대해서 무지했던 과거에는 문헌을 통해서 특정한 영양소의 결핍으로 많은 사람들이 죽어갔던 것을 알 수가 있다. 괴혈병에 관한 기록은 일찍이 B.C. 1500년경부터 있었다. 고대 이집트, 그리스, 로마시대의 많은 사람들이 괴혈병(scurvy)에 걸렸는데, 가장 오래된 비타민 결핍으로 인한 질병 중의 하나이다.

바스코 다 가마는 1497년 희망봉을 돌아가는 과정에서 선원 160명 중 괴혈병으로 100명을 잃었다고 항해 일지에 기록했다고 한다. 1519년 마젤란은 5척의 배로 세계 일주를 시작했으나 3년 후에는 배 1척과 18명만 살아남았다.

1535년 겨울 프랑스 탐험가 까띠르와 그의 일행 110명이 세인트 로렌스 강에 발이 묶였을 때, 대부분이 이상하고 치명적인 병에 걸렸었다. 사지가 붓고, 출혈하는 잇몸과 피부, 치아의 탈락, 허약증 등으로 8명이 죽고 50여명이 심각한 증상을 보였을 때, 그 지역의 인디안들이 처방을 알려주었다. 소나무의 잎과 껍질을 우린 용액을 섭취해서 살아났다.

1740년 영국 해군의 앤슨 제독은 여섯 척의 배와 선원 1,500명으로 출발했다. 4년 후에는 배 한척과 선원 335명이 생존했다.

1742년에 영국의 해군 군의관 제임스 린드가 그 유명한 임상영양 실험을 했다. 그는 이미 까띠르의 기록을 읽었기 때문에 아이디어가 있었다. 괴혈병 환자 12명을 추려 2명씩 짝을 지어 6그룹을 만들어서 그들의 평소식사에 6가지의 다른 처방을 주었다.

결과는 분명해져서 5군만 회복되었고 근무를 시작했다. 닥터 린드의 실험발견이 해군본부에 보고 되었으나 당시 세계 최강의 해군을 자랑하던 영국 해군본부는 자신들의 군대식이 가장 우수하다고 믿었다. 《슈거 블루스》의 저자 윌리암 더프티의 표현에 의하면, '질병을 이용해 이득을 챙기려는 세력' 들에 의해서 '부적절한 군량식이 괴혈병을 부른다' 는 사실을 50년 동안 받아들이지 않았다고 한다.

닥터 린드가 죽은 그 다음해 1775년부터 그의 주장이 반영된 것은 처음 실험으로부터 50여 년이 지난 후였다. 그동안 무려 10만 명의 수병이 희생이 되었다고 한다. 그 후로는 영국의 해군은 항해 시 라임을 반드시 먹었기 때문에 영국 수병들을 '라이미' 라고 부르는 별명이 생겼다.

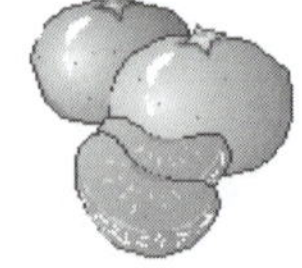

1928년 센트-고르기는 오렌지 주스, 양배추 즙, 동물의 아드레날린 조직에서 환원성을 가진 결정체를 분리했고, 1932년에 이 물질이 비타민 C라는 것을 확인했다. 서양인의 오랜 항해 도중에 선원들이 많이 희생된 것은 폭풍우와 같은 자연 재해 때문이 아니라 결국은 그들이 먹은 음식 때문이었던 것이다. 서구인들이 우리와 같이 콩나물을 키우고, 겨울철 식사 때마다 김장 김치를 먹는 식습관이 있었더라면, 항해 도중에 아까운 생명을 잃고 수장당할 이유가 없었을 것이다.

미국의 서부, 캘리포니아의 골드러쉬(Gold Rush) 시대(1849~1859년)에 광산촌에서도 갑작스런 인구폭발로 식량이 부족해졌다. 신선한 야채와 과일이 부족하여 많은 사람들이 괴혈병으로 사망했다고 한다. 이때부터 캘리포니아에서는 오렌지를 심기 시작해서 세계적인 산지가 되었다. 디즈니랜드로 가는 일대가 '오렌지카운티' 인데, 꽃이 피는 계절에는 그 꽃향기가 매우 훌륭하다.

그 유명한 괴혈병이 생기는 이유

비타민 C의 가장 중요한 역할은 콜라겐의 형성에 관련이 된다. 콜라겐 단백질은 동물의 조직을 연결하는 시멘트와 같은 기능을 한다. 비타민 C가 부족하면, 콜라겐 조직이 제대로 형성이 되지 않고, 조직이 연약해지면, 모세 혈관벽도 약해져서 가벼운 충돌에도 쉽게 멍이 들거나 출혈한다. 콜라겐 단백질은 피부, 연골, 치아, 뼈, 혈관, 근육 등의 구성 성분이고, 총단백질의 약 30% 정도를 차지한다. 콜라겐 단백질을 만들 때에는 아미노산 중 프로린이 하이드록시프로린으로 전환되며 이때 비타민 C가 관여한다.

비타민 C는 항암역할을 한다

비타민 C는 암으로부터 보호하는 또 하나의 영양소이다. 항산화의 역할을 하며 유독한 '유리기'에 노출되는 것을 줄인다. 비타민 C는 식이의 아질산염(亞窒酸鹽)에서 발암성이 있는 나이트로사민(nitrosamines)으로의 형성을 막는 경향이 있다.

비타민 C는 암으로부터 보호하는 역할 이상의 일을 한다. 한 연구에 의하면, 비타민 C는 정자를 유전적 파괴로부터 보호한다고 한다. 어린이들의 백혈병, 신장암 그리고 뇌암 같은 질병은 아버지의 유전적으로 손상된 정자에 그 원인이 있으며 비타민 C는 항산화제로서의 역할을 통해서 보호하는 일을 한다. 그러한 비정상적인 정자는 담배를 피우는 것(이것은 정자를 실제로 산화시키며 유전적으로 망가뜨리는 것 같다), 빈약한 식이(하루에 250mg 보다 적은 비타민 C 섭취), 그리고 직업 때문에 여러 가지 독소에 노출되는 것 등의 요인들이 결합한 대표적인 것이라 하겠다. 따라서 한 인간이 잉태되기 몇 주 전부터 잉태될 때까지의 식사 습관을 포함하는 생활 습관은 자녀의 DNA의 생명력을 결정하는 데 있어 지극히 중요하다.

한국인 권장량은 70mg이지만 영양조사에서는 대개 70mg이 넘는다. 《Proof Positive》의 저자 닐 네들리 박사는 하루 비타민 섭취량을 식품으로부터 250mg 섭취할 것을 권한다.

<표 7> 비타민 C의 함유식품

식품	1회분 크기	mg
붉은 피망	1 중간 것	141
오렌지 주스	1컵	124
분홍 자몽	1개	124
딸기	1컵	82
키위	1컵	75
푸른 피망	1 중간 것	66
귤	1개(100g)	54
브로콜리	1/2컵	41
케일, 삶은 것	1/2컵	27
구운 감자	1 중간 것	16

면역 기능과 보충제 섭취

비타민 C는 세포 내에서 생성되는 활성산소를 제거하여 세포를 보호해 주는 역할을 하면서 면역체의 기능을 유지한다. 노벨상 수상자인 라이너스 폴링박사는 그의 저서 《비타민 C와 감기》(1970년)에서 매일 1~3g의 비타민 C를 섭취해야 한다고 주장했다. 그는 비타민 C를 1,000mg 이상을 섭취하면 45%가 감기에 덜 걸리고, 60%가 덜 아프다고 했다. 내가 미국에서 만난 한국 교포들도 의사가 1,000mg나 3,000mg을 처방했다는 것을 듣고 놀랐는데, 비타민 C는 수용성 비타민이기는 하지만, 보충제로 과잉 섭취할 경우는 몸에 해롭다. 충분한 비타민 C를 공급하고 싶으면, 식품으로 취하면 된다. 부사 사과 반개(100g)에는 비타민 C는 4mg 정도 들어있지만 항산화 효과는 정제 비타민 1,500mg과 맞먹는다는 연구도 있다. 오렌지 중간 크기를 하나 먹으면 하루 권장량이 충족되고 매끼 먹으면 쉽게 하루 섭취량이 300mg을 넘는다.

오렌지나 귤을 먹게 되면, 비타민 C뿐만이 아니라, 베타-캐로틴, 섬유소, 무기질, 그 외의 식물성 보약성분도 함께 취하게 되므로 유익이 크다.

비타민 C 음료

전문의들에 따르면 수용성 비타민(B군과 C 등)일지라도 적정 용량을 초과하면 위장장애와 신장결석 등 부작용이 올 수 있다고 했다. 한 제약회사의 제품 종류는 100ml, 210ml, 250ml(팩 제품) 등 3종으로 제조일 기준 각각 700mg, 1,470mg, 1,750mg의 비타민 C를 함유하고 있다. 무심코 하루 2~3병을 마실 경우 권장량을 수십 배나 초과할 수 있다는 계산이 나온다. 다른 회사의 제품은 한 술 더 떠 팩 제품 하나만 마셔도 권장량을 33배나 초과하는 것도 있다. (2004/5/18/다음뉴스)

3. 지용성 비타민

지용성 비타민은 A, D, E, K가 있다. 지질처럼 담즙에 의해 유화된 후 소장 상피세포를 통해 지질과 함께 흡수되므로 지질을 포함한 식품과 같이 섭취하여 흡 수를 좋게 한다. 하루의 섭취량이 몸의 필요량을 넘게 되면 넘치는 양은 체내에 저장된다. 따라서 필요량을 매일 공급할 필요는 없으나 과잉 섭취는 몸에 독이 될 수가 있다.

비타민 A(Retinol, Retinal, Retinoic Acid)

야맹증은 고대 이집트시대에도 잘 알려진 질병이었다. 파피루스에 기록된 치료법은 익힌 간즙을 눈에 넣는 것이라고 했다. 이집트 치료법에 익숙한 고대 그리스인들도 야맹증 치료에 간을 먹거나 간즙을 눈에 넣었다고 한다. 흥미로운 것은 간유와 간즙을 눈에 넣는 이러한 전통이 아직까지도 많은 지역에서 행지지고 있다는 것이다.

20세기 초기에 영국의 홉킨스 박사는 우유에 성장을 촉진하는 인자가 알코올 추출물에는 존재하지만 태우고 난 재에는 존재하지 않은 것을 발견했다. 얼마 후 독일의 스태프는 이 물질이 지방성이라고 했다. 1915년 위스콘신 대학교의 맥콜롬과 데이비스 교수는 동물의 성장에 필수적인 이 물질이 버터와 계란 노른자에는 존재하는데, 돼지기름에는 없는 것을 알아냈다. 이들은 이 물질을 '지방에 녹는 A 물질'이라고 명명했다. 동시에 예일 대학교의 오스본 교수는 비슷한 지방성 성장인자가 상어의 간유와 버터에 있다는 것을 발견했다. 그래서 1915년은 비타민 A가 시작하는 해가 되는 것이다.

1차대전 중 네덜란드는 버터를 영국에 팔고 아이들에게 탈지유를 주었더니 야맹증과 안질환이 많이 발생했다고 한다. 지용성 비타민 A가 버터로 빠져나갔기 때문이다. 우리나라도 교통이 불편했던 1970년대까지 산간지방에서는 겨울철에 야맹증이 흔했다.

그 후 많은 연구가들이 혼동한 것은 이 활성물질이 식물성 조직에 있는 것은 색이 있고 간과 동물성 조직에 있는 것은 색이 없는 점이었다. 이 의문은 영국의 무어 교수가 식물의 베타-캐로틴이 색이 없고 간에 저장되는 비타민 A로 전환이 되는 것을 발견함으로서 풀렸다.

1930년에 스위스의 카러 교수와 그의 동료들이 비타민 A와 베타-캐로틴의 구조를 알아냈다. 베타-캐로틴 분자의 가운데가 분리되면, 2개의 비타민 A가 생긴다. 1937년에는 상어 간유에서 이 비타민이 분리되었고 1946년에 처음으로 합성되었다. 시판되는 비타민 A 캡슐은 대개 생선의 간유에서 얻어진 것으로 순수하게 합성하는 것보다 비용이 덜 든다.

비타민 A의 전구체는 프로비타민 A로 불린다. 알파, 베타, 감마-캐로틴, 크립토잔틴(cryptoxanthin) 등이 알려져 있고, 리코펜(lycopene), 루테인(lutein) 등과 같은 유사체들을 모두 묶어서 캐로티노이드(carotinoids)라고 부른다. 캐로티노이드는 오렌지색에서 붉은 색을 띠는 기름에 녹는 색소이다. 현재 600개 이상의 캐로티노이드가 알려졌고, 이중에서 50개가 비타민 A의 효능을 갖는 전구체라고 한다. 30년 전에 식품화학을 배울 때에는 캐로티노이드 중에서 비타민 A의 효능을 가장 많이 갖는 것은 베타-캐로틴이고, 그 외에는 효능이 미미한 것으로 간주하였다. 게다가 붉은 색을 띠는 리코펜은 단지 색소로서 신선도를 나타내는 것 정도로만 알려져 있었다. 토마토에 많이 들어있는 리코펜은 비타민 A의 효능은 없어서 과거에는 별 볼일이 없는 것으로 생각했었다.

최근에는 리코펜의 항암역할은 베타-캐로틴 보다도 더 강력한 것으로 알려졌다. 스노든 박사의 유명한 수녀님 연구에서는 리코펜이 수명과 관련이 있다고 했다. 혈중 리코펜 농도가 높은 수녀님은 70%가 생존하였으며, 농도가 낮은 수녀님 그룹은 13%만 생존하였다. 리코펜은 생 토마토보다는 익힌 토마토에서 더 많이 얻을 수가 있다.

비타민 A 활성형들(레티놀, 레티날, 레티노익산은 레티노이드라 부른다)은 3가지 필수적 기능, 시각적 인지기능, 세포분화 및 면역작용을 한다. 야맹증은 성인에게 흔히 일어나는 결핍증이다. 레티노이드는 어린 세포의 유전자 발현에서 결정적인 역할을 수행한다. 이 비타민은 또한 DNA 합성에 관여하기 때문에 모든 세포에 관련이 된다. 임신 중 모체의 비타민 A 결핍은 영아 사망률을 증가시킨다.

비타민 A와 암적응력

비타민 A의 활성형인 레티놀은 망막에서 단백질(opsin)과 결합해서 로돕신 단백질(rhodopsin, 시자홍 색소)이 생성되었을 때 우리는 어두운 곳에서 물체를 보는 능력이 생긴다. 이 결합과 분리되는 과정을 되풀이하면서 눈의 암적응도는 비타민 A의 혈중 농도에 따른 로돕신 재생산과 직접적인 관계가 있다. 하바드 대학교의 죠지 왈드 교수는 이 과정을 해명한 공로로 1967년 노벨상을 수상하였다.

비타민 A 결핍과 실명

비타민 A가 부족하면 눈의 각막에 변화가 생긴다. 안구 건조증, 각막 건조증, 각막 연화증, 각막궤양, 각막연화증이 진전되어 안구가 파괴되는 것을 '안구 건조성 안저' 라고 한다. 눈물의 부족으로 박테리아의 감염이 쉽게 일어나고 망막의 파열현상이 생긴다. 안구의 표피에 흰 반점이 생긴 것을 '비톳의 점(Bitot's spots)' 이라고 하는데 비타민 A 결핍의 시작이다. 증세가 심해지면, 결막염 현상이 일어나고, 건조성 안질, 각막 연화증으로 실명한다.

펄벅이 1940년대 중국에서 비타민 A 부족으로 실명한 어떤 소녀에 관해 언급한 글을 읽은 기억이 있다. 비타민 A 부족으로 인한 실명은 전쟁 중 식량이 귀한 시기에만 있는 현상으로 알고 있었다. 그러나 비타민 A 부족증은 지금도 개발도상국의 큰 공중보건 문제이다. 심한 각막

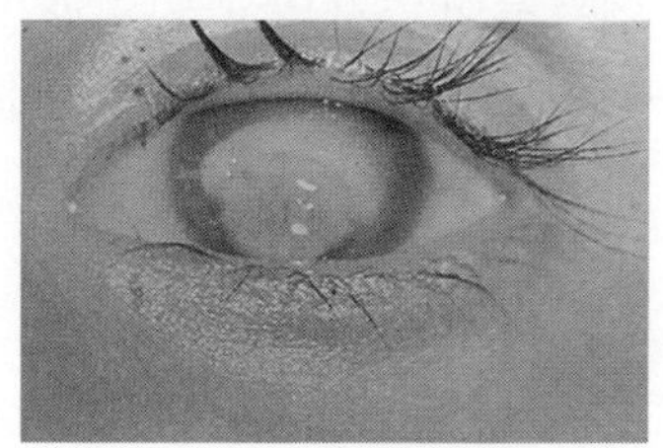

심한 각막연화증(실명)

연화증(실명) 몇 년 전 서울에서 개최된 국제 영양학회에 말레시아 대학에서 온 어느 남자 교수가 비타민 A 결핍으로 인해 실명한 어린이들의 눈을 찍은 슬라이드를 보여주었다. 말레시아의 이슬람권에는 여성들의 문맹이 많고 가난과 무지에 의한 비타민 A 결핍으로 어린이 실명이 많다는 것이다. 요즈음과 같은 현대에도 이러한 실명이 있다니 믿어지지 않았다. UN에서는 이러한 사람들을 위해 텃밭에 푸른 엽채류를 키워서 먹을 수 있도록 모종을 나누어주는 사업과 영양교육을 하고 있었다. UN에서 어린이들의 건강을 위해서 여성교육에 관심을 갖는 것은 의미가 있는 일이다. 무지한 여성의 아이들이 더 많은 불행을 겪기 때문이다. 전 세계적으로 비타민 A 부족인 아동이 1억명이 넘고 사망률이 높다.

비타민 A가 정상적인 점막(粘膜)의 유지와 정상적인 시력의 유지에 필요하다는 것은 널리 알려져 있다. 하지만, "비타민 A가 신체의 대부분의 기관의 적합한 기능에 직접적으로나 간접적으로 절대로 필수적이다."라는 것을 잘 알고 있는 사람은 많지 않다. 비타민 A는 재생기능과 면역기능이 있으므로 모든 사람에게 다 같이 없어서는 안 되는 영양소이다.

항암역할

비타민 A와 그 전구체들은 우리 몸의 면역계에 유익을 준다. 비타민 A를 더 먹은 생쥐는 T 임파구(球)의 기능이 좋아진다. 이 임파구는 암 세포를 파괴하는 백혈구의 일종이다. 비타민 A는 정상적인 면역 기능과 조절에 필수적이며 상피조직의 당단백질 합성효소는 비타민 A-의존성이다. 점막의 뮤신분비와 간벽(barrier) 면역기능은 모두 비타민 A의 영향을 받는다.

1975년 노르웨이의 벨케(Bjelke) 박사는 8,000명 이상의 남성에 대한 5년에 걸친 조사를 보고하였다. 담배를 피우는 사람과 피우지 않는 사람을 포함하는 전 인구 중에서, 베타-캐로틴을 적게 섭취한 사람들은 폐암에 걸린 비율이 2배 이상 많았다. 게다가 담배를 늘 피운 사람은, 베타-캐로틴을 적게 섭취했을 때, 폐암에 4배 이상 걸렸다.

리코펜은 분홍색 자몽, 수박, 딸기, 토마토의 빨간 색을 띠는 색소이다. 리코펜은 고환과 전립선에 농축되어 있는데, 리코펜이 특별히 풍부한 음식물은 전립선암 예방에 효과가 있는 것으로 알려져 왔다. 하버드대학교의 추적 연구에 따르면 토마토 주스를 한 주에 한 번 씩만 먹은

남성들은 전혀 먹지 않은 사람 들보다 전립선암에 23% 적게 걸렸다. 토마토로 만든 음식물을 한 주에 열 번 혹은 그 이상 먹는 사람은 전립선암에 걸리는 것이 35% 적었다. 죠반누치(Edward Giovannuci) 박사는 리코펜이 전립선암을 줄이는 열쇠라고 믿고 있다. 리코펜의 혈액 수치가 가장 낮은 혈액을 가지고 있는 사람은 또 췌장암에 도 아주 많이 걸렸다. 리코펜은 알약 속에는 들어 있지 않고 오직 과일과 야채에만 들어 있다.

헤이노넨 박사팀의 연구는 비타민 E와 베타-캐로틴 보조제를 섭취한 사람들에게서는 그들이 폐암 발생으로부터 어떠한 보호를 받고 있다는 증거를 찾을 수 없었다. 사실 베타-캐로틴 보조제를 섭취한 그룹은 폐암 발생률이 30% 정도 더 높아지는 것으로 나타났다.

비타민 A와 피부

모공이 두터워지는 모공 각화증은 비타민 A 결핍증의 피부증후이다. 과학계에서 비타민의 유도체가 주름을 펴는 효과가 알려지면서 요즈음은 이 레티놀이 주름 펴는 화장품에 사용되고 있다.

급성 비타민 A 과잉 증상

복통, 오심, 구토, 두통, 피로, 자극감수성, 전반적 피부표피탈락 등이 생긴다. 치명적이 아닌 경우에는 이러한 증상들이 치유되는데 며칠에서 몇 주가 걸린다.

만성적인 비타민 A 과잉 증상

건조한 피부, 모공각화, 피부표피 탈락, 구순염, 구강건조, 부서지기 쉬운 머리카락, 탈모증, 안구건조, 다래끼(blepharitis), 안구통증, 유두부종, 간경화, 복수, 정맥류, 두통, 가성뇌종양, 근육통, 류마티즘, 관절염, 다뇨증, 다갈증, 고칼슘 혈증, 고칼슘 뇨증 등.

여드름 치료제(isotretinoin, Accutane)로서 전신에 사용되는 레티노이드 의약품은 눈물샘 분비를 특이적으로 방해해서 안구건 조를 초래한다. 어린 아이들에서 구조적으로 tretinoin(레티노익산)의 사용은 가성 뇌종양과 백혈구 증가증을 유발한다고 한다.

합성 레티노이드는 기형을 발생케 하는 물질이다. 귀의 기형이 공통적으로 발생한다. 약품 포장에 경고가 되어있고, 교육캠페인이 행해지는데도, 매년 미국사회에서 2,000명의 임신부가 여드름 치료제(isotretinoin)를 전신에 사용하고 있다고 한다.

지구상에서 60%의 비타민 A는 주로 식물성 식품에서 캐로틴의 형태로 섭취하는데 그 중 개발도상국에서는 80~90%가 된다. 선진국가에서의 비타민 A 부족 은 지방흡수가 제대로 되지 않는 사람들 중에서 발견이 된다. 비타민 A는 캡슐로 복용하는 것보다는 천연의 식품으로 섭취하는 것이 과잉증을 예방할 수 있어 가장 좋다.

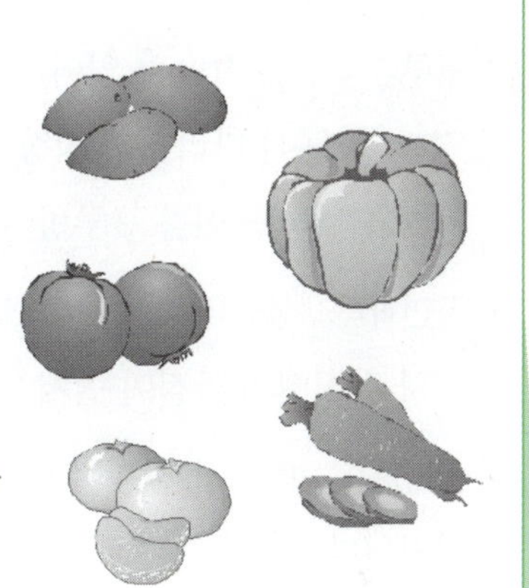

캐로티노이드계의 식품들

- 베타–캐로틴: 적색 팜유, 당근, 건조살구, 복숭아
  고구마, 노란호박, 브로콜리, 호박 , 토마토
- 알파–캐로틴: 당근, 호박, 고비, 고사리, 바나나
  리코펜: 토마토, 수박
  루테인: 녹색 허브, 브로콜리, 비트, 난황, 키위
  제아잔틴: 옥수수, 금잔화, 난황, 오렌지 후추, 감자
- 알파–크립토잔틴: 오렌지, 귤, 스타과일

비타민 D(Calcitriol)

태양 광선은 콜레스테롤에서 비타민 D를 만든다

콜레스테롤 수치가 높은 사람일수록 고섬유소 식이와 일광욕을 부지런히 해야 할 것이다. 특이하게도 비타민 D는 태양의 도움으로 우리 몸에서 생산할 수 있다는 점이 다른 영양소와는 전혀 다르다. 햇빛을 충분히 쪼일 수가 있다면(15분 정도), 비타민 D를 식품으로부터 먹지 않아도 된다. 스모그로 유명해진 영국은 산업혁명 직후 공장지대에서 뿜어내는 매연으로 구루병이 많이 발생했다고 한다.

비타민 D를 만드는 재료는 콜레스테롤이며, 간에서 D_3 전구체의 형태로 만든다. 식품으로 들어온 비타민 D와 간에서 만든 D_3 전구체를 간과 신장에서 활성화해서 '활성화된 비타민 D'(캘시트리올)를 만든다. 활성화된 비타민 D는 비활성화 형태보다 활성도가 500~1,000배의 차이가 난다. 사실 비타민 D는 혈액의 칼슘농도를 일정하게 유지하는 기능을 하기 때문에 호르몬으로 분류하는데 소장, 신장, 뼈의 조직에 영향을 미친다. 세 조직은 이 호르몬에 반응해서 칼슘과 인을 사용해 뼈의 성장을 돕는다. 비타민 D는 혈액내의 무기질의 농도를 3가지 통로를 통해서 올린다.

- 소화기계에 작용해서 칼슘과 인의 흡수를 높인다.
- 신장에서 칼슘의 재흡수를 높인다.
- 뼈의 칼슘을 혈액으로 이동시킨다.

비타민 D의 가장 중요한 작용은 뼈에 칼슘과 인의 축적을 증가시켜 정상적인 뼈를 형성하고 유지하는 것이다.

비타민 D의 과잉증

- **구루병** : 뼈에 칼슘과 인이 충분히 축적되지 못하면 골격이 석회화되지 못하여 뼈가 약해진다. 약해진 다리뼈가 성장으로 인한 체중을 이겨내지 못해 다리가 휘는 현상이 어린이에게 발병하면 이를 구루병이라 한다.
- **골연화증** : 성인의 경우, 비타민 D의 섭취 부족 또는 햇빛을 충분히 받지 못했을 경우 골반뼈나 갈비뼈의 골절이 쉽게 발생하는 골연화증이 나타난다.
- **골다공증** : 뼈에서 칼슘이 빠져나가 골밀도가 저하되고 골절이 자주 발생하는 골다공증이 나타난다.

비타민 D의 과잉증

비타민 D의 과잉증은 태양광선을 쪼이거나 식품을 먹는 데서는 발생하지 않는다. 보충제를 복용하거나 비타민 D를 과잉으로 강화한 우유를 마시는 데서 발생한다. 비타민 D가 과잉으로 섭취되었을 때에는 혈액의 칼슘의 농도가 올라가서 신장과 같은 연조직에 결석을 만든다. 또 혈관 내에 칼슘의 침착으로 인해 혈관이 굳어지는데 특히 심장이나 폐의 동맥이 굳어지면 위험하고, 사망할 수 있다. 태양광선은 10분에서 15분정도 일주일에 몇 차례 쬐면 충분하다고 한다. 이것은 백인에 적당한 시간이고 피부색이 검을수록 노출시간은 길어진다. 또 겨울이 길거나 스모그 현상이 있는 도시일 경우도 비타민 D의 부족이 올 수가 있다.

비타민 E

비타민 E는 비타민 C와 마찬가지로 산화방지제, 또 유리기(활성 산소) 포착제(捕捉劑)로서 암으로부터 보호하는 영양소이다. 또 아질산염이 들어있는 음식물들에서 생기는 발암성의 나이트로사민(nitrosamines)과 나이트로사마이드(nitrosamides)가 생기지 못하게 하는 역할을 한다. 토끼에게 피부암을 유발한 블랙 박사의 연구에서는 비타민 C와 비타민 E는 피부암을 완전히 막았다. 두 비타민의 산화 방지작용은 피부암이 생기기 쉬운 조직들의 산화를 분명히 줄였다.

대부분의 연구들은 비타민 A, C, E 같은 산화방지제가 암으로부터 보호하는 것은 병에 들어 있는 비타민 약이 아니라 일반적으로 자연 식품에 들어있는 비타민이라는 것이다. 많은 사람들은 비타민 A, C, E 보충제를 먹는 것이 면역계를 강화해준다는 생각을 하지만 많은 연구는 이 비타민들이 들어 있는 식품들의 항암효과가 비타민 보충제에는 없다는 것을 보여주었다.

더구나 이 비타민들을 포함하고 있는 식품들(과일과 야채)은 자연적으로 생기는 보호 물질들을 많이 함유하고 있다. 다음 표는 비타민 E를 제공하는 몇 가지 좋은 자연의 식품들을 내림차순으로 정리한 것이다.

비타민 E의 함유 식품

식품	1회분 크기	토코페롤 mg
해바라기유	1 큰술	5.9
면실유	1 큰술	4.7
홍화유	1 큰술	4.1
미강유	1 큰술	4.0
옥수수기름	1 큰술	3.6
대두유	1 큰술	2.9
채종유	1 큰술	2.8
올리브유	1 큰술	1.1
참기름	1 큰술	1.1

시중의 보충제는 대개 알파-토코페롤(alpha-tocopherol)이라 하는 특수한 타입의 비타민 E로 되어 있다. 크리스틴 박사의 연구는 감마-토코페롤(gamma-tocopherol)이 보다 나은 산화방지제이며 신체 내에서 DNA를 손상하는 물질들을 저지하는 것을 발견하였다. 음식물에서 섭취된 비타민 E의 약 75%는 감마-토코페롤의 형태로 되어 있는데 보충제에는 전혀 포함되어 있지 않거나 10% 이하의 토코페롤을 포함하고 있을 따름이다. 가장 효과가 있는 것은 견과류, 종실류, 식물성 기름으로부터 이 비타민을 섭취하는 것이다.

비타민 E의 결핍증은 보기 어려우나 질병으로 인해서 지방의 흡수가 잘 되지 않을 경우(cystic fibrosis 등) 적혈구의 용혈(터지는 현상)이 생긴다. 미숙아에게서도 이 적혈구의 세포막이 터지는 빈혈이 보고 되었다. 비타민 E의 항산화 역할과 노화를 방지한다는 선전으로 인해 보충제로서 인기가 많지만 실제로 과잉증은 드물다. 비타민 E의 과잉증은 비타민 A나 D와 같이 위험하지는 않으나 과잉의 비타민 E는 혈액응고에 지장을 줄 수가 있다. 최근의 한 연구는 당뇨병이 있는 55세 이상 환자 9,500여명이 매일 비타민 E 보충제 400IU를 복용했을 때 심부전 위험이 더 높게 나왔다고 했다.

비타민 K

비타민 D와 마찬가지로 비타민 K도 식품으로 얻지 않아도 된다. 우리 내장의 미생물은 비타민 K를 생산하고 이것을 흡수해서 사용한다. 비타민 K는 혈액응고에 필요한 요소이다. 물론 혈액 응고에 필요한 단계가 많지만, 소량 필요한 비타민 K가 부족할 경우 출혈이 멎지 않으면 사망할 수 있다. 또 비타민 K는 뼈의 단백질 생산에 관여하는데, 비타민 K의 부족은 골다공증으로 연결된다.

비타민 K는 건강한 사람의 경우 1일 필요량의 절반정도가 장내 박테리아에 의해서 합성된다. 시금치, 양배추, 브로콜리, 파슬리, 낫토, 청국장 등으로부터 나머지 반을 섭취할 수 있다. 일본인의 식품 낫토와 우리나라 청국장은 삶은 콩의 발효과정 중 미생물이 비타민 K를 생산한다. 그래서 일본 학자들은 과거 일본인들의 골다공증이 적은 이유는 '낫토를 먹어서' 라고 한다. 우리나라에서는 아직 비타민 K의 권장량이 설정되어 있지 않다. 항생제를 복용하면 비타민 K를 생산하는 박테리아를 죽이게 된다.

식품으로 오는 과잉증은 없지만, 보충제로부터 오는 과잉증은 임신부나 영아에게 나타날 수가 있다. 혈액이 잘 응고 되지 않고, 적혈구의 용혈, 황달, 두뇌 손상 등이 생긴다.

4. 식물성 보약성분
(Phytochemicals)

현대인들은 자연의 가장 훌륭한 탄수화물 급원인 현미밥을 외면하고, 흰밥과 비타민 알약을 복용한다. 흰밥을 먹으면 비타민이 부족하다는 것은 알기 때문이다. 인류의 과학이 지난 20세기에 비타민을 밝혀냈지만 영양학자 입장에서 보면 과학이 영양소를 100%를 밝혔다고는 볼 수 없다. 그렇기 때문에 영양소를 자연의 형태로 먹는 것이 가장 현명한 방법이다.

자연 식품 속의 비타민은 식품 속의 다른 성분과 상승효과를 낼 수도 있다. 아직 우리는 눈에 보이지 않는 모든 대사를 다 알지 못한다. 가공식품의 장기간 섭취로 인한 많은 증상들이 약으로는 해결이 안 되지만, 자연 상태의 유기농 식품으로는 해결이 되는 많은 사례를 보고 듣고 있다. 이러한 경험을 통해서 깨닫는 것은 우리 몸의 세포는 자연의 식품으로부터 영양소를 얻기를 원하며 정제 형태로는 충분하지 않다는 점이다.

1900년대 비타민의 결핍증이 밝혀진 후에는 비타민 산업이 상당히 발전했다. 그러나 자연 식품에 들어있는 영양소는 비타민뿐만이 아니다. 과거에는 쓸모없다고 평가했던 성분들이 이제는 항암효과가 있음을 과학이 밝히고 있다. 이 성분들은 식품마다 이름도 다르고 종류도 매우 다양하다. 이것들을 식물성 보약성분(phytochemicals)이라고 하며 자연 식품 속에서는 비타민과 같이 상승효과를 내고 있지만, 정제한 비타민 알약과 정제한 식물성 보약성분의 효능은 자연성분보다 한계가 있을 것으로 본다.

지난 20세기에 과학이 모든 영양소를 밝혀낸 것은 아니다. 아직도 과학자들은 자연식품 속에서 유익을 주며 질병을 예방하는 물질을 계속 밝혀내고 있다. 실제로 식물에는 수천 가지 보약성분이 있는데 그 중 암과 싸우는 역할을 하는 것으로 성문이 많다. 최근에 와서 그 가치를 인정하기 시작하였다. 앞으로도 다른 식물성 보약성분이 계속 발견될 것이며 2000년대는 식물성 보약성분의 시대라고 볼 수 있다.

식물성 보약성분의 암예방 효과에 대한 연구가 계속되고 있다. 시애틀의 프레드 하친슨(Fred Hutchinson) 암 연구 센터의 포터(John D. Potter) 박사는 식물성 보약성분들은 보통 두 가지 방식 중의 한 가지 방식으로 작용한다고 지적하였다.

식물성 보약성분의 두 가지 작용방식

- 막는 인자 : 발암 물질에 작용
- 억누르는 인자 : 발암 물질들에 의하여 시작된 나쁜 변화를 억제

즉 막는 인자 혹은 억누르는 인자로 작용한다. 막는 인자들은 발암 물질에 작용한다—신체의 세포들에 영향을 주지 못하게 한다(발암물질의 활동을 파괴하거나 아니면 또 다른 방법으로 이 과정이 발생한다). 억누르는 인자들은 세포들에 작용하여, 발암 물질들에 의하여 시작된 나쁜 변화와 싸운다. 옆의 표는 여러 학자들이 실험실에서 그 효과를 입증한 식물성 보약성분들이다.

옆의 표에서 엘라진산(Ellagic Acid)은 포도에만 나와 있지만, 최근 한 연구에 의하면 딸기에도 많다고 했다. 딸기의 항암역할은 비타민 C, 안토시아닌계 색소, 엘라진산 등을 포함하고 있기 때문이다. 알릴계열의 파이토케미칼(allyl isothiocyanate)이 풍부한 야채는 최근의 스미스 박사팀 연구에 따르면, 암세포의 증식을 막았다고 한다. 이 성분은 양배추, 브러셀 스프라우트(나는 애기 양배추라고 부른다), 브로콜리, 콜리플라워 등에 많이 들어있다.

식물성 보약성분	식품
Sinigrin	브러셀스프라우트
Sulphoraphane	브로콜리
Dithiolthiones	브로콜리
Resveratrol	붉은 포도
PEITC	양갓냉이
Limonene	감귤류 과일
Allyl sulfides	마늘, 양파, 부추
Isoflavones, Saponins	대두, 콩류
Ellagic Acids	포도
Phytic Acids	곡류

암의 예방 인자를 가진 한 식품군은 평지과의 야채들이다. 양배추 과(科)에 속하는 이 식품에는 브러셀 스프라우트, 콜리플라워, 브로콜리(broccoli), 케일, 무, 콜라비(kohlrabi), 박 초이(bok choy), 콜라드, 양배추 등이 속한다. 그래함 박사팀은 양배추를 한 주에 적어도 한 번 먹은 사람들은 한 달에 한 번 혹은 이보다 적게 먹은 사람들보다 결장암에 3 분의 2 적게 걸렸다고 발표했다. 캐나다 서스캐처원 대학의 베른하르트 율링크 박사는 브로콜리에 들어 있는 글로코라파닌(Glucoraphanin)이 조직의 항산화 방어체제를 강화하고 염증반응을 감소시켜 심혈관 건강을 개선하는 효과가 있다는 사실이 쥐 실험 결과 밝혀졌다고 말했다. 브로콜리 한 가지만 하더라도 식물성 보약성분은 여러 가지가 있다. 따라서 자연의 식품은 그대로 섭취하는 것이 우리가 아직도 모르는 여러 가지 좋은 성분을 함께 얻을 수 있는 방법이다.

- 대두는 암을 예방하는 성질들 때문에 권장되는 또 하나의 식품이다. 메시나(Mark Messina) 박사는 그의 저서 《단순한 콩과 당신의 건강》에서, 콩과 암에 관한 30 가지 다른 의생태학

(醫生態學)적 연구를 요약하였다. "대부분의 콩 식품을 먹는 사람들이 가장 적게 암에 걸린다"는 것을 그 연구 결과들이 시사한다고 했다. 이 연구들은 대두가 유방, 대장, 직장, 폐, 위를 포함하여, 신체의 여러 부위에서 암에 걸리는 위험을 줄인다는 것을 시사한다.

- 네덜란드에서의 20,000명 이상의 남녀가 포함된 큰 연구에서 연구가들은 식물성 보약성분이 풍부하게 들어 있는 식품과 암 예방, 양파의 관계를 살펴보았다. 양파가 예방한 암은 위암이었다. 양파를 가장 많이 먹은(하루건너 양파를 하나 혹은 그 이상) 먹은 사람들은 전혀 먹지 않은 사람들의 절반만이 위암에 걸렸다.

- 마늘은 암의 성장을 막는다는 것이 밝혀졌다 방광암에 걸린 생쥐들에게 84g의 마시는 물에 50mg의 마늘을 섞어서 마시게 했더니 종양이 크게 오그라들었다. 500mg의 마늘은 암의 크기를 작게 했을 뿐만 아니라, 암으로 인한 사망률이 실제로 줄었다. 이것에는 모두 부작용이 없었다. 마늘이 생쥐들의 면역계를 자극하여 암과 싸우는 것을 도울 수 있다고 연구가들은 믿고 있다.

  하버드 대학교의 월터 윌렛(Walter Willett) 박사는 "과일과 야채를 많이 섭취하는 것이 많은 암을 줄인다."는 것을 그의 연구에서 관찰하였다. 윌렛은 이 연구에서 "비타민, 무기질, 식물성 보약성분 같은 미량 영양소들이 인간의 암을 예방하는 데 중요한 역할을 할 것으로 보고 있다. 사실, 많은 연구들이 과일과 야채의 섭취가 유방, 대장, 직장, 폐, 전립선, 방광, 위, 식도, 자궁경부, 후두(성대), 입, 인두, 간의 암에 걸리는 비율을 줄일 수 있다는 것을 밝히고 있다.

- ITC(Isothiocyanate)
  아이소다이오시아네이트라는 긴 이름의 식물성 보약성분 중에 시아네이트는 독약성분이다. 식물들이 자기의 몸을 보호하기 위해서 식물성 항암물질을 만들어 내는데, 야채에 많이 들어있다. 특히 적양배추에 많다고 하지만, 모든 식물성보약성분의 데이터베이스는 일반화되지 않은 형편이다. 이 성분은 우리가 야채를 먹으면 정상세포에는 들어가지 않으며 암세포에 들어가서 암세포를 녹이는 기능을 한다고 한다.

- 지난 국제채식학회가 로마 린다 대학교에서 열렸을 때 항산화제의 역할에 관한 발표가 있었다. 그 연사의 발표에 의하면, 불루베리의 항산화 효과가 가장 컸다고 했는데 그 강의를 들은 사람들은 모두 집으로 돌아간 뒤, 불루베리를 한 그릇씩 먹고 그 다음날 참석하였었다. 서로가 "불루베리 먹었어요?"라고 묻고는 웃었다.

- KBS 생로병사의 비밀(2004년 8월 10일 방영)에서는 핀랜드 노인들의 장수는 불루베리라고 소개를 한 후, 포도의 안토시아닌 색소가 항암역할을 한다고 소개했다. 얼마 전에 '생로병사

의 비밀' 프로에서 토마토가 좋다고 방영한 후 토마토가 동이 날 정도로 팔리면서 값도 올라 갔다. 그 다음에는 포도가 좋다고 하니, 이번에는 포도 값이 올라갈 차례이다. 예전에는 식 물성 색소들은 식품의 신선도를 파악하는데 필요한 정도였다. 이제는 이 식물성 색소들이 강력한 항암역할을 한다는 것이 밝혀진 것이다. 앞으로 이러한 성분은 계속 나올 것이다. 포 도의 안토시안계 색소는 포도에만 있는 것이 아니다. 흑미의 색, 검은 콩의 검은색, 검은 깨 의 검은 보라색, 비트의 진한 자주색, 적양배추, 적양파, 속이 진한 빨간 자두 등, 물에 녹는 색은 모두 안토시안계 색소이다. 식물성 색소뿐만이 아니라 식물이 만들어 내는 많은 성분 이 활성산소로부터 자기 몸을 보호하기 위한 항산화제의 역할을 한다. 항암역할이나 항산화 제의 역할을 하는 것은 리코펜과 안토시아닌 색소뿐만이 아닌 것이다. 따라서 자연의 식품 을 그자체로 먹는 습관이 좋은 것은 현재까지 알려졌거나, 아직 알려지지 않은 성분들을 모 두 함께 섭취함으로써 이러한 성분들이 상승(시너지)효과를 내기 때문이다. 하루에 3서빙의 과일을 12~18년 동안 먹은 50대 이상의 연령군의 연구에서는 하루에 1.5서빙을 먹은 같은 연령군보다 시력이 30% 더 좋다고 발표했다.(Cho E, et al, 2004) 현재 서구사회에서는 영 양학계와 의학계에서는 야채와 과일을 매일 5서빙을 먹도록 권하고 있다.

- 농약은 토양, 동물, 곡물, 가정, 정원 등 모든 곳에 해로운 생명체를 죽이기 위해 뿌려지고 있 다. 쥐에서부터 벌레, 진딧물, 곰팡이와 같은 미생물까지도 죽인다. 토양 미생물의 존재는 토양을 비옥하게 하며 식물의 맛과 영양성분은 토양의 비옥함과 비례한다. 화학비료는 토양 의 산성화를 초래하며 산성화된 토양보다는 화학물질을 사용하지 않은 살아있는 토양에서 자란 식물의 영양성분이 더욱 높다. 그러나 아직 차별화된 데이터는 아직 구하기 어렵지만 식물성 보약성분은 유기농으로 재배한 농산물에서 많이 취할 수 있다.

《Proof Positive》의 저자 닐 네들리 박사가 추천하는

항산화제 최고 10개의 과일 :
딸기, 자두, 오렌지, 붉은 포도, 키위, 분홍색 자몽, 흰포도, 바나나, 사과, 토마토
항산화제 최고 10개의 야채 :
마늘, 케일, 시금치, 브러셀 스프라우트, 알파알파 스프라우트, 브로콜리, 비츠, 붉은 피망, 양파, 옥수수

제 6 장

무기질 이야기

1. 야채는 무기질의 훌륭한 급원이다

천연에 존재하는 90여종의 원소 중에서 약 30여종의 원소만이 생물에게 가장 중요하다. 이 원소들은 원소주기율표에서 분자량이 작은(무게가 가벼운) 원소들이나 금속원소들이다. 셀레니움(Se, 34)보다 큰 것은 5개 밖에 없다. 유기물질을 구성하는 탄소(C), 수소(H), 산소(O), 질소(N)는 신체의 약 96%를 차지하는데, 이 가벼운 원소들은 가장 강한 결합을 만든다.

무기질은 인체의 4% 정도 차지하지만 우리 몸을 구성하는 중요한 요소이다. 탄수화물, 단백질, 지방, 비타민은 탄소, 수소, 산소 및 질소 등의 원소가 서로 결합되어 구성되어 있지만 무기질은 단일원소 자체가 영양소이다. 분자구조에 탄소를 갖고 있는 물질을 유기물이라고 한다. 무기질은 탄소가 없기 때문에 에너지를 발생하지 않으며 우리 몸이 만들어 낼 수 없는 필수영양소이다. 무기질은 단일원소로 소장에서 흡수되기 위해 별도의 소화과정이 없고 식품성분으로부터 무기질로 분리되어 장내로 흡수된다.

동물은 식물로부터 무기질을 얻고 식물은 토양으로부터 무기질을 얻는다. 동물이 죽어서 흙으로 돌아갈 때 유기물질은 분해 되고 무기질은 그대로 자연으로 돌아간다. 식물성 식품 속의 무기질 함량은 그 식물이 자라고 있는 토양의 무기질 함량을 반영한다.

유기농산물이 중요한 것은 화학비료로 자란 식물에 비해서 무기질을 포함한 영양소가 풍부하기 때문이다. 화학비료를 오랫동안 사용하면 토양이 산성화되어 무기질이 부족해진다. 또 산성비도 토양의 무기질을 씻어 내리는 데 큰 역할을 한다.

다량원소는 우리 몸에 다량으로 필요한 무기질이며 식물에도 다량 존재한다. 미량원소는 미량으로 필요하며 식물에도 미량 존재한다. 어떠한 이유에서든지 미량원소가 과잉섭취될 경우에는 우리 몸에 독이 된다. 이 필요량은 우리 몸의 항상성을 유지하기 위해, 소장에서 흡수율을 조절하거나, 신장을 통해 배설하거나, 재흡수됨으로써 조절된다. 가장 바람직한 무기질 섭취는 다양한 자연의 식품을 있는 그대로 골고루 섭취함으로써 얻는 것이다. 어릴 때부터 야채를 먹는 습관은 매우 중요하다.

2. 다량 무기질(Major Minerals)

다량 무기질은 체중의 0.05% 이상이거나 1일 권장량이 100mg 이상인 무기질로 우리 몸에 다량 필요한 무기질이다. 칼슘(Ca), 인(P), 포타슘(K, 칼륨), 소디움(Na, 나트륨), 염소(Cl), 마그네슘(Mg), 유황(S)이다. 균형 잡힌 식사를 하면 칼슘을 제외한 무기질은 평소에 부족함이 없다. 칼슘은 국민영양조사에서 항상 권장량 미달로 나오는 무기질이므로 매일 식사에서 급원식품을 생각하면서 식단을 짜야 한다.

영어권에서는 무기질 Na와 K를 소디움과 포타슘으로 부르고, 독일어권에서는 나트륨과 칼륨이라고 부른다. 우리나라 교과서는 독일어 표기를 하므로 나트륨과 칼륨이라고 부른다. 국제학회는 주로 영어로 진행되므로 이 책에서는 영어식으로 표시하고자 했다.

무기질은 산성 식품, 알칼리성 식품을 만드는 근원

사람의 혈액이나 체액은 pH 7.35~7.45로 약 알칼리성을 유지하는 항상성(Homeostasis)을 지니고 있다. 이 범위를 넘으면, 몸의 균형이 깨지기 시작하며, 심하면 사망한다. 체내에서 무기질은 체액에 녹아 이온의 형태로 존재하며 알칼리와 산을 형성한다. 즉 체액에서 Na^+, K^+ 등의 양이온은 수산기($-OH^-$)와 결합하여 알칼리를 형성한다. 야채, 과일 등은 섭취 후 체내에서 양이온(Na^+, K^+, Ca^{++}, Mg^{++})을 많이 형성하므로 알칼리성 식품이라 한다. 과일 주스는 신맛을 가지고 있다 해도 산성식품이 아니고 우리 몸에 들어가서는 무기질 조성에 따라 알칼리성 식품이 된다. 야채도 마찬가지이다.

SO_4^{-2}, Cl^- 등의 음이온은 수소($-H^+$)와 결합하여 산을 형성하게 된다. 따라서 흰쌀, 난류, 어육류 등은 섭취 후 체내에서 음이온($-PO_3^{-3}-$, $-SO4^{-2}$, $-Cl^-$)을 많이 형성하므로 산성식품이라 한다. 육류는 유황성분이 있는 아미노산이 많고 인의 함량이 높다. 서구사회의 육류 과잉 섭취는 체내의 칼슘의 배설을 촉진시켜 노년의 골다공증으로 이어지는 것은 체액을 산성화하는 식품 때문이다.

식품 개개의 산성 또는 알칼리성 식품을 지나치게 생각하여 편식하는 사례가 많지만 양쪽 식품을 골고루 갖춘 균형식을 지키는 것이 바람직하다.

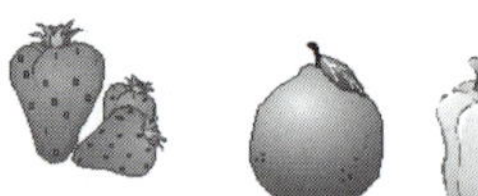

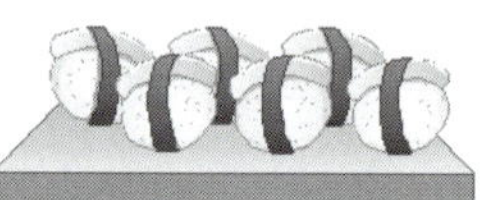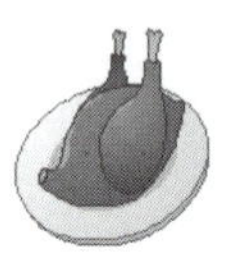

칼슘(Calcium, Ca)과 인(Phosphorus, P)

우리나라 영양조사에서 항상 권장량에 모자라게 섭취하는 무기질은 칼슘인 반면 인의 섭취량은 항상 넘친다. 칼슘은 체내에서 무기질 중 가장 많으며 체중의 약 1.5~2.2% 차지하고, 성인의 경우 약 1,200g정도 체내에 보유하고 있다. 이러한 칼슘의 99% 이상은 골격과 치아의 구성 성분이다. 인은 85%가 들어 있다. 뼈를 구성하는 다량 무기질은 칼슘, 인, 마그네슘이다. 의사들은 환자의 골밀도가 떨어지면 칼슘정제를 처방하지만, 뼈세포가 필요로 하는 것은 영양소 세트이지 칼슘 하나만 필요한 것이 아니다. 영양소 세트를 얻으려면 칼슘이 많은 다양한 식품을 먹으면 된다.

칼슘은 생리적 기능에 매우 중요하다

칼슘의 1% 미만은 혈액과 체액에 존재하여 중요한 생리적 조절기능을 한다. 체액에 들어있는 칼슘은 효소의 작용, 산소의 운반, 혈액응고, 세포의 분비, 신경근육의 자극 전달 등 생명의 유지에 필수적인 다양한 역할을 한다. 예를 들면, 세포 속에 존재하는 칼슘은 근육 수축과 이완에 관여한다.

혈액 내 칼슘 이온의 농도가 정상 이하로 내려가면 신경흥분이 유도되며, 심하면 얼굴, 손, 다리 등의 근육에 단속적으로 긴장성 경련을 동반한 '테타니 증상'을 초래한다. 테타니는 이밖에 부갑상선 분비기능 저하, 알카로시스, 비타민 D 결핍증, 수술에 의한 부갑상선 절제 후에도 일어난다. 수유기 동안 칼슘이 충분히 보충되지 않을 경우, 아기 엄마에게 테타니 증상이 올수가 있다. 따라서 체액에 들어있는 1% 가량의 칼슘 농도를 유지하는 것은 우리의 생존에 매우 중요하다. 체액의 일정한 칼슘 농도를 유지하기 위해서 칼슘을 순간마다 보급해주는 저장고가 우리의 뼈이다.

일정한 칼슘농도를 유지할 수 있도록 관여하는 호르몬은 파라타이로이드 호르몬(PTH), 칼시토닌(CT), 비타민 D 등이다. 체액의 칼슘 농도가 떨어지면, 파라타이로이드 호르몬이 분비되고, 칼시토닌의 분비는 줄어든다. 뼈에서부터 칼슘이 녹아나오고, 신장으로 배설되는 칼슘의 양이 줄어들고, 파라타이로이드 호르몬은 비타민 D의 합성을 촉진해서 소장에서의 칼슘흡수율을 증가시킨다. 체액의 칼슘 농도가 올라가면, 위의 호르몬의 분비는 반대로 기운다. 이러한 현상은 짧은 순간에 이루어지기 때문에 칼슘의 농도가 항상 일정해 보인다.

현대인은 인을 너무 많이 먹는다

모든 세포 안에서 이루어지는 에너지 대사에서 나오는 에너지는 ATP(Adenosin Three Phospate)의 형태로 나오는데, 이 P는 인을 의미한다. 정상적인 식이를 하는 건강인에게는 인의 부족은 없다.

인은 세포막, 식물세포벽, 구조단백질이나 수용성 세포 단백질의 필수 성분으로 들어 있으며 거의 모든 식품에 상당량 들어있다. 인은 주로 인산염의 형태로 존재한다. 인의 세 가지의 식이 급원은 자연적으로 인을 함유하는 식품, 인을 함유하는 가공식품, 인을 함유하는 식품첨가물이다.

칼슘은 몇 가지 식품에 한정되어 있지만 인은 거의 모든 식품에 들어있다. 단백질이 풍부한 식품에는 인이 풍부하다. 1g의 단백질에는 15mg의 인이 들어있으며 유제품, 육류와 어류에 인이 많다. 곡물의 인은 외피 껍질에 피토산염으로 존재하는데 효모로 발효하거나, 도정하지 않으면 이용 가능한 인은 상당히 낮다. 치즈는 가공 정도에 따라 인의 함량이 달라진다.

1) 식품첨가물과 청량음료

1979년 미국 성인은 섭취하는 인의 20~30%, 하루에 약 320mg을 식품첨가물로부터 섭취했는데, 1990년에는 470mg로 증가했다(Calvo, 1993). 식품첨가물 중에서 인산과 다중 인산염 화합물이 가장 많이 쓰인다. 소다음료 중 64% 차지하는 콜라음료는 354ml 캔에 44~70mg의 인이 들어있다. 과일향 소프트드링크에는 거의 없다. 하루에 콜라 4~6 캔을 마시면 약 240~360mg의 인을 섭취하게 된다.

콜라는 칼슘-옥살산염 결석의 생성과 관련이 있고 저칼슘 혈증과도 관계가 있다. 소다음료수의 과잉섭취는 골밀도와 청소년의 뼈골절 발생과 관계가 높다. 몇 년 전에 학회에서 미국인 학자와 이야기를 나눈 적이 있었다.

"미국인들의 골다공증의 원인은 무엇으로 보십니까?"라고 질문했더니, 그의 대답은 바로 '청량음료'이었다. 내가 기대한 답은 '동물성 단백질'이었지만.

2) 인 과잉섭취의 잠재적인 문제

브로트 박사의 연구에서 골밀도는 칼슘섭취량보다 Ca/P 비율이 중요한 관계가 있음을 보였다. 다시 말하면, 칼슘을 적게 섭취하는 것보다 인을 많이 섭취하는 것이 더 위험하다는 의미이다. 높은 인의 섭취는 신장결석, 만성신부전증, 골절의 위험이 높아지며, 청소년기의 뼈가 튼튼해지지 않는다.

우리나라 사람들의 식품에는 인이 많고, 가공식품의 첨가물로 인이 들어가는 경우가 많다. 특히 청량음료는 많이 마실수록 인의 비율이 올라간다. 인산을 정맥에 주사했을 때, 혈액 내의 인의 농도가 갑자기 높아질 경우(hyperphosphatemia), 칼슘의 농도에 영향을 미쳐서 저칼슘증(hypocalcemia)을 유도하게 되어 테타니 증상이 나타나거나 사망할 수가 있다. 만성으로 혈액 내의 인의 농도가 낮은 경우(hypophosphatemia)에는 골연화증이나, 구루병이 생길 수가 있다.

골다공증은 여성만의 문제가 아니다

서구사회에서는 골다공증 문제가 심각하기 때문에 이 연구가 활발하다. 내가 88년 오스틴(텍사스)에서 '엄마와 딸' 골다공증 연구를 하는 진 박사를 만났을 때만 하더라도 골밀도를 포톤(photon)으로 찍었다. 요즈음 엑스레이로 찍는 DXA는 성능이 더 좋고, 더 정확하고 결과도 곧 출력해서 볼 수가 있었다. 10년 사이에 기술이 얼마나 눈부시게 발달했는지 감탄할 뿐이다. 가격이 싼 덕분에 이제는 일반인들도 골밀도를 부담 없이 찍을 수 있게 되었다. 현장에서 골밀도를 찍는 기사님들이 공통적으로 놀라는 것은,

"골밀도는 노인들만 나쁜 줄 알았는데, 일부 20대 여성들의 골밀도도 상당히 나쁘게 나와서 충격을 받는다."고 했다.

H대학교 내분비내과 OO교수팀이 국제학술지에 게재한 '성인남성의 골다공증 유병률 조사'에 따르면, 한국 남성의 골감소증 유병률은 약 50~30%로 매우 높았다"면서 "특히 남성 골다공증 위험군은 고연령, 마른체형, 흡연, 성장호르몬 결핍 등과 관련이 깊다"고 설명했다. (chosun.com, 2004년 7월 19일) 뿐만이 아니라 30대 직장인 남성들도 골밀도가 나쁜 사람들이 많다고 하니, 골다공증은 노인만의 문제가 아니며, 식생활을 포함한 생활습관의 문제이다.

뼈는 무게의 3분의 2가 무기질로 구성되어 있고, 나머지는 콜라겐 단백질, 유기물 성분, 수분이다. 뼈는 단단해서 우리의 몸의 구조를 유지하는 중요한 역할을 한다. 뼈를 만드는 조골세

포는 체액에서 무기질과 영양소를 받아들여 분해된 자리에 뼈세포가 된다. 뼈세포를 분해하는 것은 파골세포(마이크로파지에서 나온 세포로 추정)라고 하는데, 자라나는 아이들은 조골세포의 활동이 왕성하고, 나이 들어 골밀도가 낮은 사람들은 파골세포의 활동이 더 왕성하다. 세포들의 활동을 알려면, 소변으로 배설되는, 뼈에서 나오는 특이한 단백질(DPD, NTX 등)을 측청하면 된다. 손목, 척추, 고관절에서 칼슘이 잘 빠져 나가며 이 부위의 골다공증이 먼저 온다. 병원에서는 주로 척추(요추 4~5번)와 고관절(넓적다리 뼈의 상부가 골반뼈에 들어가는 목부분) 부위를 찍는다.

여성들이 폐경기 전후로 척추에 골다공증이 생겨 뼈에 금이 가서 척추가 굽는다. 그래서 키도 줄고 꼬부랑 할머니가 되는 것이다. 서양여성들은 고관절의 골절이 많이 생긴다. 이런 골절은 사고 첫해에 많이 사망하는데, 우리나라에도 이런 유형의 골절이 증가하고 있는 추세이다.

골밀도를 올리는 방법

연령이 많아질수록 칼슘 흡수율이 떨어지고, 특히 여성들은 폐경기 전후해서 골밀도가 갑자기 떨어지므로, 젊은 나이 때부터 튼튼한 골밀도를 유지하는 것이 중요하다. 재고가 많아야 잃더라도 골다공증까지 가지 않기 때문이다. 골밀도를 올리기 위해서는 균형잡힌 식사를 하는 좋은 식습관, 몸에 무게를 주는 운동, 성호르몬이 필요하다. 에스트로겐이 부족한 여성들은 대두식품을 섭취하면 대두의 천연호르몬이 뼈를 보호하는 역할에다 항암역할까지 한다.

1) 식생활

칼슘이 많이 들어있고, 또 흡수가 좋은 식품을 먹는 것은 기본이다. 우유만이 칼슘 식품은 아니다(칼슘식품표 참조). 또 체액을 산성으로 만드는 식품은 절제한다. 고단백 육식위주의 식사는 체액을 산성화하므로 소변으로 칼슘을 많이 배설한다. 매일 1g의 단백질을 추가로 섭취하면 1.75mg의 칼슘이 추가로 손실된다. 특히 성인은 단백질이 많이 필요하지 않다.

짜게 먹을수록 소변으로 칼슘배설이 많아진다. 매일 1g의 소디움을 추가로 섭취하면 26mg의 칼슘이 추가로 손실된다(Weaver, 1999). 따라서 소금의 섭취량이 많을수록 골밀도가 낮아져 골다공증의 위험이 커진다(Devine, 1995). 국외(Cummings, 1995)나 국내의 학자들의 여러 연구에서도 카페인은 소변의 칼슘 배설량을 증가시켜 골절의 위험을 증가시킨다고 한다. 골밀도를 올리고자 하는 사람들은 싱겁게 먹고, 커피, 코코아, 차, 술 등은 절제한다.

다음의 표는 컴퓨터 프로그램(CAN- PRO)의 데이터를 뽑아서 식품군별 식품 100g 당 칼슘의 양을 내림차순으로 정리한 것이다. 칼슘을 함유한 식품은 많다. 다양한 자연의 식품을 섭취하면, 여러 식품으로부터 칼슘을 얻는다. 식품 중에서 말린 멸치나 새우에 칼슘이 가장 많지만 다시용 멸치를 국물만 우리고 버리면, 칼슘을 섭취할 수 없다. 분쇄기에 갈아서 모두 사용하는 것이 칼슘을 많이 섭취하는 방법이다. 또 식물성 식품 중에는 흑임자깨와 흰깨에도 칼슘이 가장 많이 들어있어서 깨가루를 음식에 많이 사용하는 것이 좋다. 나물 무칠 때 참기름을 적게 쓰고, 대신 깨가루를 많이 넣으면 칼슘섭취량을 올릴 수가 있다.

칼슘 식품표

뼈째먹는 생선, 유제품	칼슘 (mg)	녹황색 채소	칼슘 (mg)	해조류, 곡류	칼슘 (mg)	종실류, 두류	칼슘 (mg)
말린 새우	2,045	무청	329	건미역	1,072	흑임자깨	1,237
멸치(대), 건	1,997	케일	320	구운 김	410	흰깨	1,149
뱅어포	982	무말랭이	310	생다시마	103	들깨가루	279
멸치(소), 건	913	비름나물	236	생파래	93	아몬드	243
분유(전지)	880	고춧잎, 생	211	생미역	92	호두	92
치즈, 체다	740	들깻잎	198	톳	88	볶은 땅콩	56
양미리	115	냉이	145	통밀	71	대두, 흰색	245
우유(전유)	105	달래	124	율무	14	대두, 검정	220
요구르트	105	아욱, 쑥갓	94	현미	11	붉은팥	128
아이스크림	95.8	근대	87	두유	18	두부	126

중국의 심양에 머물렀을 때 심양 사람들은 볶은 깨를 곱게 갈아 깨장이라는 걸쭉한 액체형태를 팔았다. 이것을 음식에 넣어서 사용하면, 음식도 고소하고, 칼슘섭취도 좋다.

'타히니' 라는 제품은 흰깨를 깨장 같이 곱게 갈아서 만든 것으로 터키 등 아랍권에서 나온 식품이다. 영어로 된 설명에는 'Creamy puree of Sesame seeds' 라고 되어 있다. 빵에 바르거나 쿠키의 재료로 다양하게 사용한다. 일본도 깨로 만든 이와 유사한 참깨 드래싱과 같은 제품이 있다. 깨를 기름만 짜서 버리지 말고 통째로 사용하는 레시피가 좋다.

대부분의 일반인들이 아직도 칼슘이라고 하면 우유로 생각하는 경향이 있다. 이것은 1900년대 초반부터 미국 낙농협회가 결성되어 학교급식에 교육 자료를 무상으로 공급한 데서 비롯되었다고 한다.

1990년 미국 임상영양학회지에 발표한 히니 박사와 위버 박사의 케일의 대한 연구는 이 사고방식을 깨는 획기적인 연구이었다. 방사선 동위원소를 사용해서 우유와 케일의 칼슘흡수율을 측정했더니, 수산의 함량이 낮은 케일의 흡수율이 우유보다 더 좋다는 것이 확인되었다. 이 실험에 참가한 대상은 20대에서 40대 연령의 여성들이었고 케일은 퍼듀 대학교 캠퍼스에서 실험 재배한 것이었다.

아래의 표는 1994년 미국 임상영양학회지에 실린 식물성 식품의 1회분(서빙크기), 칼슘 함유량, 흡수율, 섭취된 칼슘량, 이 양을 우유 240ml로 환산한 서빙수로 나타낸 것이다. 시금치의 흡수율은 5.1%로 가장 낮으나, 브로콜리 52.6%, 브러셀 스프라우트(애기 양배추) 63.8%, 우리가 즐겨 먹는 배추 64.9%, 양배추 53.8%, 푸른 컬리플라워 68.6%, 케일 58.8%, 겨자 잎 57.8%, 무청 51.6% 등으로 모두 50%가 넘는데 우유의 흡수율은 32.1%이었다. 한 번에 우유를 두 컵 마시기는 어렵지만 무청나물 두 접시는 얼마든지 먹을 수가 있다.

식품	서빙 크기(g)	칼슘 함량(mg)	흡수율(%)	흡수된 칼슘양(mg)	240ml 우유 서빙수(n)
우유	240	300	32.1	96.3	1.0
아몬드, 볶은 것	28	80	21.2	17.0	5.7
핀토빈	86	44.7	17.0	7.6	12.7
강낭콩, 붉은색	172	40.5	17.0	6.9	14.0
브로콜리	71	35	52.6	18.4	5.2
브러셀 스프라우트	78	19	63.8	12.1	8.0
배추	85	79	53.8	42.5	2.3
양배추	75	25	64.9	16.2	5.9
콜리플라워	62	17	68.6	11.7	8.2
케일	65	47	58.8	27.6	3.5
겨자잎	72	64	57.8	37.0	2.6
참깨	28	37	20.8	7.7	12.2
두유	120	5	31.0	1.6	60.4
시금치	90	122	5.1	6.2	15.5
두부, 칼슘응고	126	258	31.0	80.0	1.2
무청	72	99	51.6	51.1	1.9

(자료: Weaver C. M. and Plawecki K. L. Dietary calcium: adequacy of vegetarian diet. Am. J. Clin. Nutr. 59(suppl) : 1238S-41S, 1994.)

푸른 야채를 많이 섭취하는 방법

케일은 칼슘이 많고 흡수율도 좋기 때문에 김치 담글 때 같이 섞는다. 잎이 넓은 케일(녹즙용 케일)을 구해 썰어서 김치 사이에 넣는다. 김치 국물이 남았을 경우에도 케일을 썰어서 버무려 둔다. 케일은 비타민 C의 함량이 매우 많다.

우리의 쌈문화는 특이한 식문화이다. 푸른 엽채류를 다양하게 여러 개 사용해서 쌈장을 짜지 않게 만들어(된장과 삶은 콩을 섞어서 만든다) 먹는 것도 하나의 좋은 방법이다.

위의 자료를 읽은 후부터는 무청과 케일을 자주 구입하게 되었다. 열무를 사서 그 푸른 잎으로 된장에 걸쭉하게 지진다. 또 국물에 콩가루와 들깨가루를 듬뿍 첨가한다. 국 대접에 건더기를 듬뿍 넣고 또 그 위에 깨가루를 한 수저 얹는다. 케일은 비빔밥에 쌈으로 자주 사용한다.

1960년대만 하더라도 한국인 대부분이 우유를 공급받기는 어려웠지만, 그래도 그때에도 모든 한국인들의 몸에는 뼈가 있었다. 이 표를 보면, 과거 농경사회에서 우리 한국인의 주된 칼슘의 급원은 배추와 무청과 같은 푸른 엽채류였던 것을 알 수 있다.

30년 전에는 식물성 칼슘은 흡수율이 나쁘다고 배웠는데, 아마도 시금치가 실험 샘플용으로 사용되지 않았나 싶다. 시금치는 수산이 많아 칼슘과 이미 불용성 염을 형성하기 때문에 칼슘의 좋은 급원은 아니지만, 마그네슘이나, 엽산, 비타민 K등의 급원으로는 좋다. 시금치가 신장결석을 만든다고 항간에 떠돌았지만 근거는 없다. 야채를 씻은 후 데치는 물의 양이 많을수록 무기질을 많이 잃는다. 무기질이 녹아 있는 데치는 물을 조리에 재이용한다. 김치 국물도 남은 것은 찌개 등의 조리에 재활용한다.

칼슘과 인의 비율

칼슘은 우유보다는 식물성 급원으로부터 흡수가 더 잘되기 때문에 우리는 다양한 칼슘의 식물성 급원을 잘 알고 매끼 꾸준히 섭취해야 한다. 푸른 엽채류와 같은 식물성식품의 칼슘흡수율이 좋은 이유는 인의 함량이 낮은 데 있다. 진한 녹색 엽채류는 칼슘의 함량이 인보다 무려 세 배에서 다섯 배에 달한다. 인의 함량이 높은 식이는 대변 속의 칼슘배설을 증가시킨다. 칼슘흡수를 최대로 원하면 적어도 칼슘의 양이 인의 양만큼은 되어야 한다. 아래의 표는 칼슘과 인의 비율을 나타낸 것이다. 청량음료에는 인만 들어있으며 일반적으로 육류의 단백질은 인의 함량이 높다. 칼슘의 비율이 높은 것은 무청, 케일과 같은 푸른 엽채류이다.

식품의 칼슘과 인 비율

식품	칼슘(mg)	인(mg)	칼슘/인
다이어트 펩시(360cc)	0	46	<0.1
T 본 스테이크(100g)	6	198	<0.1
햄(100g)	8	279	<0.1
연어(90g)	14	237	<0.1
감자(90g)	4	43	0.1
우유(전지, 1컵)	290	228	1.3
참깨(1큰술)	88	57	1.6
모유(1컵)	79	34	2.4
무청(1/2 컵)	194	44	4.4
케일(1컵)	179	36	4.9

그러므로 일반 식품에서 칼슘/인의 비율을 비교하면서, 인의 함량 자체도 고려해야 한다. 뼈를 가장 많이 구성하는 무기질은 칼슘과 인이다. 그러나 벽돌집을 지을 때 벽돌만 필요하지 않은 것처럼, 약한 뼈를 강하게 만드는 데 칼슘만 필요한 것이 아니다. 뼈를 이루는 성분은 칼슘 이외에도 단백질과 많은 미량 영양소들이 있다. 칼슘이 많은 자연 식품을 섭취하면, 미량 영양소도 충분히 따라오게 된다.

2) 운 동

누워만 지내는 환자들은 소변으로 칼슘이 빠져나온다. 운동을 하지 않으면 우리 몸은 단단한 뼈를 필요로 하지 않는다고 판단하므로 뼈의 칼슘을 배설하는 것이다. 따라서 골밀도를 올리려면 몸에 무게를 주는 운동이 필요하다. 걷는 것보다는 빨리 걷는 것, 조깅, 줄넘기, 팔 벌리고 뛰기 등이 몸에 무게를 주는 운동이다.

수영은 심폐기능에는 좋으나, 골밀도를 올리지는 않는다. 몸에 부력을 받기 때문이다. 운동선수들 중, 골밀도가 가장 높은 종목은 마루체조 선수들이다. 공중제비를 돌고 내려설 때 발바닥에 몸무게의 몇 배 이상의 하중을 받기 때문이다.

여성들이 임신기간 중에도 골밀도가 올라간다. 몸이 무거워지니, 무거운 몸을 지탱하기 위해 칼슘 흡수율을 올려 단단한 뼈를 만든다.

저항성 운동은 골다공증의 골절 위험율을 낮춘다고 한다. 골밀도를 올리기 위해서는 몸에 무게를 주는 운동이 필요하다. 일반인들이 쉽게 할 수 있는 운동으로는 평소에 빠른 걸음으로 걷는 것, 조깅, 줄넘기, 아령운동 등을 들 수 있다. 골밀도가 낮다고 해서 우울해 할 필요는 없다. 우리 몸은 살아있는 이상 튼튼한 뼈가 필요하다는 자극을 주면 칼슘의 흡수율을 올려서 골밀도를 올린다. 운동을 하지 않고 칼슘제를 꾸준히 먹는 것만으로는 도움이 되지 않는다.

3) 생활습관

흡연, 음주는 모두 골밀도를 약화시키는 요인들이다. 운동할 때 옥외에서 30분 정도 햇빛을 받는 것은 필수인데, 비타민 D가 혈액의 콜레스테롤로부터 합성되기 때문이다. 이 비타민 D는 칼슘 흡수에 반드시 필요하다. 태양광선을 적당히 쪼이면 우리 몸에 많은 유익을 준다. 항우울제인 세라토닌과 멜라토닌 호르몬도 태양광선을 쪼이면 우리 몸에서 합성이 잘되고 밤에 숙면을 취할 수가 있다. 숙면을 해야 성장호르몬의 분비가 잘되어 몸의 손상된 조직을 재생할 수가 있다.

4) 성호르몬과 아이소플라본

본성호르몬은 골밀도에 관여한다. 남성들은 월경과 폐경을 경험하지 않기 때문에 골밀도가 급격히 감소하는 경우는 없다. 그러나 여성은 폐경기 이후에 에스트로겐의 분비가 줄고 그 영향으로 골밀도가 감소한다. 호르몬 감소로 인해 갱년기 증상을 경험하게 된다.

갱년기 증상은 서구권에 특히 심하다. 서구 학자들은 동양 여성의 칼슘섭취가 많지 않아도 골다공증이 서양여성만큼 심하지 않고, 또 갱년기 증상도 그다지 심하지 않은 것에 의구심을 품고 연구를 했었다. 그리하여 밝혀낸 것이 동양인들이 오래전부터 먹어왔던 대두에 여성호르몬의 구조와 거의 같은 아이소플라본을 발견한 것이다. 이 천연의 호르몬은 골밀도를 튼튼하게 하고 호르몬으로 인한 암을 예방하는 역할을 한다.

5) 주거환경

백살 노인들은 산촌에 많다. 비탈길을 오르내리는 생활과 규칙적인 농사일은 태양광선을 통해 비타민 D, 세라토닌, 멜라토닌의 생산을 돕는다. 이 호르몬들은 뼈의 건강과 정신 건강에 좋은 영향을 준다. 또 콩, 나물 종류를 즐기기 때문에 뼈와 이가 튼튼하고 건강하다.

우리 몸의 칼슘 흡수율은 변한다

소장에서 칼슘의 흡수는 우리 몸이 조절한다. 칼슘의 흡수 과정에는 여러 요인이 작용하여 흡수율을 증진시키거나 감소시키는데, 칼슘의 흡수율은 섭취된 다른 영양 물질들, 칼슘의 급원 식품들, 개인의 칼슘 영양상태, 연령 등에 따라 차이가 있다. 비타민 D와 유당, 비타민 C는 칼슘의 흡수를 촉진한다. 식사 내 칼슘과 인의 비율이 동량(1:1)일 때 칼슘의 흡수율은 최고이다.

골격 내 칼슘을 보유하기 위해서는 적당한 양의 칼슘과 인의 섭취가 필요하고 적당량의 운동과 불소의 섭취도 도움이 된다. 그러나 섭취권장량의 2배 이상인 고단백 식사는 신장을 통해 칼슘의 배설을 증가시켜서 칼슘의 결핍을 초래할 수 있으므로 주의해야 한다.

칼슘의 흡수율은 신체의 요구량에 따라서 달라지는데 소장에서 칼슘 흡수율은 우리 몸의 필요에 따라 다르게 적응한다. 성장기 어린이 75%, 임신기간 60%, 성인 20~40%, 폐경기 여성은 총 칼슘 섭취의 20%로 노년기가 되면 칼슘 흡수율은 감소하지만 개인의 활동량과 몸의 필요에 의해서 섭취율은 조절된다.

권장량

칼슘은 한국인의 식생활에서 가장 결핍되기 쉬운 영양소로서 국민 영양조사 보고에 의하면 최근 5년간 칼슘의 섭취량은 증가되었으나 아직까지도 1일 섭취 권장량에 부족한 상황이다. 10~12세의 학동기 아동은 800mg, 13~19세의 여학생은 800mg, 13~19세의 남학생은 900mg, 성인의 칼슘 권장량은 700mg, 임신부는 300mg 추가, 수유부는 400mg 추가한다.

일부 의사들은 골밀도가 나쁜 폐경기 여성들에게 칼슘 보충제를 권하지만 뼈는 칼슘만으로 구성되지 않기 때문에 과량의 칼슘 보충제를 섭취하면 몸의 무기질 균형을 깨뜨릴 수가 있고 신장에 결석이 생길 확률도 높아진다. 가장 좋은 방법은 음식에서 섭취하는 것이다. 무기질 섭취는 어릴 때부터 야채를 즐겨먹는 식습관을 가지도록 훈련이 되어야 한다. 어릴 때의 식습관은 평생의 건강을 좌우하기 때문이다.

마그네슘(Magnesium, Mg)

푸른 잎의 엽록소에는 마그네슘이 중앙에 들어있는데 엽록소의 분자구조는 적혈구의 헤모글로빈의 구조와 비슷하다. 마그네슘이 들어간 구조는 초록색을 띠고 철분이 들어간 구조는 빨간색을 띤다.

푸른 배춧잎이나 열무잎으로 된장국을 오래 끓이면 아름다운 푸른색이 죽는다. 이것은 엽록소의 중앙에 들어있던 마그네슘이 빠져나오기 때문이다. 푸른 배추김치, 오이지 등도 오래 저장하면 푸른색이 변하는데 저장하면서 생기는 유기산 때문에 마그네슘이 빠져나오면 갈색으로 변한다. 이처럼 마그네슘은 푸른 잎의 기본이 되는 무기질이다. 푸른 색이 진한 케일의 마그네슘 함량은 색이 엷은 양상추보다 4~5배가 많다.

70kg인 성인의 경우 마그네슘의 체내 함량은 20~28g 정도가 된다. 그 중 절반이상은 뼈에 들어있고, 나머지의 반은 근육에, 그 외에는 연조직, 혈청, 적혈구에 분산되어있다. 흡수율은 35~40%정도이지만 섭취량이 많을 경우에는 흡수율이 낮아지도록 우리 몸이 조절한다.

TCA 사이클에서 볼 수 있는 것처럼 포도당, 아미노산, 지방의 에너지 대사에 중요한 촉매 역할을 하고, 뼈의 대사에도 중요한 역할을 한다. 또 마그네슘은 칼슘, 소디움, 포타슘과 함께 신경의 자극 전달과 근육의 긴장 및 이완작용을 조절하는 양이온 무기질 중의 하나이며 칼슘과 상호 작용한다. 마그네슘은 근육을 이완하며, 신경을 안정시키는 효과가 있다. 자연의 식품을 먹는 식습관은 마그네슘의 부족이 없다.

정제한 곡류를 포함한 가공식품에 의존하는 식생활이든지, 소화기계의 질병으로 인한 흡수장애, 설사, 구토, 알코올 섭취, 신장질환, 간경화, 급성 췌장염 등의 질병으로 부족증이 올 수가 있다. 마그네슘이 부족하게 되면 신경이나 근육에 경련이 일어나며 칼슘부족으로 오는 테타니와 혼동될 수가 있다.

알코올은 마그네슘의 배출을 증진하므로 중독증은 신경성 근육의 경련, 마그네슘 테타니의 현상이 생긴다. 칼슘의 다량 섭취시 마그네슘의 배설을 자극해서 일어나기도 한다. 눈 밑이 떨리는 현상도 마그네슘 부족으로 오는 경우도 있다.

결핍증상
- 육체적：동작이 느려지고, 근육통증(muscular cramps), 틱, 소화기 장애, 결장염

- 정신적 : 머리가 둔해지고, 혼돈이 오며, 걱정이나 불안한 마음
- 대사적 : 탄수화물 흡수불량, 칼슘과 철분의 불균형을 초래한다.
- 식품 : 모든 견과류와 종실류, 통곡류, 콩류, 캐롭, 푸른 야채, 비츠 등에 특히 많이 들어있다.

급원식품

모든 푸른 엽채류, 현미, 밀기울, 밀눈, 통밀빵, 호두, 아몬드, 땅콩, 캐슈넛, 깨, 해바라기씨, 호박씨, 콩 , 굴, 당근, 이스트, 오렌지, 사과 등 널리 들어있다.

소디움(Sodium, Na)

《성경》에 '빛과 소금' 이라는 표현이 있다. 음식에 간이 중요하기 때문에 소금의 중요성을 빛과 동등하게 두었다. 아무리 좋은 음식이라도 소금간이 없으면 맛을 느낄 수가 없다. 동물성 식품이나 식물성 식품은 자연적으로 소디움을 함유하고 있고 일반적으로 동물성식품이 식물성 식품보다 소디움을 더 많이 함유하고 있다.

현재 한국인들이 가장 많이 섭취하는 무기질은 소금으로 얻는 소디움이다. 전 세계에서 한국인과 일본인은 위암이 가장 많은 것으로 나와 있는데, 소금의 섭취량이 가장 많은 것과 연관이 있다. 인체는 소디움을 필요로 하지만 과잉 섭취는 건강에 좋지 않다.

소금(NaCl)은 소디움과 염소 두 성분으로 되어 있고 약 40%가 소디움이다. 이 소디움은 체중의 약 0.15~0.2% 정도를 차지하고 있는데, 절반은 세포 외액에 존재한다. 세포 내외의 삼투압에 의한 수분 이동은 나트륨 이온의 농도에 따라 이동하게 된다. 세포내외의 삼투압의 유지는 주로 소디움 이온과 칼륨이온에 의해 조절된다. 소디움 이온은 신경을 자극하고 그 자극을 근육에 전달하는 작용을 한다. 소디움 이온은 근육에 전기화학적 자극을 전달함으로써 근육의 흥분성, 과민성에 관여한다. 또 소디움 이온은 체내에서 산, 알칼리 평형 유지에 관여한다. 건강을 유지하고 신체의 기능을 정상적으로 유지하기 위해서는 하루 500mg의 소디움이 필요하지만 실제로 우리나라에서는 1일 소디움의 적정량보다 10배 이상을 섭취하고 있다.

소디움의 적정량 : 500mg/day (소금 1.3g; 1/4 티스푼)

WHO와 미국 FDA의 1일 최대한계 : 2,400mg (소금 6g; 1과 1/4 티스푼)

한국인의 소디움의 섭취량 : 하루 약 6,000mg (소금 15g; 3 티스푼)

우리나라 음식의 기본이 되는 간장, 된장, 고추장의 소디움 함량은 매우 높고, 또 젓갈, 장아찌류도 매우 높다. 우리 한국 음식을 세계적인 건강음식으로 소개하려면, 이 소금 간을 희석해서 사용해야 한다. 대부분 사람들의 소금 섭취는 80%가 가공한 식품에서 오는 것이다. 다음 표는 자연식품 그대로와 가공했을 때의 소디움 양을 비교한 것이다. 쌈장의 소디움 농도가 가장 높게 나왔다.

식품 100g	Na mg	가공한 후 100g	Na mg	증가 비율
생고추	12	고추장	2,510	210배
밀가루	4	빵	346	87배
밀가루	4	라면	733	183배
마늘	8	마늘장아찌	2,270	283배
배추	12	배추김치	1,147	96배
왜무	2	단무지	1,120	560배
오이	2	오이지	1,445	722배
옥수수 펑튀기	2	팝콘	785	393배
냉동완두	5	깡통완두	1,250	250배
삶은 대두	2	쌈장	4,244	2,122배
토마토	3	토마토케찹	1,300	433배

(자료: 음식영양소 함량 자료집, 식품성분표 참조)

소금과 혈압

임상 경험으로 볼 때 고혈압 환자에게 식이 소금의 양을 줄일수록 혈압은 낮아진다. 고혈압의 기본 원인은 신장이 소금의 증가량을 제거하는 능력을 잃어버리기 때문이다. 과량의 소금을 제거하기 위해서 우리의 몸은 혈압을 올림으로서 조절을 한다. 이렇게 함으로 신장이 이 소금을 제거할 수가 있다.

- 소금을 전혀 먹지 않거나 조금 섭취하는 사회, 예를 들면, 브라질 원주민, 에스키모와 같이 원시상태에서 생활하는 사회에는 고혈압이 없다. 한국이나 일본과 같이 소금의 섭취량이 많은 사회는 연령이 높아질수록 고혈압이 많이 나타난다.
- 소금이 매우 적은 식사, 과일밥을 고혈압 환자에게 주었을 때 많은 경우 정상으로 떨어진다. 한식은 밥과 간이 있는 반찬으로 식사를 하지만, 과일밥을 짓고, 짠 맛이 없이 식사를 한다. 짠맛을 단맛과 신맛으로 바꾸는 식사이다.
- 소금의 양을 약간 줄였을 때는 혈압의 감소가 적다.

동물실험이나 인체실험에서 소금의 양을 늘리면 고혈압이 발생하였다. 소금은 물을 보유하는 성질이 있으므로 소금의 양이 증가하면 혈액양이 증가한다. 연구에 의하면 우리에게 해를 주는 것은 소디움과 염소의 혼합이라는 것이다. 고혈압에 관한 동물실험에서 소디움이나, 염소단독으로는 고혈압의 원인이 되지 않는다는 것이다. 그러나 소디움 용량에 관한 가공 식품의 라벨 표시는 소비자들로 하여금 판단할 수 있는 정보를 제공하기 때문에 필요하다.

20명의 약을 복용하지 않는 고혈압 환자에 관한 연구

- 연구 초기의 평균 혈압: 161/101
- 소금 섭취량을 하루 3,000mg 이하로 낮춤
- 1년 후 평균 수축기 혈압은 19점, 이완기 혈압은 14점이 떨어짐.
- 20명 중 16명의 환자는 소금 제한만으로 혈압이 조절되었다.

이 극적인 결과는 식이 중 오직 한 가지 요소 즉 소금의 효과에 관한 것이다. 최근의 연구는 고혈압이 있든지 없든지 간에 소디움의 섭취가 많을수록 심장마비의 위험률이 더욱 높다고 밝히고 있다. 소디움의 양을 권장량 수준으로 낮추는 것은 뇌졸중의 위험률을 39% 낮추고 심장마비는 30% 낮출 수가 있다고 뉴욕의 콜롬비아대학교의 공중보건대학에서 혈압 전문가들이 말했다. 게다가 저염식은 여러 암, 골다공증, 신장 결석의 위험도 낮춘다. 많은 동물실험에서 소금의 섭취가 증가할수록 소변을 통한 칼슘배설이 비례하는 것이 증명되었다. 소금 1g 당 칼슘이 약 40mg이 배설된다고 한다.

저염식이 효과를 주는 질병들
- 고혈압과 그 합병증들
- 심장마비
- 울혈성 심장병, 간경화, 신부전증
- 위암과 비인후암
- 골다공증
- 신장결석(Alderman MH, 1995)

예를 들면, 매일 3티스푼의 소금을 먹거나 피클로 만든 야채를 한 달에 2회 이상 먹을 경우에는 위암의 위험률을 심각하게 증가시킨다. 만일 혈압이 정상이고 또 저염 식사를 할 경우에는 고혈압이 생길 위험률이 낮아진다는 것이 최근의 국제 학회에서 밝혔다. 한국인에게 가장 많이 발생하는 위암은 아직 그 원인이 정확히 밝혀져 있지 않지만, 소금, 젓갈 등 염장식품, 태운 음식과 뜨거운 음식, 그리고 헬리코박터균 감염 등이 주요 위험 요인으로 꼽힌다. 그 중에서도 소금과 젓갈류의 과다 섭취가 우리나라 사람들에게 큰 문제로 지적된다. (조선일보 2004년 4월 28일)

음식점에서 나오는 음식에도 숨어있는 소디움이 많다. 음식점들은 서로 경쟁을 하기 때문에, 또 고객들이 원하기 때문에, 소금이 있는 음식들이 경쟁력이 있는 것으로 나타난다. 다음 명단은 소디움의 양이 매우 적은 식품군을 나열한 것이다.

소디움이 적은 식품군(1회분)

- 신선한 과일　　　6mg
- 곡류와 시리얼　　7mg
- 견과류(무염)　　3mg
- 야채　　　　　　15mg

과일은 포타슘의 함량이 높아서 혈압을 낮추는 경향이 있다. 그래서 자연식에는 과일, 야채, 곡류가 많이 포함이 되고 혈압을 낮출 수 있다. 볶은 곡식, 과일, 견과, 요구르트로 만든 식사도 맛이 훌륭하다. 누구나 조금의 노력과 인내로 혀의 미뢰에 일어나는 변화에 놀랄 것이다. 그리고 경험자들은 식사의 변화를 엄격히 해서 이러한 유익한 맛의 변화를 일으키기까지 보통 4개월이 걸린다고 했다.

자연식 식단 예

아침 : 그라눌라(오트밀과 통밀, 건포도, 아몬드) 한 공기, 바나나, 두유나 요구르트

점심 : 사과 현미밥, 당근, 오이, 양배추 썬 것, 호두와 땅콩

저녁 : 고구마 찐 것, 수박

한국인들은 밥을 먹기 위해서 항상 짠 반찬과 짠 국물을 먹어왔다. 그러나 자연식 식단의 예를 변형하면 짠 반찬 없이도 얼마든지 다양한 식사를 즐길 수가 있다. 생각에 달린 것이다. 우리나라의 남쪽 지방으로 내려갈수록 음식이 짠 경향이 있다. 상치와 깻잎 등의 엽채류를 날로 많이 섭취하는 것이 더 좋다.

소금 대체제

과거의 소금대체제는 맛이 불쾌하게 쓰고, 금속 맛이 나서 좋아하는 사람이 없었다. 카르디아 소금(Cardia Salt)은 풍미를 조정한 제품이다. 이것은 포타슘, 마그네슘, 일반 식탁용 소금의 반에 해당하는 소디움을 함유한다. 예비실험에서 40명의 남녀가 이 제품으로 소금을 대체해서 6개월 사이에 이완기 혈압이 평균 13mm가 낮아졌고 수축기 혈압은 8mm가 낮아졌다. 다른 연구도 유사한 결과를 보였다.

소금의 대체제를 사용하는 대신, 식사를 짠맛으로 먹지 않고, 단맛이나 신맛으로 먹는 방법으로 바꾸면, 소디움의 섭취량을 줄일 수가 있다. 김밥의 재료를 식초나 매실액으로 간을 한다. 단무지, 당근, 오이는 꿀과 식초로 절인다.

매실 액 : 매실 철에 매실과 오곡조청을 동량으로 섞어 한달정도 경과하면, 삼투압의 현상으로 매실액이 나온다. 조청의 단맛은 그리 남지 않았고, 신맛이 남았는데, 이 액체를 식초대신 사용한다. 오곡 조청 대신 꿀을 사용해도 된다. 조리에 소금 대신 허브를 사용할 수도 있다.

올 스파이스, 에나이스, 베이질, 베이잎, 카라웨이씨, 고춧가루, 칠리가루, 게피, 정향, 코리엔더, 딜, 생마늘, 마늘가루, 생강, 쥬니퍼, 와사비, 레몬, 마조람, 민트, 마른 겨자, 너트메그, 양파가루, 양파즙, 오리가노, 파프리카, 파세리, 후추, 파피씨, 로즈마리, 쌔프론, 세이지, 세보리, 깨, 테라곤, 타임, 튜메릭, 식초 등

가공식품에 포함된 소디움

가공식품의 제조 시 다양한 식품첨가제인 안정제, 방부제, 팽창제(소다, 베이킹 파우다), 발색제(아질산염) 등을 이용하는데 이들은 소디움을 함유하고 있고 화학조미료인 MSG (monosodium glutamate)에도 소디움이 포함되어 있다.

포타슘(Potasium, K)

포타슘은 소디움과는 반대로 세포 안에 농축되어있다. 특히 근육과 신경세포에 풍부하게 들어있다. 모든 동식물에 분포되어 있으므로 정상적인 식생활에는 충분히 섭취되고, 열량이 증가하면 포타슘의 섭취도 증가한다. 성인의 체내에는 250g의 포타슘이 존재한다. 신체 내의 포타슘 양은 일정하기 때문에 포타슘 양을 측정함으로써 체중에서 체지방을 제거한 조직(lean body mass, LBM)의 양을 측정한다. 체중이 감소할 때 체내의 포타슘 양의 변화가 없으면, 체지방의 감소만으로 간주할 수 있다.

주기능은 소디움과 마찬가지로 소디움과 양이온 평형을 유지하면서, 체액의 균형과 용량을 유지한다. 삼투압의 조절, 산 알칼리의 평형, 근육의 수축 이완에 관여하며, 여러 생리작용에 관여한다.

과잉의 포타슘은 소변배설로 제거되며 이 기능을 잘 못하는 신부전증 환자는 포타슘의 섭취량을 줄여야 한다. 더운 계절에 심하게 운동하면 땀으로도 포타슘이 배설되며 하루 6g 이상을 잃는다.

포타슘은 널리 분포 되어있기 때문에 결핍증은 드물고 충분한 양을 섭취할 수가 있다. 통곡식, 야채, 과일, 육류, 우유 모두 좋은 포타슘의 급원이다. 조리할 때 식품의 단면이 물에 많이

노출될수록 포타슘이 많이 녹아나와 섭취량이 줄어든다.

결핍증세는 기아상태, 알코올 중독, 부신종양, 신경성 식욕 감퇴, 화상, 수술, 간경변, 당뇨성 산독증, 설사, 이뇨제와 같은 약을 복용할 때 생기며, 멀미, 구토, 원기부족, 불안, 근육의 무력증, 심장이 빨리 뛰는 증세로 사망할 수도 있다.

신장기능이 저하될 때 혈액 내의 포타슘의 농도가 높아지고, 또 심한 탈수나 부신피질 호르몬 부족 시에도 포타슘의 농도가 높아진다. 증세는 말초신경의 마비, 근육의 약화, 호흡불량, 심장기능 중지 등이 나타난다.

신선한 야채, 과일을 먹는 습관은 포타슘 섭취에 도움을 주면서 혈압을 내리는 효과가 있다. 평소에 포타슘 섭취가 많은 사람들은 골밀도가 높다는 역학보고도 나온다.

염소(Chlorine, Cl)

염소이온이 세포 밖의 체액 중 가장 많이 발견되는 곳은 척수액(cerebrospinal fluid)이다. 성인의 체중으로 환산할 때 약 74g 정도가 들어있으며 이중 15% 미만은 세포 안에 들어있다. 염소는 대부분 소금의 형태로 얻는다. 염소는 혈액의 산−알칼리의 평형 유지에 관여하고 위산의 중요한 구성성분이다. 또 단백질과 비타민 B_{12}의 소화에 관여한다. 또 탄수화물 소화효소, 아밀라제를 활성화하고, 탄수화물의 소화를 가속화한다.

체액의 염소의 농도는 소디움과 마찬가지로 신장에서 재흡수로 조절한다. 염산에 다량 존재하므로 구토를 심하게 할 경우에는 염소의 손실이 생긴다.

소금의 섭취량이 충분한 이상 염소의 부족은 없다. 현대인들은 허용치보다 소금의 섭취량이 많아서 문제이다. 어린이들이 설사와 구토를 심하게 할 경우, 체액이 염소 부족성 알칼리성으로 기운다. 과잉의 염소는 신장이 배설하기 때문에 염소로 인한 과잉증은 없다.

유황(Sulfur, S)

모든 세포에는 유황이 들어있다. 주로 황을 포함하고 있는 아미노산, 메치오닌과 시스테인의 형태이다. 또 대사에 관련된 물질, 아세틸−CoA, 비타민 B_1, 비오틴 등에도 들어있다. 특히 아미노산의 구조적인 특이성 때문에 머리카락, 피부, 손톱 등에는 유황의 함유량이 높다. 우리 몸은 유황을 아미노산의 형태로 흡수하고, 또 무기 유황의 형태로도 흡수한다.

유황의 중요한 기능

- 함유황 아미노산의 구조를 형성한다.
- 대사에 필요한 영양소의 성분:아세틸−CoA, 비타민 B1, 비오틴, 굴루타티온 등

- 인슐린, 호르몬, 헤파린 등의 구성성분이다.
- 체조직의 성분이 된다.
- 담즙산의 한 구성성분(타우로콜린산)

대부분의 유황은 무기염으로 소변을 통해서 배설되며 아미노산으로부터 나온 것이기 때문에 질소의 양과 비례한다.

대략 식이 단백질의 1%는 유황으로 추정되며 곡류는 유황을 포함하는 필수아미노산의 양이 적다. 동물성 단백질을 많이 섭취하는 성인들의 골밀도가 약해지는 이유는 칼슘을 적게 섭취해서가 아니라 아미노산의 유황성분이 체액을 산성화하기 때문이다. 우리 몸의 체액은 항상 약 알카리성을 유지해야하고, 항상성을 유지하기 위해 체액이 산성으로 기울면 뼈로부터 칼슘이 나와 중화한다. 동물성 단백질 섭취가 많을 수록 소변으로 칼슘배설이 많고, 이것이 신장결석으로 형성될 확률이 크다.

3. 미량 무기질(Trace Minerals)

미량원소

미량원소는 체중의 0.05% 이하이거나 1일 권장량이 100mg 이하인 무기질로 우리 몸에 미량 필요한 무기질이지만 다량 들어오면 독성을 가진다. 구리(Cu), 철분(Fe), 아연(Zn), 요오드(옥소, I), 불소(F), 셀레늄(Se), 망간(Mn), 크롬(Cr), 몰리브데니움(Mo), 코발트(Co) 등이다. 미량무기질의 과잉섭취는 독과 같으므로 자연 식품으로 섭취하는 것이 바람직하다.

미량 무기질은 우리 몸에서 미량을 필요로 한다. 체조직의 구성성분이나 효소나 비타민이나 호르몬의 촉매 역할을 하거나 미량으로 매우 중요한 역할을 한다. 그러나 미량으로 필요한 영양소가 다량으로 섭취될 경우 이것은 우리 몸에 독성분이 될 수 있다(구리와 불소가 잘 알려졌다). 또 식품의 가공과정에서 미량 원소들은 쉽게 제거된다. 미량원소들은 세 그룹으로 나뉘었는데,

- 권장량이 지정된 원소: 철분, 아연, 요오드
- 임시로 권장량이 지정된 원소: 구리, 크롬, 망간, 몰리브데니움, 불소, 셀레늄
- 새로운 미량원소, 현재의 기술로는 권장량을 측정할 수 없는 원소: 코발트, 실리콘, 주석, 바나디움, 니켈 등

철분(Iron, Fe)

철분이 적혈구 헤모글로빈의 생산에 중요한 성분이라는 것은 잘 알려져 있다. 그러나 그 외의 기능은 잘 알려지지 않은 편이다. 철분 결핍은 경제수준을 막론하고, 어린이와 여성들 특히 가임기 여성들에게 보편화된 건강상의 문제점이다. 철분 결핍성 빈혈이야말로 영양실조의 문제이다.

재미있는 것은 미국의 영양학 교과서에는 오래전 미국 사회에서 무쇠 주물로 만든 용기를 사용했을 때에는 빈혈이 흔하지 않았다는 것이다. 우리나라에서도 과거에는 가마솥에 밥을 했었다. 가마솥에 눌러 붙은 누룽지가 아이들의 좋은 간식이었을 당시에는 빈혈이 문제가 되지 않았다. 서구나 한국의 조리기구는 상당히 변화했다. 미국 남부에서는 아직도 주전자, 오븐팬, 냄비 등 이러한 전통적인 용기를 많이 사용하고 레스토랑에서도 전통적인 콩요리(baked beans)는 이런 용기에 담아서 서빙도 한다.

이렇게 중요한 철분은 우리 체중의 0.004% 정도 존재한다. 철분은 우리 몸의 모든 세포 안에 존재하지만, 주로 적혈구 속에 농축되어 있다. 철분의 70%는 적혈구 속에 나머지 30%는 다른 조직에 저장되어 있다.

철분의 흡수

우리 몸은 특별히 철분을 제거하는 수단이 없기 때문에 과량의 철분은 독성분이다. 그래서 우리 몸은 철분 흡수를 철저하게 조절한다. 실제로 흡수율은 섭취량의 2~40%의 범위로 흡수되는 과정은 완벽하게 알려져 있지 않다. 몸의 필요가 증가할 때, 즉 출혈이나 헌혈, 임신, 수유, 성장으로 인해서 혈액이 더 필요할 때에는 흡수율이 높아진다.

그동안 철분을 헴철과 비헴철로 구분했다. 헴철은 헤모글로빈과 근육의 미오글로빈의 헴 성분 속에 들어있는 철분으로 동물성이며 흡수율이 비헴철보다 높다. 위산이나, 비타민 C는 철분의 흡수를 돕고 섬유소와 휘친산은 흡수를 방해한다고 한다.

철분은 소장에서 흡수될 때 소장 점막에 있는 페리틴이라는 단백질과 결합한다. 혈액에서 철분이 운반될 때에는 트렌스페린(transfarrin)이라는 단백질과 결합해서 다닌다. 체내의 철분 저장이 충분하면, 트렌스페린은 항상 철분으로 꽉 차있다. 만일 체내의 저장이 부족해지면, 트렌스페린의 철분은 필요한 곳(골수, 비장, 간)으로 전달이 되고, 비어있는 트렌스페린은 소장의 페리틴으로부터 결합된 철분을 받아온다. 실제로 소장에서 철분의 흡수는 매우 적고 철저하게 조절되고 있다.

빈혈과 적혈구의 일생

모든 동물의 긴뼈는 피를 만든다. 적혈구는 골수에서 처음 아기 세포로 태어날 때에는 크기도 크고, 핵도 들어있다. 이것이 성숙되면서 크기는 작아지고, 핵도 없어진다. 핵과 DNA가 없으니 세포분열도 못하고 단백질 생산도 못한다. 그래서 적혈구는 120일 동안 살다가 죽기 때문에 새로운 적혈구로 교체되어야 한다. 골수에서는 가지세포(stem cell)가 필요에 따라 백혈구, 혈소판, 적혈구로 만들어진다. 적혈구의 아기 세포가 세포 분열할 때에는 엽산과 비타민 B_{12}가 필요하고 비타민 B_6가 있어야 헤모글로빈에 철분이 들어갈 수가 있다.

베씨스 박사에 의하면 1초 동안에 새로운 250만개의 적혈구, 2만개의 백혈구, 5백만개의 혈소판이 생산되어 혈류로 들어간다고 한다. 수명이 다 된 적혈구의 철분은 효율적으로 재활용된다. 분해된 철분은 비장이나 간에 저장되고 트렌스페린에 의해서 다시 골수로 운반된다. 철분이 빠져나온 헴 부분은 빌리루빈으로 담즙의 색소로 분비된다.

체내의 저장철분이 모두 사용되면 적혈구의 생산이 줄어든다. 사실 철분의 저장이 없어지는 것은 오랜 기간이 필요하기 때문에 철분은 만성으로 부족한 것이다. 혈액의 철분 부족은 트랜스페린의 철분 결합(saturation)이 감소한 것이고, 혈청 100ml당 헤모글로빈이 10~12g 이하의 수준이다. 증상은 만성피로, 두통, 창백, 감염이 잘되고, 우울증도 있다. 철분의 부족으로 인한 빈혈은 적혈구의 크기와 숫자의 감소로 나타난다.

철분의 결핍, 흡수의 감소, 비정상적인 출혈(기생충 감염 포함), 과잉 헌혈, 또 비타민 B_{12}, 엽산, 비타민 B_6, 단백질의 부족도 역시 빈혈이 생긴다. 성장이 빠른 어린이나 청소년, 임신기 여성들은 혈액양이 증가하는 시기이므로 철분이 많이 필요하다. 가공한 식품에 식생활을 의존하면, 철분 결핍이 오는데, 철분 보충제에 의존하게 되면 과잉증이 올 수가 있으므로 식품으로 섭취하는 것이 바람직하다. 헴철, 비헴철 모두 좋은 급원이다. 비타민 C가 풍부한 식품과 같이 섭취하는 것이 좋다.

철분 과잉증

철분배설이 잘 안되는 사람들은 과잉의 철분이 연조직 간, 폐, 췌장에 축적된다. 철분이 너무 많으면 신경증상이 생기고 이러한 조직의 세포가 파괴되고 구조가 변형된다. 이러한 증상은 남아프리카의 반투 남성들에게 잘 생기는데 이들은 무쇠용기에 발효한 맥주를 잘 마신다. 발효도중에 생긴 비타민 C는 철분의 흡수를 높인다.

이전에는 육류의 많은 양의 헴철은 흡수가 잘 되어 한 때 육류가 주는 유익들 중의 하나로 크게 선전되었으나 최근 좋지 않은 점들에 대해서도 바르게 보기 시작하였다. 1996년 와인버그 박사는 지나친 양의 철분은 DNA를 손상하는 잠재력이 있는 수산기(水酸基, hydroxyl radicals)라고 하는 합성물의 형성을 돕고, 중요한 면역계 세포들의 활동을 억누르고, 또 암세포의 증식을 촉진한다고 했다.

권장량과 급원식품

권장량을 정한 기준은 하루의 배설량으로 남자의 평균 배설량은 약 1mg, 여성은 생리로 인한 배설을 포함해서 1.8mg이다. 여기에 흡수율을 평균 10%로 계산해서 정한 것이다. 한국 성인 남성(20세 이후)의 하루 철분 권장량은 12mg이고, 13~19세 남자, 가임기 여성(10~49세)은 16mg이다. 13~19세 남자의 철분섭취 권장량이 성인 남성보다 더 많은 이유는 이 시기

철분식품

식품	서빙크기	철분함량(mg)
밀기울	1컵	12.4
쇠간	90g	7.5
생굴	1/2컵	6.6
대합	4~5개	5.3
당밀	1T	3.2
대두	1/2컵	2.5
강낭콩	1/2컵	2.2
말린 푸룬	10개	2.1
새우	1/2컵	2.0
시금치	1/2컵	2.0
건포도	45g	1.5
닭고기	100g	1.4

에 근육량이 급격히 증가하여 근육 중 미오글로빈 형성으로 인해 철분의 요구량이 커지기 때문이다.

헴철을 함유하고 있는 식품은 육류, 어패류, 가금류이고, 비헴철분은 과일, 야채, 통곡류로부터 얻는다. 철분의 좋은 급원식품은 말린 과일(푸룬, 건포도 등), 콩류, 간, 해산물 등이고 우유와 유제품은 좋은 급원이 아니다. 식사에 비타민 C의 양이 최저 25mg이 들어있어도 철분의 흡수는 두 배가 된다고 한다. 따라서 비헴철분도 비타민 C가 식사에 75mg 이상이 되면 흡수율이 헴철보다 낮지 않다.

아기들은 출생해서 이유식을 시작할 때까지(이가 날 때까지) 약 6개월 동안은 모유와 조제유에 의존하는데 특히 조제유는 철분이 부족하다. 아기들은 태아 시절부터 미리 철분을 간과 비장에 저장하고 태어나며 엄마의 혈중 철분 농도보다 태아의 혈중 농도가 더 높다. 그래서 임신 중 철분을 충분히 취하지 않으면, 빈혈이 오기 쉽다.

당밀은 설탕의 정제과정에서 나온 것인데, 쓴맛이 있지만 철분의 함량이 많다. 우리나라에서는 구하기가 어렵지만, 미국사회에서는 과일 잼 대용으로도 사용한다.

구 리(Copper, Cu)

구리는 철분의 흡수, 헤모글로빈의 형성에 관여하기 때문에 관심이 증가하고 있다. 조제유를 먹는 아기에게 생긴 빈혈이 철분보다는 구리에 더 잘 반응하기 때문이다. 인체에는 약 75~150mg의 구리가 있다. 모든 조직의 세포에는 구리가 들어있지만 가장 많이 들어있는 조직은 간, 심장, 뇌, 신장이다. 혈액의 구리 농도는 적혈구 속이나 혈장이나 비슷하다. 구리는 주로 십이지장에서 흡수되며 대개 식품의 30% 정도 흡수된다. 몰리브데늄, 아연, 카드뮴 등과 같은 미량 원소들이 흡수를 방해한다. 주로 간에 저장된 것이 혈액으로 단백질(ceruloplasmin)과 결합해서 나가며 배설은 주로 담즙을 통해서 나간다. 구리는 열량대사와 지방대사에 관여하는 효소들의 구성 성분이 되고 특정한 효소의 촉매역할도 한다.

구리를 많이 함유하고 있는 식품은

구리식품

식품	서빙크기	구리함량(mg)
굴	6개(중)	14.2
랍스터	1컵	2.4
쇠간	90g	2.4
밀기울40%	1컵	0.5
아보카도	1/2	0.5
감자	1개(중)	0.4
대두	1/2컵	0.3
바나나	10개	0.3
대구	90g	0.2
사과	1개(중)	0.1
닭고기	100g	0.1
시금치	1/2컵	0.1

견과류, 조개류, 동물의 간과 신장, 건포도, 콩류 등이다. 우유는 철분의 좋은 급원이 아닌 것처럼 구리의 좋은 급원도 아니다. 일반적인 식사의 구리함량은 약 2mg 정도이지만, 토양, 지리적인 위치, 비료의 종류, 물의 종류, 계절 등 환경의 영향을 많이 받는다. 또 정제 가공과정을 통해서 구리의 함량이 줄어든다.

결핍 증세는 빈혈, 심혈관의 손상, 신경계의 변질, 뼈의 결함, 머리카락의 손상, 미각 손상 등으로 나타난다. 구리가 부족한 아기는 혈액내의 구리 농도가 낮고, 빈혈증, 뼈가 약해진다.

과잉증은 드물지만, 하루 20mg 이상을 섭취했을 때에는 멀미, 구토를 일으킨다. 윌슨씨병은 구리의 배설이 안되는 유전병으로 구리가 조직에 침착된다. 증세가 악화되면, 간조직이 죽고, 정신 이상이 생기고, 경련이 일어나고, 몸을 잘 가누지 못한다.

아연(Zinc, Zn)

아연이 동물영양에 필수라는 것은 오래 전부터 알려져 왔었지만, 1960년대 초 이란과 이집트에서 아연결핍이 알려진 다음부터 그 중요성에 관심을 갖게 되었다. 인체에는 약 2~3mg 정도 들어있다. 모든 조직에 분포되어 있지만 특히 눈의 콜로이드 세포막과 남성의 생식기에 가장 높은 농도로 들어있다. 간, 뼈 등에는 농도가 낮은 편이다. 적혈구 안에도 들어 있고 특히 췌장에서 분비하는 인슐린 호르몬의 성분이다. 또 약 20개 효소의 구성성분이 되기도 한다.

아연식품

식품	서빙크기	아연함량(mg)
굴	6개(중)	124.9
밀기울	1컵	5.7
칠면조.다리	90g	3.7
쇠간	90g	3.3
밀눈	1/2컵	3.2
쌀눈	1컵	3.1
통밀	1컵	2.9
리마콩	1/2컵	2.7
쇠고기	90g	2.1
아몬드	1/4컵	1.2
땅콩	1/4컵	1.1
우유	1컵	0.93

아연은 소장 상부에서 약 30% 정도 흡수되며, 흡수율은 체내의 필요, 체격의 크기에 비례한다. 칼슘, 휘친산, 섬유소는 아연의 흡수를 방해한다.

아연은 RNA와 DNA, 단백질의 합성에 관여하고, 특히 콜라겐 합성에 관여해서 상처 회복을 돕는다. 결핍증세는 상처가 잘 낫지 않고 핵산과 단백질의 합성에 관여하기 때문에 성장기의 아동들의 성장과 성숙이 느려진다. 또 맛을 잘 느끼지 못한다.

아연 도금칠한 용기에 저장한 음료를 마시고 생긴 과잉증은 구토, 설사, 복통 등 이외에는 잘 나타난 것이 없다. 그러나 아연의 보충제는 전문가의 처방에서만 복용할 수가 있다.

아연은 굴에 가장 많이 들어있고, 육류, 계란노른자에도 많이 들어있다. 통곡식에도 많이 들어있으나 도정과정에서 많이 깎여 나간다.

요오드(Iodine, I)

요오드는 잘 알려진 무기질이다. 소금에 첨가해서 판매하는 제품도 있다. 또 갑상선종 (goiter)이 요오드 결핍과 관련이 있다는 것을 알기 때문에 중국, 이집트, 잉카에서는 요오드가 들어간 물질을 갑상선종의 치료에 사용했다.

우리 몸에는 20~30mg 정도 들어있고 그 중 75%가 갑상선에서 발견된다. 갑상선은 우리 목 앞부분 중간에 두 개의 엽으로 되어있고 갑상선 호르몬을 만들어낸다.

우리 몸은 요오드를 100% 효율로 흡수한다. 혈액 내로 들어가면 30% 정도는 갑상선에 들어가고 나머지는 소변으로 배설된다. 아미노산 타이로신(tyrosine)에서부터 합성된 티록신 호르몬은 혈액내로 흘러나가 모든 세포 안에서 산소의 사용을 촉진해서 신진대사를 증가시킨다. 단백질 합성, 에너지 대사에 영향을 주어서 성장을 촉진한다. 호르몬은 캐로틴을 비타민 A로 전환하고 콜레스테롤을 합성하는 데도 관여한다.

요오드가 부족하면, 갑상선은 그 크기를 늘려 제한된 요오드를 흡수하는 데 최선을 다한다. 갑상선 기능저하증은 이 호르몬의 농도가 감소되어 모든 대사가 불충분하다. 증세는 거친 머리카락, 노란 피부, 감기에 잘 걸리고, 체중이 증가한다. 드물기는 하지만 갑상선호르몬 부족의 비만도 있다.

갑상선 기능항진증은 갑상선 호르몬의 합성에 제동력이 상실된 경우이다. 증세는 신경과민, 더위를 참지 못하고, 식욕이 왕성하나 신진대사가 항진되어서 체중은 줄어든다. 또 눈에 뜨일 정도로 눈알이 튀어나오는 증세도 빈번하다. 갑상선 호르몬이 신진대사를 촉진하기 때문에 비만치료에 사용되기도 하지만 이러한 방법은 심장에 무리를 주어 위험하다.

성인남녀의 권장량은 하루 150ug이며 임신기와 수유기에는 증가한다. 식탁용 소금에 요오드가 추가되어 시판되는데, 1 작은 술에 권장량보다 훨씬 더 많은 420ug이 들어있다. 식품 속의 요오드 함량은 토양, 비료, 가공방법 등에 좌우된다. 생선, 해조류와 같은 해산물은 요오드의 훌륭한 급원이다.

요오드의 결핍증세는 갑상선종으로 나타나며 유럽에서는 이 증세가 흔해서 사춘기 소녀들의 성장과정으로 보았다. 르네상스 시대 유럽의 유화에도 목이 부은 부인들이 많이 그려져 있다. 더 심한 증세는 크레틴병으로 나타난다. 요오드 부족이 심한 엄마로부터 태어난 아이들은 요오드가 심각하게 부족해 정신과 육체에 모두 장애가 나타난다. 정신박약, 성장이 지연되고, 혀의 크기가 커지고, 건조한 피부를 갖는다. 과거에 알프스 산이나, 남미의 고지대에 사는 목에 주머니가 달린 여성들의 사진이 교과서에 자주 나오며 이들의 아이들 중에는 정신박약아가 많다.

요오드 첨가 소금으로 인해 과잉증도 나타날 수가 있다. 그러나 나타나는 증세는 마찬가지로 갑상선 호르몬의 부족과 갑상선종으로 나타난다.

지금까지 열거한 무기질은 다량원소 5가지와 미량원소 4가지였다. 이 이외에도 우리에게 필요한 미량 무기질(불소, 셀레늄, 망간, 크롬, 몰리브덴 등)이 있다. 땅에서 자란 푸른 엽채류는 칼슘, 마그네슘, 소디움, 철분 뿐만이 아니라 많은 미량 무기질을 가지고 있다. 정제한 무기질 알약보다는 자연의 산물인 푸른 엽채류를 매끼 상식하는 것은 다양한 무기질뿐만 아니라 비타민류, 또 요즈음 계속 밝혀지고 있는 항암성분이 있는 활성물질(phytochemicals) 등을 보너스로 얻게 된다.

4. 중금속 중독은 위험하다

수은, 납, 카드뮴과 같은 중금속은 우리에게 중요한 무기질보다는 분자량이 무겁다. 그래서 중금속의 '중(重)'은 무겁다는 의미이고 영어로도 '헤비 메탈(Heavy Metal)'이라고 부른다. 중금속은 일단 우리 몸에 들어오면, 계속 축적되면서 강한 독성을 나타낸다. 중금속은 필요하지 않지만, 오염된 동식물성 식품을 통해서, 또는 호흡을 통해서 우리 몸으로 들어온다. 폐광지역의 지하수는 중금속 오염으로 주민들의 건강을 위협하는 심각한 문제를 일으키고 있다.

납중독(Lead Poisoning)

우리 주변에서도 납 노출은 대부분이 페인트와 관련이 되어있다. 소보원이 어린이 장난감 41개 제품을 조사한 결과 12개 제품에서 납이 검출되었다고 한다. 한 때 매연도 납 노출의 큰 원인이었으나 무연 휘발유가 보급되면서 위험성은 많이 줄었다. 납의 노출 가능성이 있는 것은 놀이기구, 장난감, 주거용 페인트, 상당수의 구이용 불판에서도 납이 검출이 된다고 한다. 또 칼슘 보조제, 양초의 납 심지 등도 있다.

생후 6개월부터 혈중 납 농도와 지능지수와의 상관관계를 보면, 납 농도가 1ug/dl 올라갈 때마다 IQ는 1.1씩 떨어진다. 또 혈중 납농도가 높은 아이들 중에는 IQ 125 이상은 없는 것으로 조사되었다. 특히 어린이에게 납이 위험한 것은 납의 흡수율이 어른보다 훨씬 높기 때문이다. 체내로 들어온 납은 대부분 치아와 뼈에 축적된다. 현재 직업병으로 간주하는 수준의 혈중 납 농도는 60ug/dl이다. (조선일보 2001/5/24)

> **Tip**
>
> ### 플랭클린 탐험대
>
> 존 플랭클린 경이 인솔하는 북극 탐험대가 런던을 떠났던 날은 1845년 5월 19일이었다. '에레브스'와 '테러'라는 두 대의 배는 특별히 빙산에 견딜 수 있도록 디자인되었고, 자동 정수시설, 자동 엔진시설 등 당시 최고의 시설을 갖추었다. 인솔자 플랭클린 경은 초기 북극탐험의 영웅이었고 선장 프랜시스 크로치어는 북캐나다의 지도 만들기 탐험에서 많은 경험을 쌓은 베테랑이었다. 또 식량은 그 당시 최신의 기술로 최신의 영양학적 지식을 바탕으로 준비한 것이었다. 가공육류, 스프, 야채 깡통이 8,000개, 4,200kg의 초

콜릿, 17,749리터의 양주, 또 괴혈병 예방으로 레몬주스 42,000kg을 준비했다.

이렇게 최신 시설을 갖추었고, 풍족한 식량과 2,900권의 도서, 최고의 지도 하에 떠난 5명의 항해사와 129명의 기록된 사람들은 한 명도 살아서 돌아오지를 못했다. 6차례 구조대가 발견한 것은 단 한 명의 생존자도 없었다는 것과 1846년 1월과 4월로 기록한 3개의 매장지, 험하게 흩어진 뼈, 캠프의 흔적, 식량과 보급품 더미들이었다. 많은 북극 탐험전문가들은 그들이 괴혈병으로 사망한 것으로 추정했고, 42,000리터의 레몬주스는 가공이 잘못되어서 레몬 맛은 나지만 항괴혈성 기능은 없어진 것으로 생각했다.

근래에 와서 인류학자 오웬 비티 박사와 사학자 존 가이거는 플랭클린 탐험대의 134명의 비극은 '납중독, 결과적으로 정신이상과 혼동으로 온 탐험 실패'라는 가설을 세우기 시작했다. 그 증거로는 매장지에서 채취해온 세 사람의 뼈, 연조직, 머리카락의 납 농도가 100, 200, 300 ppm 이상이었고, 그중 한사람의 15cm의 머리카락은 사망 시까지의 납농도가 증가하는 변화가 있었다.

탐험대의 두 대의 배에는 납이 풍부하게 있었다. 항아리의 광택제, 백납으로 만든 테이블, 물을 공급하는 수도 파이프, 납으로 만든 주물들, 담배, 차, 비스켓, 초콜릿 등 모두 납 포일로 쌌다. 유니폼의 놋단추는 빛나는 납으로 칠이 되어 있었다. 또 식품 깡통의 접합부분, 밑바닥, 뚜껑, 옆의 이음새는 모두 납땜이 되어 있었다. 플랭클린 탐험대는 배를 탄 시점부터 납에 오염된 음식을 먹은 셈이다.

영국 빅토리아 여왕 시대에는 주무르기 쉬운 납을 많이 사용했다. 납으로 만든 싱크대는 매우 흔했고, 납으로 된 수도파이프가 연결이 되었었다. 파이프의 연결점은 모두 납으로 땜이 되었다. 페인트 역시 납을 기름에 섞어 만들었다. 창틀에도 납을 사용했고, 싸구려 장신구, 피부약 등에는 납염의 형태로 사용했다.

잘 보존된 시신의 조직으로부터 납 축적이 많이 발견이 되었고, 방사선 동위원소로 측정한 결과 깡통의 납땜과 조직의 납과 같다는 것이 밝혀졌다. 돌무덤이나, 버려진 보급품과 다른 흔적들로부터 추측할 수 있는 방황들은 납중독에서 온 뇌의 손상과 이로 인한 큰 혼란의 결과라고 볼 수 있다.

납중독은 이것으로 그치지 않는다. 문명인들은 유연 가솔린을 사용했고, 납땜한 깡통에 담긴 식품을 먹었고, 식수도 납관이나 납땜한 관을 통해 보냈다. 치약 튜브 안쪽도 납으로 처리되어 있었고, 포도주도 납을 씌운 코르크 마개로 봉했다. 비산납 살충제를 뿌린 과일을 먹고, 납 페인트 칠한 집에서 살고, 납이 들어간 유약으로 만든 접시를 사용했다. 1960년대 미국인 전체가 섭취하는 납은 매년 약 20톤으로 그중 1/10 ~ 1/3이 몸에 남았다. 1980년경에 평균적인 미국인의 혈중 납 농도는 1ppm으로 약 40%가 감소했다. 1991년 이후에는 다시 0.3ppm으로 떨어졌다. 미국의 납소비가 급감하자 그린랜드의 얼음에 침전되는 납의 양도 약 90%가 줄어들었다는 것이다.

유럽보다 44년이 늦기는 했지만 미국은 실내용 페인트에 납을 사용하는 것을 금지했다. 패터슨 박사는 유연 가솔린에서 납 첨가제를 제거하고, 식품용기에서 납땜을 없애는데 중요한 역할을 했다. 그의 업적은 뉴턴과 갈릴레이와 견줄만하다는 평가를 받는다.

어린이 납노출을 줄이는 법

- 미국의 뉴저지의대 연구진이 1~2주일에 한 번씩 강력 진공청소기로 카펫을 청소하면 젖은 걸레로 청소한 가정의 어린이보다 혈중 납농도가 34%가 적었다고 한다.
- 흙에도 납이 들어있으므로 손을 자주 씻어야 한다.
- 페인트가 벗겨진 놀이기구나 오래된 건물에서 놀지 않는 것이 좋다.
- 미국 샌프란시스코 재향군인의료원 연구진은 혈액내의 비타민 C의 농도가 낮으면 납 농도가 높을 가능성이 있음을 발견했다. 신선한 과일과 야채를 많이 섭취한다.
- 철분의 섭취가 부족하면 납의 흡수가 촉진되는 것으로 알려져 있다.

수은중독(Mercury Poisoning)

1956년부터 알려지기 시작했던 일본 큐슈 미나마타만의 미나마타병은 수은중독으로 전 세계에 유명하다. 이 오염으로 1천 2백 명이 목숨을 잃고 그 후유증으로 고통 받는 사람들이 1만 5천명이 넘는다. 36년 동안 법정 공방 끝에 "국가는 책임이 없다"라고 판결이 나왔다. (한겨레신문 1992년 2월 15일자)

생태학자인 산드라 슈타인그레버는 《모성혁명》에서 더욱 실감 있게 수은오염에 관해 연구했다. 덴마크의 필리프 그랑쟝 박사와 그의 동료들은 1986년~1987년 사이에 '파로에 섬'에 사는 여성들과 그들에게서 태어난 아기 1,022명을 조사했다. 이들은 고래를 많이 먹었다. 고래의 수은농도는 참치와 비슷하다. 아기들의 인지능력과 운동능력은 엄마의 수은농도와 반비례한다는 것이 발견되었다. 따라서 임신기간 중 수은의 섭취량과 아이들의 정신적 발달 지연은 일정한 관련이 있다는 것이다. 또 태아 때 수은에 더 많이 노출된 아이는 혈압도 더 높았다.

이제는 미국에도 강과 호수의 물고기가 수은에 오염이 되었음을 알리는 경고문이 곳곳에 있다. 미국과 캐나다의 국제협력위원회는 "물고기에 들어있는 오염물이 건강을 위협할 수가 있으므로 오대호 어느 곳에서 잡은 물고기도 아이들과 가임기 여성이 먹어서는 안 된다"라고 했고, "그 물고기를 먹으면, 선천성 기형을 일으키거나 아이들과 가임기 여성의 건강에 심각한 문제가 생길 수 있다"고 경고하였다. 이제 물고기는 수은 한 가지 뿐에만 오염된 것이 아니다. 살충제, 제초제와 같은 화학물질, 납과 같은 중금속 등에 오염되어 있어서 생선도 안전한 먹을거리는 아니다.

1991년 이후 워싱턴과 다른 7개의 주에서는 임신 유무와 상관이 없이 가임기의 모든 여성들에게 신선한 참치와 냉동 참치를 모두 피하고 캔에 들어있는 참치를 일주일에 180g 이하로 섭취할 것을 권장하였다. 어린이들도 마찬가지이다. 환경연구와 미국 공익연구협회에서 만든 보고서에서는 임산부들은 캔에 든 참치를 한 달에 한 번 이상 먹지 말라고 경고한다.

알루미늄은 안전한가?

지구 표면의 알루미늄 함량은 8% 정도이며 정상적인 토양이나 돌에 있는 알루미늄이 유해하다는 증거는 없다. 알루미늄은 가벼운 금속으로 대개 규산염이나 황산염 등의 화합물로 존재한다. 우리는 하루에 알루미늄을 약 20mg 정도 먹는다고 한다. 과거에 과학자들은 알루미늄이 독성이 없고, 흡수가 잘 안되고 변으로 배설되어 제거되어 왔다고 믿었다. 그러나 현재는 이 원소가 사람의 여러 장기 특히 폐, 간, 임파절, 뼈와 갑상선에 축적되고 있는 것을 알고 있다. 현대 과학이 밝히기는 우리의 내장에서 약 25%의 알루미늄염을 흡수한다는 것이다.

알루미늄을 안전하다고 가정했기 때문에 알루미늄염은 식품 첨가제, 처방전 없이 살 수 있는 약품, 상수도물의 세정제 등에 널리 사용되어 왔다. 또한 산성비도 '천연' 자연수의 알루미늄 성분을 증가시켜왔다.

인산 알루미늄은 미국에서 가장 흔히 사용되는 식품첨가제로서 주로 케이크 믹스, 팬케이크 믹스, 냉동반죽, 팽창제가 첨가된 밀가루, 가공 치즈와 치즈제품 등에 첨가된다. 이 첨가제들은 치즈에서 잘 섞이는 유화제의 역할을 하는데 미 정부는 이 인산알루미늄의 양을 3%로 규제한다. 이것은 가공 치즈 한 장에 50mg의 알루미늄이 들어있는 것을 의미한다.

황산알루미늄(명반)은 가정용 베이킹파우더에 흔히 사용되는 재료이다. 베이킹파우더 1 티스푼에 약 70mg이 들어있다. 그러므로 베이킹파우더 2티스푼을 넣은 케이크 조각 하나에 10mg의 알루미늄이 들어있는 셈이다. 상업용 베이킹파우더는 명반 대신 인산칼슘을 사용한다. 황산알루미늄은 최근에 전분 조절제로 사용한다.

어떤 회사는 피클제조에 야채나 과일(오이, 체리 등)을 단단하게 유지하기 위해 명반을 사용하기도 한다. 0.1%의 명반 용액에 담겨있던 중간 크기의 오이 피클에는 5~10mg의 알루미늄이 들어있다. 규산알루미늄은 원래 분말이 엉겨 붙는 것을 방지하기 위해 첨가한다. 어떤 츄잉껌은 하나에 3~4mg의 알루미늄이 들어있다.

의사의 처방전 없이 살 수 있는 많은 약품에 실질적인 수준의 알루미늄이 들어있다. 위궤양의 제산제, 진통제(관절염의 아스피린), 지사제(Kaopectate 같은), 치질약 등이다. 립스틱이나 발한 억제제에는 높은 농도의 알루미늄이 들어있다. 알루미늄 하이드록사이드 젤로 되어있는 제산제 일회분에는 알루미늄이 200mg까지 들어있다. 완충제로 처리된 아스피린 6g에는 400mg의 알루미늄이 들어있다.

매일 사용하는 알루미늄 용기도 상당량의 알루미늄을 제공한다. 알루미늄 용기에 산성식품을 조리하고 저장하면 일인분에 4mg의 알루미늄이 추가된다. 알루미늄은 산성이나 알칼리성에 녹기 때문에 이러한 성질의 식품을 조리할 때는 알루미늄 용기사용을 피하는 것이 좋다. 따라서 부식성 알루미늄 용기의 사용은 두뇌 질환과 관련이 될 가능성이 있다.

많은 용량의 제산제 복용은 다른 무기질의 섭취를 방해하는데, 칼슘, 인, 불소 등의 섭취를 방해하고, 소변으로 배설된다. 이것은 골다공증으로 진전이 될 수 있다. 제산제 복용으로 인한 인결핍은 '비타민 D-저항성 골연화증'으로 연결된다. 만성신부전으로 장기 혈액 투석을 하는 환자들의 칼슘 결핍으로 인한 골연화증도 알루미늄과 관련이 있다.

알루미늄 독성은 1921년에 처음 보고 되었는데 떨림, 기억력 상실, 경련성 동작, 운동 실조증이었다. 두뇌의 알루미늄 축적은 세 가지 형태의 정신 장애와 연관된다. 즉 알츠하이머 타입의 노인성치매; 파킨슨 치매; 신장이 나빠 혈액 투석을 필요로 하는 환자에게 나타나는 투석치매를 말한다. 알루미늄은 두뇌세포의 내부구조를 심하게 훼손한다. 변질된 두뇌세포의 흔한 현상은 알루미늄의 독성이 신경 필라멘트를 엉기게 하여 큰 덩어리가 되게 하는 것이다. 알루미늄의 농도가 높은 노인성 두뇌 세포에서 발견되는 현상이다.

알루미늄의 농도가 높은 물로 생활하는 괌 지역 원주민에게 파킨슨성 치매가 많이 발생하는 이유도 알루미늄 때문으로 보고 있다. 알루미늄은 신경전달 물질의 형성과 기능에 관여된 어떤 특정한 효소를 차단하는 것으로 본다. 또 알루미늄의 과잉섭취는 또한 철분 결핍성 빈혈을 유발한다. 이와 같이 과잉의 알루미늄은 여러 바람직하지 않은 결과들을 초래하는데, 알루미늄을 포함한 첨가제, 약품, 용기 등의 사용을 줄이면 알루미늄의 섭취를 줄일 수가 있다. (자료:

Winston Craig, Ph.D. R.D. Health & Healing, Winter 1983/84, pp.12, 13.)

한국의 60~70년대에 중·고등학교를 다닐 때에는 모두들 알루미늄으로 만든 도시락 용기를 사용했다. 그 당시를 살아온 사람들은 누구나 경험했겠지만, 도시락 용기 중에서 반찬을 넣는 부분이 먼저 부식한다. 이것은 알루미늄이 반찬으로부터 나온 산, 알카리, 소금 등에 의해서 녹아나온 것이다. 또 알루미늄 냄비도 많이 사용했다. 이 냄비의 바닥에 구멍이 나면 흔히 납땜을 하지 않았던가! 지금 생각하면 끔찍한 일이다.

박정훈 PD의 《잘 먹고 잘사는 법》에 의하면, 초등학교 어린이들의 모발검사에서 알루미늄의 수치가 높게 나왔다. 이것도 주방의 용기뿐만이 아니라 위에서 언급한 식품의 첨가제, 청량음료의 캔 등에서 오염이 된 것이다.

우리 몸의 세포는 영양소만을 원하고, 알루미늄이나 중금속 등은 몸에 불필요하고 유해한 것은 원치 않는다. 오랜 세월 동안 이러한 것들이 불필요하게 축적되면 어떻게 될까 소비자 입장에서 생각하며 올바른 식품을 선택할 수 있기를 바란다.

제7장

물 이야기

1. 물은 생명이다
2. 물의 급원과 필요량

1. 물은 생명이다

내가 텍사스에 살 때 멕시코 국경을 넘어오는 밀입국자에 관한 기사가 종종 신문에 났었다. 주로 정치적으로 불안한 남미 국가에서 불법으로 들어오면서 사막을 통과해 가다가 목숨을 많이 잃었다. 나라를 잘못 만난 탓으로 정치인, 지식인들도 단순히 탈수로 인해 변을 당하는 경우가 많았다. 그 와중에 가끔 생존자가 발견되었는데 탈수를 막기 위해 자기의 소변을 마시는 필사의 노력을 한 경우이다.

인간의 생명에 가장 중요한 물과 공기는 값이 없기 때문에 소홀히 하는 경향이 있다. 물은 산소와 더불어 생물의 생존에 가장 중요한 요소이다. 우리 몸에서 가장 많이 차지하는 성인 체중의 약 60%를 이루는 구성성분이므로 우리 몸은 물로 되어있다고 해도 과언은 아니다. 어떤 영양소도 이렇게 많이 우리 몸을 구성하는 것이 없다. 즉 물은 생명이다. 단식을 40일 정도 할 수는 있지만 물을 마시지 않으면 탈수로 죽는다. 건강한 사람도 수분을 20% 잃었을 때 의식을 잃고 단지 탈수증 하나로 생명을 잃을 수가 있다. 일사병이라는 것도 단순히 탈수증을 의미하는 것이다. 대학병원 중환자실에서 혈액의 산소와 물의 양을 항상 측정하는 것도 생명 유지에 가장 기본이 되기 때문이다.

더울 때에는 땀으로 수분을 잃지만 추울 때에도 역시 우리 몸은 수분을 잃는다. 에베레스트 산을 정복할 때에도 수분공급을 제대로 한 사람만이 정상에 오를 수가 있었다. 에베레스트 등반에 성공한 사람들은 그 이전의 팀들이 적당한 양이라고 믿었던 물의 양보다 훨씬 더 많은 일인당 3리터를 마셨다고 한다. 마지막 등반에서 피로를 느끼지 않은 것도 물의 도움이라고 할 수 있다.

고도에서는 피부로 잃는 수분 손실량이 많기 때문에 미국 영양사 협회에서는 비행기 탑승시 한 시간마다 물 한컵 마시기를 권장한다.

우리 몸은 약 60조개의 세포로 이루어져있다. 일반적으로 물은 세포 밖에 더 많이 있는 것으로 알지만 세포 안에 더 많이 들어있다. 세포 안의 수분은 체중의 40~45%, 세포 밖의 수분은 약 20%를 차지한다. 세포 속의 농도가 진해지면 우리는 갈증을 느끼고, 맑은 물을 마시면 세포의 갈증이 해결되면서, 우리 뇌에서는 기분을 좋게 하는 도파민 호르몬이 나온다.

당분이 녹아있는 차가운 음료는 시원함은 주지만 혈액의 농도를 더 높이기 때문에 세포 속의 수분을 뽑아내는 역할을 한다. 그러므로 세포는 더욱 탈수가 생긴다. 또한 알코올 음료도 모세혈관을 확장시키기 때문에 신장의 기능이 활발해져서 소변이 필요 이상 나오는 이뇨작용을 한다. 술의 탈수작용은 두통, 구토증을 유발하기 때문에 부득이 술을 마실 때에는 물과 함께 마시는 것이 현명하다.

담배의 니코틴이 항이뇨호르몬의 기능을 촉진해서 소변의 양을 적게 한다. 담배를 피우는 사람은 특히 충분한 물을 마셔야 한다. 담배의 독성분을 배설하기 위해서는 물을 마시는 것 외에는 방법이 없다. 물론 금연 후에도 몸에 축적된 독성분을 물로 배설해야 한다.

물이 중요한 이유

물은 혈액의 83%로 가장 많이 들어 있고, 근육에는 75%, 피부에는 72%, 뼈조직에는 26%, 지방조직은 20%, 치아조직은 10% 함유되어 있으며 생명을 유지하는 기능을 한다. 심지어 글리코겐이 간에 저장될 때에도 수분이 필요하다. 근육이 많은 사람은 수분함량이 많고, 체지방이 많아지면 수분함량이 적어진다. 따라서 같은 체중이라도 근육질 남성 70kg과 지방질 여성 70kg은 같이 평가할 수가 없다.

물은 운반 기능을 한다

우리 몸에서 물은 잠시도 쉬지 않고 돌아다닌다. 우리가 마시는 물은 입에서 위, 장, 간, 심장, 혈액, 세포 다시 혈액으로 돌아가 신장에서 배설이 된다. 음식의 소화, 흡수, 각 세포로의 전달에 수분이 있어야 가능하다. 또 세포에서 생기는 노폐물의 배설도 물이 있어야만 가능하다.

물은 녹이는 역할을 한다

물은 우리 몸에서 일어나고 있는 거의 모든 대사에 관여하고 있다. 특히 물은 용해하는 역할로서 매우 중요한데 이 용해의 기능은 맑은 물일수록 더욱 좋다. 소화된 영양소가 물에 녹아야 흡수가 될 수 있고 노폐물도 물에 녹아야 배설할 수가 있다.

영양연구에서는 혈액뿐만이 아니라 소변 샘플도 자주 사용한다. 소변을 받아오면, 연구실에서 플라스틱 튜브에 옮겨서 입구를 봉해 냉동한 뒤에 필요한 때에 분석한다. 이때 맑고 투명한 소변을 보면 마음이 편하다. 그러나 색이 진하다 못해 갈색으로 보이는 소변이나, 또는 밑에 눈에 뜨일 만큼 침전이 가라앉는 소변들이 있다. 특히 나이가 많을수록 약을 복용하는 사람들일수록 소변이 깨끗지가 않다. 진한 소변일수록 수분이 부족한 상태를 반영한 것이다. 신장결석도 물이 부족한 사람들에게 더 많이 생기는데, 통증이 심해서 수술날짜를 잡았어도, 단식하면서 물만 많이 마셔도 해결이 된다. 이때 나오는 소변을 모아두면 검은 모래 같은 찌끼를 볼 수 있다.

물은 체온을 내린다

체내에서 일어나는 모든 화학반응에 효소가 관여하며 효소들의 최적 온도는 우리의 체온 36.5℃이다. 체온의 변화가 생기면, 효소들이 작용을 제대로 하지 못하기 때문에 우리 몸은 물을 이용해 효과적으로 체온조절을 한다. 감기에도 수분은 몸에서 열을 발산시키는 역할을 하므로 해열작용을 한다. 물은 최고의 냉각제이다. 체온 조절에 필수이다. 자동차 엔진과열을 냉각수가 식히는 것과 같다.

물은 윤활작용을 한다

목욕탕이나 수영장에서 뛰지 못하게 하는 것은 물이 미끄럽기 때문이다. 나도 이 규칙을 지키지 않고 미끄러져 갈비뼈가 부러진 경험이 있었다. 인체의 기본적인 윤활제는 물이다. 모든 신체의 기계적 활동에 윤활유의 역할을 한다. 타액은 음식이 식도로 잘 통과할 수 있게 하며 안구의 분비물은 안구의 운동을 원활하게 해준다. 수분이 부족한 것도 변비의 원인이 될 수가 있다. 관절의 마디마디가 윤활액에 잠겨있어 외부의 마찰과 충격을 받지 못하도록 쿠션의 역할도 한다.

2. 물의 급원과 필요량

음료수, 여러 식품, 우리 몸의 대사과정에서 나오는 산화수도 물의 급원이다.

식품	수분%	식품	수분%	식품	수분%	식품	수분%
삶은 국수	70.6	오이	95.5	수박	94.5	우유	87.6
밥	65	호박	95.0	토마토	92.0	굴	84.7
찰옥수수	53.4	배추	94.7	딸기	91.1	생오징어	80.6
흰떡	42.6	상추	94.1	귤	87.4	고등어	76
감자	81.2	가지	93.3	사과	86.8	계란	74.0
고구마	64.6	양송이	91.0	포도	81.5	두부	82.2
땅콩	1.9	생표고	87.2	바나나	75.5	완두콩	70.4

위의 각 식품들은 물의 공급원이다. 야채와 과일에 수분이 많이 들어있고 물은 열량이 없기 때문에 수분의 함량이 많은 식품일수록 열량이 적다.

청량음료, 주스, 카페인, 알코올 음료

세포 내의 수분이 모자라면 우리의 뇌가 갈증을 느낀다. 청량음료는 설탕물에 인공향료, 색소, 염분, 기타 첨가물을 넣어 만든 음료이다. 물에 녹아있는 여러 물질은 용질로서 삼투압을 형성한다. 음료에 녹은 물질이 많을수록 삼투압은 크다. 청량음료를 마시면 녹아 있는 물질이 혈액으로 들어가고 혈액의 삼투압이 세포보다 높아지므로 세포 속의 수분이 혈액으로 나가며 소변으로 배설이 된다. 마치 배추에 소금을 뿌려서 그 속의 수분이 밖으로 나오고 배추는 소금기가 들어가는 것과 같다. 따라서 우리 몸은 갈증을 더 느끼게 되고 수분을 더 요구하게 된다. 청량음료나 주스는 바람직한 수분의 섭취 방법은 아니다. 그러나 현대인들은 휴식을 취할 때 이러한 음료를 마셔야 휴식을 취하는 것으로 생각하지만 세포는 수분을 잃어가면서는 휴식을 취하지 못한다.

현대인은 갈증을 느낄 때 시원한 맥주나 냉커피를 마신다. 그러나 카페인과 알코올은 이뇨작용이 있어서 함께 마신 수분의 양보다 더 많은 수분을 소변으로 배출한다. 대체로 커피나 술을 한잔 마시면 1.5~2잔 정도의 물이 빠져나간다고 보면 된다. 따라서 가장 좋은 수분공급은 맑은 물이다.

우리는 빨래를 깨끗한 물에 빨며 설탕물에 빨지 않는다. 우리 세포에 쌓인 노폐물을 제거하려면 맑은 물이 필요하지 설탕물이 섞인 콜라나 사이다가 필요하지 않다.

물의 필요량

장거리 선수는 1시간에 물을 3,500cc 정도를 소모하고, 풋볼 선수는 6,000cc 정도를 잃는다. 인체의 반은 물이며 배설을 물에 의존하기 때문에 물을 쉽게 잃고, 피로하다는 것은 대체로 물의 결핍에서 온다. 수분섭취량은 수분 손실량과 균형이 맞아야 한다.

수분의 배설은 소변으로 900~1500cc, 피부증발로 약 500~600cc, 호흡으로 약 400~500cc가 증발한다. 대변을 통해 약 100~200cc 정도로 배설한다. 바람직한 수분 섭취량은 섭취 열량 1,000칼로리 당 1리터로 제안한다. 1리터는 4컵이므로 2,000칼로리를 섭취한다면 2리터, 8컵인 셈이다.

미국의학협회에서는 성인의 경우 주스나 음료이외에 하루 6~7컵의 순수한 물을 마시기를 권한다. 소변의 색이 엷을수록 좋다. 물을 많이 마실수록 소변이 농축되는 것을 방지해서 신장에 결석이 생기는 것을 예방하고, 발암물질이 방광에 머무는 시간이 짧아져 방광암의 예방이 된다고 한다. 또 알레르기 질환도 원인 물질의 배설이 촉진되므로 증상이 완화된다.

물을 자주 마시는 습관은 피부 미용에도 좋다. 피부 노화의 원인은 표피와 진피의 수분함량이 감소하는 것이다. 피부 건조를 막는 것이 노화를 늦추는 것이 된다. 과거에 나는 물을 잘 마시지 않았고 여러 해 동안 만성피로도 경험했었다. 몸의 세포에 불필요한 물질이 제거되지 않으면 우리 몸 상태가 좋을 수가 없다. 만성 피로의 극복도 단식과 물 마시는 습관, 자연식으로 해결이 되었다. 우리 몸의 세포가 필요한 영양소를 모두 얻고 불필요한 물질은 항상 깨끗이 제거하면 만성 피로에서 회복이 된다.

기후, 계절, 운동량, 염분의 섭취량, 개인차에 따라 마시는 물의 양이 차이가 나지만, 아침 공복에 1잔, 아침과 점심 사이에 2컵, 점심과 저녁에 2컵, 저녁 식사 후에 2컵이면 하루 7컵 정도는 마실 수가 있다. 물은 우리 몸에 필수이면서 또 훌륭한 천연치료제로 사용된다. (천연치료제 참조)

제8장

모성영양 이야기

1. 기형아는 예방이 필수다

미국은 케네디 대통령 집안에 장애아가 있었기 때문에 1960대 대통령 재직 중 법안이 통과되어 장애아를 위한 주립학교를 설립하게 되었다. 장애아가 시설에 한번 들어오면 평생 살아야 하기 때문에 연령분포는 어린나이부터 70대까지 있었고 그 안에는 공동묘지도 있었다.

내가 일했던 트레비스 주립학교라는 곳에는 등급에 따라 약 1,000명의 정신박약아(mentally retarded)들이 수용되어 있었다. 그 중 가장 극심한 장애는 팔과 다리도 없고 몸만 있는 정신박약아들이었다. 그때 나의 환상이 깨진 것은, '금발과 푸른 눈이 아름답다' 가 더 이상 아닌 것이다. 이때부터 나의 '미(美)' 에 대한 개념이 바뀌었는데, 사람의 미는 외모에서 오는 것이 아니라 눈의 총기에서 오는 것을 깨달았다. 지금도 기억이 나는 한 17세의 기형아는 금발에 푸른 눈을 가졌지만 눈의 초점이 전혀 없었다. 그렇게 보기에도 추한 모습의 기형아들의 모든 시중을 들어주어야 하는 직원의 이직율이 상당히 높은 것이 당시 복지시설의 문제였다.

정신박약아를 가진 부모가 아이를 시설에 맡기면 매주 주말에 아이들을 찾아와서 시간을 같이 보낸다. 그러다가 아이가 사고로 잘못되거나 사망하면 국가를 상대로 '내 아이를 잘못 간수했다는 죄목으로' 엄청난 손해배상을 청구하는 나라가 복지국가(?) 미국이다.

정신박약아들은 삼키는 것도 비정상적인 아이들이 많아서 내가 개발한 새로운 레시피를 조리할 때에도 야채를 물러질 때까지 오래 조리해야 말썽이 없다는 치프 매네저의 특별한 주문도 있었다. 잘못 씹다가 기도가 막혀 사망하는 사례가 몇 차례 있었기 때문에 인도출신의 까다로운 매네저는 '초킹(choking)' 을 가장 두려워했다.

그렇게 많은 정신박약아와 기형아들을 많이 접해보기는 처음이라 그들의 서류를 뒤져보면서 왜 이러한 일이 발생했는가 생각하기 시작했었다. 원인은 분명하지 않았지만 임신과 출산 기간 동안에 이러한 문제가 발생하는 시기인 것은 확실한 것이다.

우리나라 기형아 출산율

최근 우리나라에서는 신생아 1백 명 중 4명꼴로 해마다 3만여 명이 크고 작은 기형을 지니고 태어나는 것으로 보고 되고 있다. 이 수치는 70년대 초 국내기형아 출산율 1.3%보다 무려 3배 정도 늘어난 수치이다. 미국의 경우도 흡연이나 마약 등으로 기형아 출산율이 3~4%나 된다고 한다. (세계의 기형아 출산의 발생빈도는 2.5%이며, 기형은 때로는 중복해서 발생하고, 또 하

나의 기형이 다른 기형을 합병하는 경우가 많다)

　서울의 한 종합병원(S의대 S병원 산부인과) K 교수는 96년부터 98년까지 이 병원에서 분만된 2만4천여 명을 대상으로 조사한 결과 선천성 기형발생 빈도가 96년 4.2%, 97년 5.9%, 98년 6.1%로 크게 증가하고 있다고 밝혔는데 평균 신생아 70만 명 중 약 3만여 명(3~4% 수준) 정도인 통상적인 기형아 발생률보다 매우 높은 수치인 셈이다.

선천성 기형아의 종류와 원인

　염색체 이상, 선천적 대사이상증, 뼈·관절·근육의 이상, 뇌신경계의 기형, 선천적심질환, 이밖에 대사에 중요한 효소가 결핍하여 단백질, 당, 지방의 대사에 이상이 발생하는 것, 뼈, 관절, 근육의 이상, 뇌신경계의 기형, 선천성 심질환, 이 밖에 토순(언청이)은 가장 많은 기형의 하나로서 1,000명에 1.3명꼴로 발생하는 것으로 알려져 있고, 소화관이나 항문의 폐쇄, 배꼽 기타의 헤르니아(탈장) 등도 알려져 있다.

원인 불명이 60% 이상

　원인이 알려지지 않았을 뿐이지 태아의 몸을 불구로 만드는 원인은 반드시 있다. 아기들은 엄마로부터 필요한 영양소만을 받아야 하지만, 방사선이나 불필요한 화학물질에 의해 유전자가 손상이 되거나 세포분열 과정에 치명적인 영향을 받는다.

다인자성 유전질환(20%)

　유전인자와 환경 요인이 복합적으로 작용하여 발생된다. 체중, 키, 지능 지수, 피부 색깔 등은 계속 세대마다 연속적으로 유전되나 언청이, 선천성 심장병, 무뇌아 등의 선천성 기형과 간질, 정신병, 우울증, 류마치스성 관절염, 위궤양 등 성인성 질환은 그 형질이 모두 유전되지 않고 끊어지기도 하며 그 다음 세대 혹은 몇 세대에 걸러서 나타나기도 한다.

단일 유전인자 질환(7.5%)

　현재까지 단일 유전인자에 의하여 유전된다고 알려진 질병은 3천 9백여 종류이며 정상적인 산모 1백 명당 1명의 확률로 발생한다. 이 질환의 종류로는 난장이, 코끼리 모양의 피부, 치매를 나타내는 헌딩턴 코레아병, 연골발육부전, 페닐케톤뇨증, 취약 X-증후군, 듀센형 근위축증, 선청성 부신피질증식증, 혈우병 및 자폐증 등이 있다.

염색체의 이상(6%)

　염색체의 수가 적거나 많거나 하여 그 수가 증감이 있으면 이상이 생긴다. 염색체의 이상이 있으면 대부분 자궁 안에서 유산되거나 사망하는데 임신 12주 내에 사망한 태아의 약 50%에서 염색체 이상이 발견된다. 대부분 선천성 기형아를 동반하며 신경의 손상, 심장질환, 횡격막 탈장, 뇌의 이상을 초래한다. 초음파 검사상 기형아가 있는 경우 대표적인 예로는 염색체 21, 18, 13번에 이상이 있거나 터너증후군(21, XO)이 있다.

임신부 질환에 의한 기형(3%)

임신부가 당뇨병을 앓고 있으면 고혈당과 대사물질인 케톤체가 태아에게 기형을 유발시킨다. 당뇨병 임신부의 기형 발생 빈도는 19%이며, 정상적인 임신부보다 무려 5배 가량 높고, 선천성 심장병, 고관절 탈출, 언청이, 6손 등의 기형이 잘 생긴다. 임신부가 그 밖에도 임질 · 매독 등의 성병이나 에이즈에 걸려 있으면 태아에게 선천성 심장병, 정신박약, 에이즈 증후군을 유발시킨다.

임신부 감염에 의한 기형(2%)

풍진: 풍진에 감염된 태아는 백내장, 선천성 심장병, 중추신경계 이상을 초래한다.

톡소플라즈마증: 고양이의 작은 창자에서 기생하다가 대변으로 배출되는 톡소플라즈마라는 기생충이 임신부에게 전염되면, 기생충이 태반을 통과하여 태아의 뇌에 석회 침착을 일으켜 소두증, 수두증을 일으키고 망막에 염증을 일으켜 시각 장애를 유발한다.

약물 복용과 방사선 기형(1.5%)

임신 중 과다한 약물복용은 태아에게 치명적이다. 임신부의 질병 치료에 쓰이는 약물이 태아의 기형을 유발시키며, 자궁 안에서 이미 기형아인 태아가 자연유산 되는 것을 약물이 오히려 방해하기도 한다. 대표적인 예가 1960년대에 크게 터진 탈리도마이드 사건이다. 이 약은 의사들이 처방한 것이었다. 이 가엾은 애기들(사진)은 엄마의 잘못 선택한 약복용으로 평생 불구로 살아야만 했다. 임신이 확인될 때부터 출산 때까지 태아가 1렘(rem) 이상의 방사선을 쪼이면 태아에 영향을 미친다.

알코올과 흡연

적은 양의 알코올도 문제가 될 수 있다. 임신 초기에 인사불성이 될 정도로 만취되거나 농도 100%인 알코올을 30cc(맥주 650cc , 소주 1/2홉에 들어 있는 알코올의 양)씩 매일 마실 경우에는 태아의 뇌에 알코올의 대사물질인 아세트알데히드가 축적되어 소두증, 정신박약아가 태어난다. 담배의 니코틴, 일산화탄소 등 유해물질이 태아에게 전달되어 태아의 성장 발육을 저해시킨다.

화학물질

산모가 임신초기와 임신 전에 과다한 화학물질(중금속, 페인트, 살충제, 제초제, 폐기물, 오염된 쿠킹 오일) 등에 노출되었을 경우 기형아의 출산 및 유산의 빈도가 높다. 스웨덴 룬트 대학병원의 라르스 릴란더 박사는 미국의 과학전문지 '직업-환경의학' 최신호 인터넷 판에 실린 연구보고서에서 출산 경험이 있는 미용사 2,410명과 일반여성 3,462명을 대상으로 실시한 조사 분석 결과 미용실에서 일하는 여성들은 일반 여성에 비해 체중미달아 또는 출생결함아 출산율이 약간 높다는 조사결과가 나왔다. 이는 미용사들이 머리 미용에 사용되는 여러 가지 화학물질에 노출되는 것과 연관이 있을 것이라고 지적했다. (2002-08-05 의학 / 연합뉴스)

기형아 출산 고 위험군

- 33세 이상인 임신부
- 정신박약을 수반하는 염색체 이상의 아기를 출산한 경우
- 임신부나 배우자, 친척 중 염색체 이상의 경우
- 선천성 기형아 출산 임신부
- 임신부나 배우자의 산전 진단이 가능한 생화학적 이상 질환 보유
- 임신부나 배우자, 근친의 혈우병과 진행성 근위축 질병 보유
- 습관성 유산을 한 경우
- 원인 불명의 사산아를 출산
- 풍진 항체 검사, 톡소플라즈마 항체검사의 이상

기형아 예방을 위한 필요 조건들

- 계획 임신을 한다.
- 되도록 35세 이전에 출산을 끝낸다.
- 임신 전 풍진 예방 접종 후 3개월간은 임신을 피한다.
- 가임기의 여성들은 임신의 가능성을 늘 염두에 둔다.
- 건강한 마음과 정신으로 임신 기간을 보낸다.
- 건강상의 문제는 임신 전에 해결한다.
- 규칙적으로 산전 검사를 받는다.

- 스트레스 없는 생활을 한다.
- 엽산이 풍부한 콩, 푸른 채소 등을 많이 섭취한다.
- 평소에 유기농으로 재배한 농산물을 섭취한다.

기형아 예방을 위해 피해야 하는 습관들

- 습관적인 음주
- 흡연 또는 간접흡연
- 커피 등의 카페인 음료 마시기
- 애완동물 가까이 하기
- 빈번한 방사선 노출
- 피부 연고제 남용
- 설익은 고기 먹기
- 무분별한 약물 복용
- 꼭 피해야하는 약물들 : 항암제, 여드름 치료제, 혈당 강하제, 여성호르몬제와 경구 피임약, 비타민 결핍 또는 과잉을 초래하는 보충제, 스트렙토마이신, 해열진통제, 부신피질 호르몬제, 비스테로이드성 소염제, 이뇨제, 퀴닌, 항갑상선제, 신경 안정제, 아편계 진통제, 테트라사이클린 계열, 항우울제, 설폰아마이드 계열, 토브라마이신 등

2. 모성영양과 태아영양

모 성영양은 새 생명을 생산하는 점에서 영양섭취의 과부족 없이 합리적으로 영양관리를 잘해야 한다. 모성영양은 태아에 큰 영향을 주며 저영양, 과잉영양 모두 장애를 준다. 임신·수유기의 영양필요량은 임신 월수에 따라서 달라진다.

모성영양은 임신을 하기 전부터 시작하여 임신, 분만, 산욕기, 수유기를 대상으로 한 영양이다. 여성의 생활주기를 볼 때 가장 책임이 무거운 시기는 임신기이며 이에 앞서 임신 이전부터 여성의 영양상태는 완전해야 한다. 건강한 아기는 건강한 모성영양을 기초로 하기 때문이다.

임신기간은 4주를 한 달로 하여 10개월이 정상이다. 임신기 분류는 전반기와 후반기를 나누는 2분법이나 3분기로 나누는 3분법으로 구분한다.

제 1분기(first trimester)

수정 후 12주까지로 태아신장은 9cm 정도가 된다. 태아의 신체 구조와 기관이 형성되는 시기이다. 질적인 영양이 필요하며 선천적 기형이 초래될 수 있는 시기이다. 임신초기에 입덧(morning sickness)이 생기고 메스껍고 토하고 싶은 증상은 엄마에게 아기가 자신의 존재를 알리는 신호이다. 증상은 욕지기, 구토, 식욕부진, 두통, 현기증, 귀울림, 전신권태감, 불면증 등이 있다.

식사지침 :

- 조리하는 과정에 식욕을 잃기 쉬우므로 조리가 간단한 식사를 한다.
- 자주 토해도 조금씩 자주 먹도록 한다. 수분이 적은 식사를 하며 식사 사이에 충분한 수분 공급을 한다.
- 지방과 수분이 적은 토스트, 크래커, 와플 등의 탄수화물 식품과 과일 등이 좋다.
- 변비는 입덧에 좋지 않은 영향을 주므로 섬유소 섭취를 충분히 한다.
- 구토가 심한 경우 비타민 B_1, B_2, B_6가 유효하다. (비타민 식품 참조)
- 단백하고 신맛이 좋다.
- 시원한 음식과 자연 음료가 좋다.
- 쾌적한 환경의 외식은 도움이 된다.

제 2분기(second trimester) :

13주에서 26주(4~6.5개월)로 신장증가가 급격하고, 제 1분기에 형성된 신체구조와 기관이 정교하게 분화되고 뇌의 크기가 커지는 시기이다. 4~5개월부터 태동이 느껴지기 시작한다. 7개월 태아는 체중 1kg, 신장 43cm 정도이다.

제 3분기(third trimester) :

27주에서 40주에 해당하는 시기로 세포수와 크기의 증가와 성장이 활발히 이루어지는 시기이다. 일주일에 200g 정도로 체중이 증가하고 영양부족의 영향이 민감하게 나타나며 부종이나 고혈압 등 임신합병증이 나타날 수 있다. 10개월 된 태아의 체중은 3kg, 신장 50cm 정도가 된다. 체중증가가 일주일에 400g 이상이면 부종 등 이상이 있는 것이며 지나치게 체중증가가 일어나지 않도록 열량, 소금섭취량 등을 조절해야 한다. 태아의 크기가 커질수록 위가 눌리므로 식사를 6회 정도로 늘린다. 또 변비가 생기기 쉬우므로 수분과 섬유소 섭취를 충분히 한다.

임신부의 과다한 섭취 : 임신부 비만, 임신성 당뇨, 고혈압, 임신중독, 제왕절개, 사산, 분만장애, 모유부족 등의 위험을 초래할 수 있다.

임신부의 저열량 상태 : 모체의 쇠약, 유산, 조산, 분만시 다량 출혈, 출산 후 회복 지연, 모유분비 불량, 태아의 발육불량, 빈혈, 뇌의 무게 감소, DNA, 단백질 합성에 영향을 준다.

임신부의 영양권장량

열량 : 임신 중 모체의 조직 증가와 태아의 성장을 위해 기초대사량이 항진된다. 전반기에는 20대 여성 1일 권장량 2,000칼로리보다 150칼로리, 후반기에는 350칼로리 추가를 권장한다. (제 7차 개정, 2000: 한국영양학회) 열량의 권장량은 하나의 지침일 뿐이다. 20대의 정상체중의 여성은 하루에 2,000칼로리를 모두 섭취할 필요는 없다. 에너지 편에 소개된 자기의 필요에너지를 계산한다. 가공하지 않은 식재료로 균형 잡힌 식사를 통해 모든 영양소를 취할 수가 있다. 자기 몸이 필요를 가장 잘 느낀다. 대부분 여성들의 과체중은 임신과 출산에서 시작된다.

탄수화물 : 열량 섭취량이 증가하면 탄수화물의 섭취량이 증가한다. 통곡식 위주의 탄수화물 식품은 섬유소가 많고 비타민 B군의 섭취도 함께하는 유익이 있다. 150칼로리는 밥 반 공기 추가하는 정도이다. 균형 잡힌 한식을 섭취하면서 밥의 섭취량이 증가하면 반찬의 양도 자연히 증가하면서 열량과 다른 영양소의 섭취량도 증가하게 된다. 임신 후반기의 350칼로리 추가도 마찬가지이다. 정제곡류와 정제당의 과잉섭취로 불필요하게 체중을 늘리면 뚱뚱한 아기 출산으로 산모만 고생한다.

단백질 : 임신 중 단백질의 체중 증가량 중에서 25%는 모체, 50%는 태아, 10%는 태반, 15%

는 혈액과 양수에 사용된다. 성인 여성 단백질 권장량 60g에 임신 전 기간 동안 15g을 추가를 권장한다. 임신기간 중 체중이 10~12kg 증가하는데 단백질 필요량은 체중 1kg당 1g으로 보면 된다. 특별히 단백질 음식 위주의 식사를 할 필요는 없으며 균형 잡힌 식사를 하면서 식사의 양이 증가하면 단백질의 양도 증가한다.

칼슘 : 태아의 발육은 물론 분만 후의 수유기에 대비한 칼슘의 축적 등을 고려하여 300mg을 추가한 1,000mg을 권장량으로 정하였다. 칼슘부족은 모체의 골격에 영향을 줄뿐만 아니라 임신성 고혈압의 위험인자가 될 수 있다. 매일의 식품 중 칼슘 식품을 매끼 계획한다. (칼슘식품 참조)

철분 : 철분은 모체에서 태아에게 1시간 내로 이동할 정도로 철분의 이동은 빠르다. 또 태아의 철분의 농도는 모체보다 높다. 철분은 모체에서 태아로 쉽게 이동하나 반대로 모체로의 이동은 어렵다. 모체의 혈액량 증가 및 태아와 태반 형성에 철분의 필요량이 급증한다. 임신 말기에는 태아가 철분을 다량으로 축적하므로 철분의 섭취가 증가해야 한다. 비임신기의 16mg에 비해서 임신 전반기는 4mg을 증가한 20mg, 후반기에는 8mg을 증가해서 24mg을 권장한다. (철분식품 참조)

아연 : DNA와 RNA의 합성에 관여하는 영양소로 중요한 미량 무기질이다. 3mg을 추가한 13mg을 권장한다.

비타민 : 적은 양으로 중요한 생리기능을 하는 비타민의 권장량은 임신 중 모두 증가한다. 비타민 A는 세포의 증식을 촉진하여 발육, 성장의 비타민이다. 또한 부족하면 세균감염에 대한 저항력이 떨어진다. 비타민 B1 부족은 신진대사의 장애를 일으켜 조산, 사산을 초래할 수가 있다. 각기병의 모체로부터 태어난 아기는 전형적인 다발성 신경염이 보이는 경우도 있다. 통곡식 위주의 식사는 비타민 B군의 섭취를 충족시킨다. 비타민 D의 부족은 뼈의 발육과 석회화가 느리게 되므로 매일 일광욕을 충분히 한다.

임신기의 식사지침

- 전체 열량을 서서히 증가하고 1일 6회씩 소량 자주 섭취한다.
- 통곡류, 콩류 등으로 비타민 B군과 섬유소를 충분히 섭취한다.
- 단백질, 칼슘, 철분이 풍부한 식품을 충분히 취한다.
- 알코올, 흡연, 카페인 등은 절제한다.
- 모든 약제는 삼간다. (부득이 한 경우 의사와 상의한다)
- 신선한 공기를 마시고 일광욕을 자주하고, 적당한 운동을 하며 수분섭취를 충분히 한다.

3. 수유기 영양

선진국과 우리나라의 모유 수유율은 미국의 대졸이상 엄마의 경우 모유 수유율은 생후 1개월 이전에는 78%, 6개월에는 40%, 1년에는 22%에 이른다고 한다. 우리나라 엄마는 생후 1개월에는 53.5%, 생후 6개월 26.2%, 1년에는 9.0%로 급속히 떨어진다. 평균적으로 보아 우리나라 엄마들의 수유율은 미국엄마의 절반에도 못 미친다. 미국사회에서 젖을 먹이는 엄마들은 우유병을 빨리는 엄마들보다 더 부유하고 교육을 많이 받았고, 또 담배도 피우지 않는다. 모유 수유율이 선진국에서 가장 높은 나라는 노르웨이인데, 평균 수유 기간이 9.5개월이고, 80%의 아기들이 생후 6개월에도 여전히 모유을 먹고, 70%가 돌까지 모유를 먹는다고 한다.

우리나라 연도별 모유, 혼합유, 인공유 수유율

연도	모유(%)	혼합유(%)	인공유(%)	계(명)
1985	59.0	25.3	15.6	100%(3,538)
1988	48.1	33.9	18.0	100%(2,843)
1994	11.4	60.7	27.9	100%(1,930)
1997	14.1	52.5	33.4	00%(11,163)

(자료: 한국보건사회연구원, 1997)

한국보건사회연구원 김승권 박사가 지난 98년부터 3년간 1,355명의 엄마를 대상으로 조사한 결과를 보면, 모유 수유율이 94년 11.4%에서 97년 14.1%로 '반짝 회복세'를 보이다 최근 다시 낮아지고 있다.

미국도 모유 수유율이 60년대에는 불과 25% 선에 머물렀다. 그러나 미국의 경우에는 이미 국민건강사업의 일환으로 'Healthy people 2000'이라는 국가목표를 설정하고, 민간인 차원에서도 대대적인 계몽 및 홍보활동을 전개한 결과 모유수유 비율이 급속도로 증가하고 있

모유 수유율

년대	미국(%)	한국(%)
60년대	25.5	95.0
70년대	25.0	46~69
80년대	58.0	36~50
90년대	77.0	24~35

다. 또한 WHO와 UNICEF에서도 아기들의 건강을 위해 전세계적으로 모유수유 캠페인을 벌이고 있다. 미국에서는 모유수유의 많은 유익 때문에 소아과학회, 미국공중보건학회, 미국영양사협회 등 공공단체들이 산모에게 모유수유를 적극적으로 권장하고 있다.

초 유

분만 후 5~7일 정도까지 분비되는 황색의 반투명한 모유이다. 면역체와 효소의 함량이 높아 매우 중요하며 영아의 태변배설을 돕는다. 신생아의 장은 성숙되지 않은 상태이기 때문에 분자량이 큰 단백질이 흡수가 된다. 신생아의 체내에 면역체를 공급하기 위한 자연의 섭리이다. 성숙유에 비하여 2배 이상의 단백질을 함유하며 대부분 락토알부민과 락토그로불린이다. 인공유에는 엄마의 몸에서 만들어진 면역체가 없다.

이행유

성숙유가 분비되기까지 분비되는 모유. 서서히 성숙유가 된다.

성숙유

분만 후 15일 이상 경과하면 초유 중에 있던 세포가 없어지고 양이 증가하며 영양 성분도 일정해 진다. 약 알카리성으로 특유의 방향과 단맛을 낸다. 포유류 동물의 단백질 함량을 비교하면, 모유의 단백질 함량(1.2%)이 가장 낮고, 쥐젖의 함량(11.8%)이 가장 높다. 출생 시의 체중이 2배가 되는 기간은 사람이 포유류 동물 중에서 가장 길다. 포유류 동물의 종류에 따라 유즙의 성분 함량도 새끼의 성장률과 기간에 맞춰져 있는 것이다.

아래의 〈표 1〉은 모유와 우유의 성분을 비교했다. 송아지는 태어나서 몇 시간 지나지 않아 일어선다. (우리 아이들은 생후 1년이 지난 뒤에 일어섰다) 또 송아지는 생후 두 달이 되기 전에 체중이 출산시의 두 배가 되기 때문에 단백질의 함량이 모유보다 약 3배 정도 높다. 따라서 우유는 송아지용이며 가공하지 않은 우유는 신생아들이 소화할 수가 없다. 인공유를 조제유라고 하는 이유는 우유의 성분을 엄마의 모유에 맞게 조작(modify)했다는 의미이다. 조작하지 않은 우유를 신생아들이 먹게 되면 높은 농도의 단백질과 염이 아기의 신장에 부담을 주고 위에 크고 단단한 기포를 형성해서 경련의 원인이 된다. 또 젖을 자주 먹이는 소와 사람은 지방함량이 3.5% 내외이지만, 4시간 마다 젖을 먹이는 토끼 젖의 지방함량은 10%, 8시간마다 젖을 먹이는 사자 젖은 지방함량이 19%라고 한다.

〈표 1〉 모유와 우유 100g 중 성분비교

	초기 초유(2일)	이행유(7일)	성숙유(30일)	우유
단백질(g)	5.8	2.0	1.2	3.1
지질(g)	4.1	2.9	3.1	3.4
유당(g)	4.1	5.8	7.1	4.8
무기질(g)	0.5	0.3	0.2	0.7
열량(kcal)	76.5	57.3	61.1	62.2

수유부의 **영양권장량** : 열량은 400칼로리, 단백질 20g 추가되면서 모든 영양소의 권장량도 따라서 추가된다. 균형 잡힌 식사로 밥의 양이 늘어나면 모든 영양소가 자연스럽게 추가된다.

수유기의 식사

- 영양을 충분히 취하고, 숙면을 취한다. 피곤, 흥분, 불안, 공포 등은 모유분비를 방해한다.
- 우리나라에서는 관습적으로 미역국과 쌀밥을 5회 이상 먹는 예가 많으나, 미역국은 1회로 충분하며, 편식을 피하고 균형이 잘 잡힌 식사를 한다.
- 음주, 흡연, 약물 복용, 카페인은 피한다. 만성질환, 정신질환, 감염성 질환이 있으면 수유 금지한다.
- 단 음식, 맵고 짠 자극성 식품은 피한다. 수분, 신선한 과일과 채소는 충분히 취한다. 아기가 과민반응을 보일 때 의심이 가는 식품을 2주 동안 끊어본다.

모유수유의 장점

일하는 여성들의 모유 수유는 일종의 투쟁에 가깝다고 생각한다. 모유수유가 좋다는 것은 알아도 현실 여건이 어렵기 때문이다. 그러나 장점이 많다.

- 세균감염이 없고 안전하다. 모유속의 락토페린이라는 물질은 대장균의 번식을 억제한다. 미국에서 1930년대에 모유와 인공유 아기들의 생후 9개월 시기의 사망률을 비교하면 1,000명당 인공유 아기는 84.7명, 모유 아기는 1.5명이었다.
- 턱과 치아의 발달에 도움을 준다.
- 모유 수유 아기의 지능지수가 인공유 아기보다 더 높다. 모든 연령에서 모유 수유의 양과 밀접한 관련이 있다고 한다.
- 모자간의 접촉은 정신적, 정서적인 안정감을 준다.
- 자궁수축을 촉진해 산후회복을 돕는다. 모유수유를 하면 정상체중 회복이 빠르다. 포유류 동물은 젖을 먹이는 동안 새끼의 체중과 어미의 체중은 반비례한다.
- 수유 기간 중 배란이 억제된다. 따라서 동생과의 터울이 조정이 된다.
- 다양한 연구결과 엄마 젖을 먹고 자란 아이들은 여드름, 알레르기, 천식, 소아당뇨병, 크론씨병, 궤양성 대장염, 소년기 류마티스 관절염이 적게 생긴다는 점이다. 또 모유의 확인이 안 된 성분들이 면역계를 위협하는 암을 억제한다고 한다.

라 레체 리그(La Leche League)

이 모임은 모유 수유 운동을 벌이는 세계적인 민간단체이다. (www.lalecheleague.org) 시카고에 사는 마리안 톰슨이라는 여성이 첫 출산을 했을 때, 모유에 관해 충고해 줄 수 있는 사람을 찾지를 못했다. 소아과 의사도 모유수유에 관해 전혀 알지 못했다고 한다. 그래서 그녀를 포함해서 1956년 모유의 우수성을 체험한 7명의 엄마들에 의해서 시작되었다. 라 레체는 스페인어로 '모유' 라는 뜻이라고 한다. 매년 모유에 대한 학술회의를 개최하고, 미국에서만 3,000개의 모임이 활동 중이며, 전 세계에 50여 개국에 지부를 두고 있다. 일본에도 일어와 영어로 진행되는 모임이 있는데, 한국은 아직 없다. 유니세프에서 모유 수유 자료를 구할 수 있다. 주소는 : http://www.unicef.or.kr/bf/index.asp

건강에 영향을 주는 요인들

1. 수명에 영향을 주는 7가지 요인

2. 암의 원인과 예방

1. 수명에 영향을 주는 7가지 요인

가장 오래된 인간의 관심사는 표현은 다르지만 요약하면, 건강, 무병장수, 노화억제, 질병예방 등으로 불리우는 요인들이다. 인간이 오랜 세월 동안 질병과 싸워오면서 생명과학의 발전도 상당히 진보했다. 2004년 7월 16일 KBS 뉴스에서는 영국의 병원에서 치료를 받다가 오히려 감염이 돼 숨지는 환자가 한해 5천명에 달한다는 영국 감사원의 조사결과가 큰 충격을 주고 있다고 했다. 의사와 간호사가 손 씻는 습관으로도 큰 피해를 줄일 수가 있다고 했다. 멀쩡한 사람도 병원에서 의료인이 옮겨다주는 다른 환자의 미생물에 감염이 될 수가 있다. 과거에는 병원에서 병원열에 걸렸는데, 시대가 바뀌어 요즈음에는 수퍼박테리아가 감염된다고 한다. 우리나라도 예외는 아니라고 본다.

50여년 전만 해도 서구사람들은 살다보면 자연히 심장병을 앓는다고 생각했다. 그러다가 학자들의 역학연구에 의해서 이러한 사고방식들이 뒤집어졌다. 예를 들면, 영국의 과학자 제레미 모리스는 런던의 이층버스에서 위 아래로 표를 받으러 다니는 버스차장이 하루 종일 앉아서 일하는 버스 운전사보다 심장병의 발병률이 현저히 낮다는 것을 밝혀내었다.

그리하여 장수에 영향을 주는(즉 질병을 피해갈 수 있는) 인자들이 무엇인지를 과학적으로 규명한 연구가 벨록과 브레슬로 박사에 의해서 1970년대에 처음으로 캘리포니아 주 알라메다 군에서 9년 동안 7,000명을 추적하여 이루어졌다. (요즈음 서구사회에서 이루어지는 역학조사는 몇 만명 단위로 어마어마한 규모로 발전했다)

벨록과 브레슬로 박사가 밝힌 7가지의 장수에 영향을 주는 요인들은 매우 과학적인 근거를 가지고 있다. 따라서 7가지의 장수에 영향을 주는 요인들을 꾸준히 지킨 사람들과 그렇지 않은 사람들 사이에 9년 동안의 사망률의 차이는 남성의 경우 약 4배의 차이가 나는 것이다. 다음의 장수에 영향을 주는 요인들의 공통점은 모두 돈으로 살 수가 있는 것이 아니라는 점이다.

질병을 피해가며 사는 방법은 '손씻기'와 같이 우리가 '사소하다'고 생각하는 것으로부터 시작한다. 생활습관도 우리가 사소한 것으로 간주한다. 그러나 오랜 세월동안 누적이 되어 질병으로 발전하는 것이 밝혀진 것이다.

벨록과 브레슬로의 수명에 영향을 주는 7가지 요인

❶ 수면 7~8시간

❷ 간식 안 하기

❸ 규칙적인 아침식사

❹ 정상체중 유지

❺ 규칙적인 운동

❻ 알코올 음료 절제

❼ 금연

벨록과 브레슬로의 7가지 요인 중에서, 간식 안 하기, 규칙적인 아침식사, 정상체중, 금주, 금연 5가지 요인은 모두 입에 넣는 요인들이다. 간식 안 하기와 규칙적인 아침식사는 정상체중을 유지하는 데 필수요인이다. 정상체중을 유지하는 것은 건강의 기본인 것이다.

가장 흔한 질병들에 관하여, 로마 린다 의과 대학의 레이몬 머독(Lamont Murdoch) 박사는 아주 적절하게 말한다: "그릇된 유전은 총알을 재고, 생활습관은 방아쇠를 당긴다."

전 미국 공중 위생국 장관이었던 의학박사 에버렛 쿠우프 박사는 1988년에 최초의 장관 보고를 작성한 바 있다. 그것은 과학 문헌의 철저한 검토에 기초를 두고 있었다. 그는 "과다하고 균형 잡히지 않은 음식 섭취"가 미국에서의 여덟 가지 주요 살인적 질병의 큰 원인이 된다"고 결론지었다. 이 여덟 가지는 동맥경화, 심혈관질환, 뇌졸중, 당뇨, 암, 간경화, 사고, 자살인데 뒤의 세 가지는 음주와 관련이 있었다.

결론 : 건강은 무엇보다도 다른 두 가지 요인에 의존한다.

- 우리가 무엇을 우리 몸에 넣는가

- 우리가 우리 몸으로 무엇을 하는가

수면과 휴식

수면은 최상의 원기 회복법이다. 아이들은 잠을 자면서 자란다. 아토피성 피부염의 어린이들은 가려움증으로 밤잠을 설치며 이렇게 충분히 잠을 못자는 어린이들은 키가 작다. 큰 키를 원하면 일찍 자고 일찍 일어나는 습관을 키운다.

충분한 수면은 상쾌하고 좋은 기분을 주면서, 또한 정상 체중유지에도 중요하다. 수면부족은 생활습관의 불균형의 경고일 수가 있다.

미국 스탠퍼드 대학 의료센터의 데이비드 스피겔 박사팀은 '뇌, 행동, 면역의 이슈' 10월호(2003년)에서 숙면이 코르티솔, 멜라토닌, 에스트로겐 등 암과 관련된 호르몬의 체내 분비가 균형을 이루도록 도와 암에 대한 저항력을 높인다고 발표했다.

연구진에 따르면 수면 장애는 면역체계의 활동을 돕는 피질 호르몬 코르티솔 분비에도 불균형을 가져와 암에 대항하는 세포들의 활동을 둔화시킨다. 코르티솔 분비는 새벽에 최고조에 이르고 낮에 점점 줄어들어야 하는데, 호르몬 이상으로 낮에 가장 분비가 많이 되는 암 환자는 조기 사망 비율이 높다는 것이다. 또 스피겔 박사팀의 연구는 수면이 모자라면 생리 리듬이 깨져 더 먹게 되어 체중증가로 이어진다고 한다. 피곤하면 운동 부족이 되고 좋은 식품을 선택할 수 있는 능력도 결여된다.

밤 12시 이전에 자는 잠은 자정 이후의 잠보다 수면의 질이 2배 이상이라 매우 중요하다. 성장호르몬은 일찍 자는 사람일수록 충분히 분비된다. 어린이들만 성장 호르몬이 필요한 것이 아니다. 성인들도 이 호르몬이 잘 분비되어야 몸의 체조직의 회복이 잘된다. 노화는 손상된 체조직이 복구가 안되는 상태이다. 수면부족은 노화를 촉진하며 더구나 질병의 회복을 원하는 환자일수록 수면은 중요하다.

3교대로 일하는 간호사에 관한 미국의 역학 연구에서는 밤에 일하는 간호사들의 유방암 발생률이 현저하게 높았다는 것은 유명한 이야기이다. 생체 리듬을 역행하는 직업으로 인한 스트레스가 면역체의 기능에 영향을 준 것으로 본다.

고속도로 가로등이 켜있는 지역은 식물들이 밤잠을 못자 열매가 맺지 못한다는 보도를 했다. 모든 동식물은 숙면해야 그 다음날 활동을 잘할 수 있다.

현대인들은 '쥐들의 달리기' 라고 할 정도로 미칠 듯한 경쟁 속에서 살아가기 때문에 많은 사람들은 담배, 술, 커피, 홍차, 약, 청량음료와 같은 자극성 물질을 습관적으로 사용한다. 이것들은 피곤한 신경에 스트레스를 주기 때문에 신경이 흥분어 있어서 결코 완전한 휴식을 취할 수가 없다.

휴식은 육체적, 정신적 긴장의 이완에 의해서 얻어진다. 육체와 정신은 상호보완적이기 때문에 휴식도 이 두 가지가 동시에 같이 활동해야 한다.

휴식은 전신에 피의 순환을 자유롭게 하는 것이다. 최선의 휴식은 옷을 느슨하게 입거나 벗어 몸의 긴장을 풀어야 한다. 휴식의 정의란 모든 활동에서 벗어나 자유로움과 고요함 속에서 쉬는 휴양을 말한다. 가장 좋은 휴식 방법의 하나는 일광욕이다. 햇빛은 근육과 신경을 느슨하게 한다.

매일의 휴식도 중요하고, 일주일에 하루를 쉬는 것도 그 다음 주의 활동을 생산적으로 하기 위해서 중요하다. 성경의 《창세기》에는 하나님이 6일 동안 일을 하시고 일곱 번째 날에는 안식을 하셨다. 일력 달력을 사용하는 사회에서 일주일에 하루 쉬는 것도 기독교 안식일 사상에서 나왔다. 또 안식년이 있는 것도 마찬가지이다. 휴식이 있어야 그 다음해의 일을 더욱 생산적으로 할 수 있기 때문이다. 휴식은 아무 일도 하지 않는 것이 아니라 건강 유지에 필수적인 방법이다.

간식 안하기

자주 먹는 것 자체가 비만으로 연결된다. 프로스트(G. Frost)와 돔호스트(A. Domhorst) 박사는 '올바른 방법으로 하루 시작하기(Starting the day right way)' (란셋, 357, 2001, March, 10)에서 "원시인들은 저지방과 섬유소가 많은 탄수화물 식품을 섭취했고, 자주 먹지 않아 공복으로 오랜 시간을 보낸 반면에 현대인은 조금씩 끊임없이 먹는 습관으로 글리코겐 합성과 체지방의 축적이 촉진된다."라고 했다.

간식은 왜 나쁜가?

우리의 위는 보통 2시간 반에서 4시간이면 스스로 비워진다.

- 한 사람이 곡류, 크림, 빵, 조리된 과일, 계란으로 아침 식사를 하고 나서 X-ray로 촬영하면 비어있는 것을 발견하는 데 4시간 반 정도 걸린다. 같은 사람이 같은 메뉴의 아침식사를 한 후 2시간이 지난 뒤 아이스크림콘을 하나 더 먹는다. 그의 위는 6시간 후에도 잔여물이 남아있음을 X-ray 촬영으로 알 수가 있었다.

- 두 번째 사람이 같은 아침 식사 후 두 시간이 지난 뒤에 땅콩버터 샌드위치를 먹었다. 9시간 후에도 그의 위에 잔여물이 남아 있었다.

- 세 번째 사람은 같은 아침 식사 후 두 시간이 지난 뒤에 우유 한 잔과 호박파이 한 조각을 먹었다. 그의 위에도 9시간 후 큰 조각의 잔여물이 발견되었다.

- 네 번째 사람은 같은 아침식사 후 1시간 반이 지난 뒤에 버터 바른 빵 반 조각을 먹고, 그 후 1시간 반 간격으로 계속 먹었다. 그러나 저녁은 먹지 않았다. 그의 위는 9시간이 지난 후에도 아침 식사의 절반이상이 남아있는 것을 발견할 수가 있었다.

- 다섯 번째 사람은 아침식사를 8시에 먹었다. 그 후 아침에 두 번, 오후에 두 번 초콜릿 한 조각씩을 먹었다. 아침 식사 후 13시간 반이 지난 저녁 9시 반에 위 속에는 아침 식사의 한 배 반 이상의 잔여물이 남아있었다.

이렇게 잔여물이 남는 과정이 계속되면 인체의 정상적인 기능이 방해를 받아 정신, 육체, 감정의 능률도 손상된다. 이러한 소화과정에서 생산된 화학물질의 대부분은 알데하이드, 알코올, 아민, 에스테르와 같은 독성분들이다. 이러한 것들은 뇌, 간, 신장과 같은 중요하고 섬세한 조직들을 중독시킨다.

아침에 먹은 음식물이 모두 내려가기도 전에 또 다른 음식을 먹으면 위가 활동하는데 무리를 빚을 수가 있다. 예를 들어 아침과 점심 사이에 땅콩을 한 알 먹어도 아침 식사의 소화를 11시간 지연시킨다고 한다. 영국에서 행해진 한 연구에 의하면 장을 따라 움직이는 영양분이 너무 많을 때에는 구조적으로 유사한 영양소들끼리 서로 경쟁한다고 한다. 뇌의 대사 기능의 효율성과 최고의 흡수율을 위해서는 한 끼에 두개나 세 개 정도로 요리 수를 제한하는 것이 현명하다고 연구는 밝히고 있다. (Agata Thrash, M.D.)

아침식사를 안하면 체중이 증가한다

많은 사람들이 아침식사를 하지 않는 이유로 아침에는 "배가 고프지 않다"는 것이다. 배가 고프지 않은 이유는 저녁을 늦게 많이 먹은 탓이다. 따라서 저녁 식사를 적게 하는 것이 문제를 해결해 준다. 좀 더 좋은 해결책은 한 주일 동안 저녁 식사를 전혀 하지 않는 것이다. 아침식사와 늦은 점심 2끼 식사를 하는 것이다. 또, 배가 고픈 채로 자려 하면 처음엔 좀 거북해도 차츰 잠을 더 잘 자게 된다.

습관은 반복에 의해서 형성된다.

챠알스 컵 박사의 연구에 의하면, 체중의 증가는 잠자는 시간과 식사시간의 부적절한 관계 때문이라고 하였다. 평소 저녁에 식사를 많이 하고 또 간식을 하던 과체중의 환자들에게 아침에 식사를 많이 하고, 점심을 적당하게 하고 저녁 식사를 가볍게 하도록 식사하는 패턴을 바꾸게 하였다. 그들로 하여금 마지막 식사를 되도록 정오에 하고 세 시 이후에는 식사를 하지 않고, 마지막 식사 후 여덟 시간 반만 자게 하였다. 중요한 것은, 음식물의 선택이나 그들이 취하는 칼로리의 양을 바꾸지 않게 한 것이었다. 그럼에도 불구하고 이 연구에 참가한 모든 환자들은 체중이 줄었다. 특히 아침 한 끼만 먹은 사람은 평균 5kg 가량 감량했다. 비만인이 체중이 빠지면 혈압과 혈당이 모두 내리는 장점이 있다. (Carter, 1985)

매튜 박사는 "아침식사를 하는 것은 아동들이나 어른들이나 모두 학습, 기억, 건강에 중요하다."는 결론을 내렸다. 아침식사의 좋은 습관은 특히 아침의 늦은 시간에 정신과 신체의 최대한의 능률 발휘에 필수적이다. 아침식사를 하는 사람들은 보다 좋은 태도를 보여주며 학문의 성취가 향상되었다.

규칙적인 아침 식사는 매우 중요하다. 아침식사를 걸렀을 때 점심이 되기 전에 배가 고파지고 군것질을 자주 하게 된다. 이 군것질 때문에 점심때에는 식욕이 별로 없어 점심을 소홀히 먹게 된다. 그러나 오래지 않아 배가 고파지고 또 군것질을 하게 된다. 따라서 오후 6시의 저녁식사도 별로 식욕이 없으므로 시간을 미루게 된다.

결국은 늦은 시간 잠자기 전에 많이 먹게 되는데, 잠을 자면서 우리 몸이 소화를 해야 하므로 소화기계가 충분히 쉬지 못한다. 더구나 누워있는 상태에서는 음식이 밑으로 내려가는데 시간이 더디 걸리고, 위에 음식이 오래 정체되고 위산이 섞인 음식이 오랜 시간 위벽에 노출이 되기 때문에 위를 상할 기회가 많아지게 된다.

야식 증후군이란 무엇인가

아침은 거의 먹지 않고, 저녁식사에서 하루 섭취 칼로리의 대부분(50% 이상)을 섭취하며, 불면증 등 수면장애를 보이는 증상이다.

2001년 4월 미국의 의학전문지 '비만 연구(Obesity Research)'에 보고된 바에 따르면 미국인 중 정상 체중을 가진 사람의 0.4%, 비만 환자의 9~10%가 야식 증후군을 보인다고 뉴욕타임스가 보도했다. 특히 치료가 잘 되지 않는 중증 비만 환자의 경우 51~64%가 야식 증후군을 갖고 있다고 한다.

식사 지침

가장 좋은 식습관은 아침에 일어나서 3시간 안에 아침식사를 하고, 점심까지 5시간을 기다리는 것이다. 6시간에서 7시간은 더욱 좋다고 한다. 다시 저녁식사까지 5시간을 기다렸다가 간단한 저녁(과일과 곡류)을 먹고 잠자기 3시간 전에는 저녁식사를 끝내는 것이 좋다. 저녁을 생략하고 두끼로 전환하는 것은 생활의 큰 유익을 얻는 것이다.

- 신선한 과일과 야채를 매일 먹자.
- 통곡식과 견과류를 충분히 섭취한다.
- 지방, 설탕, 소금을 적게 먹는다.
- 규칙적인 시간에 식사를 한다. 중간에 간식을 하지 않는다.
- 섬유소를 많이 섭취하고 정제한 식품을 줄인다.
- 아침을 하루 중에 가장 근사하게 먹는다.

콘시카오 박사팀의 연구는 식사 전에 과일을 먹은 여성들이 그렇지 않은 여성들보다 같은 저열량의 식사를 했을 때 더 많은 체중이 감소했다고 했다. 섬유소가 풍부한 과일이 포만감을 주고 식사를 적게 할 수 있기 때문이다. 마이클 로이첸 박사의 리얼에이지에서는 정상체중을 유지하는 것은 6년이 더 젊어진다고 한다.

운 동

활동은 삶이고 정체는 죽음이다. 근육은 사용하지 않으면 결국 못쓰게 되고 만다. 근육을 튼튼하게, 강하게, 탄력있게, 젊게 유지하기 위해서는 계속해서 사용해야 한다. 최근에 만난 한 노부인은 70대 초반인데 휠체어를 타야 외부 출입을 할 수가 있다. 뼈가 너무 약해서 의사가 움직이지 말라고 했다고 한다. 그리하여 움직이지를 않았더니 다리가 굳어져서 걸을 수가 없게 되었다.

사례 ①

"다리는 못써도 팔은 움직일 수가 있지요?"

"네"

"그러면 가벼운 아령으로 팔운동부터 해보세요."

인간은 동물이고 동물은 움직여야 산다. 심지어는 식물도 바람에 의해서 움직이고, 바람의 영향을 받는다. 초봄에 부는 바람은 나무의 물이 위로 오르는 것을 돕는다고 한다. 꽃이 피는 것을 샘내는 바람이 아니라 꽃이 피게끔 도와주는 바람인 것이다.

연변에서 만난 60대의 최선생님은 화룡에서 오신 분이었다. 우리의 강의를 돕기 위해 4층 강의장까지 부지런히 오르내리면서 활동적인 분이었다. 그 모임에서 한분이 이 최선생님을 알아보면서 질문을 던졌다.

"선생님, 작년에 걷지를 못해서 목발 짚고 다니지 않았어요?"

"예, 맞아요. 그게 바로 저였어요."

"그런데, 어찌 이렇게 다닐 수가 있어요?"

이분의 이야기를 참 재미있게 들었다. 조선족으로 세무서에 근무하는 분이었다. 허리가 너무 아파 병원에 갔더니 척추의 염증이었다. 목발을 해주면서 북경대학병원에 가보라고 했단다. 희망을 걸고 기차를 16시간 타고 갔는데, 그 병원에서 나올 때는 회복 가망이 없으니 움직이지 말고 집에서 쉬라고 하면서, 평생 사용하라고 알미늄으로 만든 목발을 해주더란다. 희망이 없어진 이분은 직장을 포기하고 창문 앞에 앉아 종일 담배만 피우면서 스트레스를 풀었다고 한다. 그러다 자연치료에 관한 강의를 들은 다음부터는 걷기를 시작했다고 한다. 나을 수가 있다는 희망을 가지고 처음에는 목발 짚고 조금씩 걷다가, 나중에는 그 목발(실은 알미늄발)을 버렸다고 한다. 이분의 회복은 운동과 자연치유력을 믿는 희망이었다. 그 후부터는 건강 전도사가 되었다.

단순히 자기 몸을 움직이면서 굳은 몸을 회복하는 사례는 많이 본다. 그 중에서 이 최선생님의 사례는 매우 재미있는 케이스이다. 진리는 단순하다. 우리 몸은 사용하지 않으면 기능이 없어진다. 몸은 움직여야 혈액순환이 잘된다. 이분은 혈액순환으로 염증이 고쳐진 셈이다.

과거에는 수술 후 환자들이 누워만 있으니, 수술부위가 다른 장기와 붙어버리는 결과가 자주 발생했다. 이제는 수술이 빨리 회복이 되려면 통증이 있어도 걷기 운동부터 해야 하는 것을 모두 알고는 있다. 단지 실천하는 사람만이 유익을 본다.

현대의 도시인들은 바쁘다는 핑계로 자기 몸을 위해 하루 30분 정도의 시간을 운동으로 할애하지 못하는 사람들이 많다. 운전 대신 지하철을 타고, 엘리베이터나 에스카레이터 대신 계단을 오르고, 매일의 생활을 활동적으로 선택하는 것도 하나의 방법이다. 매일 내 몸을 움직이기 위해 어떤 방법을 사용할까는 그때마다 판단한다. 하루에 TV를 4시간 이상 시청하는 아이들은 피하 지방이 가장 두껍고 체질량 지수도 가장 높았다. (Ross Andersen, 1998)

전혀 운동을 하지 않는 사람들보다 적절한 운동을 하는 사람들은 질병에 걸릴 확률이 적다. 많은 연구들은 뚱뚱할수록 질병에 잘 걸리고 조기 사망하는 것을 증거하고 있다.

운동을 하면 땀으로 유독 물질이 배설된다. 균형 있는 육체를 유지하려면 운동이 가장 중요하다. 걷기는 가장 좋은 운동이다. 등이 움푹 패이게 가슴을 펴고 자연스럽게 팔을 똑바로 흔들며 걸어가야 한다. 걷기는 정신을 자유롭게 하고, 자신의 내부세계가 변화된다. 집안일이나 일상적인 업무는 운동으로 볼 수가 없다. 인체는 육체의 상태에 상관없이 운동이 가장 중요한 삶의 한 부분이므로 운동을 중지해서는 안 된다. 매일의 운동은 병과 노쇠를 예방하고 인내력과 저항력을 축적시킨다. 운동은 정신을 맑고 평온하게 하며, 맑은 공기를 마시면서 5km 이상 걸으면 감정의 혼란도 중화시켜 준다. 틱낫한 스님도 화를 풀기 위해서는 항상 걷는 것을 권한다.

음 주

30대 초반에 요절한 알렉산더 대왕은 열병으로 죽었다고 하지만 열병에 앞서 그는 폭음을 많이 했다고 한다. 정복할 때마다 자축하느라 음주문화가 형성이 되었는지는 모르나 음주는 몸의 면역체 기능을 떨어뜨린다. 알렉산더 대왕은 동방 지역까지 정복했지만 열병의 원인이 되는 미생물은 정복하지 못했다. 음주와 질병이 상관이 있다는 것을 그 당시에는 몰랐을 것이다.

한국인에게 술은 담배보다 더 위험하다. 한국 사람의 건강과 수명에 가장 큰 영향을 미치는 것을 하나만 대라고 하면 성인 남자의 60%가 흡연이라고 대답한다. 그러나 다음 통계를 보면 음주가 건강 문제 1위임을 알 수 있다.

음주 인구 1인당 연간 맥주 204병, 소주 120병, 양주 2병을 마신다. 성인 남자의 88.8%, 여자의 71.6%가 음주를 한다. 우리나라 사망자 중 10.6%가 음주 관련 사망자이고, 남성은 술로 인해 2.71년, 여성은 0.95년의 평균 수명이 감소한다. 하루에 마시는 양이 알코올로 50g 이상이거나 1주일을 합쳐 총량이 170g 이상이면 위험음주다. 이를 잔으로 환산하면 알코올 50g은 소주 5잔, 양주 4잔, 맥주 3병, 폭탄주 3.5잔, 와인 3.5잔, 막걸리 1과 3분의 1병에 해당된다. 알코올 170g은 소주 2병 반, 양주 반 병, 맥주 10병, 폭탄주 12잔, 와인 2병 반, 막걸리 4병 반이된다. 이 기준은 정상 남자에 대한 것이고 고혈압, 당뇨, 비만 등이 있는 사람과 여자 및 65세 이상인 사람은 위 기준의 절반, 즉 소주로 치면 하루 3잔 이상, 1주일 총량이 1병을 넘으면 위험음주가 된다.

위험음주를 하면 위염, 위 및 십이지장궤양, 췌장염 등의 위장병, 알코올성 간염, 만성 간염,

간경화 등의 간질환, 두통, 기억력 감퇴, 말초신경염 등의 신경질환, 고혈압, 부정맥, 뇌졸중 등의 심혈관계질환, 당뇨병, 빈혈을 일으키고, 간, 췌장, 식도, 두경부 및 유방암을 발생시킨다.

몇 해 전 수업 시간에 한 50대 주부 학생이,

"친정아버님이 유방암으로 돌아가셨는데 그 원인을 몰랐다가 수업을 들으면서 그 원인을 알게 되었어요"라고 말했다. 알코올은 체내에서 여성호르몬 에스트로겐으로도 전환이 된다. 음주를 꾸준히 하는 남성들은 여성과 같이 유방이 생기고 또 과잉의 에스트로겐으로 인해 유방암도 생긴다. 또 만성피로, 수행력 감소, 불안, 우울, 수면장애 등을 일으켜, 각종 사고 및 폭력의 원인이 된다.

음주로 인해서 뇌세포가 상하고 판단이 흐려지기 때문에 한 조직의 지도자에게는 그 조직의 사활이 걸려있으므로 절제하는 훈련이 필요하다. 나는 모성영양 시간에는 학생들에게 "임신 중에 음주와 흡연을 해야 한다면, 임신을 아예 하지를 마세요."라고 잘라 말한다. 결함이 있는 2세를 출산하는 것보다는 임신을 하지 않는 것이 모자 두 사람을 위해 현명한 선택이기 때문이다.

흡연은 많은 암의 원인이 된다

이미 1964년 미국 공중 위생국은 흡연이 폐암을 유발시킨다고 명확하고 분명하게 발표하였다. 하지만 흡연이 폐암 외에 다른 암들의 발생률 또한 높인다는 사실은 잘 알려져 있지 않다. 최소한 16개의 다른 종류의 암이 흡연과 관련되어 있다. 입술, 구강, 목, 성대, 기관지, 식도, 위, 간, 췌장, 방광, 신장, 자궁경부, 백혈병, 결장, 피부, 페니스의 암이다. 암으로 인한 사망 중 거의 1/3은 흡연 때문이다. 흡연이 유발시키는 식도암, 폐암, 췌장암, 간암은 빠르게 진행되고 치명적이다.

1979년부터 미국 공중 보건국은 흡연은 '미국에서 예방 가능한 질병과 조기 사망의 가장 큰 단독 원인' 이라고 말하였다. 에버렛 쿠프 보건 위생국장은 "흡연은 우리 시대의 가장 중요한 공중 보건 문제"라고 했다. 흡연은 대량 살상을 가져오는 유일한 생활 요인이다. 많은 사람들은 흡연자들의 평균 수명이 얼마나 단축되는지 알지 못한다. 미국 Department of Health and Human Services에서 나온 신뢰할만한 연구결과는 흡연자의 1/4 이상이 흡연에 의한 질병에 의해 21년 정도 수명이 짧아지며 일찍 죽는다고 밝혔다. 이 숫자는 마약이나 에이즈(AIDS)로 인한 사망자수보다 훨씬 많다.

모든 개발도상국에서 35세에서 69세 사이의 남성들 중 1/3이 흡연으로 인해 죽는다. 많은 미국인들이 금연함에 따라 담배회사들은 그들의 상품을 외국에 수출하고 있다. 이러한 나라들에 엄청난 광고비를 쓰는 것은 미국 내의 판매부진으로 인한 손실을 외국에서 메꾸려고 최선을 다하고 있기 때문이다. 특히 청소년과 여성들이 그 표적이다.

유엔의 세계보건기구는 매해 흡연으로 인해 3백만 명이 죽는다고 추정한다. 또 현재의 흡연률이 계속된다면, 2020년~2030년대 초반에 들어서는 해마다 1천만 명이 흡연으로 인해 죽게 될 것이라고 예측한다.

담배 연기 속의 4,000종류의 물질 중 43가지가 발암물질로 알려져 있고 담배연기에는 종양 촉진제라고 불리는 물질들이 있다. 이 물질들은 암이 발생한 후 그 성장 속도를 빠르게 한다. 또 동맥에 유해하다고 알려져 있다. 이 물질들 중 많은 수가 법적으로 오염물질로 분류되어 유독성 쓰레기와 함께 땅속 깊은 곳에 묻어 사람들과의 접촉을 막아야 하는 물질이다. 몇 개의 유독한 화학물질은 담배 잎을 가공 처리하는 과정이나 담배를 태우는 과정에서 니코틴의 화학변화로 인해 생긴다. 따라서, 담배가 니코틴을 포함하고 있는 이상 그 안에 발암물질을 가지고 있다고 할 수 있다.

담배연기는 암을 일으키는 방사선 물질을 포함하고 있다. 미국의 의학협회지는 체르노빌 사건에 의한 이스라엘인의 방사선 노출정도를 측정하였다. 이스라엘인들이 그 폭발로 인해 평균적으로 4단위(mrem)의 초과 방사선에 노출되었다고 밝혔다. 하지만 담배 한 개비는 흡연자의 폐에 7단위에 해당하는 방사선을 배출한다. 방사성 물질인 폴로늄은 담배 재배과정에서 들어오는데 다른 발암물질과 상호 작용하여 더 큰 결과를 초래한다. 75% 이상의 방사능이 간접 흡연자에게 미치게 되며 흡연이 백혈병과 관련이 있다고 한다. 흡연자의 자녀들에게 백혈병 발병률이 높다는 오랫동안 알려진 사실이 어느 정도 해명될 수 있다. 다음 표는 담배회사의 모델들이 흡연으로 인해서 암으로 사망한 증거를 모은 것이다.

담배회사 모델들의 불운

모델 이름	담배회사	운명
웨인 맥라렌	말보로	51세에 폐암 사망
제닛 색맨	럭키 스트라이크	성대암과 폐암으로 제거수술
데비드 고어리츠	윈스톤	30대 중반에 뇌졸중
데비드 밀러	말보로	1987년 폐기종으로 사망
윌 톤버리	카멜	56세에 폐암 사망

(Proof Positive p.383)

흡연은 많은 질병의 원인

많은 사람들이 흡연이 암을 유발시킨다는 사실은 알지만, 흡연이 심혈관 질환의 원인이 된다는 사실을 아는 사람은 많지 않다. 뇌졸중 역시 흡연과 관련이 있다. 불행히도, 많은 흡연자들은 그들이 호흡곤란을 느끼기 전까지 폐기종이 자라고 있다는 사실을 알지 못한다. 그 무렵은 폐가 많은 손상을 입은 후이다.

14년 동안 21,000명의 남성 의사들을 대상으로 한 연구에서 흡연은 망막의 변성에 의한 실명 위험이 2배 이상 높아진다는 것이다. 니코틴의 각성효과는 보통의 흡연자들이 수면을 취하는데 어려움을 준다.

알코올과 카페인처럼 니코틴 역시 위산의 생산을 촉진시킨다. 니코틴은 식도와 위 사이에 있는 하부 식도 괄약근에 직접적인 영향을 준다. 위궤양 역시 흡연자에게 자주 발생한다. 여러 연구는 흡연자들이 이 질병에 걸릴 위험이 2~3배 높다고 밝혔다.

프랑스 국립 보건의학연구원(INSERM)의 피에르 델마 박사는 의학전문잡지 '내분비학과 신진대사' 2월호(2002년)에 발표한 논문에서, 평생 7,120갑 이상을 피운 51~85세 프랑스 남성 719명의 골밀도가 흡연량이 적은 사람보다 훨씬 낮다고 발표했다.

그래디와 언스터 박사는 흡연이 피부 밑 혈관을 지나는 혈액의 흐름을 방해한다고 설명한다. 피부에 충분한 혈액 공급이 되지 않는 것은 주름이 증가하는 주요 원인인 것이다. 흡연자들은 그들의 신체적 나이가 실제 나이보다 6세나 더 많은 것이다. 통증, 일반적 건강 상태, 그리고 삶의 활력까지 고려한다면, 흡연자들은 그들의 실제 나이보다 14~15년이나 더 노화된 것이다.

흡연 예방교육을 해야 하는 이유

- 흡연자가 담배를 끊는 것보다 처음부터 담배를 피우지 않게 예방하는 것이 더 쉽다.
- 일찍 흡연을 시작할수록 독소에 더 노출되고 심각한 질병에 걸릴 위험이 커진다.
- 흡연은 건강을 악화시키고, 직업의 기회를 약화시켜 신체적, 사회적 영향을 미친다.
- 담배산업은 젊은이들을 주요 목표로 삼고 있다. 이들을 보호해야 한다.
- 예방이 중요하다는 것을 분명히 알고 있다면, 아직 흡연을 시작하지 않은 이들을 대상으로 이 교육을 시작해야한다.

여러 연구 결과들은 흡연을 하는 아이들이 그렇지 않은 아이들보다 단계적으로 술을 마시고, 마리화나나 다른 불법적인 약물을 복용할 가능성이 더 많다고 밝히고 있다.

우리나라 통계청이 발표한 '2004년 한국의 사회지표'에 따르면, 지난해 19세 이상 인구 1인당 하루 평균 흡연량은 7.4개비로 전년보다 0.2개비 늘었다. 해방 이후 지난 50여 년 동안 우리나라 인구수는 약 1.5배 증가하였으나 담배 소비량은 1945년에 123억 8천만 개피에서 1996년에 1,044억 5천만 개피로 약 8.4배 증가하였다.

생활습관과 건강연령

오래 전에 남편의 고등학교 졸업 30주년에 참가하면서 새로운 점을 느낀 적이 있었다. 어떤 사람은 흰머리가 다 벗겨져 할아버지 같고 어떤 사람은 검은머리에 머리숱도 많아 훨씬 젊어

보이니 형과 아우 같지가 않고 아버지와 아들 같은 사람들이 반말로 재미있게 웃고 이야기를 나누니 나의 눈에는 이상하게 보였다.

이러한 현상이 우리 동창회에서도 느껴진다. 오랜만에 만난 친구가 누구는 예전과 똑같은데 누구는 너무 늙었다 하는 생각이 들 때이다. 노화는 서서히 일어나지만 그 진행과정은 개인마다 다르다. 또 우리는 외모만 판단하지만, 우리 몸의 기관도 조기 노화를 겪을 수가 있다.

우리가 태어나는 순간부터 노화는 시작되고 이 생체 시계는 거꾸로 돌지는 않는다. 그러나 이 시계가 자기 관리를 어떻게 하느냐에 따라서 누구는 빨리 가고 누구는 천천히 가기 때문에 위와 같은 현상이 생기는 것이다. 아래의 표는 호적상의 연령과 건강연령이 다른 것을 나타내고 있다.

연령	생활습관 0-2	생활습관 3	생활습관 4	생활습관 5	생활습관 6	생활습관 7
20	+14.3	+7.4	+0.5	−1.1	−4.2	−9.4
30	+16.9	+9.1	+3.0	−0.6	−4.7	−11.1
40	+19.4	+10.7	+5.4	−0.1	−5.2	−12.9
50	+22.0	+12.4	+7.9	+0.3	−5.7	−14.7
60	+24.5	+14.0	+10.4	+0.8	−6.2	−16.4
70	+27.1	+15.7	+12.8	+1.3	−6.8	−18.2

이 도표는 자신의 건강 연령을 판단하는 데 도움이 될 수 있다. 만일 여러분이 벨록과 브레슬로우의 일곱 가지 건강 습관 중 두 가지만 실천하고 있다면, 여러분의 건강 연령은 40 + 19.4세이며 약 59세이다. 이것은 당신이 기대하는 수명을 극적으로 줄이는 것이다. 만일 당신이 동일한 생활 습관을 10년 더 계속하고, 당신이 50세가 되면 당신의 건강 연령은 50 + 22세 즉 72세가 된다. 40세에 19년에 해당하는 건강 장애가 있으면, 50세가 될 때 그 장애는 3년이 더욱 악화되는 것이다. 즉 10년 후에는 당신은 13년을 더욱 늙게 되는 것이다!

만일 당신이 40세 때에, 벨록과 브레슬로우의 건강 습관을 전부 꾸준히 지킨다면, 당신의 건강 연령은 27(40 − 12.9)세이다. 게다가, 50세에는 당신의 건강 연령은 35세에 지나지 않을 것이다. 10년이 지나면, 당신의 나이는 8년을 늙는 셈이다! 건강 연령의 개념은 우리의 건강 습관이 나이 먹는 과정을 얼마나 빨라지게 하고 혹은 늦추는가를 잘 보여준다.

《리얼 에이지》의 저자 마이클 로이첸의 계산법은 또 다르다. 이 실제 나이 계산법은 학자마다 다르지만 경향은 비슷하다. 대체로 먹는 것보다는 운동의 효과가 더 큰 것으로 나타나고 있다.

하와이주 호놀룰루 태평양 건강연구소의 브래들리 윌콕스 박사는 "벤츠의 유전자를 갖고 있다고 하더라도 엔진오일을 갈지 않으면 유지가 잘 된 포드 에스코트(저가 소형승용차)만큼도 견디지 못할 것"이라고 비유했다.

2. 암의 원인과 예방

《암을 극복한 25인의 증언》에서 한 의사가 암환자들에게 현대 의학에서 배운 대로 처방했었다. 정작 자신이 암에 걸렸을 때 자기가 처방한 환자들을 확인해 본 결과 모두 죽은 것을 알고는 자신은 그 처방대로 하지 않았다는 내용이 있다. 암 발생은 점점 증가하면서 회복은 어려운 만성질환이다. 암환자들은 만나면 한결같이 "내가 암에 걸리라고는 생각하지 못했다"라고 말했다.

우리는 누구를 위해 장기를 들어내는가?

사업에 성공한 한 부인이 몸이 좋지 않아서 새로 생긴 종합병원에서 거금을 들여 할 수 있는 검사는 모두 받았다고 한다. 그런데 결과는 '아무 이상 없음' 이었다. 단 유방 윗부분에 무언가 잡혔는데, 석회질이 침착한 것이라 '상관이 없다' 고 했다. 한 두달 지난 후에도 몸의 컨디션이 계속 좋지 않아 다시 검사를 했더니 이번에는 혈액검사에서 암물질이 발견되었다고 한다. 이렇게 되니 병원 측에서는

"아마도 유방암인 것 같으니 절제수술을 하면 해결될 것"이라고 해서 유방절제 수술을 받았다. 그런데 문제는 수술 후에도 혈액검사의 암수치는 계속 높게 나오는 것이었다! 이러한 오진에 한국 사회의 환자들은 소송에 들어가기에는 너무 약자이다. 몸속에 암세포가 퍼진 입장에서 싸울 수가 있을까? 하는 수 없이 화가 치미는 것을 참고,

"그러면 어떻게 하면 좋겠습니까?" 상의를 하니, 자기네 과에서는 할 일을 다했으니 산부인과 점검을 해보시라고 권했다고 한다. 그 후 그 부인은 난소암 말기가 발견이 되어 자궁까지 모두 들어냈다고 한다. 몇 달 후에 또 전이가 되었는지 확인하기 위해 다시 개복수술을 받았다고 한다. 이 이야기는 90년대 말에 들은 경험담이었는데, 그동안 의학이 발달되어 이러한 오진은 줄어들었으면 하는 바램이다. 선진 사회에서는 이러한 오진을 막기 위해 환자들이 제2의 의견 (영어) 'second opinion' 을 들을 권리를 인정한다. 다른 의사를 찾아 의견을 듣고 최종 결정은 환자가 내린다.

우리나라의 대부분의 의사들은 아기를 분만한 여성들의 장기는 불필요하게 취급하는 경향이 있는 것 같다. 더구나 여성의 나이가 들수록 이러한 사고방식은 점점 기정사실이 되는 것 같다. 여성의 나이가 60대이든, 70대이든 내 몸의 장기는 매우 중요하다.

80년대 말 미국에서 주말에 방영하는 테드 코펠의 '나이트 라인(Night Line)' 시간에 전국 위성으로 자궁적출 수술 후유증으로 고통 받았던 여러 여성들과 장기를 들어내도 아무 이상이 없다고 장담한 의사들(모두 남자들)이 나와 그 여성들로부터 질책을 받았던 프로가 생각이 난다. 아직도 우리나라의 환경에서는 이러한 광경을 상상 못한다.

오랜만에 만난 나의 친구가 자궁을 들어내기로 수술예약을 했다고 해서 말렸다. 친구는 유명한 K관장님을 소개받고 단식과 자연요법으로 단련해서 지금까지도 자궁은 괜찮고 고혈압도 정상으로 돌아와 건강을 유지하고 있다. 수술예약을 취소했더니 의사가 화를 내서 다른 의사로 바꾸었는데, 새로운 의사는 수술이 필요 없다고 하더란다. 여하튼 한국 여성들은 마음씨가 너무 좋아서인지, 의사 말을 너무 잘 들어서인지는 모르지만, 자궁 적출수술은 현재 세계 으뜸 수준이라고 한다. 그래서인지 나의 주변에는 '빈궁마마' 들이 의외로 많다.

1998년도에 한 세미나에 참석한 적이 있었다. 나중에 알게 되었지만 그 세미나에 암환자들이 80 퍼센트가 참석하고 있었다. 그 기간 동안 매일 아침 5시에 사우나를 사용하면서, 목욕탕에서 한쪽 가슴이 없는 여러 여성들, 등까지 폐암 수술자국이 있는 여성, 항암치료로 머리칼이 없는 여성들을 목격하면서 그 충격이 컸다. 특히 유방암 여성들의 대부분은 재발을 우려하는 30대 안팎의 젊은 층이었기 때문이었다. 같은 식탁에서 식사를 같이 하던 암환자들이 거의 모두 그 해를 넘기지 못했다. 그 때부터 '왜 암이 발생하는가' 와 '어떻게 예방할 수가 있을까' 에 대해 심각하게 생각하기 시작했다.

나의 암에 대한 평가는 "암은 모든 것이 협력해서 악을 이루는 것" 으로 정의한다. 다시 말해서 오랜 세월이 걸리는 이 암은 많은 악조건을 가졌을 때 발병한다고 본다. 우리 할머니 세대에는 유방암이나 자궁을 들어내는 수술이 없었다.

20세기 초 훈자마을에는 암이 없었다

문명국의 과학자들이 히말라야 산 속에 위치한 세상과 격리되어 있던 장수국 훈자라는 지역에 암이 없었다는 것을 20세기 초에 발견한 것은 그 당시 놀라운 사실이었다. 그 당시 훈자에 사는 사람들은 농사지을 때 화학적인 농약은 전혀 사용하지 않았다. 평균적으로 그들은 문명국 사람들과 비교했을 때 자기들이 재배한 자연 식품으로 소식을 했다. 그들이 먹은 음식은 곡류, 콩류, 과일, 야채, 꿀 등의 자연식품이었고, 육류는 매우 적게 섭취했었다. 이들에게는 문명국에 흔한 퇴행성 만성질병은 없었다.

KBS가 삼성의료진을 대동해서 방문했을 때에는 이미 내가 들어왔던 훈자가 아니었다. 도로가 뚫렸고, 그 도로를 통해서 비디오 테이프로 최신 미국 영화도 볼 수 있는 문명화가 된 것이다. 가게에는 이미 미제 초콜릿과 같은 가공식품이 진열되어 있었고, 이제는 암이 심심치 않게 발생하는 문명화가 된 것이다. 너무 실망했다. 이 훈자를 통해서 우리가 얻은 교훈은 암은 문명의 산물이라는 것이다. 문명국에서는 일반적으로 식사와 암과의 관계를 무시해 왔었다.

암의 역사

암의 역사는 오래 되었지만 발암물질을 파악하는 데는 오랜 시간이 걸렸다. 1970년대 닉슨 대통령이 '암과의 전쟁'을 선포한지 30년이 넘었지만 이제는 암이 사망률의 으뜸을 차지하고 있다. 과거에는 암의 원인을 몰라 불안해했었다. 현재 암을 정복하지는 못했지만 30년 동안에 많은 발전을 보인 것은 적어도 암의 원인이 무엇인지는 밝혀졌다는 것이다.

레이첼 카슨의 조사에 의하면, 1775년 영국의 퍼시벌 포트(Percivall Pott)경은 굴뚝 청소부에게서 음낭암이 발견되는 것은 몸속에 쌓인 숯검정이라고 추측했다. 영국의 웨일즈 지방의 구리 제련소와 주석 주조소에서는 비소 증기에 노출된 사람들의 피부암이 보고가 되었다. 코발트 광산과 우라늄 광산의 노동자들은 폐질환에 쉽게 걸리고 폐암으로도 발전했다.

산업화로 인해 악성 질환이 발생한다는 사실을 깨달은 것은 1870년대 이후라고 한다. 타르와 암석찌꺼기에 노출된 사람들도 암에 걸렸다. 19세기 말까지 산업계의 발암물질이 6~7종이 알려졌고, 20세기에 들어와서는 수많은 암유발 물질이 쏟아져 나와 일반 대중들도 이러한 발암물질에 쉽게 접촉하게 되었다. 이 발암성 화학물질은 아직 태어나지 않은 태아를 비롯한 모든 사람들의 몸에 축적되고 있다.

현대적인 살충제가 등장한 이후에는 백혈병의 발생률은 서서히 증가하고 있으며, 전세계에서 백혈병의 발병률은 매년 4, 5퍼센트씩 상승하고 있다. 백혈병 등을 비롯한 조혈기관 관련병에 걸린 환자들은 예외 없이 DDT, 클로르덴, 벤젠, 린덴, 석유 추출물 등을 포함하는 살충제와 각종 유독물질 등 상당히 문제가 있는 환경에 노출된 경험이 있었다고 한다. 조혈기관에 가장 큰 해를 주는 화학물질은 방향족 불포화 탄화수소류로 나타났다.

바르부르그 박사는 미량의 발암물질을 반복 흡수하는 것이 다량을 한 번 흡수하는 것보다 더 위험하다고 했다. 다량의 발암물질을 한 번에 흡수하면 세포가 바로 죽지만 소량을 반복적으로 흡수하면 세포들이 상처를 입은 채로 살아남는다. 이렇게 살아난 세포는 암세포로 전환이 된다. 따라서 발암물질에 있어서 '안전한 수치'가 존재할 수가 없다는 것이다. 발암성 물질은 세포의 염색체(p53 유전자)를 손상해 돌연변이를 일으킨다.

암 유발인자들

아직도 많은 암의 발생원인들이 명확하게 밝혀지지 않고 있지만 세계보건기구 산하기구인 국제암연구소 및 미국 국립암협회지에서 밝힌 암의 원인으로는 흡연(30%), 음식(30%), 만성 감염(10%), 직업(5%), 유전(5%), 음주(3%), 환경오염, 방사선 등이 있는데, 이 중 약 70% 이상이 환경요인에 의한 것이고 유전적 원인은 5%에 불과하다.

- 담배 연기에 들어있는 발암물질들은 폐세포에 직접 작용을 하며 혈액을 타고 온 몸의 세포에 영향을 미친다. 우리나라에서 하루에 130명이 담배로 사망한다고 한다.
- 염분을 지나치게 많이 함유하고 있거나 고기를 훈제 또는 바싹 구운 탓에 발암물질이 잔뜩 들어 있는 음식은 소화기관의 암 발생 가능성을 높인다.
- B형이나 C형 간염 바이러스와 같은 바이러스들은 인간의 세포 속에서 수십 년간 잠복하면서 유전정보를 교란시켜 세포가 비정상적인 성장이나 분열을 하도록 하고 감당하기 어려운 많은 암세포를 발생시켜 암을 발병시킨다.
- 햇빛은 과잉으로 노출된 피부세포의 유전자들을 손상시킨다.
- 화학물질

문명국의 많은 사람들은 식품의 가공과정에 사용하는 첨가물에는 별로 문제 삼지 않는다. 장기간에 걸쳐 우리 몸의 세포에 첨가물이 축적되면 어떤 심각한 결과를 낳는가에 대한 생각을 하지를 않는다. 국가마다 규제 내용이 다르고, "무해하다"고 한 것이 나중에 판매 금지가 되기도 한다.

우리 몸의 세포가 필요한 것은 식품에 들어있는 영양소들이지 여러 목적으로 가공한 첨가물이 아니다. 영양소는 세포에서 기능을 다한 뒤에 배설되는 통로가 정해져 있지만 식품에 첨가된 화학물질은 배설이 잘 되지 않으면 우리 몸에 축적이 된다.

여러 원인으로 세포가 손상되고 유전자에 변화가 생겨 비정상적인 세포가 발생한다고 해도 면역체계와 같은 자연 통제 장치에 의해 제거되거나 억제되는 것이 보통이다. 그러나 여러 생활습관 인자에 의해서 세포를 둘러싼 환경과 세포의 조절 능력이 점차 악화된다. 즉 세포 자체도 늙을 뿐더러 심혈관계, 소화계, 배설계가 저하되면서 영양분이나 기타 필수 요소들의 공급에 차질이 생기고 노폐물도 잘 제거되지 못한다.

그 결과 세포의 성장과 분열을 조절하는 능력이 떨어지고 비정상적인 세포들이 보다 자주 발생하고 제약 없이 퍼져나가게 된다. 결국 인간의 수명이 길어질수록 암 발병률이 증가하는 현상이 생기는 것이다. 암은 만성질환이며 지속적으로 인간을 파괴한다. 머리카락, 털, 손톱, 발톱을 제외하고는 어디이든지 생길 수가 있다.

우리나라의 암발생은 선진국형으로 변화하고 있다

우리나라의 인구는 전세계에서 0.76%인데, 암발생율은 1%라고 한다. 현재 암은 한국인의 사망원인 중 1위를 차지한다. 2002년 암으로 사망한 사람은 총 6만2887명으로 전체 사망자의 25.6%가 암으로 사망한 셈으로 사망자 4명중 한 명 꼴이다. 《식사로 암을 예방한다》의 저자이며 의사인 와다나베 쇼는 현재 일본에서는 암사망이 사망자 3명중 한 명이라고 한다.

사망원인별로는 폐암이 전체의 20%로 1위를 차지했으며, ▷위암(19.9%) ▷간암(17.4%) ▷대장암(7.3%) ▷췌장암(4.7%) ▷식도암(2.6%) 등의 순이었다. 췌장암은 발생순위에선 10위였으나 사망순위에선 5위를 차지해 치료가 가장 어려운 암으로 꼽혔다.

유방암과 화학물질들

2004년 10월 29일 조선일보 기사에는 8년 동안 유방암 발생이 4배나 증가했다고 보도했다. 한국 사회에서도 유방암은 여성 킬러 1위로 아마도 여성이 가장 두려워하는 암일 것이다. 유방암도 다른 종류의 암과 마찬가지로 원인은 매우 다양하다.

1976년 코펜하겐에서 8,000명 의 여성들의 혈액 샘플을 채취했는데, 그로부터 17년 동안 이 여성들 중에서 268명이 유방암에 걸렸다. 이 여성들의 혈액을 정상적인 여성의 혈액과 비교 분석해본 결과 농약의 하나인 디엘드린 농도가 평균 이상인 사람은 유방암에 걸릴 확률이 2배가량 높았다는 것이다. 이 결과는 1998년 영국의학회지 란셋에 발표가 되었다.

존 험프리스의 《위험한 식탁》에서 영국의 링컨셔의 유방암 발생율이 전국의 평균보다 40%가 높다고 한다. 링컨셔 지방에서는 감자를 비롯한 채소를 많이 재배하며 한동안 린덴이 많이 뿌려졌고 이 농약과 유방암의 연관을 의심한다.

육류 섭취와 사람들이 높은 수치의 독소들에 노출된다는 것 사이에 깊은 관계가 있다는 것을 강조하는 것은 중요하다. (이것은 DDT와 DDE에서 보는 바와 같다) 앞서 인용한 연구에서, 채식을 하는 엄마들은 낮은 수준의 DDT를 가지고 있었다—농약들이 과일과 야채에 들어가기는 해도 한 사람이 야채에서 먹는 양은 동물의 기름 속에 들어 있는 살충제들의 양에 비하여 대체로 아주 적다. 먹이사슬 중에서 식물은 맨 아래에 있고, 크기가 큰 동물일수록 위로 올라간다. 즉 오염이 많이 될 수가 있다.

살충제들과 이 밖의 다른 독소들이 동물의 조직들 속에 축적되는 이유는 생물학적 농축(biomagnification)이라는 과정에 의하여 설명된다. 이 과정에서, 동물의 조직들은, 그 동물이 어느 정도 오염된 다른 동물들을 잡아먹거나 혹은 식물을 먹음으로써 살아가는 동안에 독소들의 농도의 농축이 증폭된다. 보통 동물은 그 생존시에 그 체중의 10배 이상을 먹으면서 많은 독소들이 그 지방 조직 속에 축적된다. 그런 독소들은 동물들과 인간에게서 잘 제거되지 않는데 문제가 있다. 그 결과, 점점 시간이 지날수록 사람이나 동물들이 먹은 이 화학물질들은 지방 조직들 속에 몇 곱절 축적이 된다.

유방암은 환자 나이가 젊을수록 재발도 잘 되고 사망 위험도 높은 것으로 나타났다. 한 의과 대학 교수에 의하면, 한국 여성 20명 중 1명이 유방암에 걸린다고 한다. 서울아산병원 외과 A 교수팀은 지난 92년부터 2002년까지 11년간 이 병원에서 수술받은 유방암 환자 3859명을 대상으로 분석한 결과, 35세 미만 환자의 생존율은 76.4%로, 83.2%인 35세 이상 환자보다 낮았다고 밝혔다. 또 35세 미만 환자와 35세 이상 환자의 생존율 격차는 수술 5년 이후 더 많이 벌어지는 것으로 나타났다. 또 이 기간 35세 미만의 젊은 유방암 환자는 92년 20명에서 2002년 83명으로 4배 이상 증가했다. (조선일보 2004년 10월 6일)

암환자들은 수술 후 재발을 우려하지만, 특히 유방암 절제 수술을 받은 여성들은 그 상실감으로 인해 더 고통을 받는다. 젊은 여성일수록 생존률이 낮은 것은 그 상실감에서 극복이 어려워서인 것 같다.

내가 암에 관한 강의를 할 때에는 학생들에게 반드시 보여주는 책이 있다. 《Dressed to Kill》은 98년도에 유치파인을 방문했을 때 구한 것으로 책을 판매하는 직원이 브래지어만 바꾸어도 가슴의 멍을 잡히는 것이 줄어든다고 했다. 책의 저자는 메디칼 인류학을 전공한 부부인데, 피지 섬에서 연구 중에 부인이 자신의 유방에서 멍우리를 발견했다. 40세 부인의 첫 임신 2개월일 때이었다. 암치료를 받으면 아기가 죽고, 방치하면 엄마가 죽을 수가 있는 딜레마에 빠졌다.

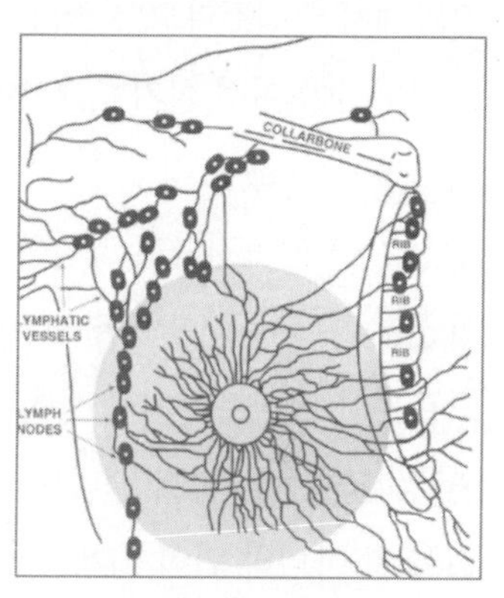

미국으로 돌아와서 부인이 브래지어를 벗은 후에 피부에 붉은 브래지어 자국을 보면서 피지의 한 외딴 섬에서 원주민 여인과 대화를 기억해 내었다. 부인이 빨랫줄에 브래지어를 빨아서 널어놓은 것을 그 여인이 심각하게 들여다 보니까,

"그것은 '브래지어' 라는 것이에요"라고 부인이 말했다.

"뭐에 사용하는 거에요?" 원주민 여인이 물었다.

부인은 "여지껏 이 문제를 한 번도 생각해 본 적이 없었어요. 단지 습관이니까요."라고 했다.

그 여인이 "이거는 너무 조이겠어요."라고 했다.

"네, 그렇지만 곧 익숙해져요."라고 부인이 답했다.

이후에 이 부부는 미국 4개의 주에서 약 4,000명의 연령을 매치한 여성들을 상대로 서베이를 했다. 반은 유방암 수술한 여성들, 다른 반은 건강한 여성들이었다. 결론은 유방암 수술한 여성들은 브래지어를 더 오래 착용하고 싸이즈도

몸에 더욱 꼭 끼는 것을 선택하는 것으로 나타났다. 브래지어를 24시간 착용한 여성들 중에서 수술한 여성이 일반여성보다 6배가 많았다. 브래지어 착용을 할 때마다 유방을 돌아가는 임파관이 눌린다. 오른쪽 그림의 까만 점들은 임파절이다. 우리 몸의 혈관과 임파관을 통해서 불필요한 독소는 제거되어야 하고, 이러한 독소로 인해 세포가 변질되면 면역세포가 기동을 빨리 해서 제거해야한다. 이 기능을 차단하는 것이 몸을 조이는 옷들이다. 남편 시드니 로스 싱어 박사는 암을 다음과 같이 정의했다.

"암은 약해진 면역계와 과중한 독소와의 산물이다"라고.

이 책을 읽고 난 뒤부터는 학생들에게 매학기 묻는다.

"밤에 잘 때 브래지어를 하고 자는 학생들 손들어 보세요" 의외로 많은 학생들이 손을 든다. 서양 속옷은 겉옷의 맵시를 내기위해서 필요한 것이다. 겉옷을 벗으면, 속옷도 더 이상 필요하지 않다. 조이는 것은 모두 풀어야 한다.

독일 시사주간지 슈피겔 온라인이 2002년 4월 17일 덴마크의 코펜하겐 암연구소의 연구 결과를 인용해, 밤에 일을 할 경우 유방암 발생 확률이 무려 50%나 증가하는 것으로 임상 조사 결과에서 밝혀졌다고 전했다.

연구진이 여성 환자 7,000여명에 대한 생활 전력을 1964년까지 소급해 추적한 결과 약 6개월 정도 야근했을 경우에 유방암 발생 확률이 눈에 띄게 증가하며, 야근 기간이 길면 길수록 위험성은 더 높아진다고 조사됐다. 독일에서는 매년 1만9,000명이 유방암으로 사망한다고 한다. 야근할 경우에 암 발병 확률이 높아지는 원인은, 밤에 일할 경우 수면과 각성 리듬을 조절하는 호르몬인 멜라토닌의 생산이 줄어들기 때문이라고 연구진은 추정하고 있다. 멜라토닌은 밤에만 생성되는데, 빛이 멜라토닌의 생성을 방해하는 것으로 알려져 있다. 멜라토닌은 수면을 조절할 뿐 아니라 면역 체계를 강화하는 역할도 하고 있어, 멜라토닌이 부족할 경우 암 세포의 증식을 억제하지 못하게 된다고 연구진은 지적했다.

앞서 슈피겔은 야근이 수면장애, 신경장애, 위궤양, 고혈압, 심근경색 등의 질병을 유발함으로써 수명을 단축하는 요인이 된다고 보도했다. 이 학회지는 규칙적인 생활을 하는 공무원, 성직자, 교사 등의 평균 수명은 78세에 달하지만 교대 근무를 하는 근로자의 평균 수명은 65세 불과하다고 전했다.

유방암 발생률이 높은 여성

● 전체 유방암 중에서 5~10%가 유전성이라고 한다. 직계 가족 중에 유방암 환자가 있으면 암 발생률은 보통사람에 비해서 2~3배가 높다고 한다. 그러나 환경요인이 85~90%이므로 환경요소의 비중이 더 큰 셈이다.

- 독신 또는 임신한 적이 없는 여성이 유방암 발생 확률이 높다. 이것은 에스트로겐 호르몬과 연결하지만 나의 의견은 수유를 통해 몸에 누적된 발암물질이 배출될 기회가 없기 때문으로 본다.
- 피임약을 오래 사용한 여성과 또 골다공증 예방으로 여성호르몬을 복용한 폐경기 여성들도 유방암 발생률이 높다.
- 비만은 지방조직에 있는 효소가 지방을 에스트로겐으로 변화시켜 유선세포의 증식을 자극한다. 동물성 지방이 많은 식사도 유방암을 촉진하고 술과 커피를 즐기는 여성일수록 유방암 발생률이 높다.
- 학력이 높고, 경제력이 있는 여성들이 유방암 발생률이 높다. 사회경제 수준이 높을수록 동물성 식품 소비량이 많은 것과 관련이 있으며, 아직 통계자료는 없지만 해외 유학파 여성들의 발생률이 빈번하게 들리는 것은 서구식 식생활과 관련이 있다고 본다.

소아암

20세기 초반에는 어린이 암은 매우 드문 일이었다. W.C. 휴에퍼 박사는 선천적 암과 소아암은 임신 중 어머니가 발암물질에 노출되면서 이것이 태반을 뚫고 들어가 태아에 치명적인 영향을 주어 발생한다고 추측했다. 소아암은 영국 웨일즈에서는 1911~1915년 사이에 인구 100만명당 10건이었는데 20세기 말경에는 46건으로 증가되었다. 다른 나라에서도 소아암은 꾸준히 증가하고 있다. 지금은 소아암이 전세계적으로 비교해볼 때 10만명당 100명~110명 수준인데(100만명당 1000명이 넘는 수치가 됨) 아시아, 유럽, 아프리카, 미국 등이 모두 이 통계 숫자안에 들어갔기 때문에 의학계에서는 소아암이 유전이나 환경이 원인이 아니라 확률에 의한 질병이라고 부른다고 했다(KBS 생로병사의 비밀 2004년 12월 29일 방영). 횡적인 비교는 대륙간에 별 차이가 없어졌으나 종적인 비교를 할 때에는 엄청난 증가를 보이고 있다.

백혈병은 소아암 전체의 1/3을 차지하고 있고, 1~4세에서 대부분 발생되고 있다고 한다. 영국 브리스톨 대학교의 헨쇼 교수는 백혈병 발생 증가의 원인을 환경 화학물질이라고 하며 50년 전에는 없었던 현상이라고 했다. 원인 물질은 이온화된 방사선, 전자장, 바이러스, 감염, 화학물질 및 농약 등으로 본다. 브리스톨 대학교의 프리스(Alan Preece) 교수는 이러한 유해물질이 태반이나 엄마보다 태아에게 높은 농도로 나타난다고 하며 소아백혈병은 태반에서 시작된다고 했다.

위 암

현재 미국인의 위암발병은 매우 드물다. 그러나 냉장고 보급이 일반화되기 전 1930년대 이

전에는 미국인들에게도 위암은 흔했다고 한다. 냉장고에 신선한 야채와 과일을 보관할 수 있고 소금 간을 한 베이컨이나 염장 가공육류의 섭취가 줄면서 위암 발병률이 줄어든 것으로 보고 있다. 그러나 아직도 한국인과 일본인의 위암 발병률은 아직도 으뜸이다. 한국인의 암발생을 연간 6만명으로 추산하면, 약 만 4천여명을 위암으로 본다. 한국인 위암환자들이 평균 연령은 54세이며 대부분이 40대에서 60대이다. 그러나 20대도 3%정도이며 남자가 여자보다 2배가 많다고 한다.

한국인의 염분 섭취량은 WHO에서 권장하는 10g 이하를 훨씬 초과한다. 하루 평균 한국인이 즐겨먹는 맵고 짠 음식의 소금과 고추는 발암물질이 아니지만 과잉 섭취하면 위의 점막을 손상시키며 보조 발암물질의 역할을 하므로 쉽게 암으로 전환된다.

그 외에 위암 발생을 높이는 식품으로는 훈제 식품, 질산과 아질산염 가공식품, 불에 태운 고기, 아플라톡신이 들어있는 식품, 한국인이 좋아하는 짠 젓갈류 등이 있다.

헬리코 박터 파이로리균은 위염, 위궤양을 일으키고 또 위암으로 진행하는 역할을 한다. 의사마다 의견이 분분하지만 WHO에서는 감염성 헬리코박터 파이로리균이 위암을 일으키는 발암물질로 분류하였다.

일본인의 하와이 이민에서 밝혀진 것처럼 일본에 사는 일본인의 높은 위암 발병률이 이민 2, 3세에서는 낮아지는 반면에 서구인의 암 발병률이 높아진 것을 보면 암은 유전보다는 환경, 즉 식생활의 지배를 받는다.

녹황색 채소와 과일의 암 예방 효과는 베타 캐로틴과 비타민 C의 강력한 항산화제의 역할로 해석한다. 암의 예방은 건강한 식습관을 갖도록 소아기 때부터 시작해야 한다.

폐 암

우리나라나 일본이나 폐암의 사망률은 이제 1위가 되었다. 흡연이 가장 큰 요인으로 담배를 피우는 사람의 발병률은 비흡연자의 4배~10배에 달한다. 대기 오염도 폐암 발병률을 증가하는 요인이다. 간접흡연도 피해를 입는 것은 직접흡연과 마찬가지이다. 폐암의 가족력이 있는 경우 발병률은 2~3배가 높다고 한다.

환경요인으로 발암물질이 많은 공해 도시의 공기도 원인이 될 수가 있으며, 직업적인 요인으로 비소, 석면, 크롬, 니켈, 다환방향족 탄화수소, 염화비닐, 방사선 물질 등도 원인이 된다. 석면은 영어로 'asbestos'라고 하는데 석면을 생산하는 직업에 종사하는 노동자의 아이가 폐암으로 비참하게 죽어가는 다큐멘터리가 80년대에 미국에서 방영된 적이 있었다. 나도 뼈와 가죽만 남은 아이의 웅크린 모습이 아직도 기억이 생생하다. 이후로 미국의 각 초등학교에서는 방학 때 학교 건물 내부에 발라진 석면을 긁어내느라 한참 소동이 난 때가 있었다.

식생활은 야채와 과일을 적게 섭취하고 육류나 동물성 지방 등의 고지방식을 섭취하는 경우 발병위험이 더 높은 것으로 나타났다. 암 중에서도 폐암은 수술을 해도 회복율이 어려운 것으로 알려져 있다. 몇 년 전에 만난 한 폐암 환자는 밤에 잠을 잘 수가 없어 병원복도에 웅크리고 있던 모습도 기억이 난다. 그럼에도 불구하고 폐암을 이겨낸 분들이 드물게 생존한다. 본인에게나 가족에게 암을 극복한다는 것은 자랑이 될 수가 있다.

간 암

대부분의 간암은 B형, C형 간염이 장기화된 간경변에서 암으로 진행하는 것이다. 바이러스에 감염되면 만성 염증이 되고, 이 증상이 장기화되면 세포의 유전자에 손상이 생긴다. 우리나라의 경우 인구의 약 5.5%가 B형 간염 바이러스 보균자인 것으로 밝혀져 있다. B형 간염 바이러스는 산모의 90%로부터 아기에게 수직 감염이 될 수 있다고 한다.

간암환자를 만났을 때 여성인 경우 자녀들에 대해서 물어보면 거의 대부분 아이들도 간염을 가지고 있다고 했다. 엄마의 질병은 그 가정의 비극의 시작이다. 특히 간염은 치료가 되기 때문에 결혼 전에 완치한 후 자녀를 가져야 한다. 병을 키우기 전에 간염부터 치료해야하며, 간염도 미연에 예방해야한다.

우리나라의 경우 만성 간질환과 간암 환자는 70%가 B형 간염 바이러스 감염에서 오며, 나머지는 C형 간염이 원인이다. C형 간염은 증가 추세를 보이고 있다고 한다. 간염 환자들이 알코올을 과음 할 경우에는 그 위험률이 매우 높아진다.

B형 간염 바이러스를 20년간 보균하고 있을 때 약 35%에서 간암이 발생하고 간경변으로 발전한 경우에는 매년 3~5%에서 간암이 발생한다고 한다. 알코올 자체도 간경변이 생길 수가 있고 간암으로 진행할 수가 있다. 또 아플라톡신이 간암의 원인이 될 수도 있다.

간암의 초기에는 특이한 증상이 없고 암 중에서 가장 치료되기 어렵다. 또 증세를 자각하기도 매우 힘든 특징이 있다. 또 간암 환자의 80% 이상은 간경변에서 생기며, 간암보다 간경변으로 사망하는 경우가 더 많다. 간암으로의 진전은 상당한 시간이 걸린다.

한국인의 간염 바이러스 보균율은 OECD 국가 중에서 1위라고 할 정도이며 한국인의 습관 중에 술잔 돌리기, 찌개와 같은 음식을 같이 먹는 것 등은 좋은 전통은 아니다. 가족 중 간염환자가 있을 경우 다른 가족에게 전염이 될 수 있으므로 각별히 조심해야 한다. 그러나 관리를 잘하면 부부간에도 간염 전염이 안되는 경우도 있다.

대장암

대장은 소장에서 내려온 음식 찌꺼기에서 수분을 흡수해 변을 만드는 결장과 변을 배출할 때까지 저장 역할을 하는 직장으로 구분한다. 대장에는 장내세균이 서식하면서 비타민 K, 비타민B$_{12}$ 등을 만들어 우리와 공생관계를 맺고 살고 있다. 섬유소의 섭취량에 따라서 장내 서식하는 균총의 분포도 다르다. 우리 몸에서 소화할 수 없는 식이 섬유소를 이 미생물은 짧은 지방산으로 분해하는데 이것이 대장암의 예방에 도움을 준다. 또 섬유소의 역할은 우리 몸에 필요 없는 화학물질을 흡착해서 나가면서 물리적으로 대장벽에 노출되는 것을 방해하고, 또 변비가 되지 않게 하기 때문에 발암물질이 오래 대장에 남지 않는다.

대장암은 맹장에서 직장까지 즉 결장에 발생하는 악성종양을 의미한다. 대장암의 65~70%는 S 결장과 직장에 생긴다고 한다. 한국인의 식생활이 서구화되면서 대장암이 급속히 증가하고 있다. 특히 대장암은 고령으로 갈수록 발생이 증가하고 고령인구가 증가할수록 대장암은 더 많아질 것으로 보고 있다.

일반적으로 대장암이 발생하기 전에 점막구조가 장 안에서 자란 용종(폴립)의 과정을 거친다. 이 용종이 50세 이후에 많이 생기며 용종에서 암으로의 발전이 5년 정도 걸린다고 한다. 직장에 종양이 생기면 배변 습관이 변하고 변이 가늘어지고, 잔변감이 있고, 색이 진한 점액이 나올 수가 있다.

《식사로 암을 예방한다》의 저자 와타나베 쇼 박사는 자신의 형의 예를 들었는데, S 결장을 20cm 잘라내고 변통 조절을 전혀 하지 못한다고 했다. 언제 변의가 올지 모르고 배설을 참을 수가 없기 때문에 몸이 자유롭지 못함으로 인한 불편함, 분노, 후회, 고통 등이 따르게 되는데, 정상적인 사회활동은 물론이거니와 삶의 질이 떨어지는 것이다. 암은 육체뿐만이 아니라 정신적으로도 치명상을 줄 수가 있다.

인간의 실수로 S 결장을 제거한 그 후유증을 볼 때 우리 몸의 S 결장의 디자인은 창조주의 아이디어라고 볼 수가 있다. 이 디자인을 본뜬 것이 세면기의 하수관을 들 수가 있다. 하수관을 S 형태로 만드는 것은 하숫물을 저장해 속도를 줄일 수가 있다.

대장암이 직장에 가까울수록 항문을 폐쇄해서 인공항문을 복부에 만든다. 최근의 한 종합병원에서 암에 관한 세미나 광고를 보고 찾아갔더니(나의 경우는 주로 자료를 얻으러 가지만) 그날의 세미나는 인공항문관리 제품회사가 스폰서를 서는 것이라서 암 예방에 관한 홍보는 전혀 없는 반면, 주로 '어떤 제품이 편리하게 인공항문을 관리할 수가 있는가' 가 주요 관심의 대상이었다.

암을 예방하려면

● 식생활을 개선한다. 너무 뜨거운 음식, 짠 음식, 매운 음식과 탄 음식 및 방부제가 든 음식을 피한다. 술잔 돌리기, 찌개를 여러 사람이 같이 먹는 습관 등으로 인한 헬리코박터 파

이로리균의 감염은 피해야 한다. 정제당, 육식, 기름진 음식을 절제한다.

- 과일, 야채, 통곡류의 섭취를 늘린다. 녹황색 채소에 함유된 베타캐로틴, 비타민 C, 셀레늄 등과 이외에 과일과 야채에 많이 들어있는 식물성 보약성분(phytochemicals)은 항산화 효과가 있다. 항산화물질은 이런 활성산소를 제거하는 작용을 한다. 과일과 야채에 함유된 식이섬유는 대변 통과시간을 단축시키고, 대변 내 수분함유 증가와 정상적인 대장 내 세균의 작용을 도와 암 발생을 감소시킨다. 이제 선진국에서는 'Five A Day' 라는 캠페인이 유행이다. 즉 건강을 위해서 하루에 5회분의 과일과 야채를 먹자는 것이다.

- 운동을 한다. 규칙적인 운동은 대장암, 전립선암, 유방암을 예방한다. 효과적인 운동방법은 하루 30분 이상, 일주일에 5일 이상, 땀이 조금 배어나오는 정도나 약간 숨이 차는 정도이다. 무리한 운동으로 과로하지 않는다.

- 물을 충분히 마시며, 목욕이나 샤워를 자주 하여 몸을 항상 청결히 한다.

- 태양광선은 하루 30분 정도는 충분히 쪼이는 것이 좋다. 자외선으로 인해 비타민 D가 합성이 되고, 세라토닌과 멜라토닌 분비가 촉진되어 우울증 예방과 수면에 도움을 준다.

- 금연이 최우선이다. 담배는 폐암 이외에도 구강암, 식도암, 자궁경부암, 후두암, 방광암, 췌장암, 위암, 유방암 등의 원인이 되고, 폐기종, 만성 기관지염과 같은 폐질환과 심혈관질환, 뇌졸중, 동맥경화증, 말초혈관질환 등과 관련이 있다. 결정적으로 폐암은 흉부방사선 촬영이나 객담검사로 조기 발견이 안 된다. 비소나 석면과 접촉하는 직업도 폐암의 원인이 된다.

- 과도한 음주를 피한다. 음주와 관련된 암은 간암, 후두암, 식도암, 대장암, 유방암 등이 있고 음주와 흡연을 동시에 하는 것은 두경부 암 발생률의 급격한 증가를 초래한다. 암뿐만 아니라 알코올성 간염, 간경변, 췌장염, 철분과 엽산, 비타민 결핍 등의 영양불균형, 면역 저하 등을 유발한다. 비록 알코올 자체가 발암물질은 아니지만 다른 화학성분들과의 상호작용으로 암의 발생률을 상승시키는 것으로 추정된다.

- 스트레스를 줄이고 기쁜 마음으로 생활한다. 스트레스의 증가는 몸의 호르몬에 영향을 미쳐 면역계의 기능을 떨어뜨려 암 발생을 증가시키며 정신적 스트레스가 몸의 산화 스트레스를 증가시킨다.

- 간염백신으로 간암을 미리 예방한다. 곰팡이 핀 음식, 상한 음식도 피한다.

제 10 장

천연 치료제들

1. 단식법(Fasting)
2. 물치료법(Hydro Therapy)
3. 숯가루치료법(Charcoal Therapy)
4. 기타 치료제들

1. 단식법

나의 만성피로증으로 몇 년 동안 힘들게 생활했을 때 병원의 검사는 항상 '아무 이상 없음' 이었다. 몸의 이상한 증상은 무언가 원인이 있으며 단지 검사에 나타나지 않았을 뿐이다. 지금 그 당시를 생각할 때 그러한 상태로 가다가 중병으로 갈 수도 있었다고 생각된다. 현대 의학의 진단에 나타날 때에는 너무 늦을 수가 있다.

이 때 활용할 수 있는 방법이 단식이다. 단식은 육체적인 질병을 고치는 가장 오래된, 부작용이 없는 가장 자연적인 물리 치료법이며, 모든 치료법 중에서도 으뜸이다. 이것은 전 세계의 야생동물들이 하나같이 사용하는 치료법이다. 병이 든 경우나 부상을 당한 경우 동물들이 식사를 하지 않는 이유는 자기 보호 본능이 배고픔보다 더 강해서 먹지 않으려 하기 때문이다. 현대인의 과잉섭취로 오는 식원병은 단식법으로 치료하는 것이 가장 효율적이다.

불편한 증상으로 몇 년 동안 고생하는 사람이라면 그 증상을 극복하기 위해 많은 노력을 한다. 나도 그중의 하나였다. 우연한 기회에 단식에 관한 책을 많이 읽으면서 우리 몸이 단식기간 중에는 가장 못쓰게 되는 세포부터 태워 열량을 사용하는 점에 공감이 갔다. 몸의 종양, 물혹, 혈관 안의 침착(동맥경화)등은 우리 몸에 필요 없는 것들이다. 단식 기간 중 우리 몸은 필요 없는 세포부터 소모하는 효율성이 있다. 일주일에 하루 정도의 단식은 혼자서도 가능하지만 경험이 없는 사람은 일주일에서 열흘정도의 단식은 지도자의 교육을 받아가면서 하는 것이 안전하다. 나는 단식을 단지 체중을 빼기 위한 수단으로는 권하지 않으나 질병의 예방과 치유의 목적으로는 권한다. 본인의 의지만 있으면 가능하다. 지도자에 따라서 방법은 다르나 비교해 가면서 자연에 순리인 방법을 택한다.

단식의 목적과 유익

단식은 몸의 유독물질의 배설을 촉진하기 위한 가장 빠르고 효율적인 방법이다. 물탱크나 수도 파이프 청소할 때 단수를 하는 것과 마찬가지이다. 문명식을 많이 먹어온 사람들은 배설 루트가 준비되지 아니한 첨가물을 많이 먹어왔다. 이러한 화학물질이 오랫동안 세포에 쌓이면 세포의 기능이 떨어질 수밖에 없다. 단식은 다른 방법으로는 제거할 수 없는 해로운 화학물질과 오염물질을 신체 각 기관으로부터 배출한다.

단식의 대가 폴 브래그 박사는 21일 단식 중 19일 째 되는 날 방광에 심한 통증을 느꼈는데,

그 소변에는 DDT 등의 살충제용 독소가 가득 들어 있었다고 한다. 독성분이 몸의 여러 부분에 쌓이고, 이것이 신경 조직에 압력을 가하게 되면 통증을 겪는다. 몸에서 독이 배출될 때에는 많은 통증을 느끼며 독이 신장에서 제거되자마자 사라진다. 단식의 목적은 인체의 자기 치유력, 자기 복구력, 자기의 원기를 회복시키는 데 있다. 즉 육체로 하여금 100% 자기 치유력을 발휘하게 하는 것이다.

나와 같이 단식에 참가한 한 부인은 알레르기가 심했다고 했다. 며칠동안 물밖에 먹은 것이 없었는데 하루 종일 토하면서 그동안 먹었던 약냄새가 난다고 하였다. 몸에 축적된 약을 계속 토했던 것이다. 이렇게 축적된 약들은 알레르기 반응을 더 악화하는데 기여했을 것이다. 단식 기간 중 불필요한 물질은 관장으로 배설되고 풍욕을 해서 피부로도 내보내는데, 단식 기간 중에는 체취로 인해 방 냄새가 좋지 않다. 그 후에 그 부인은 식생활도 철저히 해서 건강을 회복하였다.

그 때 같이 참가한 50대의 한 남성은 중풍에 걸려 마비가 와서 말도 잘 못하였다. 중풍이나 고혈압과 같은 혈관질환은 혈관이 좁아진 것이다. 단식은 혈관에 축적된 불필요한 지방질을 제거한다. 단식기간 중에 배운 모관운동, 붕어운동, 냉온욕도 역시 혈액순환에 도움이 된다. 단식 후에는 순환 기능이 좋아져 소화가 잘 됨은 물론 생명력도 커져 인내력과 체력이 증강된다. 신체를 정화시켜 줄 뿐 아니라 신체가 회복되어 건강하게 도와준다. 이 남성은 후에 뛰어다닐 정도가 되었고 고혈압이 있던 나의 친구도 단식에 참여해서 고혈압을 해결하였다.

단식은 인간에게 자신감, 적극적인 사고, 마음의 안정, 달콤한 수면을 주며 다른 치료법으로는 도저히 줄 수 없는 넘치는 행복을 선사한다. 단식을 하면 정신은 더 강해지고 더 긍정적이 되며 영혼, 정신, 육체에 영향을 주기 때문에 위대한 지도자들은 단식가들이 많다.

방 법

단식 중에 맑은 물 이외에는 아무 것도 먹지 말아야 한다. 그중 증류수는 인간이 마실 수 있는 가장 순수한 물이며 신장에 생긴 무기물의 결정이나 결석을 녹여낸다. 단식이란 극히 개인적인 일이기 때문에 단식의 계획을 남에게 말하지 않는 것이 좋다. 그들은 부정적인 생각을 넣어 줄 수가 있기 때문이다.

일하면서 단식을 할 수는 있지만 스트레스를 받는 상황에서는 어렵다. 단식은 생리적인 휴식이므로 쉬는 것이 좋다. 쉬는 동안 TV 시청은 금하며 단식과 건강에 관한 자료를 많이 읽는다. 단식 중 신선한 공기, 일광욕은 좋으나 오랜 일광욕은 체력을 소모시킨다. 단식 중에 움직이고 싶지 않으면 운동을 하지 않는 것이 좋다. 단식 중에는 육체의 내부 정화를 위해 모든 에너지가 사용된다. 그러나 운동이 필요하다고 느껴지면 운동하는 것도 무방하다.

단식 중 위와 장이 수축되기 때문에 위하수가 회복되며 보식은 매우 중요하다. 보식의 내용은 지도자마다 다르다. 폴 브래그 박사의 보식은 열량이 낮은 야채 위주의 식사로서 풍부한 섬유소와 미량 영양소를 공급한다.

7일째 되는 날 : 오후 5시경 중간 크기의 토마토 4~5개를 껍질을 벗기고 토막 내어 삶는다. 식은 후 적당량을 먹는다.

8일째 되는 날 : 아침에는 당근과 양배추 샐러드에 오렌지 즙을 소스로 곁들인다. 샐러드 후에 한사발의 찐 야채와 토마토(시금치, 스위스 근대, 겨자 잎 등)를 식혀서 2개의 통밀 빵과 함께 먹는다. (바싹 구운 멜바 토스트) 미각을 예리하고 민감하게 길들이기 위해서 천연향이 풍부한 생야채를 먼저 먹어야 충분한 소화액이 나온다. 생야채는 효소와 태양 에너지가 듬뿍 들어있는 정제되지 않은 음식이고 자연식이며, 신선한 음식이다. 낮에는 증류수를 많이 마신다.

저녁식사 : 당근, 샐러리, 양배추로 만든 샐러드. 시금치, 양배추, 근대나 겨자 잎 중의 한가지와 강낭콩 줄기, 당근, 찐 샐러리, 오크라 또는 호박류에서 한 가지를 택한다. 통밀 빵 2쪽. 기름기가 포함되어서는 안 된다.

9일째 되는 날 : 아침에는 바나나, 파인애플, 오렌지, 포도, 사과와 같은 신선한 과일을 썰어서 한 접시. 가공하지 않은 맥아 2술을 꿀에 타서 먹는다. 꿀은 1술 이내로 제한한다. 오후에는 잘게 썬 당근, 양배추와 샐러리로 만든 샐러드에 조리된 야채 한 종류와 한 조각의 멜바 토스트를 먹는다. 저녁에는 상치, 양갓냉이, 파슬리와 토마토로 만든 샐러드 한 접시와 두 가지의 조리된 야채를 먹는다.

단식 후 밀의 가장 중요한 부분인 밀 배아를 날 것으로 먹는 것이 좋다. 이것은 몸에 윤활성을 공급하는 식품인데, 우리나라에서는 현미가루로 만든 죽을 먹는다. 7일간의 단식과 10일간의 단식은 아무런 차이가 없다. 10일째가 되는 날 오후 5시경 스튜로 만든 토마토를 먹는다. 그때부터 7일간의 단식과 같다.

버나드 젠센의 보식법

단식 후 이틀간 : 미음, 녹차, 야채나 과일주스를 마신다. 230cc를 3시간마다 마신다.

단식 이후 3~4일째 : 아침에는 껍질을 벗긴 오렌지를 먹는다. 오렌지의 섬유소는 장에 최고로 좋다. 오렌지 대신 당근을 얇게 썰어 1분간 찐 것도 좋다. 이 방법은 유독물질을 제거하는데 큰 도움을 준다.

식간의 오전 10시 주스 한 컵.
점심식사도 아침과 같은 것을 먹는다.
오후 3시에 다시 주스 한 컵.
저녁식사는 소량의 샐러드.

단식 이후 5일째 : 전날과 같은 것으로도 좋지만 뭔가 부족하면 점심과 저녁에 삶은 야채를 하나 더 추가해도 좋다. 5일째부터 이틀간은 묽은 죽에 삶은 감자, 야채, 두부 등.

단식 이후 6일째 : 식사에 전분이나 단백질 식품을 첨가한다. 소량으로 잘 씹어서 시간을 두고 즐겁게 식사를 한다. 7일째부터 이틀간은 7분 죽, 야채와 과일도 소화가 잘되는 신선한 것을 생으로 조금씩. 9일째부터 이틀간은 전죽으로 평상시의 60%만 먹는다. 이후에는 보통의 식사상태로 돌아온다.

두 가지의 보식법의 공통점은 야채와 과일을 충분히 섭취하는 점이고 지방 식품은 없다. 지방 식품은 단식 10일 이후 견과류를 조금씩 시작한다.

2. 물 치료(Hydro Therapy)

와일드우드 라이프스타일센타(조지아주)와 같은 천연치유 요양병원에서는 다양한 물치료를 사용한다. 내가 발바닥에 통증을 느껴서 입원했을 때에는 높은 의자에 앉아서 커다란 더운물통과 얼음물통에 다리를 번갈아 담그는 방법을 사용했고, 샤워도 더운물이 여러 군데에서 쏟아져 나오고, 2~3분 후에는 찬물로 바뀌는 샤워룸을 사용했었다. 그때 나와 함께 들어온 뚱뚱한 백인 여성이 갑자기 혈압이 올라가서 소동이 생기자 디렉터가 얼른 더운물을 담은 큰 용기를 가져와 발을 담그게 했다. 발의 모세혈관을 확장해서 혈액이 밑으로 내려가게 함으로 혈압을 내리게 하는 이치이었다. 물치료는 물 온도의 차이를 이용해서 우리 몸의 혈액순환을 자극해 질병치료에 사용한다. 몸의 부작용이 없는 천연치료법이다.

각 탕

- 특히 몸이 으슬으슬 춥고, 감기와 몸살기운이 있다고 느끼는 즉시 욕조에 더운 물을 가득 받는다. 물의 온도를 손으로 느끼지 않고 발을 넣어보고 온도를 느낀다. 견딜 수 있을 정도로 물을 뜨겁게(42~3℃) 받는다.
- 반바지와 면 T셔츠를 입고, 그 위에 스웨터를 두개 정도 껴입거나 담요를 두른다.
- 욕조에서 책을 읽으면서 20분 정도 지나면 땀이 나기 시작한다. 땀을 충분히 흘리면서 30분을 채운다.
- 우리 몸에서 열이 나는 것은 면역체가 미생물과의 싸움에서 발열반응을 일으키기 때문이다. 과거에는 열이 날 때 해열제로 해결했지만 각탕은 오히려 물의 온도를 이용해서 열을 더 올려주어 면역체의 기능을 돕는 역할을 하는 자연요법이다. 땀을 흘림으로써 몸의 병원체와 불순물을 제거하는 역할을 한다. 맑은 물로 수분을 충분히 보충한다.
- 한 번의 각탕으로도 휴식을 충분히 취하면 감기를 물리칠 수가 있다. 과거에는 아스피린이나 타이레놀이 상비약이었지만 이제는 상비약 없이 지낸 지가 10년이 넘었다.

냉온욕

평소에 쉽게 할 수 있는 냉온욕을 소개하고자 한다. 공중탕에 갈 수가 있으면 냉탕과 온탕을 1분씩 번갈아 들어갔다가 나오는데 7회를 반복한다. 혈압이 높은 사람은 냉탕부터 들어가는 것을 권하지는 않는다. 냉탕에 1분 있다가 온탕에 들어가면 온몸이 따끔따끔해지는 것을 느낀다. 혈관이 수축했다 이완하는 현상을 느끼는 것이다. 나는 이 과정을 '혈관 마사지' 라 부른다. 이렇게 7회를 반복하는 과정에 우리의 몸에서는 엔돌핀이 분비되기 때문에 면역력 향상이 된다. 공중탕에 갈 시간이 없을 때에는 욕조에 더운물을 받아놓고, 찬물은 샤워기를 사용한다.

3. 숯가루 치료법(charcoal therapy)

숯의 사용은 아마도 동양이 먼저라고 생각된다. 1970년대의 중국에서 2100년이 넘은 '마왕퇴의 귀부인'을 발굴할 때, 상당히 두꺼운 숯 켜를 제거했었다. 모든 소장품들이 오랜 세월동안 보관이 될 수 있었던 것도 숯의 항균작용으로 본다. 우리 조상들이 땅에 말뚝을 박을 때에도 나무를 불에 그슬려서 박았다. 숯이 된 표면은 항균작용의 기능이 있어 썩지 않기 때문이다.

프랑스와 벨기에에서는 미국보다 먼저 1980년경에 쿠니(Coony)라는 의사를 통해 민간의 제독제로 상용해 오던 숯가루의 임상적용이 이루어졌다.

음독 시에 구토 촉진제로 이페칵을 사용했을 때는 25~35%의 독극물이 제거되었는데 숯가루를 먹였을 때는 50~75% 제거되었다고 한다. 이페칵(Ipecac)은 브라질에서 생산되는 카타게나 나무의 뿌리에서 나오는 이메틴, 세팔린, 이메타민, 이레카인 등 알칼로이드 성분과 이페카큐엑틴산이 있고 시럽으로 만들어 구토를 유발하는 최토제로 사용된다. 자살 목적으로나 또는 실수로 독극물을 먹었을 때 이페칵 시럽을 한두 숟가락 먹이면 위장을 자극, 토해 내거나 또 다른 해로운 부작용이 있기 때문에 부작용이 없는 숯가루를 사용할 것을 권하고 있다.

1984년 커티스와 그의 동역자들이 이페칵과 숯가루의 효능 비교 실험을 한 결과 아스피린을 과량 먹인 환자에게 이페칵을 먹였을 때에는 70%가 혈류로 흡수되어 신장을 통해서 소변으로 배설되었다. 숯가루를 먹였을 때에는 56%만이 소변으로 배설되었다고 하는데, 소변으로 배설되는 것은 위장 내에서 제독 작용이 되지 못했다는 것이다.

숯가루를 먹였을 때 위장 안에 고인 물질은 1분 내로 급속한 흡착 작용이 일어난다. 위액이나 장액의 끈끈한 액체 때문에 독극물 흡착에 약간의 방해를 받기도 하지만, 병원에서 독극물 최토제로 사용되는 이페칵은 위장 내에 들어간 독극물을 흡착이 아닌 토해내는 방법이기 때문에 아무리 애를 써도 30%만이 토해낼 수 있었을 뿐 70%는 그대로 위장관을 통해서 혈류로 흡수되어 독성을 발한다. 그러나 숯가루는 즉시 독극물을 흡착해서 무독화해 버린다고 했다. 동물실험에서 치사량의 10배가 넘는 비상을 먹인 다음 동량의 숯가루를 즉각 먹인 결과 실험동물의 치명적인 피해는 전혀 일어나지 않았다고 한다.

식사가 서구식으로 변해 가는 지금, 육류 섭취와 가공 식품 섭취가 흔해지면서 우리 몸에는 살아 있는 효소 역할을 해주는 비타민과 무기질 섭취가 자연히 줄었다. 미량이지만 조절 영양소가 되는 비타민과 무기질이 부족하면 에너지 급원을 완전 연소하지 못한다. 결국 불완전하게 연소되므로 우리 몸에 누적되는 것은 불순물과 노폐물이다. 완전 연소되면 탄산가스와 물로써 쉽게 배설될 물질로 되지만 불완전 연소가 되면 우리 몸에 불순물이 누적이 된다. 이런 상태가 계속되면 우리 몸은 무겁고 나른해지며 붓게 되는데 경우에 따라서는 통증도 온다. 이럴 때에는 숯가루로 제독하는 방법을 소개한다.

숯가루 복용

- 숯가루 과립은 작은 봉지에 포장한 것이 시중에 나온다. 흔히 있는 일은 아니지만, 어쩌다 기름진 외식을 부득이 먹게 되어 속이 편치 않을 때 숯가루 과립형 한 포를 물과 함께 복용하면, 기름기의 느끼한 거북함이 사라진다.

- 세균성 식중독으로 인한 설사에도 숯가루를 복용해서 장내의 세균을 흡착시키는 역할을 한다. 뱀에게 물렸을 때 독을 씻어내고 빨아내기 위해 숯가루를 과량 복용하고 베 헝겊에 싸서 물린 자리에 넓게 붙일 것을 권장하고 있다.

- 숯가루는 여러 염증 질환에 긴요하게 사용된다. 위염이나 위궤양으로 고통 받는 환자는 숯가루를 올리브유에 개어서 복용하는 것이 어떤 제산제나 위산중화제 또는 위장병 치료제보다도 우수하다고 하였다. 게실증과 같은 장질환과 급성신장염, 신부전증 등 각종 신장질환과 간염, 담낭염, 췌장염, 자궁염증, 폐렴, 편도선염, 중이염, 축농증, 뇌막염 등 각종 염증과 알레르기 원인제거와 세척에 숯가루를 먹이고 찜질하여 많은 효과를 얻었다.

숯가루 팩 만들기

숯가루 팩은 환부의 독소를 제거하며 통증이 완화된다. 나의 경험에 의하면, 피부의 상처에 숯팩을 대는 순간 통증이 가라앉고, 또 흉터가 남지 않는다.

재료 : 활성탄(숯가루 분말), 아마씨 가루, 랩, 올리브유, 유칼립투스, 스테인리스 냄비, 롤 거즈, 밀가루
방법 : ❶ 밀가루 1 큰 술, 아마씨 1 큰 술로 되직하게 풀을 쑨다. ❷ 이 풀에 활성탄 분말 8~10큰술, 유칼립투스 1 큰술 올리브유 반 컵 정도를 넣고 약한 불에서 잘 섞는다. (질고 된 것은 올리브 양으로 조절) ❸ 바닥에 비닐을 깔고 거즈를 펴 놓는다. ❹ 거즈 위에 잘 섞은 숯가루 풀을 놓는다. (크기에 따라서 전부) ❺ 랩으로 덮고 손으로 눌러 편편히 편다. ❻ 환부에 거즈가 닿게 대고 복대나 붕대로 고정한다. ❼ 1일 3회 교체한다. ❽ 그 위에 Hot Pack이나 적외선 램프를 20, 30분간 쪼인다.
나의 쉬운 방법 : 숯가루와 아미씨 가루(분쇄기에 갈아서 사용함)를 4대 1의 비율로 섞어 물로 되직하게 반죽한다. 만드는 방법은 위와 같고, 밤에 자기 전에 붙이고 아침에 뗀다.

4. 기타 치료제들

햇빛

햇빛은 값으로 매길 수 없는 치료제이다. 태양은 신에 의해 만들어졌고 우주계는 아직 인간의 과학지식으로 모두 해명이 되지를 않았다. 태양으로부터 나오는 햇빛은 생명의 근원이다. 모든 생명체의 에너지의 근원이다. 태양이 없으면, 지구상에 생명이 존재할 수가 없다.

태양광선은 강력한 힘을 가진 살균, 소독제이다. 건강한 사람이 햇빛 아래에 누워있기만 하면, 태양은 긴장 완화를 준다. 인간은 직사광선을 필수적으로 쬐어야 하고, 태양 아래서 잘 익은 자연식을 적어도 50% 이상을 섭취해야 한다. 엽록소는 식물이 태양으로부터 흡수한 태양에너지로서 가장 풍성하고, 영양가 있는 식품이다. 신체의 피부에 햇빛을 쬐고, 음식물의 50%를 과일이나 생야채로 섭취하면 뛰어난 건강을 갖게 될 것이다.

처음으로 일광욕을 할 때에는 이른 아침, 벗은 채로 10분 정도가 적당하다. 늦은 오후도 괜찮다. 그러나 가장 좋은 햇빛은 이른 아침의 서늘한 광선이다. 오전 11시와 오후 3시 사이의 광선은 너무 뜨겁다. 햇빛은 우리 혈액 속의 콜레스테롤을 재료로 해서 비타민 D를 만들어낸다. 따라서 햇빛을 쬐이면 콜레스테롤 수치가 내려가므로 혈관질환을 치료한다. 비타민 D는 칼슘의 흡수를 도와 튼튼한 뼈와 치아를 형성하도록 한다.

태양과 암예방

뉴욕타임스에 따르면 미국 웨이크포레스트 대학의 개리 슈워츠 박사가 지난 4월 미국 내 24개주 주민들을 대상으로 역학조사를 벌인 결과 일조량이 큰 남부 지방 주민은 북부 주민에 비해 전립선·유방·결장·난소암으로 사망할 확률이 10~27% 적었다. 슈워츠 박사는 "햇빛을 받으면 체내에 비타민 D가 합성되며, 이것은 다시 종양 세포 성장을 억제하는 호르몬(칼시트리올)으로 변한다"고 말했다. 태양은 건강에 유익한 세라토닌, 멜라토닌과 같은 호르몬 합성을 돕는다.

이에 앞서 오리건 보건과학대학의 토마스 비어 교수도 지난 5월 화학요법 치료를 받고 있는 전립선암 환자 37명에게 칼시트리올을 처방한 결과, 1년간 암 확산을 저지할 수 있었다고 밝혔다. 칼시트리올 처방 없이 화학요법 치료만 받은 환자의 암 확산 저지 기간은 5개월이었다.

슈워츠 박사와 비어 교수의 연구는 80년대 초 미국 캘리포니아 샌디에이고대학(UCSD)의 세드릭 갈런드 교수 연구팀이 "햇빛으로 생성된 비타민 D가 악성 종양 세포의 발달을 억제한다"는 역학조사 결과를 내놓은 데 이은 것이다.

햇빛을 충분히 받지 못하는 식물은 제대로 자라지 못하고, 열매도 맺지 못한다. 인간도 마찬가지인데 인간이 사는 집도 햇빛을 충분히 받아야 한다. 북반구에서는 집을 지을 때에도 채광을 위해서 남향집을 선호해서 지었다.

신선한 공기와 심호흡

인간은 먹지 않고도 30일 이상 살 수 있지만 공기 없이는 단 몇 분도 살지 못한다. 인간이 5~7분간 취하지 못하면 죽게 되는 유일한 물질이 공기이다. 공기는 인체에 활력을 주는 중요한 요소 중의 하나이다.

인간은 호흡으로 필요한 산소를 얻고 산소는 체내에서 발생한 치명적인 독소인 탄산가스와 교환이 된다. 호흡량이 부족하여 산소의 흡입량과 탄산가스의 생산이 균형을 이루지 못하게 되면 탄산가스가 신체에 축적이 된다. 이 축적된 탄산가스가 신체의 어느 부분에 집중되어 있는가에 따라서 극심한 신체적 고통이 따르게 된다. 따라서 항상 신선한 공기를 깊이 마시는 것이 중요하다.

같은 시간 내에 적은 횟수의 깊은 숨을 들이 쉴수록 장수하며 숨을 빨리 쉬는 사람은 단명한다고 한다. 토끼, 모르모트 등 숨을 빨리 쉬는 설치류는 단명한 동물들이다.

잠을 잘 때 통풍이 잘되도록 창문을 열어 놓고 자야한다. 탄산가스를 충분히 체외로 배출하지 못하면, 병들고, 일찍 늙는다. 따라서 심호흡을 통해 제거하지 못한 농축된 탄산가스를 제거하기 위해서는 단식이 필요하다. 식물도 태양 광선과 통풍의 제한을 받는 아파트 베란다에서 키우면, 병이 잘 생긴다. 따라서 병이 잘 생기는 식물들을 잘 키우려면, 여름에는 바깥에 내놓고, 겨울에는 집안에 들여놓는 수고가 필요하다. 깨끗한 공기는 신경을 안정시키고 피를 맑고 깨끗하게 한다. 문명국의 현대인은 맑은 공기가 차단된 집 속에서 오염된 공기를 마시고 산다.

절제와 바른 자세

식생활, 활동, 모든 일에 절제가 있어야 한다. 절제가 없으면 정신적, 육체적으로 질서와 리듬을 잃게 된다. 술, 담배, 모든 약물 등은 인간에게 주는 유익은 없다. 카페인, 그 외의 중독성이 있는 모든 물질은 모두 해롭다. 어릴 때부터 입에 달고 맛이 있는 모든 음식, 중독성이 있는 기호품 등에 대한 절제력을 키우는 것도 부모들의 몫이다.

신체를 건강하게 유지하려면 반듯이 서고, 걷고, 앉는다. 다리를 포개는 것은 가장 좋지 않은 자세인데, 이 자세는 엉덩이와 등뼈와 머리의 균형을 깨뜨려 만성적으로 허리를 아프게 하는 원인이 된다. 활발하게 꾸준히 걸으면 올바른 자세가 형성이 된다. 따라서 처지거나 늘어지거나 하여 고장 난 신체 기관들이 정상적 자세와 기능을 회복하게 된다.

결론

현대인들은 더럽혀진 도시에서 오염된 물을 마시고, 오염된 공기를 마시고, 완벽하지 않은 음식을 먹고 산다. 자연식, 단식, 운동, 맑은 물, 맑은 공기, 태양, 완전한 휴식은 인간을 건강하게 한다. 왜냐하면 인간에게 주어진 자연 치유력이 있기 때문이다. 자연만이 인간을 치료하고, 병으로부터 구원할 것이다.

제 11 장

식이요법과 천연치료로 치유되는 증세들

1. 약으로 병이 치유되지 않는다

대부분의 사람들은 몸에 이상이 생기면 원인은 생각하지 않고 약부터 찾는다. 그러나 우리 몸은 자연 치유력이 있기 때문에 많은 증상이나 질병은 약 없이도 치유된다. 이점은 아가타 트레쉬 박사를 만난 후 S교수님과 많은 임상경험을 하면서 확신이 섰다. 다음에 열거한 여러 증세는 천연치유로 해결할 수 있는 방법을 열거하였다. 천연치유에서 가장 중요한 것은 앞에서 이미 강조한 건강한 식품으로 간단히 조리한 자연식이다. 아무리 문명이 발달해도 인간은 자연의 일부이다. 우리의 몸세포는 자연에서 얻어진 모든 영양소를 갖춘 자연식품을 필요로 하지 문명이 만들어낸 미량영양소가 빠진 편리한 식품이 아니다. 진리는 단순하다.

바이러스성 간염(Hepatitis)

간의 염증은 바이러스, 박테리아, 독소에 의해서 생긴다. 간염 바이러스는 보통 A, B, C, D, E로 나뉘는데 이중 만성 간염의 주요 원인이 되는 것은 B형과 C형 바이러스에 의한 간염이다. 우리나라의 경우 만성 간질환과 간암 환자의 70%가 B형 간염바이러스 감염에서 시작된 것이고, 나머지 20~30%는 C형 간염이 원인이 되어 발병하고 있다. 이중에서 C형 간염은 증가추세에 있다고 한다.

A형 간염은 오염된 물, 우유, 식품을 통해서 감염이 되고 잠복기가 15~45일 정도이다. 간염 환자는 가장 심각한 오염원이기 때문에 요식업에 종사하는 간염 환자는 증세가 나타나 아프기 전에 병원체를 전파할 수가 있다. 동물과 같이 일하는 사람들도 동물들로부터 바이러스를 옮겨 받을 수가 있다. 또 물의 위생수준이 안전함에도 불구하고도 조개류는 이 간염 바이러스 매개체일 수가 있다. 일반적으로 A형 간염은 4주 안에 회복이 된다.

B형 간염은 전 세계적으로 인구밀도가 높고 비위생적인 지역에 발생빈도가 높다. 건강한 보균자들과 간염환자들이 주된 오염원이다. 잠복기는 대략 2~6개월 정도이다. 주로 혈액에 의해서 전염이 되며 때에 따라서는 모유, 정액, 가래 등이 모두 바이러스 오염원이 될 수 있다. 오염된 주사바늘, 시린지, 침 등과 같은 기구들도 바이러스를 퍼뜨리고 성접촉에 의해서도 전염이 된다. 혈액투석을 하는 환자들도 위험에 노출이 될 수가 있다. 만성 간염환자는 간경화로 사망할 수 있는데 대부분이 B형 간염에서 오는 것이다.

간염의 증세는 황달, 피로, 식욕부진, 두통, 불안, 관절이 뻣뻣함, 구토, 복통, 설사나 변비, 근육통, 열 등이다. 피부 밑에 담즙이 축적이 되어 생기는 가려움증이나 발진 등도 생긴다. 황달은 눈과 점막이 노랗게 되어 처음으로 관찰이 된다. 소변은 빌리루빈이 신장으로 배설이 되기 때문에 색이 진하게 나타나 보일 수 있고 대변은 담즙물질이 부족해 진흙색으로 나타날 수가 있다.

1) 식생활

- 환자들은 식욕이 없고 또 조리하는 냄새를 맡으면 멀미를 하기도 한다. 이들에게 적합한 영양섭취를 하게 하는 것은 하나의 도전이다. 기름진 음식은 피하고 알코올성 음료도 피한다. 정제한 지방이 없는(부록 D) 식이요법을 추천한다.

- 변비가 되면 암모니아와 같은 노폐물의 축적이 병든 간에 무리를 주기 때문에 철저히 주의해야 한다.

- 매일 공복에 숯가루 정을 3차례씩 복용한다. 숯가루 팩을 만들어 복부에 붙인다.

- 환자들은 물을 많이 마셔 몸의 독성분을 자주 씻어내도록 권한다.

- 환자는 다른 사람을 위해서 조리를 해서는 안 되며, 주방에 들어가서도 안된다. 가능한 일회용 용기를 사용하거나, 그렇지 않을 경우 환자의 그릇은 가족들의 것과 별도로 보관한다. 사용한 일회용 그릇은 플라스틱 봉지에 따로 넣어 버린다.

- 환자의 식탁보나 옷도 따로 세탁한다.

2) 운동과 생활

- 많은 전문가들은 환자들의 피로감 때문에 운동량을 제한하지만 운동은 중요하다. 단 심한 운동은 피한다. 오랫동안 침대에 누워 지내는 것은 오히려 몸이 더욱 쇠약해지기 때문이다.

- 환자들은 목욕을 자주 하고, 용변 후에는 손을 비누와 더운물로 철저히 씻어야 한다. 환자용 화장실이 따로 있는 것이 바람직하지만, 여의치 못할 경우 사용 후 변기를 씻도록 한다.

- 환자들은 세제의 독한 증기에 노출이 되어서는 안된다.

3) 약복용

- 간염에는 항생제가 소용이 없다. 간염에 사용되는 약은 간에 부담을 주기 때문에 최저수준이어야 한다. 에스트로겐이 들어있는 피임약은 혈청 빌리루빈 수치를 올리기 때문에 복용해서는 안된다. 급성간염에 처방하는 콜티코스테로이드는 재발의 요인이 될 수가 있고 눈에 띄는 유익이 없다. 심지어는 아스피린도 간에 독이 된다.

4) 열치료와 물치료

- 매일 간부위에 뜨거운 찜질을 한다. 방법은 뜨거운 찜질 15분, 찬 찜질을 4차례씩 되풀이

한다. 찜질이 끝난 후에 샤워를 한다.

- 더운물 반신욕을 20분 정도 하면 몸의 온도가 올라가서 바이러스를 죽일 수가 있다. 물의 온도는 참을 수 있을 정도로 덥게 한다. 몸의 온도가 올라가는 물치료를 할 때에는 반드시 머리에 얼음팩이나 얼음물에 적신 수건을 감싸 머리를 식힌다. 땀으로 잃는 수분을 충분히 마신다. 20분 후에 찬물로 샤워를 하고 따뜻하게 옷을 입은 후에 침대에서 땀이 멎을 때까지 휴식을 취한다. 이 치료는 10~15일 동안 하지만 환자에 따라서 너무 힘들면 매일 하는 것이 무리가 될 수가 있다.

물은 감기를 예방 · 치료한다

우리의 환경은 미생물권이기 때문에 우리는 항상 미생물들과 함께 산다. 우리 몸의 면역체의 기능이 떨어졌을 때 미생물들의 침입을 이겨내지 못하면 감기를 앓는다. 감기에 걸리면, 젊은 나이에는 대개 3일 이내로 끝나지만, 평소 스트레스가 많거나 허약체질은 더 오래 간다. 나의 경우 큰아이가 고3일 때에는 감기를 두 달 이상 앓았다. 그 후에 천연치료를 배워서 오늘날에도 항상 사용하는 것이 물치료(hydrotherapy)이다. 감기에 걸린 느낌이 들면 곧 각탕을 한다. 몸에 열을 주어 면역체의 기능을 돕는다.

독감이라고 하는 인플루엔자 바이러스는 저온 · 저습의 환경일수록 오랫동안 생존하는 성질을 갖고 있다. 습도가 50%이상이 되면 급속히 감염력이 약화되어 활동이 쇠퇴해 간다. 외출 후에 양치를 하는 것은 감기의 예방에 필수적이다. 한 컵의 물을 한 모금씩 마시면 목의 건조를 막고 점막의 저항력을 유지한다. 물을 충분히 마셔서 점막의 건조를 방지하는 것이 감기의 예방법이다.

우리 큰아이는 감기에 걸리면 항생제 주사를 맞아야 낫는 것으로 알고 있다. 감기에 걸렸다가 회복하는 것은 자연치유력 때문이다. 소아과 의사 로버트 S. 멘델존 박사에 의하면, 감기나 인플루엔자와 같은 바이러스성 감염에는 페니실린을 비롯한 항생제는 별 효과가 없다고 한다. 다음은 이 의사가 언급한 항생제의 특징이다.

- 감기나 인플루엔자의 회복기간을 단축할 수 없다.
- 합병증을 예방할 수 없다.
- 코나 목 안에 존재하는 균의 수를 감소시킬 수 없다.

1) 식생활

- 설탕, 꿀, 매우 단 과일을 금한다. 당분에 의해서 바이러스가 번식을 쉽게 한다. 단순당을

절제해서 바이러스로 하여금 굶어 죽게 한다. 통곡류, 통밀빵, 풍부한 비타민 C와 캐로틴을 섭취하며 햇빛을 쪼여 비타민 D 생산을 촉진한다.

- 카페인은 손과 발의 혈관을 수축하기 때문에 카페인 음료는 삼가며, 손과 발은 항상 따뜻하게 보온한다.

2) 치료법

- 물을 충분히 마시고 감기 회복할 때까지 6~12 시간마다 관장을 되풀이 한다.
- 숯가루 정 6개를 하루에 3번 복용한다. 목이 아프고 입안이 헐면 물에 녹인 숯가루를 상처에 바른다.
- 목과 가슴에 핫팩을 자주 대주고, 목과 귀를 따뜻하게 한다.
- 약복용은 감기를 촉진한다.

건선(Psoriasis)

가족 단위로 나타나는 건선은 가장 흔한 피부질환이며 그 원인을 확실히 알 수 없는 만성 피부 질환이다. 표피는 정상보다 6~9배 빠르게 생산되어 각질을 생산한다. 특히 두피, 귓바퀴 뒤, 무릎과 팔꿈치, 엉덩이, 등에 많이 생긴다. 흔히 가려움증을 호소한다. 피부 세포는 정상적으로 26~28일 동안 형성되어 떨어지는데, 건선의 경우는 이 과정이 4일~7일 정도이다. 심한 증상의 환자는 정서의 문제도 생겨 외출도 삼간다. 건선의 확실하게 알려진 완치법은 없으나 증상이 완화되는 방향으로 치료될 수는 있다.

건선은 모든 연령층에 생기나 주로 시작 연령은 20대이다. 미국의 통계는 인구의 2~4%로 추정하고 있다. 스트레스, 햇빛에 탐(sunburn), 피부 자극, 피로, 감염, 약복용 등에 의해 악화된다. 피부가 갈라터지면 감염으로 더욱 악화된다.

1) 색생활

- 규칙적인 휴식, 운동, 적합한 식이요법은 건선을 효과적으로 극복하도록 도움을 준다.
- 여러 환자들은 트립토판이 적은 식이를 했을 때 효과를 보았다고 한다. 트립토판이 많은 식품은 우유, 치즈, 육류 등이다.
- 식이에서 설탕과 지방을 제거하면 상당한 효과가 있다.
- 글루텐이 없는 식이도 도움이 된다고 한다. 밀, 귀리, 보리, 오트로 만든 제품에는 글루텐이 들어있다.
- 많은 건선 환자들이 포도당대사에 문제가 있다. 부록 A의 건강 회복식이 도움이 된다.

2) 열치료와 물치료

- 일주일에 4~10번 정도 42~46℃의 열을 환부에 30분 정도 가해주면 도움이 되는 환자들이 있다.

- 온냉요법이 효과가 있다고 보고 되었는데, 열(heating pad)은 2분, 찬 온도(아이스 팩)는 2초씩 바꾸어 주면서 매일 15~20분 정도 한다.

- 각질을 벗겨내기 위해 매일 목욕을 한다. 물속에서 10~15분 정도 충분히 환부를 잠근 후 부드러운 수건으로 불린 각질을 자극 없이 벗겨내고, 바세린, 베비 오일 등을 바른다. 바세린을 하루에 3번씩 발라도 된다. 아보카도 기름도 도움을 준다.

- 두피에 건선이 생겼을 때에는 머리를 감기 전에 30분 동안 뜨거운 타올로 습포를 하고 올리브 기름으로 마사지를 한다. 머리를 감을 때는 부드럽게 만지며 손톱으로 두피를 자극하면 더욱 악화된다.

- 건선이 온몸에 퍼져있을 때에는 열요법(fever treatment)를 사용하는데, 43℃ 정도의 욕조에 앉아 입안의 온도가 38℃가 되면 20~45분 정도 물의 온도를 39℃ 정도로 낮춘다. 이때 머리에는 얼음팩이나 찬물 수건을 얹고 일주일에 5번 정도 하는 것이 좋다. 증상이 좋아지는데 3~4주가 걸린다.

- 바닷물 요법도 좋은데, 바닷가에 가기가 어려우면 욕조에 1~2컵의 소금을 넣는다.

- 욕조에 녹말가루를 넣는 것도 증상이 누그러진다. 녹말가루를 적은 물에 타서 아주 뜨거운 물에 희석시키면 크림 같은 액체가 되는데 이것을 욕조에 넣는다. 글리세린을 욕조에 넣기도 한다.

3) 그 외 치료법

- 적당한 일광욕을 매일 해야 하나 피부를 태우지는 않는다. 인공 자외선을 사용할 수는 있지만 자연의 태양광선이 더 좋다. 일광욕하기 전에 바세린을 바른다. 일부 건선 환자들은 따뜻한 물 목욕과 일광욕 전에 글리세린을 바르는 것이 도움이 된다고 한다.

- 습도는 건선에 도움을 주고 추운 기후는 악화된다.

- 정서적인 스트레스나 걱정 등은 건선을 악화시킨다. 옥외 운동은 이러한 스트레스를 감소시킨다.

루퍼스(Lupus)

루퍼스는 피부, 혈관, 체내의 모든 점막, 관절, 근육, 중추신경, 신장 등에 염증을 일으키는 만성 질환이다. 가장 흔한 증상은 코와 뺨에 나비 모양의 발진이 생기는 것이다. 발진은 태양에 노출되면 더욱 악화된다. 루퍼스는 상태가 좋아졌다 나빠졌다의 과정을 반복하면서 상당히 다루기가 어렵다. 현대의학으로는 뾰족한 치료법은 알려져 있지 않다. 증상은 미국 사회에서 400명 중 1명꼴로 발병한다고 하는데, 여성이 남성에 비해 5~10배가 더 많고, 백인보다 흑인에게 더 많다고 한다. 대개 발병 평균연령은 30대 정도이다.

원인은 자가 면역이라고 하며 감염, 약복용(페니실린 등), 스트레스, 수술 등이 증상을 더욱 악화시킨다고 한다. 또 다른 흔한 증상들은 관절통, 관절염, 피로, 열, 체중감소, 임파절 확대가 있다. 또 피부, 신장, 호흡기, 소화기계, 순환계와 중추신경계에 여러 비정상정인 증상도 나타난다.

1) 식생활

- 관절염이 있는 루퍼스 환자들은 나이트쉐이드(nightshade) 식품에 민감하다. 여기에는 감자, 토마토, 피망, 가지, 담배 등이 속한다. 이 식품들이 들어있는 식품을 철저히 제거하기를 권한다.

- 농축한 당(꿀, 설탕, 당밀, 시럽 등)과 정제 지방(튀김류, 마가린, 마요네즈, 샐러드 드레싱)을 제거한 식이요법이 도움이 된다.

- 루퍼스는 여성에게 흔하고 출산 후 재발하기 때문에 내분비 요인이 관여되는 것으로 본다. 루퍼스 환자들에게서 에스트로겐의 수치가 비정상적으로 높은 것이 발견된다. 이러한 이유로 루퍼스 환자들에게는 낙농품을 포함한 동물성 식품을 제거하기를 권한다. 이러한 식품들은 인체 내에 에스트로겐의 수치를 증가시킨다.

- 자연의 식물성 스테롤이 많이 들어있는 식사를 하는 것이 도움이 된다. 이러한 식품의 명단은 부록 C에 있다.

- 숯가루 복용은 몸 안의 독소를 제거하는데 효과적이다. 숯가루 정 8알을 식사시간 중간인 오전에, 오후에, 취침 전에 복용하거나, 숯가루를 큰 술 수북히 물 한 컵에 타서 하루에 3번 마신다. 물을 충분히 마시지 않을 경우에 변비가 생길 수가 있다. (숯가루 과립 형태도 있다)

2) 치료법

수년 동안 루퍼스 환자들에게 태양광선을 피하라고 가르쳤지만, 제임스 프라이 박사는 그의 책 《SYSTEMIC LUPUS ERYTHEMATOSUS: A CLINICAL ANALYSIS》에서 태양광선의 노출을 서서히 늘려가기를 권하고 있다. 첫날은 나무 그늘에서 5분에서 10분 정도로 시작한다. 태양광선에 예민한 환자는 넓은 차양의 모자, 긴소매와 긴바지를 착용한다. 태양광선은 오전 9시 이전과 오후 4시 이후에는 부드러워진다.

- 열요법(fever treatment)를 사용하는데, 몸의 온도를 39℃ 정도 올려 20~30분 정도 진행한다. 일주일에 5번 정도하는데, 이때 머리에는 얼음팩이나 찬물 수건을 얹어야 한다.

- 더운 열을 오래 참지 못하는 환자는 냉온욕를 추천한다.

- 운동은 필수이다. 운동부족은 근육이 무력해지고, 골다공증, 폐의 혈액 응고, 근육위축, 자기 연민에 빠진다. 걷기는 루퍼스 환자에게 가장 좋은 운동이다. 근육무력과 불구가 되면 물리치료를 받아야 한다.

- 약복용을 삼간다. 많은 약들이 루퍼스와 유사한 증상을 유발하고, "이런 것들이 루퍼스의 원인이 아닌가"라고 생각되고 있다. 특정한 피임약, 페니실린, 설파류, 위궤양약(cimetidine) 등의 약은 증상을 악화시킨다. 루퍼스 환자에게 콜티코스테로이드를 처방하나 이 약은 많은 부작용을 유발하며, 증상이 좋아지지도 않는다. 처음 며칠은 흥분증, 불면, 정서적인 변화가 생기는 수가 있다. 그 후에는 근육위축, 감염이 잘되고, 소화기계의 출혈, 골다공증, 정신적인 증상 등이 생긴다.

- 머리 염색약, 헤어스프레이, 일부 화장품은 태양광선에 더욱 예민하게 만들기 때문에 삼가는 것이 좋다. 화장도 가능한 삼가고, 피부는 항상 청결하고 촉촉하게 유지한다. 탈모는 흔히 일어난다. 샴푸는 향이 없는 아기용을 사용한다. 파마약도 삼가는 것이 좋다.

만성 피로증(Chronic Fatigue)

지난 2004년 5월 16일 KBS 일요스페셜을 보면, 20대 청년들이 꼼짝 못하고 자리에 누워만 지내고 있었다. 샤워를 하고 나면 한 시간은 누워있어야 하고, 학교 한 번 갔다 오면 일주일은 누워있어야 할 정도이다. 즉 활동하는 시간보다 누워있는 시간이 더 많다. 이러한 증상이 바로 '만성피로증후군'이다. 한 청년은 마지막 수단으로 유기농산물을 먹은 지 4개월 이후 증세가 호전되었다. 병이 호전된 후부터는 음식을 철저히 가리기 시작했다.

KBS가 인터뷰한 크리스 멜레티스 박사는 면역력이 없으면 만성피로에 걸리고 회복이 안된다고 하였다. 가장 중요한 치료법은 영양을 공급하고, 몸에 쌓인 화학물질을 제거하는 것이다. 한 미국여성(케시 스탠톤 41세)는 머리 빗는 것도 힘들었는데, 유기농으로 채소재배를 시작한지 3년 되었고, 화학비료를 전혀 사용하지 않는다고 했다. 물론 몸 컨디션은 매주 좋아지고 있었다.

한살림의 한 조합원도 역시 1년 전 극심한 피로에 시달려 거실을 한 번에 청소하지 못했다. 거실을 절반 닦으면 더 이상 못하고 한잠을 자야 했다고 한다. 딸아이도 알레르기 증상이 다양하였고, 아들도 역시 희귀한 알레르기가 생겼다. 이웃의 권유로 유기농 식품에 관심을 갖고, 아이들이 즐겨 먹던 라면, 과자, 음료수는 모두 끊었다. 너무 피곤해서 라면으로 때운 적이 많았지만 지금은 현미 잡곡밥으로 대체했다. 외식을 거의 하지 않고, 빵 대신 떡을 먹고, 기름도 절

제한다. '건강한 먹거리가 곧 보약'임을 온 가족이 체험한 케이스이다. (한살림 2004년 7월 12일)

- 일주일 정도의 단식으로 몸에 쌓인 독성분을 제거한다. 단식 기간 중 물을 많이 마심으로 세포를 정화한다.
- 먹거리를 점검해본다. 단순당이 들어간 식품을 끊고, 유기농 통곡식 위주의 식사 로 바꾼다.
- 냉온욕을 자주 하면 면역기능이 향상한다.

무좀(Athlete's Foot)을 천연치료로 완치한다

무좀이 있는 남편과 화장실 실내화를 같이 신다가 발가락 피부에 전염이 되었는데, 몇 년이 지나니 발톱까지 두껍게 침투가 되었다. '글리세오풀빈'이라는 약을 먹기 시작했는데, 약을 먹는 동안에는 좀 나아지는 것 같았다.

미국에 가서도 이 약을 먹었는데 피부과 의사에게 약처방을 얻어야 구할 수가 있었다. 그 의사의 말은 자기 부부도 무좀이 있는데 경험과 통계에 의해서 이 약은 80%밖에 낫지를 않는다고 했다. 그래도 미국 의사들은 솔직하게 전문 분야의 과학적인 정보를 전달해 주어서 맘에 든다. 그 말을 듣고 100%가 나으면 약을 먹겠지만, 80%라고 하니 더 이상 약을 먹고 싶지가 않았다.

그 당시 그 약을 약 2년 정도 먹었는데, 나중에 어느 문헌을 보니 간을 상하게 하는 부작용이 있었다. 그래서 이웃의 한 유학생 부인의 말을 듣고 하루에 30분씩 식초에 발을 담갔다. 새 발톱이 자라면서 더 이상 무좀균이 침투하지 못하는 것을 관찰할 수가 있었다. 부지런히 매일 하면 발톱이 다 자랄 때까지 2개월 정도면 해결이 되지만, 바쁠 때는 잊어버려 6개월 만에 뿌리를 뽑게 되었다. 몇 년 뒤 구한 아가타 트래쉬 박사의 천연치료에 관한 자료도 거의 유사한 방법을 사용했는데, 몰약을 첨가하지만, 이 비싼 허브유(油) 없이 식초만으로도 곰팡이 균을 제거할 수 있다.

식초는 우리가 식용으로 사용하는 것이면 어떤 것이나 된다. 산성화(acidify)하는 과정에서 무좀 곰팡이균이 자라지 못하게 하는 자연의 법칙을 이용하는 것이다. 무좀균은 산성 환경에서는 잘 자라지 못한다. 다행히 우리의 피부는 산성에 강한 편이다. 빙초산은 우리가 식용으로 사용할 때는 희석해서 먹는다. 빙초산에 무좀 걸린 피부가 벗겨져서 오는 많은 환자들을 보면서 피부과에서 민간요법이 해롭다고 한다. 빙초산을 그대로 먹지 않는 것처럼, 피부에도 희석해서 사용하면 된다. 소화기계의 속피부나 겉피부나 마찬가지이다. 일반 현미식초, 사과식초, 가장 값이 싼 식초 등 농도가 식용으로 사용할 수 있는 것이면 된다. 목적은 곰팡이균이 자라지 못하는 환경을 주기 위함이다.

그 후로 20년 동안 재발이 되지를 않았는데, 얼마 전 발가락 사이에 진물이 나는 것을 발견하였다. 이번에는 군대에서 옮은 아들 덕분이 아닌가 싶다. 피부에 식초가 닿으면 쓰리고 아파서, 이번에는 숯가루와 아마씨 가루를 4:1로 섞어 물에 반죽해서 밤에 자기 전에 반죽을 붙이고 자곤 했다. 숯가루는 흡착력이 상당히 강해서 세균이나 진균류 등을 흡착해내는 천연 치료제이다. 아마씨에는 오메가-3 지방산이 많아 피부에 좋고, 끈기가 있어 숯가루 반죽에 잘 쓰인다. 언제인지도 모르게 모두 정상으로 돌아왔다.

불면증(Insomnia)

'미녀와 야수' 디즈니 뮤지컬의 야수역의 분장은 90분이 걸린다고 한다. 이 야수로 보이기 위한 분장은 여러 가지가 포함되는데, 그중 눈 아래에 붉은 색을 넣어 사자의 눈을 닮은 충혈된 눈으로 만든다. 잠을 제대로 못잔 충혈된 눈은 야수의 인상중의 기본인 셈이다.

미국사회에서 1억의 인구가 불면증으로 고통을 받고 있으며 또 다른 2000만은 만성 수면 장애를 가지고 있다. 여성이 남성보다 7~8배 더 많은 수면 장애를 갖고 있다. 미국인은 한해에 600톤의 수면제를 복용한다. 아마도 수면제가 아스피린 다음으로 많이 팔릴 것이다.

수면제 복용의 후유증은 우울증, 소화 장애, 혈액 순환 장애, 호흡 장애, 감염을 이기는 백혈구와 같은 혈구의 일부가 파괴되는 것, 시력의 문제, 고혈압, 간과 신장의 문제, 중추신경계의 손상, 기억력 상실, 어지러움증, 혼동이 오는 것 등이 있다. 또 후유증의 하나가 불면증인 것이다! 사람들마다 수면시간은 다르다. 6시간인 사람도 있고 10시간이 필요한 사람도 있다. 6시간을 자고 그 다음날 피곤치 않으면 매우 효율적이 수면을 취하는 것이다.

수면 필요량은 때에 따라 변하는데, 질병 상태, 임신, 스트레스 시에는 수면시간이 늘고, 행복감을 느낄 때에는 수면시간이 줄어든다. 체중이 증가할 때에는 수면시간이 늘고, 체중이 감소할 때에는 그 반대일 것이다.

성격도 수면과 관련이 되는데 잠을 적게 자는 사람은 외향적이고, 활발하고, 자신이 많고, 더 효율적이고, 잠을 많이 자는 사람은 걱정을 많이 하고, 내향적이고, 저기압이고 걱정이 많다고 한다.

1) 식생활

- 카페인과 담배는 수면을 방해한다. 하루 한 갑의 담배 흡연자는 비흡연자보다 19분을 더 깨어있다. 하루에 3갑을 피우는 흡연자는 잠이 더디 오고, 자주 깨며, 4단계의 수면과 REM 수면이 비흡연자보다 적다.
- MSG(Mono-sodium Glutamate, 조미료)는 불면을 유도한다.

- 저혈당은 수면장애를 유발한다. (건강회복식 참조)

- 특히 저녁의 과식도 수면장애를 유발한다. 식품은 천천히 먹고 충분히 씹는다. 소화할 시간이 충분히 주어져야 한다.

- 많은 사람들은 기름진 음식, 설탕, 흰밀가루, 소금, 화학 방부제, 첨가제, 알레르기가 있는 식품에 의해 자극을 받는다. (부록 B 알레르기 식품 참조) 신선한 식품을 취하고, 가공한 식품은 피한다.

- L-트립토판은 수면 보조로 널리 쓰였다. 최근 연구는 농축된 형태의 트립토판은 천연의 형태보다 몸에 무리를 준다고 했다. 농축된 트립토판은 짧게 복용해도 독성이 남을 수도 있다고 했다.

- 개박하(catnip), 호프(hops), 캐모마일과 같은 허브티는 사용될 수 있다. 개박하는 진정제의 효과가 있다. 번식력이 좋고, 우리의 주변에 야생에 많이 자란다. 잎을 말렸다가 가루로 만들어 큰 한술을 물에 타서 마신다.

2) 치료법

- 규칙성은 좋은 수면을 위한 열쇠이다. 규칙적인 취침시간과 기상시간 없이는 우리 몸의 정상적인 체온의 오르내림의 리듬을 잃게 되는데 이것이야말로 깨어있고, 졸리운 상태에 기여하는 것이다. 한 연구는 규칙적인 습관을 지닌 사람들은 불규칙적인 수면시간을 가진 사람보다 반응이 빠르고, 더 행복하다는 것이다. 불규칙성은 수면 후에도 더 피곤하고 회복이 안 되는 원인이다. 매일 같은 시간에 일어나면 매일 저녁 같은 시간에 졸리다. 주말이나 휴일에 늦잠을 자는 것은 생체 시계를 교란시켜 수면 장애를 가중시킨다.

- 낮잠은 생체시계를 더욱 교란시켜 밤에 잠들기가 더욱 어렵게 만든다. 일찍 잠자리에 드는 것도 피해야 하는 것은 잠들기가 어렵고, 뒤척이다가 스트레스만 더하게 된다.

- 잠자리에서 잠들기가 어려우면, 일어나서 독서나 근육 이완되는 활동을 졸릴 때까지 한다. 다음날 졸리더라도 낮잠을 자서는 안된다.

- 수면제를 복용해서는 안된다. 대부분의 약이 항히스타민류, 진통제 계통, 브로마이드 계열이나 스코폴라민이다. 이것들은 효과가 없으며 원치 않는 부작용이 생긴다.

- 알코올, 바르비투루산염과 대부분의 최면제가 REM수면을 억제한다. 계속되는 수면제 복용은 수면문제를 해결하지는 못하면서 낮에 사람들이 계속 졸리우므로 수면을 더욱 악화시킨다. 낮잠을 자는 사람은 밤잠이 더디 온다. (REM수면 : 수면의 단계 중의 하나인 Rapid Eye Movement의 약자이며, 수면이 깊게 들어가면 눈의 움직임이 빠르고 꿈도 꾸는 기간이다)

- 방의 온도는 20℃가 적당하다. 방이 너무 추우면, 꿈이 더욱 불유쾌하게 되고 방이 너무

더우면 사람들은 자주 움직이며 자주 깬다.

- 좋은 수면을 위해서는 운동이 필수적이다. 운동선수들은 일반인보다 델타 수면을 더 많이 취한다. 운동이 부족하면 수면에 영향을 미친다. 취침 바로 전에는 운동이 좋지 않다. 몸을 자극하기 때문에 잠이 쉽게 들지 않는다.
- 침실에 자는 동안 신선한 공기의 소통이 잘되는지 점검한다.
- 하루 중에 행동한 것, 말한 것, 느낀 것, 생각, 먹고 마신 것이 수면에 영향을 미친다.

알레르기와 만성 비염(Allergies & Chronic Sinusitis)

우리사전에 sinusitis는 부비강염으로 나와 있다. 우리의 콧속에는 사이너스(sinus)라고 부르는 공간이 8개가 있는데, 그 공간에 염증이 생긴 것이다. 부비강염의 흔한 원인은 감염과 알레르기이다. 감기, 인플루엔자 등으로부터의 감염은 코로부터 비강으로 쉽게 퍼진다. 코풀기, 재채기, 수영, 다이빙 등에 의해 감염이 빨리 퍼진다. 알레르기성 비염(allergic rhinitis)은 부비강염의 흔한 원인이다. 알레르기를 유발하는 식품으로 의심이 가는 것은 제거한다. (부록 B 참조) 콧속의 점막에는 라이소자임이라는 면역체가 분비되어 감염에 저항력이 있다. 담배연기, 알코올, 많은 약들, 감염 등은 인체의 자연적인 방어 기능의 효율성을 떨어뜨리고 비염에 쉽게 걸린다.

비염은 그렇게 흔하지는 않으며 의사를 찾는 환자 100명 중에서 10명 이하가 부비강염이라고 한다. 증세는 코가 막히고, 콧물, 두통, 식욕부진, 멀미, 기침, 목이 따가움, 비강의 팽창 등이 있다. 환자는 미열이 있거나 심하면 40℃까지 올라갈 수도 있다.

비염으로 인한 턱뼈 통증은 주로 웃니와 뺨에 느껴지고 눈의 통증도 있다. 아침에 통증이 시작하고 오후에는 없어진다. 전두엽 비강의 감염은 전두엽의 통증이 심한데 아침 8시부터 5시까지가 흔하다고 한다. 눈 뒤에 묵직한 통증은 사골(ethmoid)의 비염을 의미하는데, 빛에 민감하고, 눈이 움직일 때 통증이 있고, 눈물, 때때로 밤에 기침이나 목이 아프다. 알레르기는 만성 질환의 원인의 첫째가는 원인이다.

1) 식생활

- 패퍼민트 차도 도움이 된다.
- 단식도 도움이 된다. 처음에는 독소분비량이 증가하면서 증상이 더욱 악화된다. 열요법 목욕과 더운물 각탕은 도움이 된다.
- 매일 식사시간 사이에 숯가루정 6알을 두 번씩 복용하면 몸안의 독소 제거를 돕는다.
- 마늘 한통을 갈아서 여기에 끓인 물 4컵을 부어 만든 마늘차도 도움이 된다.

- 가장 흔한 알레르기원(原) 12가지: 우유, 계란, 카페인음료(디카페인 포함, 초코렛, 커피, 티, 콜라), 시리얼(밀과 옥수수), 오렌지와 오렌지 주스, 토마토와 토마토 주스, 육류(돼지고기, 쇠고기, 닭고기), 생선, 견과류, 약, 식품첨가제, 비타민류

2) 치료법

- 담배연기를 피한다.

- 춥고 습한 조건은 혈관을 수축하기 때문에 임파구 기능이 낮아져 감염이 쉽게 된다. 습도는 40~50%가 좋다.

- 방의 온도를 항상 같게 유지한다. 에어콘은 비염을 악화시킨다.

- 충분한 물을 마셔서 비강을 비운다.

- 코 주변에 열을 가해서 통증을 줄인다. 램프나 찜팩 등을 사용한다. 뜨거운 물 수건을 통증 부위에 5분간 얹고, 얼음팩을 30초 정도 대준다. 3차례 되풀이 한다. 코 주변에 얼음팩을 대는 것을 좋아하는 환자들도 있는데, 이때는 발을 더운 물에 담가 각탕을 한다. 더운 물 각탕은 코를 뚫는 데 효과적이다. 더운물에 20~30분 담그고 난 후 찬물을 끼얹는다. 땀이 멎을 때까지 침대에서 쉰다. 하루에 여러 번 해도 좋다.

생리불순과 생리통(Menstrual Problems)

생리불순은 진상파악이 어렵고, 치료가 만족스럽지가 않을 때가 많으나, 오랜 기간 꾸준히 증상과 치료를 지켜보면서 성공할 수가 있다. 평소에 관심을 두지 않았던 다음의 세세한 항목들이 문제해결을 할 수 있는 열쇠가 될 수 있을 것이다.

원인

불규칙적인 스케줄 : 우리 몸의 생리적인 시계는 기상시간과 취침시간 같은 외적인 인자들에 의해서 세팅이 되어있다. 복부의 기관(pelvic organs)들의 매끄러운 기능은 매일 신속한 기상과 규칙적인 스케줄에 근거한 모든 인체의 기관의 기능에 의해 세팅이 되어있다.

감정적인 요인들 : 자극적인 책, 영화, 교제 등을 포함한다. 복부의 기관들은 특정한 생각들에 의해서 불필요하게 충혈 되어있다. 스트레스와 긴장은 운동에 의해서 풀어진다.

팔다리가 참(Chilling of the Extremities) : 팔과 다리의 신경과 혈관은 복부의 기관과 교감을 가지고 있다. 피부가 찬 것은 비정상이다. 사지를 따뜻하게 유지하도록 옷으로 충분히 보온이 되어야 한다. 매학기 학생들을 조사해보면 손발이 차다는 학생들이 의외로 많다. 20대 학생들의 생리통도 흔하다. 몸을 따뜻하게 하고 다니라고 조언을 하지만, 추운 겨울에도 미니스커트를

입고 다닌다.

조이는 옷 : 조이는 옷은 신경의 긴장을 유도하고 혈액순환을 방해한다. 어떠한 경우이든지 옷은 헐거워야하며, 잘 맞고, 편안해야 한다. 만일 피부에 자국이 남으면 너무 조이는 것이다. 속옷의 고무가 들어간 밴드도 포함이 된다.

운동 부족 : 운동부족도 혈액순환의 장애를 가져오므로 매일 계단 6층을 3차례 이상 오르내리는 정도의 운동이 필요하다. 튼튼한 등근육과 복근육을 가져야 건강한 생리를 할 수가 있다.

좋지 않은 자세 : 좋은 자세는 건강의 기본이다. 배 위에 팔장을 끼는 것은 복부에 압력을 주게 된다. 좋지 않은 자세는 생리불순의 유력한 원인이 된다. 부주의한 자세는 자궁이 후굴이 되는 원인이 된다.

태양광선과 신선한 공기의 부족 : 옥외의 생활은 성격과 체질에 강건함을 준다.

1) 식생활

특정한 식품은 소화기계를 자극하는 원인이 되고 이것은 생식기관에도 반사적인 자극이 된다. 자극이 되는 양념, 팽창제(이스트는 제외), 고추, 식초와 식초가 들어간 식품, 식사 도중이나 식사와 함께 마신 액체 음식이나 음료, 과식, 충분히 씹지 않은 것도 원인이 된다. 열량이 많은 식품, 농축된 단백질, 짜고 단음식도 원인이 된다. 식사는 정해진 스케줄에 맞추어서 좋은 분위기에서 감사하게 먹는다. 생리 기간이나 그 이전에는 소금의 양을 줄인다. 배변은 적어도 매일 한번 해야 하며, 두 번 이상은 더 좋다. 과일, 야채, 통곡식은 변비 해소에 도움이 된다. 설탕과 지방은 최대한 줄인다. 하루에 1티스푼의 설탕과 2티스푼의 지방 이하로 섭취한다.

2) 의생활

팔과 다리는 땀을 흘릴 때만 제외하고 항상 따뜻하게 유지해야 한다. 여러 겹의 속옷, 따뜻한 신발, 팔을 적당히 감싸는 옷은 필수적이다. 피부에 자국을 남기는 속옷과 옷은 피한다.

휴식과 규칙성 : 20세 이상의 성인 여성은 매일 8시간의 수면은 취해야 한다. 어릴 때부터 기른 기상시간, 취침시간이 주말이나 계절의 변화에도 항상 규칙적이 습관을 들인다. 이러한 사람은 수면이나 긴장을 푸는 데 어려움이 없다. 월경을 생산하는 호르몬은 28일을 재어서 조정해야하기 때문에 이 생리기능이 순조로워지려면, 생활의 규칙성에 의해서만 모든 기관의 조화를 이루는 기능을 얻을 수가 있다.

정신건강 : 옥외의 운동은 스트레스 해결에 도움을 준다. 여러 연구에 의해서 성서에서 제시하는 삶의 원칙들은 자율신경의 기능장애를 감소하는 데 영향을 주는 것으로 밝혀졌다. 가정에서의 긴장은 명랑하고, 부드러운 언어, 밝은 표정, 협조적인 태도로 바뀌어야 한다.

치료 : 생리 통증이 너무 심하면, 더운 반신욕이나 각탕이 매우 좋은 치료법이다. 레스베리,

케모마일, 개박하 등으로 만든 차도 도움이 된다. 부드러운 마사지도 도움이 된다. 이러한 치료법을 통증이 시작하기 전에 적용한다. 생리가 시작되기 전에 따뜻한 물의 관장이 도움이 되고 방광도 자주 비운다.

3) 치료법

대부분의 문명국 여성들은 운동이 부족하다. 생리불순의 주된 원인은 근육(skeletal& smooth muscle)의 무력과 기능장애에서 온다. 자궁의 근육은 자율신경을 통해서 매일의 운동을 해야 하고, 이것은 골격의 근육운동을 통해서 자극을 받는다. 자연에서 1~6시간의 노동을 하는 것이 도움이 된다. 정원 가꾸기나 걷기는 이 목적으로 좋은 운동이 된다.

여드름(Acne Vulgaris)

여드름은 설탕의 섭취와 비례한다. 미국에서 알라스카로 올라가는 고속도로가 완성이 되었을 때, 콜라, 펩시, 정제한 곡류와 정제한 곡류로 만든 탄수화물 식품이 에스키모인들에게 전달되기 시작했다. 이 때 매끄러운 피부를 가진 에스키모인들이 역사상 처음으로 여드름이 생기기 시작했다는 것이다. 그 다음에는 에스키모 사회에서 담석증이 처음으로 진단되었고, 처음으로 수술되었다. 어린이들의 잇몸에서 치아가 썩기 시작했고, 영구치가 청소년기에 빠져버린 것이다. 이들은 1950년 이전에는 단 것을 먹을 기회가 없었는데, 고속도로가 뚫린 후에는 설탕의 일년 섭취량이 8년 동안 11kg에서 47.2kg로 껑충 뛰었고 이로 인해 여드름은 흔한 증상이 되었다. 여드름은 미국사회에서 가장 흔한 피부 질환이라 볼 수가 있다. 얼굴, 가슴, 어깨, 등 부위가 가장 많이 나타난다. 여드름은 양성이며 청소년에 흔하지만, 낭포의 형성은 만성이 될 수가 있고, 흉해보일 수가 있다. 여러 연구는 여드름이 초코렛, 지방, 단 음식과의 연관이 있다고 했다.

1) 식생활

- 식품 예민성도 역시 여드름의 원인이 되는데, 우유, 초콜릿, 견과, 땅콩, 계란이 가장 흔한 주범들이다.

- 소금 제한도 유익하다. 감자칩, 케찹, 프랜치 프라이, 낙농제품 등을 시험 삼아 두주 동안 끊어본다.

- 지방 없는 식품(부록 C)도 유익을 주는 것으로 밝혀졌다.

- 소변의 색이 엷게 나오도록 물을 충분히 마신다.

- 일부의 사람들은 밤에 베개에 흘린 자기의 침으로부터도 여드름이나 뽀루지가 생긴다.

- 목을 조이는 옷이나 작은 모자를 삼간다. 모두 혈액의 흐름을 방해한다.

2) 치료법

- 스트레스는 여드름을 악화하는 역할을 한다. 옥외에서 운동을 함으로써 스트레스를 조절한다.

- 4시간에서 6시간마다 피부를 세척해서 박테리아의 성장을 막는다. 미지근한 물을 사용한다.

- 화학물질이 많은 화장품과 로션은 여드름을 악화시킬 뿐이다. 또 의복이나 침구류에 합성 섬유 대신 순면 사용을 권한다.

- 여드름을 짜지 않는다. 이러한 과정은 까만 딱지를 피부 속에 넣게 한다.

- 머리를 매일 또는 일주일에 2회 감고, 머리카락이 얼굴에 닿지 않도록 짧게 자르거나 묶는다.

- 손으로 얼굴을 만지지 않는다. 가려워서 긁을 때에도 깨끗한 티슈를 사용한다.

- 일광욕은 피부에 도움을 준다. 표피의 케라틴이 잘 떨어지게 하고 피부의 분비선의 흐름을 돕는다. 일광욕으로 긴장을 푸는 것도 여드름 치료에 도움을 준다.

천식은 낫는다

한국천식알레르기협회가 전국 초·중·고교 보건교사 1,400여명을 대상으로 '학동기 천식관리 실태조사'를 실시한 결과, 학교에서 파악하고 있는 천식 학생의 비율은 전체 학생의 0.6%에 불과해, 학회에서 추정하는 11~15%와 크게 차이가 났다. 조사에 따르면 현재 치료를 받고 있는 중증 천식 학생 학부모의 41%가 자녀의 천식을 학교에 통보하지 않고 있었다. 한편 초·중·고교 보건교사의 12%가 현재 근무하는 학교에서 학생들

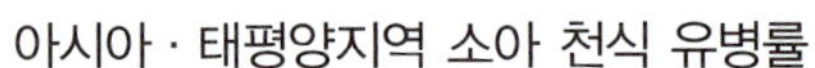

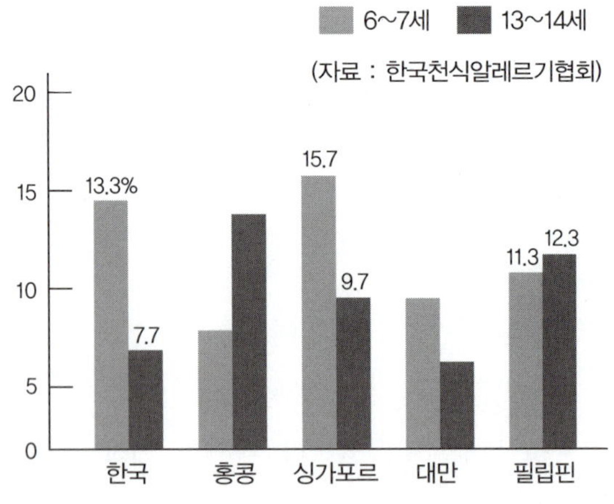

의 심한 천식 발작을 경험했으며, 경험한 학생의 천식 발작 횟수는 연평균 2.3회였다.

K시에서 온 한 부인은 임신 중에 천식이 시작되었다고 하는데, 날씨가 흐려지면 숨쉬기가 매우 힘들어졌다고 한다. 그녀의 투병기를 들을 때에는 나도 가슴이 아파 눈물을 닦아가면서

들었다. 물론 천연 치료로 건강을 회복하였다. 그녀가 열흘 정도의 단식과 교육을 받고 집으로 돌아가서 가장 처음 한 일은 흰쌀, 흰밀가루, 흰설탕, 흰소금을 버린 것이었다. 일반 사람들은 먹거리가 자신의 질병과 상관이 있는 것을 잘 모른다. 이러한 먹거리 위주로는 건강한 면역체가 형성될 수가 없다. 또 단식은 세포에 쌓인 알레르기 유발 물질을 배설할 수 있는 탁월한 방법이다.

천식은 숨을 헐떡거리며 말하고, 기침을 하고, 숨쉬기가 힘든 증상을 나타낸다. 아가타 박사는 천식을 두 종류(intrinsic, extrinsic)로 구분한다. 내인성 천식은 더 심각한데, 알레르기가 원인이며 잘 파악이 안 된다. 내인성 천식은 보통 30세 이후에 나타나며 재발하는 경향이 있다. 외인성 천식은 어릴 때 시작하며 계절을 타고, 여러 다양한 물질이 알레르기와 상관이 있다. 미국 사회에는 4%의 인구가 이 천식으로 고통 받고 있다고 하며, 이들 중 반은 2세에서 17세에 진단을 받고, 삼분의 일은 30세 이후에 진단을 받는다고 한다. 천식은 기침으로 시작하고, 숨이 차고, 숨쉬기가 어려워지고, 가슴이 조여 온다. 천식 발작은 밤에 잠자는 도중에 오는 것도 흔하며 몇 시간 후에는 가라앉는다.

한 의사의 보고에 의하면, 한국에는 천식환자가 300만 명이고, 매년 4,000명 이상이 천식으로 사망한다고 한다. 소아천식 유병율은 10%로 2배가 증가했다고 한다. 65세 이상 노인의 유병률도 12.7%에 달하고 있다고 한다. '천식은 낫지 않는 병'으로 인식하는데, 치료효과가 좋은 약물들이 많이 나와 있다고 한다. 의사들의 이야기는 항상 약물로 끝난다. 천식은 알레르기의 하나인데 알레르기 증상은 면역체의 문제이다. 건강한 먹거리로 내 몸의 세포가 건강하면, 알레르기가 생기지를 않는다.

1) 식생활

- 시리얼, 우유, 계란, 초콜릿, 생선, 그 외 다른 알레르기를 유발하는 식품을 제거했을 때 효과를 보았다. 식이는 철저히 지켜야 한다.

- 첨가제, 타트라진(노란색 색소), 아세틸살리신산, 이산화황(아황산가스, sulfur-dioxide), 소디움 벤조산 등은 민감한 천식환자에게 천식을 유발하는 것으로 알려졌는데, 이러한 화학물질을 포함한 식품을 피한다. 과일 주스나 알코올음료, 식초, 가공육, 말린 야채, 가공치즈, 시럽과 토핑 등에서 발견되는 첨가제(sodium metabisulfite)는 특정한 사람들에게는 천식의 원인이 된다.

- 물을 충분히 마셔서 분비물이 농축되지 않게 방지한다. 뜨거운 마늘 차는 도움이 된다.

- 많은 천식환자는 견과류, 조개류, 토마토, 딸기류, 집먼지, 깃털, 가구의 쿠션 등에 알레르기가 있다. 왁친, 페니실린, 아스피린, 마취제 등은 천식 발작을 촉진할 수 있다. 나무, 풀,

잡초 등의 꽃가루도 천식에는 악명이 높다.

● 일부 사람들은 츄잉껌의 치클에도 알레르기를 보인다.

● 아기는 모유를 먹여야 한다. 알레르기성 엄마의 아기에게 우유를 먹이면 모유아기보다 천식발병률이 높다. 모유나 조제유를 먹는 아기들에게 가장 흔한 알레르기 원은 고양이 분비물과 계란이다. 우유는 수년 동안 천식 재발의 원인으로 보고 있다. 모유 수유를 통해서 알레르기 원인 물질이 아기에게 전달되기 때문에 모유 수유하는 엄마들은 우유와 계란을 피해야 한다. (Clinical Allergy 11(6)549-553, 1981)

● 한 1953년도 의학 저널은 천식의 성공적인 치료는 지방이 없는 식이라고 했다. (Helvetica Medica Acta 20-433, Nov. 1953)

2) 치료법

● 아틀란타의 에모리 대학교의 아랜드 보후이즈 박사는 천식환자들에게 폐활량의 향상을 위해서 노래나 목관 악기 연주를 권한다. 일반인은 쉬는 시간에 폐의 오직 10%만 사용하고, 힘든 일을 할 때는 50% 정도만을 사용한다. 성악가나 목관 악기 연주자는 폐활량을 거의 모두 사용한다는 것이다. 또 천식 환자들은 규칙적인 운동을 하도록 권한다. 일 이 분 정도의 간단한 운동도 수축된 폐를 열 수 있다고 한다.

● 합성섬유는 피한다. 마찰로 인해 합성섬유의 정전기는 먼지를 흡착한다. 정전기는 건조한 환경에서 잘 생긴다. 면, 모, 천연섬유는 습기를 함유하고 있고, 합성섬유는 그러지를 못한다.

● 공기 오염이 없는 시골에 사는 것은 좋은 방법이다. 공기의 오염이 심한 곳에서는 천식 발작이 증가한다.

● 숨쉬기를 입으로 하지 않고 코로 하도록 훈련한다. 천식환자의 90%가 입으로 숨을 쉰다고 한다. 입으로 숨을 쉬면, 구강 미생물이 폐로 들어가 염증을 잘 일으킨다. 또 입으로 숨을 쉬면 찬 공기가 바로 폐로 들어가기 때문에 숨을 헐떡이게 된다.

● 잠잘 때 엎드려 잔다. 이 방법은 폐로부터 감염과 분비물을 자연적으로 제거하는데 도움이 되며 또 입을 다물게 된다.

● 많은 환자들은 '수면 숨쉬기' 방법을 사용하면서 숨을 헐떡거리지 않게 된다. '수면 숨쉬기' 법은 평소보다 느리고 깊게 숨을 쉬는데, 들이쉬기와 내쉬기 끝에 3초씩 정지를 한다. 환자들은 이 '수면 숨쉬기' 법을 항상 배워야 한다.

● 케모마일 차는 항 알레르기 역할을 한다. 아침과 저녁에 한 컵을 마신다.

● 특히 호그위드(ragweed)에 예민한 환자는 바나나에도 예민하기 때문에 피한다.

- 가능하면 옥외에서 잠을 자는 것이 좋다. 이 방법은 창문과 방문을 열어 놓고 자는 것보다도 효과가 있다.

- 안티히스타민은 효과가 적고, 사용해서는 안 된다. 분명히 히스타민은 이 알레르기 반응에 주요 원인이 아니다.

- 집먼지에 알레르기 반응을 보이는 환자의 40%에게는 죽은 바퀴벌레도 천식의 원인이 된다.

- 송진, 휘발유, 페인트, 여러 화학물질, 강한 꽃향기, 향수 등의 강한 냄새를 피한다.

- 추위, 찬 공기, 기압의 변화는 천식 발작을 초래할 수 있다. 특히 팔 다리의 보온에 신경 써서 몸이 차게 되는 것을 막는다.

- 사람이 많은 곳이나 감염의 근원이 되는 곳을 피한다.

- 많은 천식 환자는 동물의 분비물에 민감하다. 애완동물은 삼간다.

- 집안의 화초는 곰팡이 포자를 포함할 수가 있으므로 삼간다. 청결은 필수적이다.

- 담배는 금물이며, 담배를 피우는 사람들 곁에 가지 않는다. 엄마가 흡연하는 아기들은 천식 발병 위험률이 높다. 유아기 천식의 34%는 부모의 흡연과 관계가 있다.

- 집안의 먼지를 제거하는 노력들 : 단순한 디자인의 가구는 먼지를 덜 받아들인다. 소파, 커튼 등은 천보다 플라스틱이나, 고무를 입힌 것으로 한다. 열려있는 책꽂이는 먼지를 잘 흡수한다. 모든 옷은 옷장에 보관하고 방에 널어 두지 않는다. 옷장은 항상 닫는다. 모직 옷은 지퍼백에 보관한다. 나프탈린, 스프레이 등의 방충제를 삼간다. 바닥은 나무, 리노레움 재료가 좋으며, 카펫 종류는 삼간다. 장난감은 나무, 금속, 플라스틱이어야 하며, 솜을 넣은 것은 삼간다. 화장품, 분가루, 베비파우터, 향수, 방안의 꽃 등 모두 삼간다. 벽은 페인트로 칠하거나 물로 닦을 수 있는 것으로 도배한다. 그림이나 다른 먼지를 잡아당기는 것들은 모두 제거한다. 선풍기는 먼지를 흔들어 사용하지 않는 것이 좋고, 에어콘은 도움이 된다. 베개, 매트리스, 박스 스프링 등은 알레르기 방지용 케이스로 싼다. 방은 하루에 두 번씩 먼지를 젖은 걸레질 하고, 바닥은 살균제를 사용해서 곰팡이 포자의 성장을 막는다. 더운 난방 시스템은 곰팡이와 먼지를 집 주변으로 날려 보낼 수가 있다. 공기 여과도 도움이 된다.

- 항상 복식호흡을 해야 한다. 흉식호흡보다 효율적이다. 복식호흡은 말 그대로 폐의 바닥에서 공기를 밀어내고 받아들인다.

- 기관지 천식 발작이 왔을 때 아니스 차(anise tea)가 도움이 된다.

- 물이 담겨있는 큰 병에 작은 빨대를 통해 강제적으로 숨을 내쉬는 것은 경련성 기관지를 확장하고 천식 발작에 도움이 된다.

- 건초열(Hay fever), 천식, 호흡기 감염이 있는 사람들은 헤어스프레이를 삼간다. 스프레이

의 향이 문제를 일으키는 것으로 본다.

● 식사요법은 부록 A, B, C, D를 참조.

틱(Tic)

작년 봄에 S교수님과 강화도를 방문했다. 강의 도중 한 남자 초등학생(C군)이 들어왔는데, 이상하게도 목에서 "으"하는 반복적인 소리를 내고 있었다. 이러한 경험은 처음이라 시간을 재보았는데, 1분에 5~6회 정도로 소리를 내고 있었다. 그 아이 엄마에게

"애가 왜 그래요?"

"네, 병원에서 틱이래요." 우리는 틱이라는 용어도 처음 들었다.

이 증상이 2년 전부터 생겼는데, 강북의 S병원에 다니고 있으며 약을 복용하나 효과는 없어서 매달 상담을 받고 있다고 했다. 결국은 그 상담도 별 효과는 없었다.

아이와 엄마를 불러서 우선 먹거리를 바꾸라고 권했다. 주위의 아이들이 먹는 간식을 모두 끊고, 통곡류로 만든 것만을 주식과 간식으로 먹도록 했다. 밥은 현미와 콩, 여러 잡곡을 기본으로 하고, 떡볶이도 현미 가래떡을 한말을 뽑아 냉동으로 저장해서 직접 집에서 만들어 주도록 했다. 이 아이가 그동안 먹어왔던 음식의 유혹을 물리치는 것이 얼마나 어려운가는 너무나 잘 안다. 처음 6개월을 기다렸을 때 변화가 별로 눈에 띠지 않아서 우리도 참 초조했었다. 그동안에 좋아졌다가 나빠지기를 수없이 반복했는데, 1년이 지난 지금은 거의 회복했고, 소리는 내지 않는다. 이제는 본인이 더 음식을 조심한다.

틱은 고의적인 행동이 아니라 자기도 모르게 근육이 움직이는 현상이다. 또 갑작스럽고, 빠르고, 반복적인 운동이나 음성이 나타나는 현상을 말한다. C군의 경우는 성대의 자율신경계의 문제로 보인다. 어린이에 따라서 눈을 깜빡거리거나 코를 찡긋거리고 입술을 씰룩거리거나 입을 하품하듯 하면서 크게 벌리는 등의 증상도 많다. 3개월 이상 지속되지 않고 일시적으로 나타날 때는 일과성 틱이라고 하고, 1년 이상 지속될 때는 만성 틱이라고 한다.

1) 식생활

정제곡류를 오랫동안 먹는 사람이나 알코올중독자들은 마그네슘 결핍증이 온다. 결핍증은 다양한 증상이 따라오며 모르게 진행이 되다가 나타난다. 틱도 마그네슘결핍증의 하나이다. (마그네슘 참조) 다량원소인 마그네슘이 부족한 식사를 했으면 역시 미량원소의 결핍도 자연적으로 따라온다.

2. 소화기계 장애

가스의 원인(Causes of Gas)

어떤 식품들은 다른 것들보다 가스를 더 많이 형성하는 경향이 있다. 열거하면, 말린 콩, 옥수수, 사과, 건포도, 바나나, 푸룬 주스, 사과주스, 우유, 양파, 셀러리, 당근, 살구, 프레젤, 베이글, 밀기울, 브러셀스프라우트, 페이스트리, 감자, 가지, 감귤류, 빵 등이다. 이유는 식품의 일부가 불충분한 조리, 빨리 먹거나 마시는 것으로 인해 소화와 흡수가 제대로 되지 않은 것으로 본다. 이렇게 되면 식품의 남는 부분이 대장에 도달할 때 가스가 형성이 된다. 타액은 모든 식품과 음료수와 잘 섞여야 한다. 단단한 식품은 삼키기 전에 크림이 될 정도로 잘 씹어야 한다. 소장의 분비샘에서의 효소의 생산은 신선한 과일, 야채, 견과, 씨앗류를 먹음으로 더 향상이 될 수 있다. 이러한 식품을 잘 씹는다.

내장의 주요한 가스는, 산소, 수소, 탄산가스, 메탄인데 냄새가 없다. 나쁜 냄새를 내는 성분은 1%가 안 되는데, 암모니아, 유화수소, 휘발성 아미노산, 짧은 지방산, 매우 불쾌한 냄새의 인돌이나 스케톨과 같은 아민류이다. 지방이나 단백질 식품은 불유쾌한 냄새의 잔존 성분을 가지고 있고, 반면에 탄수화물 식품은 냄새가 없다. 대장에서 가스가 형성될 때 산도 생산이 되는데, 이것이 대장에 불편함이나 자극을 준다. 다음은 대장내의 가스의 원인이다.

- 소화기에 너무 부담을 주었을 때:
  - 너무 빨리 먹거나 느리게 먹을 때. 바람직한 식사시간은 30~45분
  - 불충분한 저작. 덩어리는 소화가 제대로 안된다.
  - 과식. 우리의 소화기는 과잉 식품을 처리 못한다.
  - 식사 간격이 너무 짧거나, 식사 시간을 벗어났을 때
- 식사와 음료를 마시거나 수분이 너무 많은 식사일 경우
- 식사 시간 중의 긴장, 소음, 방해 등
- 불충분한 조리. 곡류와 두류의 조리는 많은 시간이 든다.
- 궁합이 안 맞을 때(wrong combination) : 야채와 과일을 같이 먹거나, 우유, 계란, 설탕을 같이 먹었을 때
- 식사 사이에 불충분한 물 섭취

- 잘 맞지 않는 식품. 우유 민감증은 가스를 자주 유발한다. 미국사회에서 가장 흔한 식품의 민감증(food sensitivity)은 유당 불내증이다.
- 식사 후 자리에 눕는 것

게실염(Diverticulitis)

게실은 내장 특히 결장에 작은 주머니가 생기는 증상인데 원인은 결장내의 압력이 증가하기 때문이다. 과체중은 복부의 압력을 증가시키고 게실형성을 촉진한다. 이 이외에도 나이에 의한 결장 근육의 약화, 운동을 안하는 습관, 나쁜 식습관이 결장의 압력을 올린다. 증상은 일반적으로 40세 이상의 나이에 복통, 변비, 설사, 가스배출, 혈변, 배변시 통증, 열 등이 나타난다.

우유 섭취는 게실 증상을 악화시킨다. 육류, 계란, 치즈, 지방은 섬유소가 없기 때문에 게실을 악화시킨다. 게다가 이러한 식품은 결장 내의 혐기성 박테리아의 성장을 증가시켜 게실을 더욱 악화시킨다. 우유의 유당에 대한 불내증이 있는 많은 사람들은 가스발생이 증가해서 결장내의 압력을 올린다. 혐기성 박테리아는 육류, 우유, 정제한 식품을 많이 먹는 사람의 결장에서 번식한다. 이 박테리아는 담즙을 부패해서 유독물질을 만드는데 이 물질은 암을 유발한다.

게실예방과 치료법

- 게실의 가장 중요한 원인은 섬유소가 없는 동물성 식품을 너무 많이 먹었기 때문이다. 고기, 우유, 지방, 설탕, 흰밀가루와 정제한 곡류의 섭취가 많을수록 게실이 많아진다. 평소에 섬유소가 많은 식사를 충분히 섭취한다.
- 음식을 잘 씹어 먹는다. 덜 씹을수록 소화과정 중에 가스가 발생되기 쉽다.
- 과식하지 않는다. 과식도 가스발생을 촉진한다.
- 매일 운동한다. 몸을 조이는 옷, 밴드, 거들 없이 긴 거리를 걷는다.
- 식사사이에 물을 충분히 마신다.
- 배변의 시간을 줄이기 위해서 매일 밀기울을 큰술 3~4개씩 먹는다.
- 좋은 치료법 마사지 : 등을 바닥에 대고 누워서 가능한 깊이 숨을 들이쉬고 내쉰다. 배를 마사지해준다. 오른쪽 아래부터 시작해서 위로 조금씩 올라오면서 누른다. 갈비뼈 밑에서 옆 방향으로 가면서 누른다. 왼쪽으로 가서는 밑으로 내려간다. 누를 때는 숨을 내쉬고, 손을 뗄때는 숨을 들이쉰다. 결국은 시계방향으로 돌게 되는데 이것을 반복한다.

위염(Gastritis), 소화불량

우리의 위가 자극을 받거나 과로하면 염증이 생길 수가 있다. 우리는 조리에 많은 향신료를 사용하면서 위를 자극한다. 또 딱딱한 캔디를 먹으면 입천장이 상하는 것같이 농축된 음식이나 자극성이 있는 화학물질이 들어있는 음식 역시 위를 자극한다. 또 불규칙적인 생활, 과식, 충분히 씹지 않은 것, 분노, 걱정 등도 역시 위염의 원인이다.

염증이 있는 위는 식사 후에 불쾌한 기분이 느껴진다. 이 불쾌감은 혈액으로 갑자기 많은 양의 농축된 영양소들이 들어오기 때문이다.

우리가 먹는 식품의 화학물질은 우리의 소화기계에 상처를 입히고, 노화를 가속화한다. 이러한 화학적 작용으로 인한 세포의 생화학적 상처로 인해 우리몸의 생명력이 조금씩 파괴된다. 사람들의 성격과 정신적인 결함과 위와의 관계는 충분히 이해되지는 않았다. 위가 안 좋은 사람들은 까다롭고 완고한 성격이 형성된다. 이러한 사람들은 감정의 기복이 심해서 사회생활이 어렵다. 위의 염증은 학습능력이 감소하고, 의사결정을 하는데도 영향을 미친다.

위염 치료는 간단하다

- 모든 생활에 규칙성을 가질 것. 규칙적인 식습관으로 위를 다스린다.
- 과일, 야채, 통곡류는 소화에 좋으나, 육류, 유제품, 계란, 정제된 식품과 견과류는 가능한 적게 취한다.
- 위의 통증이 있을 때에는 복부에 히딩패드, 뜨거운 물주머니, 뜨거운 타올 등으로 열을 가해준다. 뜨거운 열과 30초의 얼음패드를 교대로 가해주면 효과가 향상된다.
- 과식이나 소화불량으로 인해 생긴 독소를 제거하기 위해서 숯가루를 복용하는 것도 도움이 된다. 공복에 과립형태 한 봉을 따뜻한 물과 함께 복용하거나, 숯가루 큰술 하나를 물에 타서 마신다. 위경련을 일으킨 어린이는 개박하(catnip tea)를 한잔 마시게 한다.

위자극제

- 후추, 생강, 계피, 정향, 너트매그 등
- 식초와 식초로 만든 음식. 피클, 마요네즈, 케찹, 겨자쏘스 등
- 가공 과정 중에 발효가 되는 음식. 치즈, 간장, 된장, 김치 등
- 크래커, 쿠키, 도넛, 여러 빵제품, 제과 제품에 포함된 베이킹 소다, 베이킹 파우더 등
- 커피, 차, 콜라, 니코틴, 데오브로마인(초코렛)
- 식사와 함께 음료를 마시는 것. 소화와 위를 비우는 시간이 지연된다. 음료, 수프, 국국물, 주스, 우유는 피한다. 위에 정체되는 것은 궤양이나 위염의 가장 공통적인 원인이 된다. 우유는 유당과 자극물질을 생산한다. 유당이 발효하면 민감한 원인을 제공한다.

- 야식이나 늦은 저녁 식사 (저녁 식사는 7시 이전에 마치고, 그 이후에는 식사를 안 하는 것이 좋다)
- 과식 → 대부분의 사람들이 현재 먹는 것의 1/2에서 1/3 정도만 먹는다면 자극을 줄일 수 있다.
- 적게 씹는 것. 빨리 씹는 것. 한 번에 많이 씹는 것(숟가락이나 포크의 1/3 양이 적당량).
- 정제당, 지방, 가공육류, 분말우유등과 같이 농축한 단백질 성분을 포함한 식품. 농축이 많이 될수록 위를 더 많이 자극한다.
- 식사 중 과일과 야채를 함께 먹는 것. 과일의 단당류(포도당과 과당)는 소화과정을 거치지 않아도 된다. 야채와 함께 섞이면 위에 불필요하게 오래 머물면서 발효하게 된다.
- 덜 익거나, 너무 익은 과일.
- 너무 뜨겁거나 차가운 음식.
- 5시간 이내에 먹는 식사. 식사 사이의 간격이 5시간 이상이 바람직하다.

위궤양(Peptic Ucer)

궤양은 잘못된 생활습관을 바꿈으로써 치료해야 한다.

- 24시간 동안 단식을 한다. 단식 중 미지근한 물을 다량 마신다. 단식 중에 통증이 감소한다. 단식 중 세 차례 숯가루를 복용한다. 단식 후에도 식사 30분 전에 숯가루를 복용한다.
- 위를 자극하는 것들을 피한다.
- 식사시간을 철저히 지키고 잘 씹어야 한다. 식생활지침을 잘 따른다. 적어도 한 달 정도는 두 끼 식사를 한다.
- 간식을 피하고, 식사와 식사 사이에 적어도 다섯 시간의 간격을 둔다.
- 위산은 단백질 식품에 대한 반응으로 생기므로 단백질 식품을 줄인다.
- 식사와 식사 사이에는 물을 충분히 마신다. 처음 한 달 동안은 국, 수프, 우유, 음료수 등과 같은 액체 식품을 피한다. 가능한 건조식을 소량씩 충분히 씹어 먹는다.
- 신선한 양배추 즙을 아침과 저녁 식사 전에 반 컵~한 컵 정도를 마신다. 즙이 매우면 물을 넣어 희석해서 마신다.
- 기장쌀은 소화기관을 진정시켜 준다.

식품의 민감도가 높은 것으로 알려진 10가지

- 우유

- 커피, 차, 콜라, 쵸콜릿

- 감귤류의 과일과 주스

- 옥수수, 밀, 쌀, 효모

- 달걀, 돼지고기, 쇠고기, 생선

- 토마토, 감자, 딸기, 사과

- 땅콩, 콩제품, 모든 두류

- 설탕, 계피, 그 외의 향신료

- 상추, 양파, 마늘

- 견과류와 종실류

에서 하나씩 빼는 것으로 테스트를 할 수 있다.

- 팔과 다리를 따뜻하게 보온하고, 혈액순환이 잘되게 한다.

- 규칙적이고 활동적인 실외 운동을 매일 한다.

건조식의 예

볶은 쌀, 볶은 밀, 볶은 수수, 볶은 콩, 볶은 율무, 볶은 보리, 볶은 옥수수, 풋옥수수부침, 현미누룽지, 가래떡 구이, 옥수수 과자, 땅콩 현미 누룽지, 즈위백 토스트 등

팥시루떡, 검은깨 부침이, 수수 부침이, 흑미 부침이, 동부 부침이, 메주콩 부침이, 떡 와플, 등

> ### 식단 예
>
> 볶은 쌀, 볶은 율무, 볶은 보리, 팥시루떡, 메주콩부침, 아몬드, 배, 귤

두 끼 식사의 장점

현대인은 하루에 두 끼만 먹는 사람들이 많은데, 대부분 아침은 거르고 점심과 저녁만 많이 먹는 경우이다. 그러나 가장 이상적인 식사형태는 아침과 늦은 점심으로 두 끼를 먹는 것이다. 저녁에는 식사대신 허브티를 마신다. 이러한 식단 계획은 모든 사람에게 적용이 된다. 하루에 두 끼를 먹는 사람들은 아침에 식욕이 좋아서 아침식사를 근사하게 할 수 있다. 특히 위장장애가 있는 환자는 두끼 식사가 더욱 적당하다. 식사간격을 5시간 이상 두며 6~7시간도 좋다. 식사 간격이 짧으면 소화과정에 무리를 준다.

두 끼 식사를 통해서 얻는 유익

- 체중을 줄이는 데 효율적이다. 하루 섭취량이 줄어들면서 자연스럽게 체중을 조절할 수가 있다. 아가타 트래쉬 박사가 운영하는 유치파인 요양병원이나 와일드우드 라이프스타일 센타 겸 병원에서도 환자들이 과체중 이상이면, 처음부터 두 끼 식사로 처방한다. 식당입구에 있는 체중기에 매일 올라가 점검하는데, 1주일 동안 자연스럽게 체중이 내린다.
위와 같은 요양병원은 아침과 점심은 뷔페로 차리고, 저녁은 처방받은 사람만이 간단한 저녁을 접시에 랩으로 포장해서 이름을 적어놓는다. 자기 이름이 없는 사람은 식당에 가도 먹을 것이 없으니 나의 룸메이트는 아침 식사 후에 과일 몇 개를 몰래 감춰 나오곤 했다. 어디나 지시에 따르지 않는 사람은 있기 마련이다. 이런 사람들은 체중이 덜 빠진다.

- 열량을 줄임으로 여러 질병을 예방한다. 1994년 4월 16일 시드니에서 열렸던 국제 암학회 (The World Cancer Congress)에 의하면 하루 24시간 중 6시간 동안 먹고 18시간을 굶으면 암의 위험률을 줄일 수 있다고 했다. 즉 아침 7시와 오후 1시 사이에 두 끼를 먹으면 된다. 쥐 임상실험에서도 마음껏 먹는 것보다 하루 두 끼를 6시간 이내에 먹으면 93% 정도 암 발생률이 줄었다. 이는 코르티코스테로이드의 자연적 수치가 증가하여 염증을 막아주는 효과가 있었기 때문으로 보인다. 만성적인 염증이 암 위험을 증가시키는 하나의 요인으로 볼 때 중요하다. 오스트리아인의 연구에서는 두 끼 식사가 암의 위험뿐만이 아니라 천식, 관절염, 알레르기 반응도 줄이는 효과를 보였다.

- 몸무게나 혈당, 혈중 지방산의 수치는 식사가 규칙적일 때 훨씬 더 좋은 대사과정을 보여준다. 따라서 체중이 부족한 사람들은 신진대사의 효율성을 증대시키고 체중이 늘게 된다.

- 소화기계가 휴식을 취하고 있을 때에는 몸도 더욱 휴식을 취할 수가 있다. 그래서 더 잠이 필요하다. 위장에 부담이 없으면, 더욱 일찍 잠자리에 들 수가 있고, '일찍 자고 일찍 일어나는 습관' 은 사람을 건강하고 부유하고 현명하게 만들어 준다.

- 깨끗하고 휴식을 취한 위장은 깨끗한 피를 갖는다. 깨끗한 피는 병원균과 독소의 식균작용에 매우 중요하다. 알레르기, 두통, 골다공증의 문제를 가지고 있는 사람들에게 특별한 축복을 준다.

- 두 끼 식사는 식비, 식품 구입과 준비 및 정리하는 시간을 절약할 수가 있다. 하루에 30~60분의 시간을 절약할 수가 있다. 몸이 세끼 식사에서 두 끼로 적응하는 데는 몇 주가 걸린다. 물을 자주 마시고, 다른 일에 관심을 가지고 며칠을 반복함으로 극복할 수가 있다. 해가 짧아지는 가을에는 다른 계절보다 더욱 쉽다. 점심시간을 조금 늦추어서 저녁식사에 대한 기대를 하지 않도록 한다. 변화를 시도할 때에 부딪히는 어려움은 분명히 몸을 위해 노력할만한 가치가 있다.

3. 임상사례

아토피성 피부염

사례 ① : 아토피 대학생들

경기도에 E 요양병원이 처음 개원할 때 한 달 정도 자원봉사를 할 때였다. 그 때 SBS에서 아토피 피부염을 앓는 대학생 3명을 데리고 왔다. 얼굴에 불긋한 자국이 있는 여학생 한 명과 남학생 두 명이었다. SBS의 의도는 천연치료로 (채식 식이요법) 아토피가 나을 수 있을까 해서 전국에서 3명의 자원자를 뽑은 것이었다. S 교수님이 이 학생들에게 올바른 식생활에 관하여 강의하였는데, 그 뒤에 결과는 1년이 훨씬 지난 후 SBS에서 방영하는 '잘 먹고 잘 사는 법'에서 보게 되었다. 이 학생들은 20년 가까이 이러한 피부질환을 앓으면서 약으로 해결하지 못하고 있는 형편이었다. 처음에는 요양병원에서 먹는 음식에 적응하기 어려운 듯했다. 그 후 6개월 사이에 좋아졌다 나빠졌다를 반복하면서 세 학생들의 깨끗해진 모습을 보고 마음이 흐뭇하였다. 이 세 학생들은 건강한 음식이 건강한 몸을 만드는 것을 체험하였으니, 같은 피부병을 반복하지 않으려면 스스로 식생활을 어떻게 하는 것이 좋은지를 알 것이다.

사례 ② : 일본인 치과의사

같은 요양병원에 젊은 일본인 치과의사가 아토피 피부염으로 왔었다. 여지껏 보던 아토피 환자 중에서 아마도 가장 심한 경우가 아닌

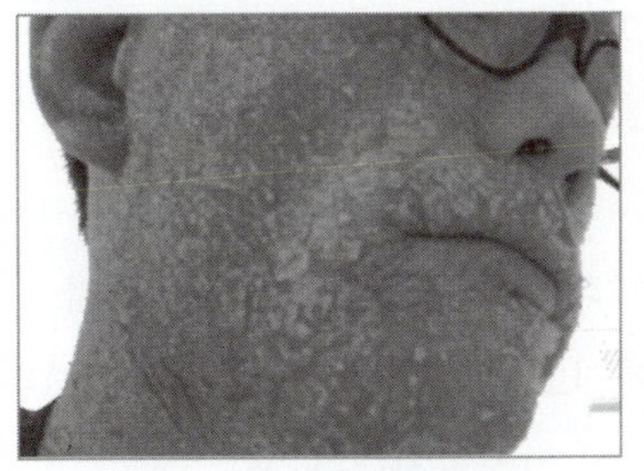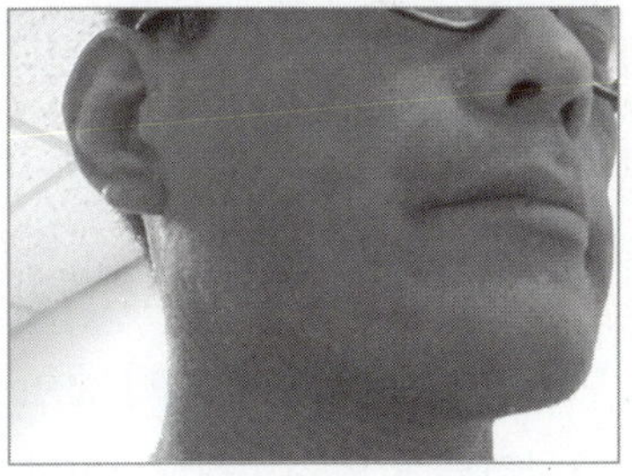

가 싶다. 얼굴에 수많은 하얀 비늘 같은 것이 덮혀 있었는데 그러고도 치과의사로 일은 했다는 것이다. 안경을 쓰고, 마스크로 입과 코를 가리고, 모자를 쓰고, 장갑을 끼고 일을 할 수는 있었지만 결혼은 할 수가 없었다. 물론 약을 매일 한주먹씩 먹었지만 낫지 않아서 소문을 듣고 한국까지 온 것이다. 약을 끊고 두 주가 지나면서 피부의 비늘은 다 벗겨지고, 30년 동안 낫지 않았던 병이 이번에 한국에 와서 좋아졌다. 피부비늘은 다 떨어졌으나 얼굴의 붉은 기운은 그대로 남아있었다. 본인이 스스로 어떤 음식이 자신에게 유익한지 터득하였으니 조심할 것이다. 3주

동안의 사진을 비교하면, 너무나 큰 피부의 변화를 볼 수가 있다. 게다가 확실한 변화로 인해 심리적인 자신감에서인지 표정의 변화도 볼 수가 있다. 이러한 변화는 약을 끊고, 몸에 유익한 영양소를 섭취하고 몸에 유익한 환경을 만듦으로 가능하다.

사례 ③ : Y캠프 어린이들

Y요양병원의 아토피 캠프에 어린이들과 엄마들이 모였는데, 그 중에서 3명의 어린이가 가장 심하였다. 그 중 두 명의 아기들은 밤마다 발작적으로 가려운 데를 긁고 울기 시작하는데 다들 힘들어했다. A양의 경우 정도가 얼마나 심한지 나의 첫 질문은

"어떻게 애를 이렇게 만들었어요?"이었다.

물론 그 엄마도 모든 노력은 하고 살아온 터였는데 방향이 우리와 달랐을 뿐이었다. 8월 첫 주 아주 더운 때에 아기들이 몇 시간을 밤에 우는 것이 본인과 엄마도 힘이 들었지만 그 이웃과 병원의 모든 사람들에게도 힘든 일이었다. 아기들을 낮에 숯가루 마사지를 하고, 공복에 숯가루를 먹이고, 밤에 숯가루 드래싱을 붙이고, 개박하(catnip) 차를 마시고 등등의 노력을 한 후 가장 힘든 첫 주가 지나가고 둘째 주는 잠을 잘 수가 있었다. 이 엄마들이 동우회를 만들고, 가끔 만난다는 소식을 들었다. 사진으로 비교가 잘 안될 때에도 엄마들의 소식은 우선 피부의 두께가 얇아지고 부드러워졌다는 것이다. 4개월이 지난 뒤에는 사진으로도 비교가 될 정도로 많이 나아진 것을 볼 수가 있었다. 우리 몸의 체세포가 바뀌는 데에는 시일이 걸리지만, 아기들이 스스로 건강한 식생활에 대한 개념은 없어서, 과거에 먹던 맛있는 식품에 대한 유혹을 이기는 것이 참 쉽지가 않다. 그러나 체험을 통해서 어떤 음식을 먹으면 다시 가려워진다는 것을 아기들이 알게 되었으니, 영리하다.

사례 ④ : 일본 아기

마에바시에 있는 컨트리라이프 레스토랑에서 만난 가요에라는 여아는 11개월 되는 아기였다. 귀여워서 손을 잡으니 손이 거칠고 팔을 잡으니 역시 거칠거칠하였다. 아기엄마가 다리도 보여주는데 온몸이 샌드페이퍼 같이 거칠거칠했다. Y요양병원에서 만난 아이들 같이 심하지는 않았지만 말이다. 이는 여러 개가 났는데 그 작은 손으로 입을 찡그리면서 긁는 것이 너무 귀엽고 우습기도 했지만 그 가족이 겪는 어려움을 생각하면 웃을 일도 아니었다. 왜냐하면 나도 우리 큰 아이를 키울 때 유사한 경험을 했기 때문이다. (그 당시에는 나도 무지했기 때문

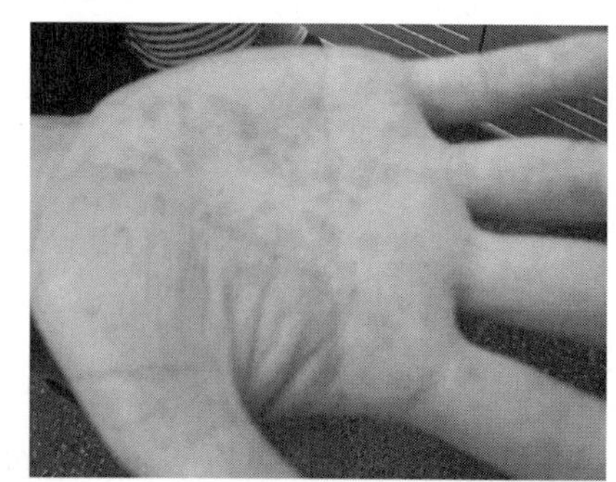

에 해결책을 모른 채 전전긍긍했던 것이다) 엄마와 인터뷰를 하면서 여러 가지를 물었다.

아기는 모유와 이유식을 먹었고, 특별히 흠잡을 것이 없었다. 가끔 엄마가 닭고기와 돼지고기를 먹는 것 외에는. 침대도 사용하지 않았고, 새집에 사는 것도 아니고, 향이 들어간 세탁비누를 쓰는 것도 아니었다. 아기 엄마에게 우리가 개발한 레시피를 보내주마 하고 아기와 엄마가 먹어야 할 음식을 일러주었다. 한참 이야기를 나누다가 우리 몸에 불필요하게 들어온 화학오염물질들에 대해서 말을 하니 그 엄마가 갑자기 두 손바닥의 붉은 반점을 보여주면서 5년 전에 자기가 세제 공장에서 일을 했는데 그 때부터 나타난 현상이라는 것이었다. 손바닥을 만지니 아기 피부보다는 더욱 거칠고 피부가 많이 벗겨진 느낌이었다. 그제서야 아기의 아토피 피부염의 원인이 확실해진 것이다.

우리가 오염이 안 된 지역에 살면서 비옥한 토양의 소산을 먹고 지내면 아기들에게 이런 일이 발생하지는 않는다. 더 많은 수확을 얻기 위해 살충제와 제초제를 무분별하게 쓰고, 결국 그것이 토양에 남고, 식품에 남는 것이 우리 몸에 쌓이는 것은 기정사실인 것이다. 우리 몸은 영양소가 필요하지 이러한 화학물질은 필요하지 않다.

자연 식품은 우리 몸에 들어오는 통로가 있고, 또한 나가는 배설 통로가 있으나, 우리 몸에 필요하지 않은 화학물질은 나가는 통로가 없어 우리 몸에 쌓인다. 지용성 물질은 우리 몸의 지방조직에 축적이 되고, 수용성 성분은 그래도 물에 씻겨 소변으로 배설될 것이다. 가요에 엄마의 손바닥에 나타나는 현상은 몸에 축적된 불필요한 성분이 피부로 나타난 것이다.

가요에 엄마에게 아기와 함께 매일 같이 아침저녁 공복에 숯가루를 한 숟가락씩 먹이기를 권했다. 섬유소가 많은 자연식을 꾸준히 먹는 것도 필요한 일이지만, 숯가루는 흡착력이 강해서 식사하기 전 30분 정도에 (과립형태가 먹기에 좋다) 먹으면 우리의 내장을 통과하면서 우리 몸에 불필요한 성분을 흡착해서 배설한다.

숯가루 목욕할 때 차파렐 허브를 같이 풀어서 하면 가려움증이 덜하다고 옆에 있던 실라가 조언해 주었다. 식사는 유기농 곡채식을 권했다.

기타 사례

아토피에 관한 문의 전화를 자주 받곤 하는데, 농약을 사용하는 농촌의 경우는 농약과 아이들 아토피와의 관련을 인정하고 싶지 않은 마음인 것 같다. 요즈음 어린이들은 농촌이라도 정제한 음식을 먹고 미량 영양소는 부족한데, 불필요한 화학물질이 몸에 축적되니 몸에서 반응을 보이는 것이다.

또 아토피 엄마의 아기도 또한 아토피를 경험한다. 임신 중 엄마로부터 영양소뿐만 아니라 알레르기의 원인물질도 함께 받은 결과이다. 임신 전부터 가임기 여성들의 좋은 먹거리에 관한 교육이 필요하다.

면역체에 관한 학문의 발전은 80년대에 알려지기 시작했고 T 임파구라는 용어도 그 때에 나온 것이다. 과학이 발전하고 인체의 면역체계가 더 자세히 알려질수록 우리의 먹거리는 자연에 가까울수록 안전하다는 결론이 나오게 된다.

아토피성 피부염과 염증억제에 처방되는 스테로이드제는 증상만 가라앉히는 작용만 한다. 장기간 복용했을 경우 백내장, 녹내장, 골수 성장장애, 불면증과 정신장애도 나타나고 감염에 대한 저항도 약해진다. 피부에 바르는 외용약의 부작용도 많다. 예를 들면, 모세혈관 확장으로 인한 피부위축, 다모증, 탈색, 모낭염, 피부감염, 부신피질 기능저하 등이 나타난다.

식생활

당분간 통곡식 위주의 곡채식을 권한다. 동물성 식품을 절제하는 이유는 알레르기 원인을 줄이기 위함이다. 동물성 단백질이 콩과 비교할 때, 우수성은 별 차이가 없다. 동물성 식품일수록 더 많이 오염이 되었다. 정제 곡류와 설탕이 들어간 음식도 일체 절제한다. 현미, 현미찹쌀, 여러 가지 콩, 잡곡, 오트, 오메가-3지방산이 풍부한 아마씨, 들깨와 호두 등을 넣어서 조리한다. 현미쌀 8kg에 대두 1kg의 비율로 가래떡을 만들어 냉동실에 보관하면서 다양한 떡 와플을 만든다. 절편이나 인절미에 호두나 잣 등을 넣고 와플로 구울 수가 있다. 아이들이 스스로 음식을 준비할 수 있도록 훈련하는 것도 필요하다.

충치

치아는 평생 써야 하는 보물

보건복지부가 발표한 '2003 전국 초·중·고생 신체 검사' 결과에 따르면 조사 대상의 58%가 크고 작은 구강 질환을 앓고 있는 것으로 나타났다. 우리나라 12세 이하 어린이의 충치 수가 경제협력개발기구(OECD) 국가 평균의 3배이며 또 65~74세 노인의 영구치는 2000년 16.26개에서 12.06개로 줄어들어 노인들의 치아 건강상태는 과거보다 오히려 더 열악해진 것으로 조사됐다. (조선일보 2003년 6월 10일)

충치로 인해서 치과 출입을 어릴 때부터 시작한 나의 아버지는 지금 틀니로 사신다. 나의 할머니는 생활이 유복해서 아버지에게 그 당시 가장 비싼 장조림을 항상 해주셨는데 항상 이 사이에 껴서 문제가 많았단다. 게다가 과거에 열량 밖에는 몰랐던 이 딸이 아버지의 체중미달이 항상 신경이 씌어서 열량보충으로 농축된 당을 권했었다. 체중증가에 기여를 좀 했으면 하는 마음에서였다. 그럼에도 불구하고 체중은 늘지 않았고, 치아의 손실만이 가속화되어서 오늘날 틀니에 의존하는 입장이 되셨다. 새로 한 틀니가 잇몸에 잘 맞지 않아 자주 치과를 찾곤 하시는데, 그 때마다 이 딸은 지은 죄가 있어서 군소리 못하고 운전해드린다. 나의 아버지와 같은 연세인 어느 장로님은 젊은 시절부터 건강한 곡채식을 하셨는데, 치아에 충치가 전혀 없다고 하신다.

치아에 유익한 식품들은 자연 그대로의 식품이다. 당근, 오이, 사과 등을 그대로 먹으면 치아의 표면이 상쾌하고 매끈하다. 단 음식을 먹으면 양치를 하지 않는 이상 입안에 미생물 작용이 심해져 치아의 표면도 미끈거리고, 냄새도 나거니와 기분도 썩 상쾌하지 않다. 이런 경험은 누구나 했을 것이다. 필리핀의 밀림에서 30년간을 살아온 일본인 중위가 1974년에 본국으로 돌아왔을 때, 칫솔이나, 치약도 없이 살았어도 충치가 없다는 것은 놀라운 사실이지만, 자연의 선물이라고 볼 수 있다.

충치에 기여하는 식품

치아에 해로운 식품들은 이에 잘 들러붙는 식품들, 설탕이 많이 들어간 식품들, 청량음료와 같이 인산이 많고 산도가 높은 음료 등이다. 한국도 마찬가지이지만 미국 사회는 치과가 성황인데 청량음료의 범람과 무관하지 않다. 매스컴 광고를 타는 것이 반드시 좋은 식품, 좋은 음료는 아니다. 청량음료의 산은 치아의 에나멜질을 부식해서 칼슘과 무기질을 뺏는다. 따라서 속의 무른 조직이 드러나고 통증과 충치의 위험이 증가한다. 청량음료의 소비가 높을수록 부식율은 250%가 증가한다고 한다. 콜라보다는 색이 밝은 것이 더 유해하다고 한다. 캔에 들은 차, 과일 주스도 역시 부식의 원인제공을 한다. (General Dentistry 2004 Jul-Aug)

다음은 충치의 플라그 형성의 원인이 되는 식품의 모음이다. 공통점은 탄수화물 중에서 단순당이 많고, 끈끈한 성분이 많은 것이다.

충치의 플라그 형성의 원인이 되는 식품

사과, 살구 말린 것, 오렌지, 오렌지 주스, 사과주스, 바나나, 과자, 캔디, 콜라, 사이다, 크래커, 피넛버터, 크림치즈, 콩류, 통조림, 식빵, 도우넛, 감자, 감자칩, 젤라틴, 당근, 조리한 것, 포도, 건포도, 가당 씨리얼, 흰쌀밥, 캔디, 캐러멜, 쵸콜릿, 우유, 초코 우유, 케이크, 아이스크림

청량음료, 치아와 뼈와의 관계

우리 아이들 어릴 때 이가 빠지면 '투스 페리(tooth ferry)'
라고 해서 밤에 잘 때 베게에 1달라 씩 넣어주곤 했다.

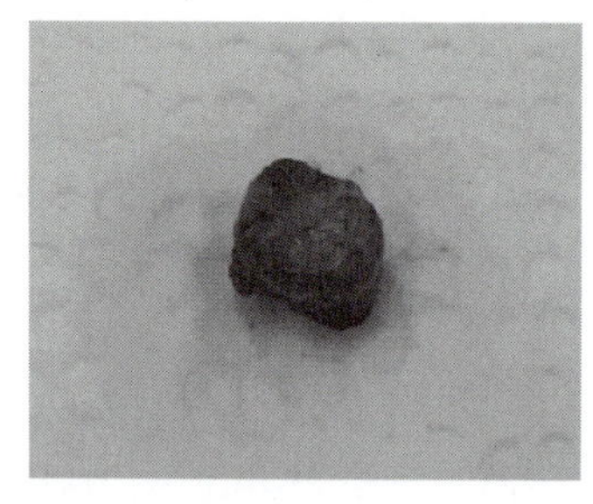

오랜만에 놀러온 조카가 이가 빠졌다. 충치가 없는 하얗고
아주 예쁜 이빨이었다. '투스 페리' 용으로 천원을 주고, 사진
을 찍고 콜라를 한 병 사서 담갔다. 몇 달 지난 후에 꺼내 보았
더니, 치아의 색은 옆의 사진과 같이 갈색이 되었고, 만지면
물렁거렸다. 어느 부인은 화장실 변기에 콜라를 부었는데, 하루 밤 지난 후에 변기의 착색된 것
을 모두 깨끗이 제거할 수 있었다고 한다.

1951년 미 해군의 영양담당관 맥케이 박사의 보고에 의하면, 콜라의 산도가 식초와 비슷하
다고 하였다. 설탕이 함유되어있어 산도를 감추게 된다고 하며, 콜라는 인산과 설탕(10%) · 카
페인 · 색소 · 향신료와의 혼합물이라고 하였다. 또 치아를 콜라에 넣었더니 물렁거렸고, 얼마
안 가 녹아버렸다는 증언을 하였다.

몇 해 전 잠실 롯데 월드의 국제영양학회에 미국인 노교수님이 발표를 하셨다. 이름은 기억
이 나지 않는데, 나중에 옆에 계시는 기회가 있길래 질문하였다.

"미국인들의 골다공증은 과다한 육류소비가 원인이라고 보시나요?" 했더니,

"가장 큰 원인은 청량음료로 본다."라는 것이었다.

청량음료는 설탕, 색소, 향 등이 첨가된 것이다. 상온에 방치해도 상하지가 않는 것은 인산
이 첨가되어 산도가 낮아 미생물의 작용이 억제되기 때문이다. 인산은 치아만 영향을 주는 것
이 아니라 우리 몸의 뼈에도 영향을 준다.

우리 몸은 60% 이상이 물이기 때문에 물은 매우 중요하다. 매우 중요한 기능을 하고, 필요
하면 갈증을 느끼기 때문에 물을 마시게 된다. 청량음료는 물과 동일한 기능을 하지 않는다. 당
의 농도가 높기 때문에 오히려 세포 속의 수분이 탈수가 된다. 우리 몸 세포에 가장 좋은 수분
공급은 깨끗한 물이다.

치아를 잃는 요인들

- 흡연은 잇몸을 약화시켜 치아를 잃는다.

- 우유를 많이 마심에도 불구하고 서구사회의 백인들은 치아가 좋지 않다. 이들은 청량음
  료, 단 음식, 고단백식 등을 즐김으로 인해 체내의 칼슘 배설을 촉진시킨다.

- 잠자기 전에 오렌지 주스를 마시는 아이들도 충치가 많다.

충치와 중금속

조지아주에 있는 요양병원 와일드우드를 방문했을 때 일이다. 그곳에서 학생으로서 배우면서 일하는 캡이라는 청년과 대화를 할 기회가 있었다.

사례 ①

"캡, 이곳에 오게 된 동기는 무엇이어요?"

"중금속 오염이어요."

"아니, 미국에도 중금속 오염이 있어요?"

"예, 아말감에서 온 수은 중독이어요."

그는 어릴 때 충치가 생겨서 아말감으로 때웠는데, 어지럽고, 이상한 여러 증상이 생겨서 인터넷에서 여러 자료를 찾아서 보니 아말감으로 인한 중금속 오염으로 판단이 되었다. 그래서 혈액 검사, 머리카락 검사 등 여러 검사를 하고, 이곳에 와서 자연치료를 배우면서 일하는 중이었다. 수은은 맹독성 중금속이다. 우리가 과거에 화학을 배울 때에는 수은 아말감은 가장 안전한 염으로 배웠는데, 그 기대가 흔들리는 것이었다. 귀국 후에 제일 처음으로 한 것은 학교 앞에 사는 큰아이를 불렀다. 평소에 가끔 어지럽다고 불평하던 것이 기억에 났기 때문이다.

"애, 충치 때운 것이 몇 개가 되니?"

"한 열개는 넘을 걸"

"뭐어? 그렇게 많아?"

그리하여 치과에 가서 조사를 해보니 아말감으로 때운 이빨들 그 주변에 더 크게 충치가 생겼다는 것이다. 우리의 단단한 치아의 사기질도 녹아서 충치가 생기는데, 단단하다는 아말감인들 산도가 높은 청량음료나 당분이 들어있는 음식의 꾸준한 섭취에 끄떡없다고 장담할 수가 있을까? 우리가 환경오염의 중금속은 신경을 많이 쓰고 살지만 입 속의 문제는 전혀 의식하지 않고 산다.

아말감 문제점은 영어권에서는 연구 자료가 많이 나와 있다. 아말감은 비용이 싸기 때문에 흔히들 어린이 충치에 사용하고 있을 것이나, 영구치는 평생 써야하기 때문에 충치 없이 치아 관리를 잘한다면 모를까, 단음식과 청량음료를 달고 사는 세대는 아말감의 중금속이 녹아나올 가능성은 얼마든지 있다.

충치가 다시 생겼다는 것은 치아의 가장 단단한 사기질과 아말감이 녹았다는 것이 아닌가? 비록 감지할 수 없을 만큼의 미세한 양이 녹는다 할지라도 몇 년 동안 꾸준히 쌓이면 얼마든지 문제가 생길수가 있다. 우리 몸이 증세를 보이는 것은 참 다행한 일이다. 갑자기 치과비용이 부담은 되었지만 이것은 생명과 관계된 이상 더 방치를 할 수는 없는 일이었다.

부록 A : 건강 회복식

❶ 흰설탕, 황설탕, 원당, 과당, 꿀, 시럽, 잼, 젤리, 프리저브, 젤로 등, 모든 단순당을 피한다.

❷ 파이, 케이크, 어떤 형태든 단 후식은 피한다. 설탕 없는 건강한 후식을 만든다.

❸ 치즈, 우유, 유제품은 제외하는 것이 좋다. 우유에 들어있는 루신은 저혈당 증세를 유도한다.

❹ 흰 빵, 크래커, 흰 마카로니, 흰쌀, 스파게티, 흰 국수 등 정제한 곡류제품은 통곡식 제품으로 바꾼다.

❺ 매우 단 과일들, 예를 들면, 건포도, 대추, 무화과 등은 농축된 것이므로 일년 동안 자제하는 것이 좋다. 일년 후 조금씩 식단에 넣고, 만일 증세가 나타나지 않으면 사용해도 좋다. 바나나, 수박, 망고, 고구마는 좋다. 포도는 일부의 사람들에게 알레르기 증세가 나타날 수가 있다.

❻ 카페인, 니코틴, 알코올은 모두 혈당 조절 대사에 유해하다. 커피, 차, 콜라음료, 쵸콜릿 모두 카페인을 포함하고 있다. 처방전 없이 살수 있는 많은 약들은 카페인을 함유하고 있다.

❼ 모든 탄산음료에는 과량의 설탕이나 감미료가 들어있다. 과일 주스는 농축된 식품이므로 조금씩 사용하는 것이 좋다. 신선한 과일 그 자체가 훨씬 좋다.

❽ 양념은 신경계에 좋지 않은 영향을 미치며 증세를 악화시킬 수가 있다. 식초와 식초를 포함하는 음식에는 식초대신 레몬이나 소금으로 대체한다.

부록 B: 흔한 식품 알레르겐(알레르기 유발 물질)

❶ 문명사회에서 우유는 가장 흔한 식품 알레르겐이다. 흔한 식품은, 전지유, 분유, 탈지유, 2% 지방 우유와 버터우유, 커스타드, 치즈, 크림, 크림이 들어간 식품, 요구르트, 셔벳, 얼음우유, 아이스크림이다. 우유 성분은 버터, 빵 등 많은 상업적 제조식품에 포함된다. 식품의 성분을 잘 검토해서, 유당, 우유의 고형분, 염화카제인, 염화유산, 유지방과 유청 등을 검토한다. 스피어 알레르기 병원의 프레데릭 스피어 박사는 우유에 알레르기가 있는 사람은 역시 염소젖에도 알레르기가 있다고 말한다.

❷ 콜라열매는 콜라와 쵸코렛에 포함된다. 이 두개는 카페인을 가지고 있고, 커피, 차, 마테차(mate), 코코아, 많은 청량음료에 카페인이 들어있다.

❸ 옥수수 시럽에 사용되는 옥수수는 거의 모든 츄잉껌, 캔디, 가공육(런천육, 소시지, 위너, 볼로나), 빵제품, 깡통 과일, 과일 주스, 잼, 젤리, 가당 시럽, 팬케이크 시럽, 아이스크림, 호미티, 그리츠, 톨틸라, 프리토, 브리토, 타말리, 엔칠라다 등에 들어있다. 옥수수 전분은

스프와 파이에 농축제(thickener)로 들어있다. 또 옥수수는 빵 제품에도 들어있다. 거의 모든 미국산 맥주, 보르봉, 캐나다 위스키, 옥수수 위스키 모두 옥수수가 들어있다. 옥수수 기름도 피해야 한다. 콘밀(굵은 옥수수가루)은 생선 튀김, 팬케이크와 와플 믹스에 들어있다.

❹ 계란도 강력한 알레르기 원인인데, 심지어는 그 냄새만으로도 증상을 일으킬 수가 있다. 많은 왁친이 계란성분으로 만들어진다. 빵제품, 프렌치 토스트, 아이싱, 머랭, 사탕, 마요네즈, 샐러드 드래싱, 미트로프, 빵이 들어간 식품과 국수 모두 계란이 들어가 있다.

❺ 완두, 땅콩, 대두 등의 콩류와 감초도 알레르겐을 포함한다. 말린 콩은 풋콩보다 반응이 더 빈번하다. 콩류에 알레르기가 있는 사람들은 꿀에도 알레르기가 있다. 이것은 콩과 식물에서 꿀을 따오기 때문으로 본다. 대두는 많은 빵제품, 육류제품, 가공제품에 들어있다. 대두유는 가장 많이 사용되는 기름이며 마가린, 쇼트닝, 샐라드유에 사용된다. 땅콩은 쇼크와 같은 심한 반응을 일으키기도 한다.

❻ 감귤류 오렌지, 레몬, 자몽, 귤, 라임 등도 흔한 알레르겐이다.

❼ 토마토와 사과는 가공식품에 많이 사용된다. 사과는 사과식초, 피클, 샐러드 드래싱 등에 사용되고, 토마토는 미트로프, 스프, 스튜, 피자, 케찹, 칠리, 샐러드, 토마토 페이스트와 주스와 다른 가공 식품에 사용된다. 감자, 가지, 담배, 피망, 고추, 파프리카 등 모두 토마토와 같은 군에 속한다.

❽ 밀, 쌀, 보리, 오트, 귀리, 조, 야생미도 알레르기 반응을 보일 수 있다. 또, 설탕, 당밀, 죽순, 수수도 여기에 속한다. 밀이 가장 심하고, 귀리는 적은 편이다. 귀리빵에는 귀리보다 밀이 더 많이 들어있다. 메밀은 밀을 대신할 수 있는 좋은 대체 곡류이다. 밀은 빵제품, 그레이비, 크림소스, 마카로니, 국수, 스파게티, 파이 크러스트, 시리얼, 프레첼, 빵가루를 사용한 식품들에 사용된다.

❾ 양념과 식품첨가물도 자주 알레르기 반응을 일으킨다. 계피는 케찹, 캔디, 츄잉껌, 과자, 케익, 칠리, 가공육류, 사과파이 등에 들어있다. 계피에 알레르기 반응이 있는 사람은 베이잎에도 있다. 후추, 쿠민, 베이질, 밤(balm), 호르하운드, 마조람, 세보리, 로즈마리, 버가모, 코리엔더, 세이지, 다임, 스피어민트, 오르가노 등도 역시 반응을 보인다. 아마란드와 타르타르진은 인공색소인데 증상을 보인다. 이것은 소다수, 아침용 드링크(Tang, Hi-C), 풍선껌, 팝시클(아이스케익), 쿨에이드, 젤로, 또 많은 약품 등에 들어있다.

❿ 돼지고기는 가장 흔한 육류 알레르겐이다. 그러나 굴, 대합, 전복, 새우, 게, 랍스터, 참치, 연어, 메기, 농어, 닭고기, 칠면조고기, 거위, 메추리, 꿩, 쇠고기, 송아지고기, 양고기, 토끼고기, 다람쥐고기, 사슴고기도 알레르기를 유발할 수가 있다.

부록 C : 식물성 스테롤이 많은 식품들

❶ 과일류

사과, 체리, 올리브, 자두

❷ 두류

땅콩, 대두류

❸ 구근채

당근, 얌

❹ NIGHTSHADES

가지, 토마토, 피망, 감자

❺ 곡류

귀리, 메밀, 백미를 제외한 모든 곡류

❻ 허브류

알파알파, 애니스씨, 마늘, 감초, 파세리, 붉은 레스베리, 세이지, 오리가노

❼ 기타

코코넛, 이스트, 밀배아

부록 D : 지방이 없는 식이(Fat Free Diet)

❶ 버터, 샐러드 드레싱, 마요네즈, 땅콩버터 등의 사용을 삼간다. 그 대신 과일과 야채로 만
든 소스를 사용한다.

❷ 튀김과 기름진 스낵을 삼간다.(예: 프랜치 프라이, 감자 칩 등)

❸ 지방이 많은 모든 육류를 삼간다.

❹ 우유와 지방이 많은 치즈를 포함한 낙농품을 삼간다.

❺ 계란은 단백질만큼 지방을 포함하고 있다.

참·고·문·헌

제 1장 탄수화물 이야기

1. 곡식은 가장 중요한 식품, 우리의 생명
2. 현미 이야기

김경삼 · 김도영 · 장형수 · 홍종만, 식품학, 지구문화,. 1989.

김상순 · 김순경, 식품학, 수학사, 1992.

마쿠우치 히데오, 세상에서 가장 좋은 보약 초라한 밥상, 참솔, 2003

문수재 · 이기열, 기초영양학, 수학사.

미국상원 영양문제특별위원회. 잘못된 식생활이 성인병을 만든다, 원태진 편역, 형성사,

미하엘 함. 기적의 두뇌혁명, 하남출판사

박일화. 식품과 조리원리, 수학사, 1993.

반조 클라크. 대지를 지키는 사람들. 오래된 미래, 2004.

밥 중심의 식생활: 왜 중요한가? 쌀 소비확대를 위한 대국민 홍보 심포지움, 대한지역사회영양학회. 2001

버나드 젠센. 더러운 장이 병을 만든다, 국일미디어, 2003.

쌀을 이용한 밥중심 식생활: 어떻게 실천하나? 제2회 쌀 소비확대를 위한 대국민 홍보 심포지움, 대한지역사회영양학회. 2002

윌리암 더프티. 슈거블루스. 북라인

식품성분표. 제 6 개정판 제 I, II편, 농촌진흥청 농촌생활연구소, 2001.

에릭 슐러서. 패스트푸드 제국, 에코 리브르.

음식 영양소 함량 자료집, 한국영양학과 부설 영양정보센타, 1998.

정사영, 기적을 낳는 현미, 시조사

최혜미 등, 21세기 영양학, 교문사, 2000.

한국인 영양권장량. 보건복지부추천 제7차 개정, 한국영양학회. 2000

Anderson JW, smith BM, Gustafson NJ. Health benefits and practical aspects of ghigh-fiber diets for insulin-dependent diabetic individuals. Am J Cl in Nutr 1994 May;59(5 Suppl):12425S-1247S.

Food Values. Jean A.T. Pennington & Helen Nic hols Church. Harper & Row, Publishers.

Frank A. Oski, M.D. Don't Drink Your Milk, TEACH Services, Inc. 1996.

Hays, N. P., Starling, R. D., Liu, X., Sullivan, D. H.,

Trappe, T. A., Fluckey, J. D., Evans, W. J., Effects of an ad libitum low-fat, high-carbohydrate diet on body weight, body composition, and fat distribution in older men and women: a randomized controlled trial. Archives of Internal Medicine 2004 Jan 26;164(2):210-217.

Mary K. Camphell, Shawn O. Farrell, 생화학, 학술정보, 2004.

Nelson DL & Cox MM, Lehninger Principles of Biochemistry, Freeman, 2005.

3. 섬유소 섭취는 매우 중요하다

김숙희외, 고급영양학, 신광출판사, 1999.

버나드 젠센, 더러운 장이 병을 만든다, 국일미디어, 1999.

이혜성, 이연경, 서영주. 한국인의 식이 섬유 섭취 상태의 연차적 추이(1969-1990), 한국영양학회지 27(1):59-70, 1994.

식품성분표, 농촌생활연구소, 2001.

2001년도 국민건강 · 영양조사, 보건복지부, 한국보건산업진흥원, 2002.

프레데릭 F. 카트라이트 & 마이클 비디스, 질병의 역사, 가람기획, 2004.

Mervyn G. Hardinge. A Philosophy of Health. M.D. School of Health, Loma Linda University. 1978.

Burkitt et al. JAMA, Vol 229, No 8. Aug 19, 1974.

Burkitt, Lancet 2: 1408, 1972.

Martin A. Eastwood, M.D. and Reginald Passmore, M.D. A New Look at Dietary Fiber, Nutrition Today, Sep/Dec. 1984.

Neil Nedley, M.D. Proof Positive, 1999.

4. 단순당(simple sugars) 이야기

반조 클라크. 대지를 지키는 사람들, 오래된 미래.

존 험프리스, 이대로 먹을 것인가? 위험한 식탁, 르네상스, 2004.

레이첼 카슨, 침묵의 봄, 에코리브르, 2004.

윌리암 더프티, 슈거 블루스, 북라인, 2002.

E.M. Abrahamson. M.D. and A.W. Pezet. Body, Mind, & Sugar. Avon Publishers of Bard, Camelot and Discus Books. 1951.

Frank Oski, M.D. Don't drink your milk, Peter A Mayes. Intermediary metabolism of fructose. Am J Clin Nutr 1993;58(suppl):754S-765S.

C.B. Hollenbeck, "Dietary fructose effects on

lipoprotein metabolism and risk for coronary artery disease", Am J Clin Nutr, 58, 1993, p 800–809S.

6. 당뇨병은 고섬유식만이 해결책

나가타 다카유키, GI 다이어트, 시공사, 2004.
윌리엄 더프티. 슈거 블루스, 북라인, 2002.
Neil Nedley. Proof Positive Chap 8.
E.M.Abrahamson, M.D. and A.W.Pezet. Body, Mind, & Sugar Avon Books, 1977.
Wolever, T. M., Campbell, J. E., Geleva, D., Anderson, G. H. High-Fiber Cereal Reduces Post-prandial Insulin Responses in Hyperinsulinemic but not Normoinsulinemic Subjects Diabetes Care 2004 Jun;27(6):1281–1285.
Krause's. Food, Nutrition & Diet Therapy, 11th edition, L. Kathleen Mahan & Sylvia Escott-stump.

7. 저혈당과 정제한 단순당

Carlton Fredericks, Carlton Fredericks' New Low Blood Sugar and You, Aperigee book, 1985.
E.M.Abrahamson, Body, Mind, & Sugar, Avon Pub lishers of Bard, Camelot and Discus Books, 1951.
Gary Null, Gary Null Food-Mood- Body Connection, Seven Storys Press, 2000.
Jay Milton Hoffman, The Missing Link in the Medical Curriculum, Professional Press Publishing Company, 1981.
Martin A. Eastwood, and Geginald Passmore. A New Look at Dietary Fiber. Nutrition Today, Sep/Oct, 1984.
Mervyn G. Hardinge. A Philosophy of Health, School of Health, Loma Linda University, Loma Linda, Ca 92354, 1978.
Neil Nedley, M.D. Proof Positive, 1010 14th St. NW, Andmore, OK 73401, 1999.
Phylis Austin, Agatha Thrash, M.D. Calvin Thrash, M.D. Natural Remedies, A Manual, Family Health Publications, 8777 E. Musgrove Hwy, Sunfield, MI 48890.
Patricia A. Kreutler, Nutrition in Perspective. Prentice-Hall INC., Englewood Cliffs, New Jersey.
Stellman SD, Garfinkel L. Patterns of artificial sweetner use and weight change in an American Cancer Society prospective study. Appetite 1988;11 Suppl (1):85–91.
Tordoff MG, alleva AM. Effect of drinking soda sweetened with aspartame or high-fructose corn syrup on food intake and body weight. Am J Clin Nutr 1990 Jun;51(6):963–969.
Trudy McKee, James R. McKee, Biochemistry. McGraw · Hill 2003.

제 2장 지방 이야기

1. 한국인의 지방섭취는 증가하고 있다

Albert L. Lehninger, David L. Nelson, Michael M. Cox. Principles of Biochemistry, 1993, 2005.
J.M. van Amelsvoort et al. "Effects of the type of dietary fatty acid on the insulin receptor function in rat epididymal fat cells", Annals of Nutrition and Metabolism, 30, 1986, p273–280.
Rose DP. Effects of dietary fatty acids on breast and prostate cancers: evidence from in vitro experiments and animal studies. Am J Clin Nutr 1997;66S:1514S–22S.
Rose DP, Connolly JM, Rayburn J, Coleman M. Influence of diets containing eicosapentaenoic of docosahexaenoic acid on growth and metastasis of breast cancer cells in nude mice. J Natl Canc Inst 1995;87:587–92.
Trudy McKee & James R. McKee. Biochemistry, McGraw · Hill, 2003.

2. 지방과 관련된 질병

2001년도 국민건강 · 영양조사 –영양조사부문(1)–, 보건복지부, 한국보건산업진흥원, 2002.
식품성분표. 제6개정판. 농촌진흥청, 농촌생활연구소. 2001.
웨난, 마왕퇴의 귀부인, 일빛, 2001.
존 험프리스. 이대로 먹을 것인가? 위험한 식탁, 르네상스, 2004.
최혜미 외. 21세기 영양학. 개정판, 교문사, 2000.
A.P. Hoyer, P. Grandjean, T. Jorgensen, JW. Brock, H.B. Hartvig, Organochlorine exposure and Breast, The Lanset, Vol. 352, pp.1816–20, 1998.
Awad AB, Herrmann T, et al. 18:1n7 fatty acids inhibit growth and decrease inositol phosphate release in HT-29 cells compared to n-9 fatty acids. Cancer Lett 1995 May 4;91(1):55–61.

Berenson GS, Wattingney WA, et al. Atherosclerosis of the aorta and coronary arteries and cardiovascular risk factors in persons aged 6 to 30 years and studied at nectopsy(The Bofalusa Heart Study). Am J Cardiology 1992 Oct 1;70(9):851–858.

Black HS, Herd JA, et al. Effect of a low–fat diet on the indidence of actinic keratosis. N Engl J Med 1994 May 5;330(18):1272–1275.

Brown, M.J., Ferruzzi, M.G., Nguyen, M.L., Cooper, D.A., Eldridge, A.L., Schwartz, S.J., White, W.S. Carotenoid bioavailability is higher from salads ingested with full–fat than with fat–reduced salad dressings as measured with electrochemical detection. The American Journal of Clinical Nutrition 2004 Aug;80(2):396–403.

Doll R, Peto R. The causes of cancer: quantitative estimates of avoidable risks of cancer in the United States today. J Natl Cancer Inst 1981 Jun;66(6):1191–1308.

Major William F.Enos, Lieut. Col. Robert H. Holmes(MC), U.S. Army and Capt. James Beyer(MC), Army of the U.S. Coronary disease among united states soldiers killed in action in Korea. J.A.M.A., July 18, 1953.

Helen Charley. Food Science. John Wiley & Sons. 1982

Hilakivi–Clarke I, Onojafe I, et al. Breast cancer risk in rats fed a diet high in n–6 polyunsaturated fatty acid during pregnancy. J Natl Cance r Inst 1996 Dec 18;88(24):1821–1827.

Hirayama T. Epidemiology of breast cancer with special reference to the role of diet. Prev Med 1978 Jun;7(2):173–195.

Holm LE, Nordevang E, et al. Treatment failure and dietary habits in women with breast cancer. J Natl Cancer Inst 1993 Jan 6;85(1):32–36.

Montgomery R. Dryer RL, et al. Biochemistry a case–oriented approach. The C.V. Mosby Company. 1983.

Neil Nedley. Proof Positive. chap 2, 3, 4. Nedley Publishing Company. 1998.

Ornish, Dean. The New York Times Bestseller Dr. Dean Ornish's Program for Reversing Heart Disease. Ballantine/Del Pey/Cawcett/Ivy/Presidio Press. 1996.

Peng SK, Morin RJ, Effects on membrane function by cholesterol oxidation derivatives in cultured aortic smooth muscle cells. Artery 1987;14(2):85–99.

Peng SK, Taylor CB. Artherogenic Effect of Oxidized Cholesterol. In; Perkins EG, Visek WJ, editors. Dietary Fats and Health. Champaign, Il: American Oil Chemists' Society, 1983 p. 919–933.

Perera FP, Estabrook A, et al. carcinogen–DNA adducts in human breast tissue. Cancer Epiemiol Biomarkers Prev 1995 Apr–May;4(3):233–238.

Neil Nedley, Proof Positive. chap 2, chap3, chap4. Neil Nedley Publishing Company, 1999.

Richardson S, Gerber M, Cence S. The role of fat, animal protein and some vitamin consumption in breast cancer; a case control study in southern France. Int J Cancer 1991 Apr 22;48(1):1–9.

Rogan WJ, Bagniewska A, Damstra T. Pollutants in breast milk. N Engl J Med 1980 Jun 26;302(26):1450–1453.

Rose DP, Boyar AP, Wynder EL. International comparisons of mortality rates for cancer of the breast, ovary, prostate, and colon, and per capita food consumption. Cancer 1986 Dec 1;58(11):2363–2371.

Snedeker SM, Diaugustine RP. Hormonal and environmental factors affecting cell proliferation and neoplasia in the mammary gland. Prog Clin Biol Res 1996;394():211–253.

U.S. Dept. of Health and Human Services. Cancer In: The Surgeon General's Report on Nutrition and Health. Public Health Service DHHS(PHS)Publication November 88–50210. 1988 p. 182

Sydney Ross Singer, Soma Grismaijer. Dressed to Kill. The Link between Breast Cancer and Bras. Avery Publishing Group. 1995.

Vatten LJ, Solvoll K, Loken EB, Frequency of meat and fish intake and risk of breast cancer in a prospective study of 14500 Norwegian women. Int J Cancer 1990 Jul 15;46(1): 12–15

Willet WC, Stampfer MJ, et al. Intake of trans fatty acids and risk of coronary heart disease among women. Lancet 1993 Mar 6;341(8845):581–585.

Whitney EN, Cataldo CB, Rolfes SR. Understanding

normal and clinical nutrition. Wadsworth Thomson Learning. 2002.

Trudy Mckee & James R. Mckee. Biochemistry the molecular basis of life third ed. McGrow · Hill, 2003.

제 3장 단백질 이야기

이기열, 문수재. 기초영양학, 수학사.

승정자. 현대인과 한국전통음식, 집문당, 1997.

이성우. 한국식품사회사, 교문사, 1984.

이성우. 한국요리문화사, 교문사, 1985.

제레미 리프킨. 육식의 종말, 시공사, 2002.

존 로빈스. 육식, 건강을 망치고 세상을 망친다 1,2권, 아름드리미디어, 2000.

하워드 F. 리먼. 나는 왜 채식주의자가 되었는가, 문예출판사, 2004.

Armstrong B, Doll R. Environmental factors and cancer incidence and mortality in different countries, with special reference to dietary practices. Int J Cancer 1975 Apr 15;15(4):617–631.

Cheng Z, Hu J, et al. Inhibition of development of hepatocellular carcinoma in hepatitis B virus tran sfected mice by low dietary casein. Hepatology. In Press 1997.

Cunningham AS. Lymphomas and animal–protein consumption. Lancet 1976 Nov 27;2(7996):1184–1186

Chiu BC, Cerhan JR, et al. Diet and risk of non –Hodgkin lymphoma in older women. JAMA 1996 May 1;275(17):1315–1321

Cunningham AS. Lymphomas and animal–protein consumption. Lancet, 1976 Nov 27;2(7996):1184–1186.

Curhan GC, Willert WC, et. A prospective study of dietary calcim and other nutrients and the risk of symptomatic kidney stones. N Engl J Med 1993 Mar 25;328(12):833–838.

Di Bisceglie, A.M. and Hoofnagle, J.H. Hepatitis B virus infection and hepatocellular carcinoma: etiologic relationship and clinical implications. Princ Prac Oncol, 1:1–10, 1987.

Doll R, Peto R. The Causes of cancer: quantitative estimates of avoidable risks of cancer in the United States today. J Natl Cancer Inst 1981 Jun;66(6):1191–1308.

Elwyn DW. The role of the liver in regulation of amino acid and protein metabolism. In Munro HN, editor. Mammalian Protein Metabolism Vol. IV. New York, NY: Academic Press, 1970 p. 523–557.

Hardinge MG, Crooks H, Stare FJ. Nutritional studies of vegetarians. J Am Diet Assoc 1966 Ja n;48(1):25–28.

Hegsted DM. Calcium and osteoporosis. J Nutr 1986 Nov;116(11):2316–2319.

Hu J. Cheng Z, et al. Low animal protein diet reduces the xpression of hepatitis B virus transgene in early stages of hepatocarcingenisis. Oncology. In Press, 1997.

Joan Sabate. Vegetarian Nutrition. CRC Press 2001.

Ihle BU, Becker GJ, et al. The effect of protein restriction on the progression of renal insufficiency. N Engl J Med 1989 Dec 28;321(26):1773–1777.

International Agency for Research on Cancer. Aflatoxins. Lyon, France International Agency for Research on Cancer, 1987 p.83–87.

Johnson NE, Alcantara EN, Linkswiler H. Effect of level of protein intake on urinary and fecal calcium and calcium retention of young adult males J Nutr 1970 Dec;100(12):1425–1430.

Kagawa Y. Impact of Westernization on the nutrition of Japanese:changes in physique, cancer, longevity and centenarians. Prev Med 1978 Jun;7(2):205–207.

Lijinsky W, shubik P. Benzo(a)pyrene and other polynuclear bydrocarbons in charcoal–broiled meat. Science;1450–1455.

Linkswiler HM, Zemel MB, et al. Protein–induced hypercalciuria. Fed Proc 1981 Jul;40(9):2429–2433.

Mark Messina, Virginia Messina. The simple Soybean and your health. 1994.

Norris JF, Meadows GG, et al. Tyrosine and phenylalanine–restricted formula diet augments immunocompetence in healthy humans. Am J Clin Nutr 1990 Feb;51(2):188–196.

Position of the American Dietetic Association: vegetarian diets–technical support paper. J Am Diet Assoc 1988 Mar;88(3):352–355.

Neil Nedley, Proof Positive. chap 2, chap3, chap4. Neil Nedley Publishing Company.

Robertson WG, Peacock M, et al. Should recurrent

calcium oxalate stone formers become vegetarians?
Br J Urol 1979 Dec;51(6):427-431.
Saenz de Rodriguez. Dr. C.A. Journal of the Puerto
Rican Medical Association. Feb 1982.
Sabate J, Lindsted KD, et al. Attained height of lacto-
ovo vegetarian children and adolescents. Eur J Clin
Nutr 1991 Jan;45(1):51-58.
Steinmetz KA, Potter JD, Food-group consumption
and colon cancer in the Adelaide case-cantrol
study. II Meat, poultry, seafood, dairy foods and
eggs. Int J Cancer 1993 Mar 12;53(5):720-727.
United States Department of Agriculture Agricultural
Research Service. Nutrient Content of the U.S. Food
Supply, 1909-1990. Home Economic Research
Report No. 52. september 1994 p. 98-99.
Weinberg ED. The role of iron in cancer. Eur J
Cancer Prev 1996 Feb;5(1):19-36.

제 4장 에너지 대사와 비만이야기

2001년도 국민영양 · 영양조사. 보건복지부, 한국보건산업진
흥원, 2002.
식품교환표, 대한 영양사회
에릭 슐로서. 패스트푸드 제국, 2002.
그랙 크리처. 비만의 제국, 2004.
Secular Trend of Obesity Prevalence in Korea, 대한비
만학회지, 제 11권 제 4호 2002
D.S. Ludwig, K.E. Peterson and S.L. Gortmaker,
"Relation between consumption of sugar-sweetened
drinks and childhood obesity", Lancet, 357, 2001,
p.505-508.
Gleick, "Land of the Fat."James O. Hill and James C.
Peters, "Environmental Contributions to the Obesity
Epidemic," Science, May 29, 1998.
Joseph coleman, "More Japanese Men Are
Overweight," AP, June 15, 1998: "Time to Trim the Fat
on the Land." Japan Times, November 14, 1999.
Mark Hammond and Jacqueline Ruyak, "The Decline
of the Japanese Diet: Mc Arthur to Mc Donald's."
East West, October 1990.
Pennington JAT & Church HN, Food Values, Harper
& Row, 1985.
S.A. French, M. Story et al. "Fast food restaurant use
among adolescents: associations with nutrient intake,
food choices and behavioral and psychosocial
variables", International Journal of Obesity, 25, 2002,
p1823-1833.
Simon Pollock, "China's Biggest' Little Emperors'
Struggle to Tone Up." Japan Economic Newswire.
August 18. 1999.

제 5장 비타민 이야기

문수재 · 이기열. 기초영양학, 수학사.
박태선, 김은경. 현대인의 생활영양, 교문사, 2000.
산드라 슈타인그래버. 모성혁명. 바다출판사, 2004.
아툴 가완디. 나는 고백한다, 현대의학을. 도서출판 소소,
2003.
와타나베 쇼. 식사로 암을 예방한다. 사람과 책, 2005.
윌리암 더프티. 슈거블루스. 북라인, 2002.
존 로빈스. 육식 건강을 망치고 세상을 망친다. 아름드리미
디어, 2001.
최혜미 등, 21세기 영양학, 교문사, 2000.
Alpha-Tocopherol Carotene Cancer Prevention
Study Group. The effect of vitamin E and caro-tene
on the incidence of long cancer and other cancers
din male smokers. N Engl J Med 1994;330:1029-35.
Bjelke E. Dietary vitamin A and human lung cancer.
Int J Cancer 1975 Apr 15;15(4)561-565.
Black HS. Effects of dietary antioxidants on actinic
tumor induction. Res Commun Chem Pathol
Pharmacol 1974 Apr;7(4): 783-6.
Craig WJ. Lowering your risk of cancer by diet. In:
Nutrition for the Nineties. Eau Claire, MI: Golden
Harvest Books, 1992 P. 103-104.
Christen S, Woodall AA, et al. gamma-tocoperol
traps mutagenic electrophiles such as NO(X) and
complemants alplha-tocopherol: physiological
implications. Proc Natl Acad Sci USA 1997 Apr
1;94(7): 3217-22.
Dorant E, van den Brandt PA, et al. Consumption of
onions and a reduced risk of stomach cacinoma.
Gastroenterology 1996 Jan;110(1):12-20.
Fiddler W, Pensabene EG, et al. Inhibition of
formation of volatile nitrosamines in fried bacon by
the use of core-solubilized alpha-tocopherol. J
Agric Food Chem 1978 May-Jun;26(3).
Fraga CG, Motchnik PA, et.al. Ascorbic acid protects

against endogenous oxidative DNA damage in human sperm. Proc Natl Acad SCi USA 1991 Dec 15;88(24):11003-11006.

Giovannucci E, Ascherio a, et al. Intake of carotenoides and retinol in relataion to risk of rostate cancer. J Natl Cancer Inst 1995 Dec 6;87(23):1767-76.

Graham S, Dayal H, et al. Diet in the epideilology of cancer of the colon and rectum. J Natl Cancer Inst 1978 Sep;61(3):709-14.

Heinonen OP, Albanes D, et al. The effect of vitamin E. and beta-carotene on the incidence of lung cancer and other cancers in male smokers. The Alpha-Tocopherol, Beta-carotene Cancer Prevention Study Group. N Engl J Med 1994 Apr 14 14;330(15):1029-1035.

Hirayama T. Nutrition and cancer—a large scale cohort study. Prog Clin Biol Res 1986: 206: 299-311.

Hannum, S. M. Potential impact of strawberries on human health: a review of the science. Critical Reviews in Food Science and Nutrition 2004;44(1):1-17.

Cho, E., Seddon, J. M., Rosner, B., Willett, W. C., Hankinson, S. E. Prospective study of intake of fruits, vegetables, vitamins, and carotenoids and risk of age-related maculopathy. Archives of Ophthalmology 2004 Jun;122(6):883-892.

Mayne ST, Janerich DT; et al. Dietary beta carotene and lung cancer risk in U.S. nonsmokers. J Natl Cancer Inst 1994 Apr;22(2):96-101.

Malkovsky M, Edwards AJ, et al. T-cell-mediated enhancement of host-versus-graft reactivity in mice fed a diet enriched in vitamin A acetate. Nature 1983 Mar 24-30;302(5906):338-340.

Neil Nedley. Proof Positive. Neil Nedley Publishing Company.

Olson JA. Vitamin A, Retinoids, and Carotenoids. In: Shils ME, Young VR, editors. Modern Nutrition in Health and Disease—7th edition. Philadelphia. PA:Lea and Febiger 1988.

Omenn GS, Goodman GE, Thornquist MD, et al. Effects of a combination of carotene and vitamin A on lung cancer and cardiovascular disease. N Engl J Med 1996;223:1150-5

Patricia A. Kreutler, Nutrition in Perspective. Prentice-Hall INC., Englewood Cliffs, New Jersey.. 1980.

Potter JD as quoted in : Napier, K. Cancer Fighting Foods: Green Revolution. The Harvard Health Letter. Special Supplement April 1995 p.9-12.

Rampersaud GC, Kauwell GP, Bailey LB. Folate: a key to optimizing health and reducing disease risk in the elderly. J Am Coll Nutr. 2003 Feb:22(1):1-8.

Riggs DR, DeHaven JI, Lamm DL. Allium sativum (garlic) treatment for murine transitional cell carcinoma. Cancer 1997 May 15;79(10): 1987-94.

Sandler DP, Everson RB, et al. Cancer Risk in adulthood from early life exposure to parents' smoking. Am J Public Health 1985; 75(5):487-492.

Smith, T. K., Lund, E. K., Parker, M. L., Clarke, R. G., Johnson, I. T. Allyl-isothiocyanate causes mitotic block, loss of cell adhesion and disrupted cytoskeletal structure in HT29 cells. Carcinogenesis 2004 Mar 19.

Tominaga K, Saito Y, et al. An evaluation of serum microelement concentrations in lung cancer and matched non-cancer patients to determine the risk of developing lung cancer: a preliminary study. Jpn J Clin Oncol 1992 Apr:22(2):96-101.

Willet WC. Micronutrients and cancer risk. Am J Clin Nutr 1994 May;59(5 Suppl):1162S-1165S.

제 6장 무기질 이야기

박정훈, 잘먹고 잘사는 법, 2002.

산드라 슈타인그레버, 모성혁명, 바다출판사, 2004.

식품성분표, 제 6 개정판, 농촌진흥청, 농촌생활연구소, 2001.

음식 영양소 함량 자료집, 한국영양학회 부설 영양정보센타, 1998.

최혜미 등, 21세기 영양학, 교문사, 2000.

Bessis M. The blood cells and their formation. In the Cell. Vol. 5, ed. J.Brachet and A.E. Mirsky. New York: academic Press, 1961.

Brot C, Jorgensen N, Jensen LB, Sorensen OH. Relationalships between bone Mineral density, serum vitamin D metabolites and calcium-phosphorus intake in health perimenopausal women. J Intern

Med 1999;245:509-16.
Brown ML, Present Knowledge in Nutrition.
International Life Sciences Institute Nutrition
Foundation. 6th edition.
Calvo MS. Dietary phosphorus, calcium metabolism,
and bone. J Nutr 1993;123:1627-33.
Chang-Claude J, Feadsch R, et al. Prevalence of
Helicobacter pylori infection and gastritis among
young adults in China. Eur J Cancer Prev 1995
Feb;4(1):73-79.
Devine A, Criddle RA, Dick IM, et al. A longitudinal
study of the study of the effect of sodium and
calcium intake on regional bone density in
postmenopausal women. Am J Clin Nutr
1995;62:740-5.
Cummings SR, Nevit MC, Browner WS. Risk factors
for hip fracture in white women. Study of
Osteoporotic Fractures Research Group. N Engl J
Med 332:767-773, 1995.
Freis ED. The role of salt in hypertension. Blood
Press 1992 Dec;1(4):196-200.
Johnson, S. The multifaceted and widespread
pathology of magnesium deficiency. Medical
Hypotheses 2001 Feb;56(2):163-170.
Moshfegh, A. J., Tippett, K. S., Borrud, L. G., Perloff,
B. P., TEKTRAN, FOOD AND NUTRIENT INTAKES BY
INDIVIDUALS IN THE UNITED STATES, BY SEX AND
AGE, 1994-96 United States Department of
Agriculture, Agricultural Research Service, 1998.
Nazario CM, Szklo M, et al. Salt and gastric cancer:
a case-study in Puerto Rico. Jnt J Epidemiol 1993
Oct;22(5):790-7
Robert P.Heaney and Connie M Weaver. Calcium
absorption from kale. Am J Clin Nutr 1990;51:656-7
Weaver C. M. and Plawecki K. L. Dietary calcium:
adequacy of vegetarian diet. Am. J. Clin. Nutr.
59(suppl):1238S-41S, 1994.
Proof Positive. Neil Nedley. Neil Nedley Publishing
Company. 1999.
Brief Critical Reviews. Was the ill-fated Franklin
expedition a victim of lead poisoning? Nutrition
Reviews/vol 47. No 10/October 1989.
Lead solder: Source of body lead in the Franklin
Burials. Nutrition Reviews/vol 48. No 7/July 1990.
Steven Waldman. Lead and your kids. Newsweek:
July 15, 1991.
Weaver CM, Proulx WR, Heaney RP. Choices for
achieving dietary calcium whithin a vegetarian diet.
Am J Clin Nutr 1999;70:543S-8S.
Weinberg ED. The role of iron in cancer. Eur J
Cancer Prev 1996 Feb;5(1):19-36.

제 7장 물 이야기

마크 드 빌리어스, 물의 위기, 세종연구원, 2001.
물, 연세대학교 환경공해연구소, 꿈과 의지, 2001.
박태선외, 현대인의 생활영양, 교문사, 2000.
이기열외. 기초영양학. 수학사
최선혜외. 사회복지와 영양. 수원여자대학 출판부, 2002.
Patricia A. Krultler, Nutrition in Perspective, Prentice-
Hall INC., 1980.

제 8장 모성영양 이야기

http://kidsi.net/store/birth_store/pre/01-63.html
http://obgy.doctor.co.kr/
http://blog.naver.com/wso1.do?Redirect=Log&logNo=
40004922811
http://blog.naver.com/wso1.do?Redirect=Log&logNo=
40003346011
사이트: www.lalecheleague.org
로버트 S. 멘델존. 나는 현대의학을 믿지 않는다, 문예출판
사, 2000.
모수미외, 생활주기영양학, 효일, 2001.
박태선외, 현대인의 생활영양, 교문사, 2000.
산드라 스타인그래버. 모성혁명, 바다출판사. 2001.
승정자외, 현대인의 건강을 위한 영양과 식생활, 청구문화
사, 2003.
Neil Nedley. Proof positive chap 7.
Grulee CG, Sanford HN, Herron PH. Breast and
Artificaisl Feeding. JAMA 1934;103:735.
Grulee CG, Sanford HN, Schwartz H. Breast and
Artificaisl Feeding. JAMA 1935;104:1986.

제 9장 건강에 영향을 주는 요인들

데이비드 스노든, 우아한 노년, 사이언스북스, 2003.
암을 알고 이기자. 2004년도 춘계 암계몽 캠페인 공개강좌.
사단법인 대한암협회 · 조선일보사, 보건복지부, 2004.

암을 알고 이기자. 2004년도 추계 암계몽 캠페인 공개강좌. 사단법인 대한암협회 · 조선일보사, 보건복지부, 2004.

와타나베 쇼. 식사로 암을 예방한다, 사람과 책, 2005.

존 험프리스. 위험한 식탁, 르네상스, 2004.

레이첼 카슨. 침묵의 봄, 에코리브르, 1962, 2002.

Carter JP, Brown J. Dr. Cupp's Simple Approach to weight loss. Journal of the Louisiana State Medical Society 1985;137(6):35–38

Conceicao de Oliveira, M., Sichieri, R., Sanchez Moura, A. Weight loss associated with a daily intake of three apples or three pears among overweight women.

 Nutrition 2003 Mar;19(3):253–256.

Cotton P. Smoking cigarettes may do developing fetus more harm than ingesting cocaine, some experts say. JAMA 1994 Feb 23;271(8):576– 577.

Fielding JE. Smoking; Health Effects and Control. In: Last JM, Wallace RB, editors.

Grady D, Ernster V. Does cigarette smoking make you ugly and old? Am J Epidemiol 1992 Apr 15;135(8):839–842

Hueper W.C., Environmental and Occupational Cancer, pp. 1–69.

Hueper W.C., 'Recent Developments in Environmental Cancer', A.M.A. Archives Path, vol. 58(1954), pp. 475–523.

Mattews R. Importance of breakfast to cognitive performance and health. Perspectives in Applied Nutrition 1996;3(3):204–212.

Maxcy–Rosenau–Last Public Health and Preventive Medicine– 13th edition. Norwalk, CT:Apleton and Lange, 1992 p. 716–719/

Neil Nedley. Proof Positive. 1999.

Nelson HD, Nevitt MC, et al. Smoking, alcohol, and neuromuscular and physical function of older women. Study of Osteoporotic Fractures Research Group. JAMA 1994 Dec 21;272(23):1825–1831.

Ross Andersen, Carlos Crespo et al. Relationship of physical activety and television watching with body weight and level of fatness among children: results from the third national health and nutrition survey," JAMA 279, 1998, 28–32

Spiegel, K., Leproult, R., Van Cauter, E. Impact of sleep debt on physiological rhythms Revue Neurologique (Paris) 2003 Nov;159(11 Suppl):6S11–20.

Sydney Ross Singer & Soma Grismaijer. Dressed to Kill. Avery Publishing Group, 1995.

Warburg. Otto, 'On the Origin of Cancer Cells', Science, Vol. 123, No. 3191(24 Feb. 1956), pp. 309–14.

제 10 장 천연 치료제들

강순남, 사람을 살리는 먹을거리, 여성신문사, 1991.

김동극, 단식 건강법, 아침나라, 2002.

배기성, 단식혁명, 태웅출판사, 1996.

장두석, 사람을 살리는 단식, 정신세계사, 1995.

폴 C. 브래그. 단식의 기적. 홍익제, 1990.

Agatha Thrash, Charcoal. Family Health Publications, 1983.

Agatha Thrash, Home Remedies, Family Health Publications, 1983.

제 11 장 식이요법과 천연치료로 치료하는 증세들

2001년도 국민영양 · 영양조사. 보건복지부, 한국보건산업진흥원. 2002.

아보 도오루, 암은 스스로 고칠 수 있다, 중앙생활사, 2003.

암, 알면 이긴다. 조선일보사. 2001.

암을 알고 이기자. 2004도 추계 암계몽 켐페인 공개강좌. 사단법인 대한암협회 · 조선일보사, 보건복지부. 2004.

와타나베 쇼. 식사로 암을 예방한다. 사람과 책, 2005.

Agatha Thrash, et al. Natural Remedies. Yuchi Pines Institute, 1983.

Neil Nedley. Proof Positive, 1999.

Amnon Wachman & Daniel S. Bernstein. Diet and Osteopososis. Lancet, 1968 May 4.

Chander Rekha Anand and Hellen M. Linkswiler. Effect of Protein Intake on Calcium Balance of Young Men Given 500mg Calcium Daily. J. Nutr. 104:695–700, 1974.

Mazess & Mather. Bone Mineral content of North Alaskan Eskimos. Am. J. Clin. Nutr. 27:916–925, 1974.

von Fraunhofer, J. A., Rogers, M. M., Dissolution of dental enamel in soft drinks. General Dentistry 2004, Jul–Aug 308–312.

자연식 건강요리

1. 통곡식 요리

기본 원칙

흰 쌀, 흰 밀가루, 흰 설탕, 정제한 소금, 정제한 기름을 사용하지 않는다.

흰 설탕 대신, 현미와 잡곡, 통곡식의 가루로 조리한다.

흰 설탕 대신 약간의 꿀이나, 오곡조청, 과일로 단맛을 낸다.

❶ 정제한 소금 대신 볶은 소금, 간장, 간장가루를 사용한다.

❷ 정제한 기름 대신 통깨, 들깨, 깨 가루, 견과류를 사용한다.

이러한 식재료는 정제한 재료보다 영양소가 월등히 우수하다.

❸ 또 조리는 간단할수록 영양소의 손실이 적다. 복잡한 과정의 요리보다는 간단한 조리를 구상한다.

자연식 현미 오곡밥

녹두밥 (녹색빛이 돈다)

현미 1컵, 현미찹쌀 1컵, 보리 1컵,
차포 1컵, 녹두 1/2컵, 푸른콩 1/2컵

수수동부팥밥 (분홍색이 돈다)

현미 1컵, 현미찹쌀 1컵, 통율무 1컵,
차수수 1컵, 서리태종 1/2컵,
동북팥 1/2컵

레시피 ❶ 현미 1컵, 현미찹쌀 1컵, 보리 1컵, 차수수 1컵, 흰콩 1컵

레시피 ❷ 현미 1컵, 현미찹쌀 1컵, 보리 1컵, 차수수 1컵,
서리태콩 1/2컵, 팥 1/2컵
이 현미 오곡밥으로 김밥을 만들 수가 있다.

영양밥

현미 2컵,
현미찹쌀 2컵,
은행 1/4컵,
호두나 잣 1/4컵,
밤 1/2컵,
대추채 1/4컵,
당근채 1/4컵,
표고채 1/4컵.

현미 가래떡

만드는 방법 : ❶ 현미 가래떡을 방앗간에 주문할 때 현미 8kg에 대두콩 1kg의 비율로 가래떡을 주문하고 반은 쑥을 넣는다. ❷ 두 가지 색의 떡을 봉지에 담아 냉동실에 보관하면서 사용한다.

현미 떡볶기

만드는 방법 : ❶ 현미 가래떡을 7cm 정도로 자르고, 다시 4쪽을 내어 당근, 양파, 버섯, 파, 마늘을 함께 넣어 다시마 물을 잠글 정도 넣고 볶고 간한다. ❷ 들깨 가루를 넣어 맛을 낸다.

현미 떡국

만드는 방법 : ❶ 국물을 끓일 때 다시마, 표고, 무, 양파로 맛을 내고, 그 이외의 색을 내는 야채(당근, 양배추 푸른 잎, 양파, 양송이, 파, 마늘)를 많이 넣는다. ❷ 현미에 콩을 넣어서 떡이 빨리 풀어지므로 국물이 끓을 때 곧 떡을 넣어 끓여 불을 끈다. ❸ 간을 하고 떡국 위에 볶은 깨가루를 뿌린다. ❹ 원하면, 멸치가루로 맛을 내고 계란을 풀기도 한다.

현미 가래떡 와플

우리 가족이 좋아하는 떡 와플인데, 이가 좋은 사람만이 즐길 수 있다. 떡국용으로 썰어 놓은 가래떡을 와플기 아래에 한 켜 깐다. 그 위에 땅콩, 호두, 아몬드, 잣과 같은 견과류를 뿌린다. 그 위에 떡을 한 켜 덮어서 와플기를 누른다. 뜨거울 때 먹어야 하는데, 겉은 바삭바삭하고 속은 질긴 맛이라서 마치 질긴 베이글을 구워 먹는 맛이다. 또 밀가루 빵보다는 영양이 더 좋다.

만드는 방법 : ❶ 가래떡을 와플기에 한 켜 깐다. ❷ 마치 퍼즐 피스를 까는 것 같다. ❸ 그 위에 땅콩이나 호두를 얹는다. ❹ 그 위에 가래떡을 또 한 켜 덮는다. 처음에는 뚜껑이 잘 덮히지 않으나 떡이 부드러워지면서 덮혀진다.

인절미 와플

재료 : 인절미, 땅콩, 견과류

만드는 방법 : ❶ 인절미는 굳은 다음 데워서 먹을 때는 처음만 못하다. **❷** 그러나 와플기에 넣어서 데우면 근사한 인절미 와플, 일종의 퓨전 떡와플이 된다. **❸** 떡을 넣고, 땅콩을 넣으면 겉은 바삭하고, 안은 질긴 듯한 인절미 와플이 된다. **❹** 땅콩 대신 견과류를 뿌려 와플을 만들어도 씹히는 맛이 좋다.

콩밥와플

재료 : 현미콩밥 한 주걱, 건포도 1/2컵, 아몬드 1/2컵

만드는 방법 : ❶ 재료를 잘 섞어서 와플팬에 굽는다.

곡식가루로 만든 와플과 팬케이크

재료 : 현미나 현미찹쌀, 고구마, 단호박, 사과, 살구, 건포도, 푸룬, 대추, 호두, 호박씨, 해바라기씨, 들깨

만드는 방법 : ❶ 다양한 재료에 두유로 반죽해서 뜨거운 와플이나 팬케이크를 쉽게 만든다. **❷** 식사용으로도 훌륭하다. **❸** 호두, 호박씨, 해바라기씨, 들깨를 넣기 때문에 정제 기름을 따로 두르지 않는다. **❹** 천연당의 유익은 맛을 내고, 균형 잡힌 영양소를 공급하고, 또 섬유소의 섭취에 이상적이다. **❺** 씹히는 것이 많은 식품은 결국 우리 두뇌를 활성화한다. **❻** 들깨는 오메가-3 지방산이 많아 뇌세포에 매우 좋은 식품이다. **❼** 반죽할 때 넣어서 와플이나 팬케이크를 만들면 씹히는 것이 매우 재미있다.

현미고구마 와플

재료 : 현미쌀가루 500g, 통들깨 1컵, 고구마 깍둑 썬 것 300g

만드는 방법 : ❶ 두유로 약간 질게 반죽해서 와플기에 굽는다. **❷** 두유대신 콩 불려 간 것을 사용해도 좋다. **❸** 고구마의 단맛으로 설탕을 쓰지 않는다. **❹** 고구마 대신 단 호박을 넣어도 된다. **❺** 들깨 씹히는 맛이 특이하다. 와플기가 없으면 기름을 두르지 않은 팬에 반죽을 떠 넣고 뚜껑을 덮어 뭉근한불에 양면을 익힌다. **❻** 식사용이기 때문에 이러한 와플은 약간의 소금 간으로도 맛이 좋다. **❼** 단맛을 원하면, 건포도나 말린 과일을 섞는다.

현미찹쌀 와플

재료 : 현미찹쌀가루 500g, 들깨 1컵, 강낭콩과 찰옥
수수 삶은 것 2컵, 소금 약간

만드는 방법 : ❶ 위의 재료를 위와 같은 방법으로
와플을 굽든가 팬케이크를
만든다. ❷ 많이 만들어 냉동
에 두었다가 해동한 후 토스
터에 구워도 좋다. ❸ 단 것
을 원하면 건포도와 호두를
넣는다. 또는 사과 다진 것과
호두 등을 넣는다.

현미찹쌀 경단

재료 : 현미찹쌀가루 4C, 푸룬쥬스 1/2C, 호두 1/2C,
푸룬 1/2C, 마른살구 1/2C, 팥 1C (삶은 팥 2C)

만드는 방법 : ❶ 붉은 팥을 삶아서 소금을 약간 넣고
으깬다. ❷ 현미찹쌀가루에 호두와 건포도를 넣어 섞는다. ❸ 푸룬쥬스나, 두유를 전자레인지에 뜨겁게 데워서 현미찹쌀가
루에 넣고 익반죽을 한다. 쌀가루를 빻을 때 소금을 넣으면, 반죽에 소금을 넣지 않는다. ❹ 밤알만큼 빚어서 끓는 물에 넣
고 떠오르면 건져 찬물에 넣어 식힌다. 증기에 찌기도 한다. ❺ 준비한 팥고물에 묻힌다. 과일과 함께 점심 도시락으로도
적합하다. 남는 것은 냉동해서 필요할 때마다 데워 먹어도 맛이 훌륭하다.

차수수 경단

만드는 방법 : ❶ 차수수를 방앗간에서 빻아 온다. ❷ 현미찹쌀경
단과 같은 방법으로 만든다. ❸ 반죽에 말린 과일과 호두를 넣어
씹는 맛이 훌륭하다. ❹ 남은 가루는 냉동실에 두었다가 필요할
때 사용한다.

현미찹쌀호떡

만드는 방법 : ❶ 위의 익반죽을 만져 호떡 같이 빚어서 찌거나, 기름기 없는 팬에서 익힌다. ❷ 사진의 호떡은 현미 찹쌀가루에 잣이나 호두, 건포도를 섞고 푸룬 쥬스로 익반죽을 하였다. ❸ 설탕을 따로 넣어 단맛을 낼 필요가 없다. ❹ 기름을 두르지 않은 팬에 구워도 뜨거울 때 먹어도 맛이 있고, 냉장고에 며칠 보관해서 두었다가 토스터에 구워도 맛이 좋다. ❺ 이 반죽을 밤알만큼 경단을 만들어 끓는 물에 삶아서 건져 팥고물을 묻혀도 좋다.

고구마 핫케이크

재료 : 현미찹쌀 가루 500g, 통들깨 1컵, 고구마 깍뚝 썬 것 2컵

만드는 방법 : ❶ 재료를 잘 섞어서 두유나 물로 약간 질게 반죽한다. ❷ 뭉근한 불에 기름을 두르지 않고 뚜껑을 덮고 부친다. ❸ 기름을 두르지 않아도 겉이 바삭거리고, 또 이 반죽을 와플팬에도 구울 수도 있다. ❹ 손바닥만한 크기로 8개가 나온다. ❺ 들깨 씹히는 맛이 좋으며, 식사용으로 훌륭하다. ❻ 지방섭취 급원으로 반죽에 호두나 잣을 추가한다. ❼ 단맛을 원하면 건포도나 말린 과일을 넣는다. ❽ 주말이 많이 만들어 냉동실에 두었다가 냉장고에 녹혀 토스트에 구워도 맛이 훌륭하다.

사과 핫케이크

현미찹쌀 가루 500g, 통들깨 1컵, 건포도 1/2 컵, 사과 썬 것 1개.

강낭콩 핫케이크

현미찹쌀 가루 500g, 통들깨 1컵, 강낭콩과 찰옥수수 삶은 것 2컵.

현미쑥 핫케이크

만드는 방법 : ❶ 현미쌀가루에 쑥가루를 넣고, 땅콩, 호박씨를 넣어 기름을 두르지 않은 팬에 굽든가 와플기에 굽는다.

현미사과 와플

재료 : 현미가루 500g, 사과 1개, 통들깨 1컵

만드는 방법 : ❶ 사과를 껍질채 깨끗이 씻어 꼭지 부분만 도려내고, 씨를 포함한 채 얇게 깍뚝 모양으로 썬다. ❷ 건포도와 호두를 추가해도 된다. 두유로 반죽해서 굽는다.

오트밀 와플

나는 와플에 베이킹파우더나 소다를 사용하지 않는다. 우리 한국조리에서 부침개를 할 때 이러한 팽창제를 사용하지 않아도 얼마든지 훌륭한 음식이 되기 때문이다.

오트밀 1C
통밀 1C
사과 썬 것 1개
건포도 1/2컵
호도 1/2컵
두유 1과 1/2팩

만드는 방법 : ❶ 큰 용기에 오트밀 한 컵을 넣고, 깨끗이 씻은 사과 하나를 껍질과 씨 채로 잘게 썬다. ❷ 여기에 호두 반 컵, 건포도 반 컵을 섞고 반죽은 두유나 물로 되직하게 반죽해서 굽는다. ❸ 뜨거울 때 사과나 건포도, 호두가 씹히는 맛이 일품이다. ❹ 설탕과 소금을 따로 넣지 않아도 맛은 좋다. ❺ 두유나 콩 삶아서 간 것으로 반죽을 걸쭉하게 해서 와플기가 달구어 졌을 때 굽는다. ❻ 건포도와 사과가 들어가므로 설탕을 첨가할 필요가 없다. ❼ 반죽은 쉽고, 팽창제를 넣지 않기 때문에, 엄마가 반죽을 냉장고에 준비해 두면 방과 후에 아이들이 구워먹을 수 있다. ❽ 설탕을 넣지 않고 통곡식으로 음식을 만드는 훈련을 어릴 때부터 하는 좋다. ❾ 어릴 때부터 식품에 대해 관심을 갖게 하고, 자연 식품과 가공식품을 구별하는 능력을 키운다.

현미반대떡

재료 : 통녹두, 현미, 김치

만드는 방법 : ❶ 불린 통녹두와 현미를 4:1의 비율로 갈아서 잘 익은 김치를 넣어서 들기름이나 올리브기름으로 부친다. ❷ 녹두 껍질을 그대로 사용한다.

현미감자떡

재료 : 감자 400g, 부추, 당근, 양파채 100g, 현미나 현미찹쌀 가루 1컵

만드는 방법 : ❶ 부추, 당근, 양파 채 썬 것에 소금을 넣고 ❷ 감자를 껍질째 갈아서 현미가루와 잘 섞는다. ❸ 뭉근한 불에 올리브기름으로 부친다.

그라눌라(Granula)만들기, 설탕이 없는 시리얼

재료 : 오트밀 300g, 통밀가루 100g, 아몬드 썬 것 1컵, 호박씨 1컵, 두유 1컵

만드는 방법 : ❶ 재료를 넣고 잘 섞어서 뭉근한 오븐에 넣어 15분마다 잘 섞는다. ❷ 1시간에서 2시간 정도 건조시킨다. ❸ 여기에 바나나, 사과, 건포도를 선택해서 섞어서 아침용 시리얼로 사용한다.

2. 천연당의 응용

현대인들의 면역기능이 떨어짐으로 생기는 알레르기 질환을 예방하고 회복하기 위해서는 자연 식품을 그대로 섭취하는 것이 중요하다. 가정에서 간단히 조리하면, 가공식품으로부터 오는 첨가물 섭취도 감소할 것이다. 아이들이 어릴 때부터 간단히 조리하는 것을 보고 배우는 것이 필요하다. 가정에서의 조리는 좋은 재료를 쓰기 위함이다. 다음은 설탕 없이 천연의 단맛을 이용하는 레시피를 소개한다.

부드럽고 달콤한 바나나 잼

우리 집에서 자주 만드는 저녁 요리다.

만드는 방법 : ❶ 바나나 하나를 으깨어 호두 서너 개를 쪼개어 섞는다. **❷** 간단히 만들 수 있고 맛도 좋다. **❸** 바나나 잼은 상온에 오래두면 갈색으로 변하므로 먹기 직전에 만든다. **❹** 여기에 생파인애플을 굵게 다져 넣어도 좋다. 레몬 쥬스를 조금 첨가하면 갈변을 늦출 수는 있다. **❺** 빵은 우리밀 통밀 빵을 구한다.

흑임자 깨 잼

일본 삼육식품에서는 흑임자 깨 잼 뿐만이 아니라 흰깨, 아몬드 제품을 생산한다. 아직 우리 시중에서 구할 수는 없지만, 가정에서 볶은 깨를 곱게 갈아서 올리브유와 꿀을 약간 섞어 잼으로 활용할 수도 있다.

달고 씹히는 맛이 좋은 무화과잼

재료 : 무화과 1컵, 건포도 약간

만드는 방법 : ❶ 무화과 1컵을 씻어 냄비에 넣고 잠길 만큼 물을 부어 부드러워 질 때까지 삶는다. **❷** 말린 무화과는 단단하지만, 오래 삶을 필요는 없다. **❸** 삶아진 무화과를 으깨어 빵에 바른다. **❹** 여기에 건포도를 같이 섞어서 색을 진하게 만들 수도 있다. **❺** 상당히 당도가 높은 잼이라 조금씩만 사용한다. **❻** 이 잼을 찐빵이나 호떡의 속으로 사용할 수도 있다.

새콤달콤한 사과잼

재료 : 사과, 건포도, 호두

만드는 방법 : ❶ 사과를 껍질과 씨를 제거한 뒤 물을 조금만 넣고, 뭉근한 불에 올려놓아 사과소스를 만든다. **❷** 유기농 사과는 모두 갈아서 소스를 만들 수도 있다. **❸** 건포도와 호두를 넣고 빵에 바른다. 다른 과일도 소스를 만들어 과일 잼으로 사용할 수 있다. **❹** 사과를 날로 먹는 맛과는 달리 익힌 맛도 특이하고 부드럽다. **❺** 사과소스는 어린이 이유식으로도 좋다.

건포도와 무화과잼을 넣은 호떡

재료 : 통밀, 건포도, 삶아 으깬 무화과, 호두, 호박씨, 해바라기씨

만드는 방법 : ❶ 또 통밀로 이스트반죽을 해서 호떡을 만드는데, 그 속에는 설탕 대신 건포도와 삶아 으깬 무화과를 넣는다. ❷ 또 씹히는 맛으로는 호두, 호박씨, 해바라기씨 등을 넣는다. ❸ 기름 없이 팬에 구웠다.

아이스크림 만들기

98년도 여름 유치파인에서 처음 먹어본 아이스크림은 불루베리였다. 밭에서 따온 불루베리와 냉동한 바나나를 갈아서 만들었는데, 설탕을 전혀 넣지 않은 아이스크림을 처음 먹을 때 감동했다. 참피온 쥬서로 만들 수 있고 녹즙기에 갈아서 만들 수도 있다. 냉동 딸기를 넣으면 스트로베리 아이스크림, 복숭아를 넣으면 피치 아이스크림, 포도를 넣으면 포도 아이스크림, 그 외에 호두, 잣, 고구마, 단 호박 등을 넣어 다양하게 만들 수가 있다.

냉동과일 아이스크림

재료 : 바나나, 각종 과일

만드는 방법 : ❶ 바나나와 색이 있는 과일을 냉동한다. ❷ 냉동한 바나나와 과일의 비율을 2:1로 녹즙기에 넣고 간다. ❸ 밀감, 복숭아, 천두 복숭아는 엷은 붉은 색을 띠고, 키위는 연두색, 포도는 보라색을 띤다. ❹ 포도는 물론 껍질과 씨를 함께 가는데, 씨가 씹히는 맛도 괜찮다. ❺ 즉석에서 갈아서 먹는 것이 좋다. ❻ 일반 아이스크림보다 맛이 더 훌륭하다. ❼ 천연 아이스크림인 셈이다.

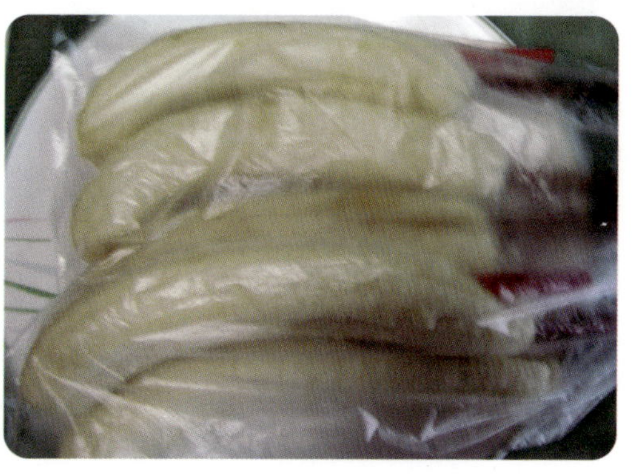

바나나 아이스케이크

냉동과일을 가는 기계가 없으면, 잘 익은 바나나 껍질을 벗겨 나무젓가락을 하나씩 끼어 넣고, 냉동실에 얼려 바나나 아이스케이크를 만든다. 설탕이 많은 가공품보다는 영양이 더 낫다.

크림과일 아이스케이크

재료 : 플레인 요구르트 1컵, 과일 1컵

만드는 방법 : ❶ 재료를 블랜더에 갈아서 아이스케이크 용기에 넣어 얼린다. **❷** 과일은 연시, 사과, 바나나, 복숭아, 파인애플, 자두, 배, 딸기, 포도 등을 이용한다. **❸** 옆의 사진은 바나나1개, 홍시 2개, 요구르트 1컵의 비율로 만들었다.

한천 디저트

재료 : 건포도 1컵, 한천 15g, 바나나 5개

한천은 해조류의 일종이고 섬유소의 훌륭한 급원이다. 건포도의 단맛과 색을 응용하며 푸룬이나 말린 살구를 대신 넣어도 된다. 바나나 대신 사과를 얇게 썬 것, 무화과로 단맛을 응용할 수 있다.

만드는 방법 : ❶ 건포도 1컵을 1 컵의 물에 불려 살짝 삶는다. **❷** 한천 15g을 씻어 2 컵의 물을 넣고 끓여 식힌다. **❸** 1의 재료를 블랜더에 갈아 2와 섞는다. **❹** 플라스틱 용기에 바나나를 400~500g 썰어 넣고 3의 재료를 붓는다. **❺** 식으면 저절로 굳는데, 칼로 반듯하게 썬다. 용기에서 쉽게 떨어지므로, 기름을 바를 필요가 없다. 건포도만 사용했는데도 단맛이 강하다.

찐빵과 과일잼

재료 : 마른 무화과, 건포도, 사과소스, 바나나, 호두

만드는 방법 : ❶ 설탕이 들어간 잼 대신, 무화과, 건포도 등의 마른 과일을 씻어, 잠길 만큼 물을 부어 살짝 끓여, 갈아서 잼을 만든다. **❷** 이것을 찐빵의 속으로 넣는다. **❸** 또 사과 소스나, 바나나 으깬 것을 잼으로 사용한다. 위에 호두를 얹는다.

단것이 먹고 싶을 때에는 과일을 섭취하는 것이 가장 좋은 방법이다.

들깨 소스

재료 : 들깨가루 1 컵, 두유 1 컵, 볶은 소금 약간

만드는 방법 : ❶ 가장 쉽게 만들 수 있고, 맛도 좋다. 거피한 들깨가루에 동량의 두유나 삶은 콩 간 것을 넣는다. ❷ 액체를 넣으면서 젓는데, 되직하면, 찍어먹는 딥(dip)으로 사용하고, 묽게 만들면, 샐러드에 끼얹는 드래씽으로 사용한다. ❸ 소금으로 간한다.

아몬드 마요네즈

재료 : 아몬드 1컵, 삶은 콩 1컵, 볶은 소금 1/2t

만드는 방법 : ❶ 흰색을 원하면, 아몬드를 살짝 삶아 비벼 껍질을 벗긴다. ❷ 블랜더에 아몬드, 삶은 콩, 콩 삶은 물을 잠길 정도로 붓고 간다. 소금으로 간한다. ❸ 단맛을 원하면 삶은 고구마를 한 개를 넣고 간다. ❹ 노란색을 원하면 삶은 단호박 한 조각을 넣고 간다. (분홍색을 원하면 비트 한조각을 넣는다) ❺ 레몬즙이나, 매실즙을 넣어 신맛을 가미해도 좋다.

케슈 마요네즈

재료 : 케슈넛 1컵, 삶은 흰 콩 2/3 컵, 땅콩 1/3컵, 볶은 소금 1/2t 캐슈, 아몬드, 호두, 잣, 호박씨, 해바라기씨

만드는 방법 : ❶ 재료를 삶은 콩과 함께 갈아서 응용할 수가 있다. ❷ 또 성능이 좋은 블랜더에 참깨를 잘 갈아서 만든 소스도 맛이 훌륭하다.

호두 아몬드조림

만드는 방법 : ❶ 냄비에 위의 재료를 모두 섞어 뭉근한 불에 살짝 조린다. ❷ 견과류는 날로 먹을 수 있으니, 오래 조리할 필요가 없다. ❸ 재료가 잘 섞이면 된다.

아몬드 300g
케슈넛 200g
호두 1컵
간장 2T
조청 1/2컵

콩 스프 (5인분)

재료 : 삶은 흰콩 1C, 감자 1개, 양파 1개, 토마토 1개, 호박 썬 것 1C, 소금 1t

만드는 방법 : ❶ 흰콩을 불려 압력솥에 삶는다. ❷ 감자, 양파, 호박, 토마토를 깍둑썰기로 썰어 1과 섞어 익힌다. ❸ 야채가 잘 익으면, 소금으로 간을 한다. 콩을 많이 섭취할 수 있는 좋은 음식이다. ❹ 겨울에는 토마토 주스나 토마토 병조림을 사용할 수 있고, 토마토의 맛으로 소금양을 줄일 수가 있다.

검은콩 스프 (5인분)

재료 : 검콩 1C, 적양배추 썬 것 1C, 적양파 1개, 고구마 깍둑썰기 1컵, 옥수수알 1/2컵, 들깨가루 2T, 소금 1t

만드는 방법 : ❶ 검은콩을 물에 불려 압력솥에 삶는다. ❷ 1에 야채 다진 것을 넣고 야채가 물러질 때까지 익힌다. ❸ 야채가 다 물러지면, 들깨가루를 넣고 소금으로 간한다. 보기보다는 맛이 훌륭하다.

강낭콩 조림

재료 : 강남콩, 소금약간

만드는 방법 : ❶ 강낭콩 1C을 불려 삶는다. ❷ 푹 익으면 소금으로 간을 하고 국물을 바짝 조린다. ❸ 콩이 잘 익으면 콩에서 분이 나와 으깨지 않아도 걸죽해진다. ❹ 소금 간만으로도 맛이 좋은 콩요리가 된다.

콩-김치 빈대떡

재료 : 불린 콩 1C, 현미가루 1/2C, 김치 다진 것 2C, 소금 1t, 기름

만드는 방법 :

❶ 콩과 쌀을 불려서 블랜더에 간다. ❷ 1의 반죽에 김치 다진 것을 넣고 소금으로 간한 뒤 한 국자씩 떠서 부친다. ❸ 반죽의 끈기가 부족하면 밀가루를 1/2C 첨가한다.

콩-숙주 빈대떡 (15개)

재료 : 불린 콩 1C, 통밀가루 1/2C, 숙주나물 무친 것 2C, 소금 1t, 기름

만드는 방법 : ❶ 콩과 쌀을 불려서 블랜더에 간다. ❷ 1의 반죽에 숙주나물 무친 것을 넣고 소금으로 간한다. ❸ 팬에 반죽을 한 국자씩 뜨고 청고추나 홍고추 썬 것을 위에 얹어도 좋다.

모듬 콩 샐러드

재료 : 대두 1/2컵, 완두콩 1/2컵, 작두콩 1/2, 울타리콩 1/2컵, 검은콩 1/2컵, 팥 1/2컵, 찰옥수수 1/2컵, 소금

만드는 방법 : ❶ 팥을 제외한 모든 콩은 깨끗이 씻은 다음 푹 익힌 후에 간을 한다. ❷ 삶은 콩을 체에 받쳐 물기를 제거한다. ❸ 팥은 압력솥에 찰옥수수와 함께 푹 삶아서 으깨어 간을 한다. ❹ 모든 콩과 팥 삶은 것을 합쳐서 예쁜 접시에 얹은 다음 호박소스를 끼얹는다.

콩 쌈장

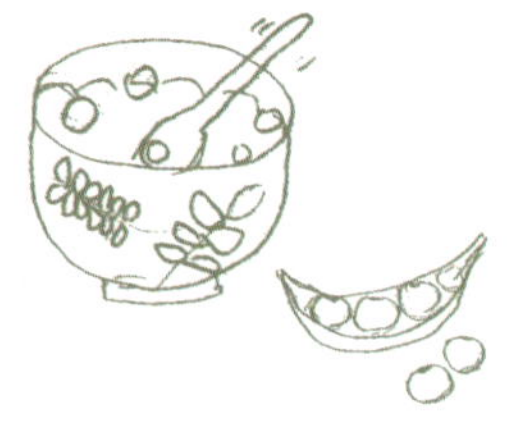

재료 : 콩 1C, 양파 1 개, 표고 2장, 홍고추 1개, 청고추 1개, 소금, 깨간 것 2T.

만드는 방법 : ❶ 콩은 물에 불려 푹 삶아 블랜더에 간다. ❷ 표고, 양파, 청 · 홍고추를 다져서 기름이나 물에 볶는다. ❸ 1과 2를 함께 섞어 소금으로 간하고 깨간 것을 넣는다. ❹ 콩으로 쌈장을 만들기 때문에 된장보다 짜지 않아 콩 섭취를 늘릴 수 있다.

삶은 콩 간 것

재료 : 대두 1컵, 호두, 잣, 아몬드, 깨

만드는 방법 : ❶ 대두를 1컵 정도 씻어 하룻밤 불린다. 불린 콩은 2컵 반 정도 나온다. ❷ 살짝 삶아 블랜더에 콩 삶은 물이 잠길 정도로만 넣고 되직하게 간다, 이 중 일부는 콩비지로 사용하고, 남은 것은 호두 1/2컵을 넣고 간다. 잣, 아몬드, 깨도 사용한다. 두유대신 삶은 콩을 직접 갈아서 먹는 것이 더 좋다.

콩비지

재료 : 불린 콩 간 것 2컵, 김치 다진 것 1컵, 들기름 1T

만드는 방법 : ❶ 김치 다진 것을 들기름과 볶고 되직하게 불린 콩을 갈아 넣는다. ❷ 간은 김치 국물로 하되 너무 묽지 않게 한다. ❸ 한소끔 끓으면 불에서 내린다. ❹ 땅콩가루를 얹으면 맛이 고소해지고, 들깨가루를 얹으면 오메가-3지방산이 더 추가되고, 참깨가루를 얹으면 칼슘이 더 추가된다.

콩죽

재료 : 흰콩 1컵, 현미 1컵

만드는 방법 : ❶ 흰콩 1컵을 삶는다. ❷ 현미를 1컵으로 질게 밥을 짓는다. ❸ 흰콩을 삶은 물과 함께 갈아서 여기에 현미밥을 넣고 다시 끓이고 소금으로 간한다. ❹ 흰콩의 껍질을 그대로 갈아서 사용하는데, 맛이 구수하고 좋다. ❺ 팥죽, 녹두죽도 이와 같은 방법으로 한다.

콩고기(TVP)를 이용한 음식

TVP(texturerized vegetable protein)는 콩기름을 짜고 난 대두박으로 만든 것으로 단백질과 섬유소의 우수한 급원이다. 미국제품도 모양과 풍미가 다양하고, 현재 우리나라에서는 대만제품을 수입한 것을 구할 수 있는데, 모양과 종류도 다양하다. 이 재료의 콩이 유전자 조작이 아닌지 확인할 필요가 있다. 카레소스, 짜장소스, 스파게티 소스 등에 고기 대용으로 사용할 수가 있다.

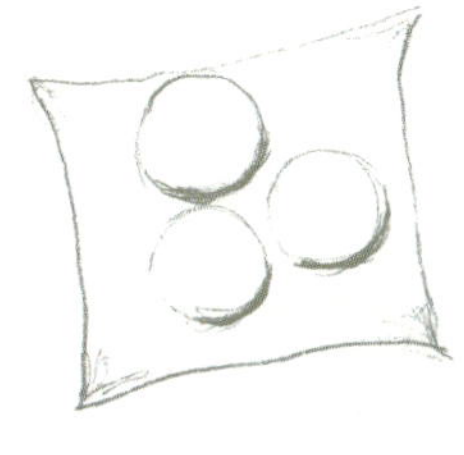

카레소스

재료 : 감자 1개, 양파 1개, 당근 1개, 토마토 1개, 불린 TVP 썬 것 1컵, 올리브기름 1T, 카레파우더 2T

만드는 방법 : ❶ 야채를 썰어서 올리브기름에 볶는다. ❷ 볶을 때 카레 가루를 넣는다. ❸ 야채국물이나 토마토 주스를 야채가 잠길 만큼 넣고 감자가 익으면 소금으로 간한다. ❹ 땅콩이나 호두도 넣는다.

5. 건강식 메뉴

당뇨환자는 혈당이 조절될 때까지는 섬유소가 많은 식사가 필수이다. 통곡식 위주의 잡곡밥은 기본이다. 보리의 베타-굴르칸이라는 섬유소는 혈당을 내리는 데 효과가 매우 좋다. 매끼 식사에 보리콩밥과 푸른 야채는 기본으로 섭취해야 할 식품군이다. 인슐린을 맞는 환자는 이러한 식이로 인슐린의 필요량이 줄어들면, 나중에는 인슐린을 끊을 수가 있게 된다. 사실 성인당뇨는 인슐린을 공급할 필요가 없다. 다음은 고섬유소 식사의 예를 몇 가지 열거했다.

보리오곡밥, 찰옥수수 콩조림, 계란 야채말이, 단호박, 시금치나물, 배추나물

생야채, 한식밥상에 생야채 한접시를 추가하는 것이 좋다.

보리콩밥, 파래미역무침, 당근, 열무, 푸른 엽채

현미콩밥, 흰콩조림, 고사리나물, 푸른 엽채류 샐러드와 콩쏘스, 연근조림, 배추나물

자연에서 얻은 그대로의 식사의 예

어린이들의 식사도 자연 그대로의 음식을 먹도록 머리에 입력이 되어야 한다. 그래야만이 우리 몸에 필요한 영양소를 모두 취할 수가 있다.

콩 샐러드, 크랙커, 방울토마토, 오이, 당근, 삶은 비트, 캐슈마요네즈

현미콩밥, 콩스튜, 브로콜리나물, 무말랭이 무침, 야채 샐러드와 참깨 쏘스, 옥수수, 풋콩

삶은 옥수수, 삶은 감자와 고구마, 찐 풋콩, 찐 마늘, 키위

통밀빵, 삶은 옥수수, 찐 풋콩과 마늘, 복숭아와 포도

현미누룽지, 당근과 배춧잎

주먹밥, 들깨, 볶은 깨, 흑임자 깨 간 것, 상추와 같은 푸른 채소, 김, 딸기

아마씨와 들깨는 오메가-3 지방산이 풍부하다. 국내에는 아마씨가 잘 알려지지 않았으나, 서구사회에서는 아마씨가 식빵, 베이글 등에 많이 사용되고 있다. 아마씨와 통들깨를 분쇄기에 갈아서 식품에 사용하는 것이 좋다.

아마씨 크기는
깨알 정도이다.

분쇄한 아마씨와
밀기울 등으로
환으로 만든 것

떡과 쌈야채

케일 김치

푸른 잎을 많이 먹는 방법

- 쌈을 먹는 방법. 한번에 푸른 야채 여러 장을 포갠다.

- 배추김치를 담글 때 즙을 짜는 용도의 잎이 넓은 케일 잎을 썰어서 많이 넣는다. 케일자체는 수분이 많지 않아 국물이 잘 나오지 않는다. 배추와 섞어서 김치를 담그면 좋다. 포기배추김치를 담글 때는 포기배추 사이사이에 이 푸른 잎을 넣기도 한다.

- 푸른 잎 나물을 매끼 상에 올린다. 우리나라 나물류와 같이 다양한 재료를 사용하는 나라가 없다. 특히 산나물은 오염이 되지도 않고, 많은 미량 영양소를 기대할 수가 있다.

밥종류

쌀밥, 보리밥(쌀 $2\frac{1}{2}$C, 보리 $\frac{1}{2}$C), 꽁보리밥, 콩밥(쌀 3C, 콩 $\frac{1}{2}$C), 붉은 팥밥(쌀 3C, 붉은 팥 $\frac{1}{2}$C), 밤밥(쌀 5C, 밤 2C), 찰밥(찹쌀 5C, 팥 1C), 차조밥(쌀 5C, 팥 1C, 차조 1C), 콩나물밥, 무밥, 채소밥, 김치밥, 생굴밥 등.
오곡밥(찹쌀 2C, 차조 $\frac{1}{2}$C, 차수수 $\frac{1}{2}$C, 검은콩 $\frac{1}{2}$C, 팥 $\frac{1}{2}$C)
현미밥(현미1C, 현미찹쌀 1C, 차수수 $\frac{1}{2}$C, 검정콩 $\frac{1}{2}$C, 흰콩 $\frac{1}{2}$C, 팥 $\frac{1}{2}$C)
율무밥(율무 3C, 현미찹쌀 1C, 팥 $\frac{1}{2}$C), 차조밥(쌀 1C, 차조 2C, 팥 $\frac{1}{2}$C, 대두 $\frac{1}{2}$C)

현미콩밥

꽁보리밥

나물 종류

숙채 : 콩나물무침(당근채), 숙주나물(미나리), 무나물, 무갑장과, 도라지나물, 고사리나물,
시금치나물, 근대나물, 쑥갓나물, 취나물(참취나 곰취의 어린잎), 고춧잎나물, 깻잎나물, 비름나물, 고추잎나물, 물쑥나물, 미나리강회, 고구마순나물, 오이나물, 동아선, 애호박나물, 박나물, 가지나물, 머위대깨즙나물, 토란대깨즙나물, 풋고추무침, 버섯나물, 미역줄기볶음 등.
잡채, 죽순채, 구절판 등.
퓨전요리: 샐러리 볶음, 브로콜리 나물.

냉채 : 무생채, 삼색무생채, 삼색양배추생채, 상추생채, 도라지생채, 더덕생채, 오이생채, 노각생채, 배추겉절이, 시금치 겉절이, 대파생채, 마늘쫑 무침, 겨자채, 미역생채, 김무침, 파래무침 등.
퓨전요리: 코슬로

채소쌈 : 상추쌈에 먹는 찬품으로 병어감정, 장똑도기, 보리새우볶음, 참기름 종지.
취쌈: 넓은 취나물을 골라씻어 파랗게 데친다. 쓴맛은 물에 담가 우린다.
데친 취를 참기름으로 고루 주물러서 단군팬에 볶어 얼른 펼쳐 식힌다. 한 장씩 펴서 여러 장을 겹쳐 접시에 담는다.

봄나물 : 냉이무침, 달래생채, 돌나물생채, 두릅회, 씀바귀나물, 원추리나물, 물쑥나물, 홑잎나물, 참 옻순, 엄나물 순, 명아주, 민들레 잎나물, 국수댕이, 벌금자리, 생 참죽순나물.

건강한 식사 메뉴

흑미밥, 버섯토장국, 숙주나물, 덴친 야채와 나물, 우메보시, 계란말이와 연어

현미콩밥, 시래기 된장국, 무와 브로콜리 나물, 계란말이, 김치, 생채소

현미콩잡곡밥, 미역느타리버섯국, 가지나물과 고구마순 볶음, 콩과 다시마 조림, 오이부추김치, 토마토와 차조기잎

현미오곡밥 나물과 생야채 생선반토막 키위 깨간것

현미잡곡밥, 나물, 상추, 백김치, 다섯가지 나물, 계란프라이, 조림

현미잡곡밥, 나물, 물김치, 마능쫑볶음, 부침, 바나나